打敗 AI、征服搜尋引擎，
洞悉使用者需求的必備指南

新 SEO 超入門！

感謝您購買旗標書,
記得到旗標網站
www.flag.com.tw
更多的加值內容等著您…

<請下載 QR Code App 來掃描>

- FB 官方粉絲專頁:旗標知識講堂
- 旗標「線上購買」專區:您不用出門就可選購旗標書!
- 如您對本書內容有不明瞭或建議改進之處,請連上旗標網站,點選首頁的 聯絡我們 專區。

  若需線上即時詢問問題,可點選旗標官方粉絲專頁留言詢問,小編客服隨時待命,盡速回覆。

  若是寄信聯絡旗標客服 email, 我們收到您的訊息後,將由專業客服人員為您解答。

  我們所提供的售後服務範圍僅限於書籍本身或內容表達不清楚的地方,至於軟硬體的問題,請直接連絡廠商。

學生團體　訂購專線:(02)2396-3257 轉 362
　　　　　傳真專線:(02)2321-2545

經銷商　服務專線:(02)2396-3257 轉 331
　　　　將派專人拜訪
　　　　傳真專線:(02)2321-2545

國家圖書館出版品預行編目資料

新 SEO 超入門 - 打敗 AI、征服搜尋引擎、洞悉使用者需求的必備指南 / 嚴家成 博士 著. -- 初版. -- 臺北市:旗標科技股份有限公司, 2023. 2　面; 公分

ISBN 978-986-312-737-6 (平裝)

1. 網路行銷　2. 搜尋引擎　3. 網站

496　　111020018

作　者/嚴家成 博士

發 行 所/旗標科技股份有限公司

台北市杭州南路一段15-1號19樓

電　話/(02)2396-3257(代表號)

傳　真/(02)2321-2545

劃撥帳號/1332727-9

帳　戶/旗標科技股份有限公司

監　督/陳彥發

執行企劃/張根誠

執行編輯/張根誠

美術編輯/林美麗

封面設計/林美麗

校　對/張根誠

新台幣售價: 630 元

西元 2024 年 6 月 初版 3 刷

行政院新聞局核准登記-局版台業字第 4512 號

ISBN 978-986-312-737-6

序

美國小說家馬克· 吐溫說：「讓我們陷入困境的不是無知，而是看似正確的謬誤論斷。」這句話對於 SEO 來說，真的再貼切不過了。為什麼看似正確的謬誤論斷，反而會讓人陷入困境呢？因為完全不知道，就不會去操作，反而避免了錯誤的產生；但是如果透過錯誤的知識去操作 SEO，反而製造了種種的錯誤。

美國知名的 SEO 專家及 SparkToro 創辦人蘭德· 費希金 (Rand Fishkin) 曾經建議：「在尚未花時間了解與確認之前，不要一股腦的去操作你認為有助於優化的程序，因為很多事情與你想像的會有很大的差異。」

這本書的用意就是希望，能夠傳遞正確的 SEO 觀念與操作方法給更多需要的人，可以讓大家避免陷入看似正確的謬誤論斷。

SEO 的價值不會因為 AI 生成內容而減損

近期國內外許多人工智慧蓬勃發展，OpenAI 的 ChatGPT 聊天機器人爆紅，也讓許多人想透過 AI 來產生網頁內容。這些人工智慧應用的出現，勢必會帶動網站生態與搜尋引擎演算法的改變。

網站要能夠打敗競爭者，除了「內容為王」之外，更需要重視「結構為后」，因為內容的產生已經不是困難的事情。不過千萬不要把內容的產生完全交給人工智慧，因為搜尋引擎演算法已經能夠偵測內容的有用性，而人工智慧目前尚無法獨自產生有用的內容。

只有真正透過本書 SEO 的關鍵字分析流程，以及網站結構調整建議，才能真正符合使用者需求，獲得搜尋引擎最高評分。

SEO 仍舊是網路行銷的趨勢

很多人經常看對趨勢，但是死在路上。同樣地，SEO 是一個趨勢，但是路上也是橫屍遍野。為何 SEO 的趨勢路上會橫屍遍野？就是因為操作錯誤，才會讓你看不到效果。因此希望這本書可以讓大家以正確的方式，去迎接網路行銷的 SEO 趨勢。

SEO 是所有網路行銷的基礎

有需求才會進行搜尋，SEO 是線上商店與實體商店都必須具備的武器，因為線上商店需要依靠搜尋行為來聚集消費者，實體商店也需要依靠搜尋行為，讓消費者找到實體商店的位置、聯絡資訊、與真實的評價。

SEO 是一種集點的概念

SEO 是持續地累積正面因素與排除負面因素的操作，千萬不要迷信有一種做法可以一舉攻上自然搜尋排行第一名。尤其近年來搜尋引擎的劇烈變化，已經沒有單一少數幾個操作就可以高枕無憂，必須以集點的概念才能逐步擠上自然搜尋排行榜。

SEO 是一個永不停止的專案

雖然 SEO 可以階段性的結案，但是更應該是一個持續而永不停止的專案。因為網站是存在網際網路生態下的一個有機體，需要不斷地隨著生態的變化而變化。因此只要網站存在，SEO 就是一個永不停止的專案。

SEO 不是企業某個部門的責任

只要企業需要透過網站產生業績，就必須把 SEO 變成所有人員工作的一部分。不能只有局部少數人參與 SEO 操作，必須讓全部人員都實際參與，才能夠提升 SEO 操作的成功機率。

SEO 不是爛網站或爛產品的救星

SEO 可以導入自然搜尋流量，但是無法說服消費者在爛網站中購買爛產品。如果網站會讓消費者卻步，或是產品不符合消費者的期待，迫切該做的不是 SEO，而是先進行網站跟產品的調整。

為何需要出版這本書？

許多人會認為學習 SEO 並不需要看書，因為網路上的資源已經夠多了，但是卻沒有察覺到網路上的資源存在兩個問題：

- 第一個問題是，並非所有網路上的 SEO 知識都是正確的。
- 第二個問題是，網路上的 SEO 知識並沒有系統性的規劃。

這兩個問題對於任何學習者都會造成困擾，讀者很可能花費許多時間，卻學習到錯誤的知識，或是學習到片段的知識，因此希望這本書可以解決以上的兩個問題。

這本書適合那些人閱讀？

我們希望初學者與資深人員都能夠從這本書得到收獲，並且希望這本書能夠有別於大家在網路上看到的資訊，所以我們很有系統地將 SEO 的基本觀念與進階技術都很詳盡的整理出來。

因此這本書有非技術性的章節，適合初學者當成培養基礎觀念的入門書，也有技術性的章節，適合資深人員當成實務操作的工具書。後續關於本書的更正或是補充資訊，請參考 SEO 研究院 https://seo.dns.com.tw。

目錄
CONTENTS

Chapter 4 網站結構調整：正確的結構是成功的基礎

Chapter 7 Google 網站管理員：搜尋引擎與你的雙向溝通平台

Chapter 8 Google 分析：徹底評估 SEO 成效

Chapter

1

拆開 SEO 的黑盒子

數位鴻溝正在擴大，發生在知道如何善用網路的人與不知如何使用的人之間。

霍華德．瑞格德 Howard Rheingold (聰明網路使用手冊作者)。

以前要知道一個新知識很困難，但是現在新知識隨手可得，就看你願不願意去取得，然後快速的吸收。知道更多新知識的人，就能夠擁有更多的競爭力，無知的人就會變成被壓榨的底層。

本章節的主要目的，是讓讀者瞭解 SEO 操作程序以及相關的基礎知識。

1-1 什麼是 SEO

維基百科對於 SEO 的定義是：「搜尋引擎最佳化（Search Engine Optimization，簡稱 SEO），是透過了解搜尋引擎的運作規則來調整網站，以及提高目的網站在有關搜尋引擎內排名的方式。」

近年來的 SEO 有了很大的改變，已經不只是用來提高目的網站的自然搜尋排名，而是進一步用來提升網站的自然搜尋流量，並且還要將導入的自然搜尋流量，藉由滿足使用者來轉換成為業績。

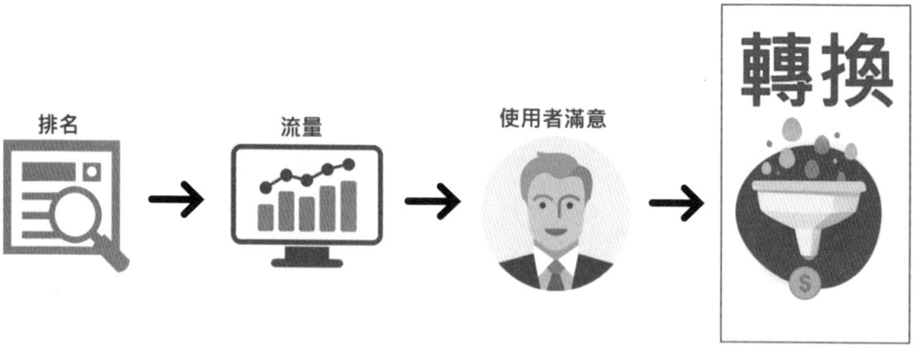

圖 1-1 現在 SEO 的任務，已經從提高自然搜尋排名 → 提升網站的自然搜尋流量 → 讓使用者滿意 → 將自然搜尋流量轉換成為業績。

要讓自然搜尋排名變成自然搜尋流量，或是讓自然搜尋流量變成業績，當然需要操作的項目不會一樣。SEO 需要操作的範圍已經越來越擴大，也就是以往 SEO 只跟排名有關係，而現在網站的業績也跟 SEO 息息相關了。

自然搜尋 VS 付費搜尋

前面提到「自然搜尋排名」、「自然搜尋流量」，指的「自然」(Organic) 是相對於關鍵字廣告 (PPC，Pay-Per-Click) 的「付費」機制而言。也就是不需要付費的搜尋排名稱為「自然搜尋排名」，不需要付費的搜尋流量稱為「自然搜尋流量」。

如圖 1-2、1-3 所示，實線框為各搜尋引擎的自然搜尋結果，虛線框為付費關鍵字廣告。

Google
airpods
全部
圖片
新聞
購物
影片
更多
設定
工具
約有 213,000,000 項結果 (搜尋時間：0.44 秒)
廣告 · https://www.apple.com/tw
AirPods - 立即購買 - 官方網站
AirPods、AirPods Pro 及全新 AirPods Max。全系列，款款巧妙。 設定 Siri 指令。輔助使用功能。藍牙 5.0。Apple H1 耳機晶片。服務: 免費運送服務, Apple 直營店取貨, 免額外付費雷射鐫刻服務。
https://www.apple.com › airpods
AirPods - Apple (台灣)
AirPods、AirPods Pro 與AirPods Max 均融合了高品質音質與無線、輕鬆的聆聽體驗。找出適合你的耳機。
AirPods · AirPods Pro · AirPods Max · 雷射鐫刻與禮物包裝服務
https://www.apple.com › Music › AirPods
AirPods (第2 代) - Apple (台灣)
無論你是使用AirPods 來搭配iPhone、Apple Watch、iPad，或是Mac，感受都同樣驚豔。 Siri，你的左右手。 需要幫手嗎？只要說聲「嘿Siri」， ...
https://www.apple.com › 所有配件 › 耳機與揚聲器
購買AirPods 搭配充電盒- Apple (台灣)
全新AirPods 重新詮釋無線耳機的使用體驗，只要從充電盒中取出，就能立即搭配你的iPhone、Apple Watch、iPad 或Mac 使用。 輕點一下就可完成設定，AirPods ...
$5,290.00 · 供應中

圖 1-2 Google 的自然搜尋結果與付費關鍵字廣告，虛線框為付費關鍵字廣告，實線框為自然搜尋排名。

Microsoft Bing
airpods
全部
圖片
影片
地圖
新聞
25,200,000 個結果
日期
AirPods - 立即購買 - 官方網站
https://www.apple.com/tw
廣告 AirPods、AirPods Pro 及全新 AirPods Max。全系列，款款巧妙。
Mac 配件
iPhone 配件
iPad 配件
Apple 配件
AirPods - Apple (台灣)
https://www.apple.com/tw/airpods
AirPods、AirPods Pro 與 AirPods Max 均融合了高品質音質與無線、輕鬆的聆聽體驗。找出適合你的耳機。AirPods Pro 具備抗汗抗水功能，適合各種非水上運動與活動。AirPods Pro 已在受控管的實驗室環...
購買 · 進一步了解 · 台灣 · 配件 · 適用於 AirPods · AirPods 搭配充電盒
購買 AirPods Max - Apple (台灣)
AirPods Pro - Apple (香港)
AirPods (第 2 代) - Apple (台灣)
AirPods - Apple
查看其他搜尋結果
AirPods - PChome 24h購物
https://24h.pchome.com.tw/store/DYAJCH
AirPods Pro 限量到貨 數量有限，售完為止 Apple H1 晶片 由 Apple 設計 主動式降噪功能 可選擇更合適尺寸與密合程度 通透模式 適應性等化功能帶來出色的音質 抗汗抗水功能 (IPX4) 自動開啟，自動連線 可輕...
PChome線上購物 · Apple 新上架商品 · 搭配有線充電盒 · AirPods Pro · iPod Touch · 無線充電盒

圖 1-3 Bing 的自然搜尋結果與付費關鍵字廣告，短虛線框為付費關鍵字廣告，實線框為自然搜尋排名。

SEO 並不是只針對搜尋引擎做優化

曾經有許多人誤會，認為 SEO 是針對搜尋引擎做優化，因為 SEO 的翻譯就是「搜尋引擎」優化，因此提出反對 SEO 的見解，把 SEO 操作認定為作弊行為，其實真的是誤會了。如圖 1-4，企業網站在操作 SEO 時都會圍繞著**搜尋引擎、外界網站、**與**使用者**這三者來進行。

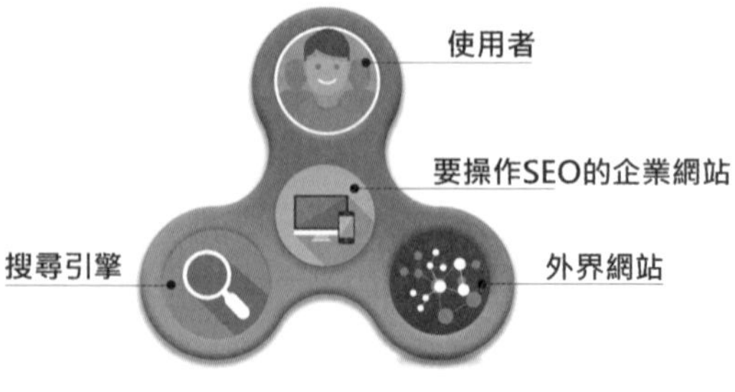
使用者
要操作SEO的企業網站
搜尋引擎
外界網站

圖 1-4 企業網站必須面對搜尋引擎、外界網站、與使用者來進行優化。

SEO 的操作就是要讓企業網站被搜尋引擎、外界網站、與使用者所喜愛。**被搜尋引擎喜愛**，才能夠被正確的處理而在自然搜尋活動中曝光；**被外界網站喜愛**，才能夠被連結而建立相關性；**被使用者喜愛**，才能夠造成轉換而變成業績。因此，SEO 並不是只針對搜尋引擎做優化，而是針對搜尋引擎、外界網站、與使用者來進行優化。

SEO 與關鍵字廣告的差別

關鍵字廣告就是前面章節提過的付費搜尋，許多企業經常會把 SEO 與關鍵字廣告搞錯用途，或是認為兩者是互相排斥的，其實兩者是可以互補的行銷方式。

- **關鍵字廣告**屬於「短效型快速行銷」，雖然進行之後可以很快的看到流量效果，但是沒有持續性，一旦結束操作馬上失去效果。
- **SEO** 則屬於「長效型長期行銷」，雖然沒有辦法在操作後馬上看到效果，但是操作後效果可以持續很長的時間。

	特性	到達頁面	適合狀況
SEO	長效型長期行銷	由搜尋引擎安排	長期調整網站
關鍵字廣告	短效型快速行銷	下廣告時選擇	搭配短期活動操作

1-2 搜尋引擎的運作原理

搜尋引擎最先會派出爬蟲軟體 (英文稱為 Crawler、Spider 或是 Bot)，到處抓取網站的內容回去儲存起來，Google 把這個動作稱為「**檢索**」。接著就會開始透過他們特有的演算法去「**分析**」網頁，分析過後的網頁內容就會變成「**索引**」資料，連同網頁評估後的分數就會在資料中心儲存起來，以便提供使用者的搜尋。

當使用者搜尋某個詞彙的時候，搜尋引擎就透過索引取出與該詞彙相關的網頁，然後透過網頁分數「排名」後呈現搜尋結果。

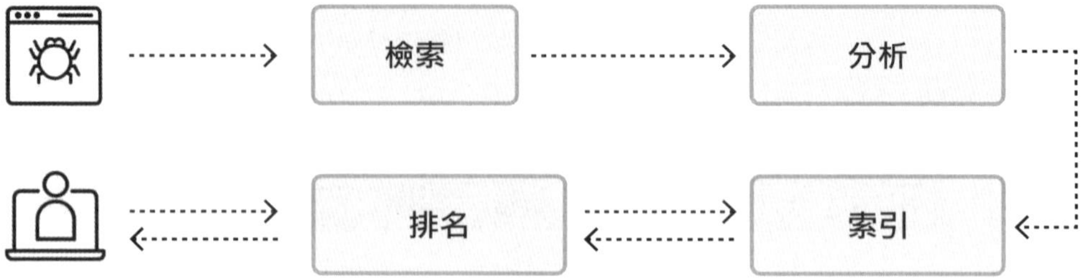

圖 1-5 檢索、分析、索引、排名是搜尋引擎最主要的四個程序。

1-3 SEO 在做哪些事情

SEO 到底在做哪些事情呢？就是如前面章節的定義所說，進行網站調整，也就是進行網站的優化。但是怎麼知道要調整網站的那些部分呢？就是透過如下的步驟：

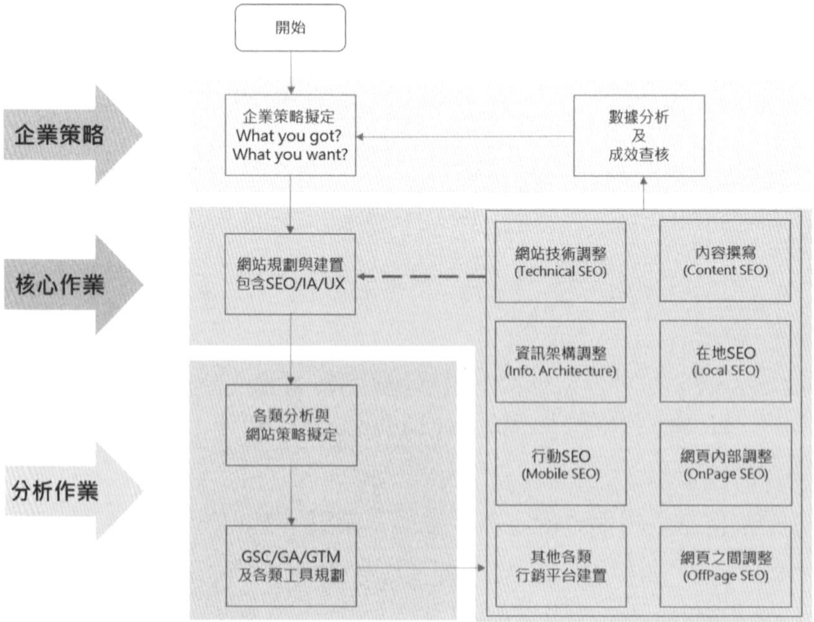

圖 1-6 SEO 操作有三個階段的作業，各是**企業策略**、**核心作業**、與**分析作業**。

企業策略階段

企業策略是所有 SEO 的開頭與結尾，開頭需要先瞭解企業目標以及盤點企業既有的資源。不同的企業目標就會影響後面要進行的程序，盤點企業既有的資源是要評估達成目標的可行性。企業策略的另外一個部分就是進行數據分析，瞭解操作的結果是否達成企業目標。

核心作業階段

核心作業的第一要務就是先確定網站的規劃與建置都沒有問題，如同前面說過的，SEO 不是解救爛網站的救星，開始操作之初，需要先確定網站符合達成企業目標的條件。核心作業的一部分程序是在分析作業之後，因為有了分析結果才能知道應該如何進行。

分析作業階段

分析作業包含**競爭分析、關鍵字與主題分析**，目的是要瞭解網站面對的競爭環境，從分析的結果才能擬定優化的方向與優先順序。另外將分析的結果搭配企業目標，便可以規劃搜尋引擎工具應該如何與網站連接，搜尋引擎工具例如 Google 網站管理員 (Google Search Console，GSC)、Google 分析 (Google Analytics，GA)、Google 代碼管理員 (Google Tag Manager，GTM)。

後面的章節就會仔細說明企業策略、核心作業、分析作業這三個作業應該如何進行。

1-4 搜尋引擎的排名因素

搜尋引擎是一個很複雜的龐大系統，想要用一個簡單的公式或是簡單的說明來表達排名因素是很不容易的工作。

在網路上也有很多文章在討論搜尋引擎的排名因素，但是根據 Google 的說法，他們的排名因素至少有兩百個大項目以上，每個項目可能還會再包含很多細節，展開來可能成千上萬的條目。對於大部分操作者來說，搜尋引擎排名因素太多細節等於沒有排名因素，因為根本無法聚焦。

所以我們嘗試了這個不容易的工作，把排名因素用一個簡單的公式來表達如下：

網頁評分

3 Expertise Authority Trust

4 結構評分

$$W = (R^n + U \cdot m_1 + EAT \cdot m_2 + O \cdot m_3) \cdot S$$

2 使用者因素評分

其他評分

1 與關鍵字的相關性評分

在以上的公式中，各符號的意義是：

W	網頁的評分
S	結構評分
R	關鍵字的相關性評分
U	使用者因素評分
EAT	網頁的專業度 (Expertise)、權威度 (Authority)、信賴度 (Trust) 分數
O	其他評分
n	n 為常數參數
m	m_1、m_2、m_3 為常數參數，其中 $m_1 > m_2 > m_3$

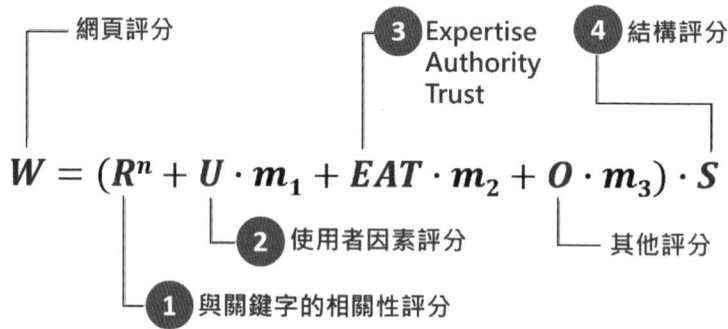

這個公式主要表達幾個重點：

❶ 網頁評分是由兩大分數相乘，**網頁各項評分的累積**乘以**結構評分**，所以兩者如果任何一項太差或是零分，則會嚴重影響整體網頁評分。

❷ **關鍵字的相關性評分**以 n 次方成長，表示相關性評分是最重要的評分項目。

❸ **使用者因素評分**以 m_1 倍數成長，表示使用者因素評分是第二重要的評分項目。

❹ **網頁的專業度、權威度、信賴度分數**以 m_2 倍數成長，表示 EAT 評分是第三重要的評分項目。

❺ **其他評分**則是其他各種細項評分的總和，如果沒有太多時間操作，就可以忽略。

❻ 至於各個常數參數的數值是多少，只能大略知道相對數值，無法知道確切的數值，而且這些數值並不是固定不變，而是不同關鍵字有不同的常數參數。

透過以上的公式，操作 SEO 就可以聚焦在**網站結構評分**、**關鍵字的相關性評分**、**使用者因素評分**、以及**網站的 EAT 評分**，並且要知道不同的關鍵字，對於這些評分項目會乘以不同的常數參數。

舉個例子來說，當網站弄錯了設定將網站設為禁止搜尋引擎檢索，那麼結構評分就等於零，就算你的網站內容的關鍵字相關性評分 100 分都沒有用處，還是不會出現在搜尋結果頁面。

許多網站雖然不至於結構評分是零分，但是如果有大量的網頁無法被搜尋引擎正確檢索，那麼在很低的結構評分下，就算其他項目很高分，最後的網頁評分仍舊不會太理想。

關於這個公式的結構評分、相關性評分、使用者因素評分、EAT 評分等細節，在後面章節就會告訴你如何操作，看完後面章節再回來看這個公式，就會有更深層的感受。

專家小結

搜尋引擎　　SEO　　你的網站

簡單來說，SEO 最基本的功能就像轉接頭，可以讓網站與搜尋引擎完美的銜接。並且在很多情況，不同類型的網站可能需要不同的轉接頭。前面提到，網站需要針對搜尋引擎、使用者、外部網站進行優化，也就是要跟搜尋引擎、使用者、外部網站銜接，更需要各種不同的轉接頭。

所以 SEO 的任務就像在扮演萬用轉接頭的角色，讓網站被搜尋引擎抓取時，可以順利抓取與處理；當使用者在搜尋結果看到你的網站時，可以點擊進入並且轉換成為銷售；並且面對外部網站時，可以形成強大的關聯性。

Chapter

2

企業策略與 SEO：正確操作邁向目標

沒有戰略的企業就像一艘沒有舵的船，只會在原地轉圈。

喬爾 . 羅斯 Joel E. Ross (美國企業家)。

企業策略就是戰場上的戰略 (Strategy)，代表企業想要前往的「方向」；企業的執行步驟就是戰場上的戰術 (Tactics)，代表企業想要達成目標的「方法」，如果方向搞錯，再好的方法都無法挽救。就像再快的跑車如果開錯方向，永遠都到不了目的地。企業要能夠勝出，必須先要有正確的策略，然後再加上徹底的執行。

SEO 的操作項目非常繁雜，而且不同業態的網站，需要執行的項目也可能會因為網站體質不同而有所差異。因此必須事先審慎的確定企業策略並徹底執行，才能達成預期的 SEO 效果。本章節的主要目的，是讓讀者瞭解企業策略與 SEO 的關係，並且如何訂定正確的 SEO 操作方向與方法。

2-1 企業策略與 SEO 的關係

為何操作 SEO 要先談企業策略呢？因為 SEO 可以達成的目標可以分為不同類型：**自然搜尋排名**、**自然搜尋流量**、以及**轉換**。

何謂轉換(Conversion)？

操作 SEO 需要預先訂定網站欲達成的目標，例如訪客停留時間超過五分鐘、訪客註冊會員、或是訪客購買產品等。當訪客進到網站達成預先訂定的目標，就稱為**轉換**；造成轉換的訪客數量占全部訪客數量的比例，就稱為**轉換率**。

例如，100 個訪客中有 5 個訪客註冊會員，則註冊會員這個目標的轉換率就是 5%。目標的設定與轉換率的數據，在本書的第八章會有更詳細的說明。

由企業策略可以決定要達成哪些目標，然後才能知道要執行哪些 SEO 項目，再來決定採用哪些方法來完成這些 SEO 項目。如果沒有釐清企業策略，SEO 操作的方向就不明確，就會發生執行之後無法符合企業需求的情況。

例如一個旅遊內容網站，以廣告業務為收入來源，原本的企業策略是導入自然搜尋流量為優先要務，但是經過一段時間的 SEO 操作後，網站決定要銷售旅遊行程，需要將流量轉換成為營收。這個企業策略的轉換，就使得網站的資訊架構必須打掉重練，因為使用者可以因為免費資訊，而忍受不夠好的資訊架構，但是要使用者掏錢購買旅遊行程，在沒有改善使用者經驗的情況下，是很困難的任務。

現在來看看不同類型的 SEO 目標，需要執行那些操作項目，就更能夠知道釐清企業策略對操作 SEO 的重要性了。

如下表 2-1 所示，「**網站技術調整**」與「**關鍵字相關性優化**」是針對**搜尋引擎**的 SEO 操作項目，也是 SEO 最基本的操作項目。「網站技術調整」可以讓搜尋引擎更順利的抓取與索引；「關鍵字相關性優化」可以讓搜尋引擎更正確地處理網站內容，但是這兩個項目僅改善搜尋引擎的網站處理程序，只針對自然搜尋排名提升比較有效果。

「**使用者需求優化**」與「**使用者經驗優化**」則是針對**使用者**的 SEO 操作項目。「使用者需求優化」能夠讓網站內容更符合使用者的搜尋意圖，提升網站的自然搜尋流量；「使用者經驗優化」則能夠造成轉換達成業績成長的目標。

表 2-1：三種不同目標需要不同的操作項目

目標 / 操作項目	自然搜尋排名提升	自然搜尋流量增加	業績成長或造成轉換
01 網站技術調整 修正索引涵蓋度錯誤、調整網站健康度、調整網站結構、網頁內碼優化。	○	○	○
02 關鍵字相關性優化 SEO 分析（競爭網站分析 / 關鍵字與主題分析）、網頁標題 / 描述等相關性元素優化、圖檔優化、連結策略優化。	○	○	○
03 使用者需求優化 產生符合使用者搜尋意圖的內容（圖 / 文 / 影音）、建立數據分析策略。		○	○
04 使用者經驗優化 資訊架構優化、呼籲行動 (Call To Action) 優化、網頁配置優化（桌機 / 手機網頁）、整合行銷 (Google 在地商家 / 社交行銷 / 影音行銷 / 電商平台等管道）。			○

以上的目標與操作項目的關係，並不是百分之百的對應，因為還需要由網站的體質來決定。有可能某些網站原本體質就很健全，因此只操作部分項目之後，就達成了全部的目標；也可能因為網站體質不佳，雖然所有操作項目都做了，但是並沒有真正改善網站體質，當然就不可能達成目標。

經常看到許多企業操作 SEO 之後，發現只有自然搜尋排名提升，但是卻沒有看到流量增加；或是只看到自然搜尋流量增加，卻不見業績成長，然後就開始懷疑 SEO 沒有效果。其實不是沒有效果，而是沒有操作正確的項目。

專家小結

自然搜尋排名提升、自然搜尋流量增加、業績成長或造成轉換是操作 SEO 的三種不同層次的目標，應該在建置企業網站時就要清楚地確認，因為這三種不同的目標需要不同的資源投入與不同的操作項目。

2-2 SEO 戰略與戰術

SEO 戰略就是指 SEO 操作的大方向，例如前面提到的 SEO 操作項目：網站技術調整、關鍵字相關性優化、使用者需求優化、使用者經驗優化，就是屬於 SEO 戰略。**SEO 戰術**就是要完成 SEO 戰略的方法，例如將網站技術調整的工作委託給外包公司或是由內部人員執行，擬定執行與驗收的方法，就是屬於 SEO 戰術。

如果 SEO 戰略方向搞錯，再好的 SEO 戰術都無法挽救。比如企業的 SEO 戰略如果沒有包含使用者經驗優化，無論 SEO 戰術再如何徹底的執行，都不要太期待網站可以帶來優秀的轉換。

因此必須先由企業策略確定要達成排名 / 流量 / 轉換哪些目標，或是確定這些目標的優先順序，然後才能知道要執行哪些 SEO 項目。知道要執行的 SEO 項目之後，再來決定要用什麼方法來完成這些 SEO 項目。

企業策略：自然搜尋排名提升

自然搜尋排名提升是操作 SEO 最基本的目標，需要操作的項目是針對搜尋引擎進行網站技術調整與關鍵字相關性優化。

但是要注意的是，如果只偏重操作網站技術調整與關鍵字相關性優化，很可能網頁只有自然搜尋排名而沒有太多的自然搜尋流量。

如下圖 2-1，從 Google 網站管理員的成效報表來看，搜尋排名都是第一名，但是點擊次數都是零，也就是出現在搜尋結果頁面，已經達成曝光的效果，但是並沒有導入任何流量到網站。或是有時可能取得還不錯的搜尋排名，但是只有少數的自然搜尋流量。

圖 2-1 網頁只有自然搜尋排名，但是卻沒有自然搜尋流量。

什麼情況會讓網頁只有自然搜尋排名，但是沒有導入流量到網站呢？第一種情況是出現**零點擊** (Zero Click)，第二種情況是**因為網頁不符合搜尋需求**。

「零點擊」的意思就是搜尋者沒有點擊搜尋結果頁面中十個網頁的任何一個。根據 SEO 網站 Sparktoro 的研究結果顯示，桌機與手機的 Google 搜尋行為中，在 2019 年有 50.33%，在 2020 年則有 64.82% 產生「零點擊」的現象。

如果搜尋結果頁面直接出現搜尋者想要的答案，就不需要再點擊進入網頁，如下圖 2-2。

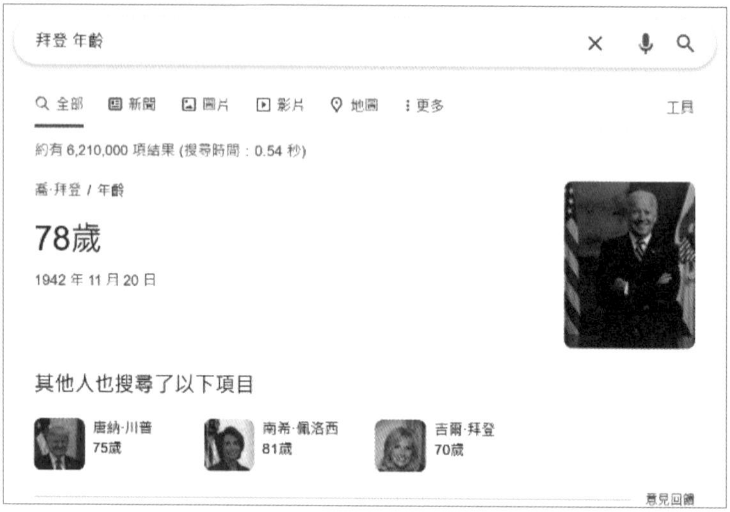

圖 2-2 搜尋「拜登 年齡」的搜尋結果頁面直接出現搜尋者想要的答案，因此就不需要再點擊進入網頁，而造成「零點擊」的現象。

另外「零點擊」的情況是搜尋者直接點擊「**精選摘要**」，也就是俗稱「第零名排行」的搜尋結果，因而搜尋排名在第一頁的十個網頁就可能降低被點擊的機率，如下圖 2-3。

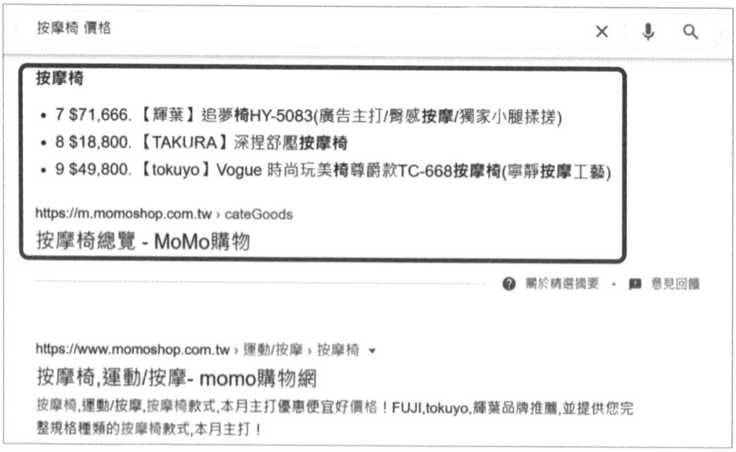

圖 2-3 搜尋結果出現「按摩椅 價格」的精選摘要，就滿足了搜尋目的，而讓其他網頁降低被點擊的機會。

除了「零點擊」之外，網頁只有自然搜尋排名而沒有導入流量的第二種情況，是因為網頁不符合搜尋需求，因此只有排名與曝光，而無法獲得自然搜尋流量，如下圖 2-4。

補習班 工讀
https://www.dcard.tw › 工作
五天補習班打工心得#文長 - 工作板 | Dcard
2018年1月31日 — 去年暑假因為剛畢業沒事，所以就上網找了打工，想說幫家裡分擔一些家計，一開始想找的類型就是補習班或一些行政的方面的工作，我承認自己是一個甚麼 ...
https://worknowapp.com › 首頁 › 台北打工 › 補教
台北的補教打工| 打工趣- 快速尋找短期工作、暑期打工、兼職機會
台北的補教打工. 長期兼職. 補習班長期工讀請看描述，不符合勿應徵 · 飛哥英文. 補教; 時薪160; 中正區. 6-10 人應徵 1 天前. 長期兼職 ...
https://tw.indeed.com › 補習班工讀生-jobs
補習班工讀生職缺，徵才2021年7月| Indeed.com
補習班工讀生職缺現於Indeed.com 招聘：工讀生，導師，行政助理與更多.

圖 2-4 dcard.tw 雖然出現在「補習班 工讀」的搜尋結果頁面，但是如果要尋找工作職缺，可能就不會點擊。

大多數的 SEO 操作都不希望出現排名卻無法導引流量進入網站，但是有一種情況例外，就是只希望讓品牌盡可能的曝光，而不一定需要獲得點擊。例如企業想用最少的資源去操作 SEO，或是企業希望藉由高搜尋量的關鍵字，來讓網站或是品牌曝光，如下圖 2-5。讓搜尋者具有印象之後，在日後需要購買時，就可能提高購買的機率。

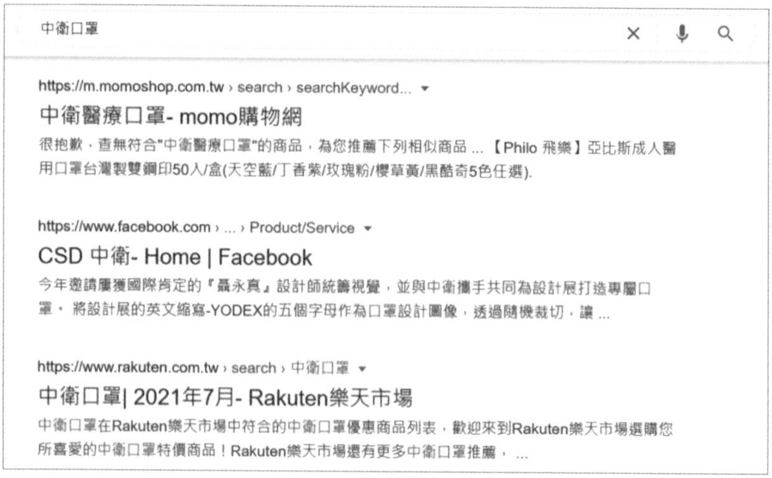
中衛口罩
https://m.momoshop.com.tw › search › searchKeyword...
中衛醫療口罩- momo購物網
很抱歉，查無符合"中衛醫療口罩"的商品，為您推薦下列相似商品 ... 【Philo 飛樂】亞比斯成人醫用口罩台灣製雙鋼印50入/盒(天空藍/丁香紫/玫瑰粉/櫻草黃/黑酷奇5色任選).
https://www.facebook.com › ... › Product/Service
CSD 中衛- Home | Facebook
今年邀請屢獲國際肯定的『聶永真』設計師統籌視覺，並與中衛攜手共同為設計展打造專屬口罩。 將設計展的英文縮寫-YODEX的五個字母作為口罩設計圖像，透過隨機裁切，讓 ...
https://www.rakuten.com.tw › search › 中衛口罩
中衛口罩| 2021年7月- Rakuten樂天市場
中衛口罩在Rakuten樂天市場中符合的中衛口罩優惠商品列表，歡迎來到Rakuten樂天市場選購您所喜愛的中衛口罩特價商品！Rakuten樂天市場還有更多中衛口罩推薦， ...

圖 2-5 許多網站並不銷售「中衛口罩」，但是可以藉由該關鍵字的高搜尋量而獲得曝光，並且也許還能獲得流量。

案例一：承攬室內設計案件的公司網站

主要業務來源是標案或是熟客的介紹，因此企業策略決定要達成的優先順序是排名優先，其次的順序才是流量與轉換，首先希望能夠在搜尋品牌或是相關關鍵字時，可以出現在搜尋結果頁面優秀的位置，以建立企業的品牌形象。

因此 SEO 的操作策略就是「**網站技術調整**」與「**關鍵字相關性優化**」兩個項目為第一優先，如果還有其他資源再來執行更多的 SEO 項目。

企業策略：自然搜尋流量增加

自然搜尋流量增加的目標，是希望藉由排名的提升之後，讓訪客點擊搜尋結果進入你的企業網站，需要再操作的項目是使用者需求優化，也就是產生符合使用者搜尋需求的內容。

目前搜尋引擎透過大數據以及人工智慧技術，已經可以更精準的知道哪些網頁真正符合使用者搜尋需求，例如以兩個格式類似的搜尋詞「咖啡廳 插座」與「五金行 插座」來看搜尋結果，如下圖 2-6 與圖 2-7。

咖啡廳 插座
https://cafenomad.tw › taipei › tag
台北提供插座的咖啡廳：共收錄387間網友推薦的店- Cafe Nomad
台北提供插座的咖啡廳：共收錄387間網友推薦的店 · 1315 coffee · 313 咖啡魔豆屋 · 5 Senses Café（台大店） · 917 好事咖啡創意廚房 · 61 Note · 515 Cafe&Books · 202 ...
https://cafenomad.tw › kaohsiung › tag
高雄提供插座的咖啡廳：共收錄63間網友推薦的店- Cafe Nomad
高雄提供插座的咖啡廳：共收錄63間網友推薦的店 · Uns Coffee（昂司咖啡）高雄明誠店 · 高雄 TaMa 咖啡館 · Cuiqu Coffee(奎克咖啡) · 季洋咖啡隨行吧福山店 · 噗咖啡Pu Cafe.
探索更多地點
還有 18 個
還有 18 個
還有 18 個
最好喝的咖啡
日光精品咖啡豆專賣店, 眼...
咖啡和 Wi-Fi
老咖啡館, Café Costumice...
最佳用餐地點
貳房苑 LivinGreen · 雙好設...

圖 2-6 搜尋「咖啡廳 插座」的搜尋結果。

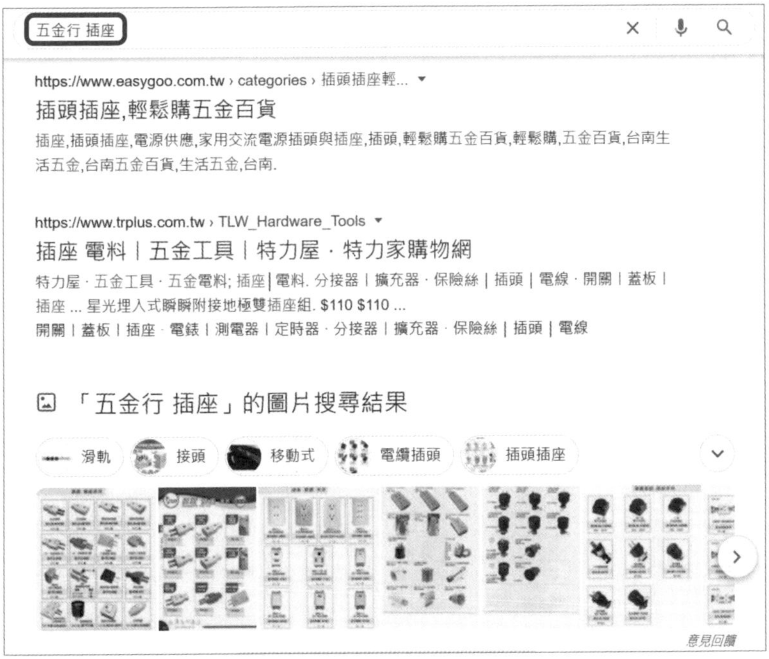
五金行 插座
https://www.easygoo.com.tw › categories › 插頭插座輕...
插頭插座,輕鬆購五金百貨
插座,插頭插座,電源供應,家用交流電源插頭與插座,插頭,輕鬆購五金百貨,輕鬆購,五金百貨,台南生活五金,台南五金百貨,生活五金,台南.
https://www.trplus.com.tw › TLW_Hardware_Tools
插座 電料 | 五金工具 | 特力屋 · 特力家購物網
特力屋 · 五金工具 · 五金電料; 插座 | 電料. 分接器 | 擴充器 · 保險絲 | 插頭 | 電線 · 開關 | 蓋板 | 插座 ... 星光埋入式瞬膦附接地極雙插座組. $110 $110 ...
開關 | 蓋板 | 插座 · 電錶 | 測電器 | 定時器 · 分接器 | 擴充器 · 保險絲 | 插頭 | 電線
「五金行 插座」的圖片搜尋結果
滑軌
接頭
移動式
電纜插頭
插頭插座
意見回饋

圖 2-7 搜尋「五金行 插座」的搜尋結果。

從「咖啡廳　插座」與「五金行　插座」的搜尋結果，可以看出明顯差異，前者的搜尋結果重點在於地點「咖啡廳」，而後者的搜尋結果重點在於商品「插座」。

案例二：依靠廣告收入的內容網站

內容網站就是依靠流量的支撐來獲得廣告收益，因此企業策略決定要達成的優先順序是流量優先，但是要有流量必須先有排名，因此算是排名及流量優先，其次的順序才是轉換。

因此 SEO 的策略就是「**產生使用者需要的內容**」、「**網站技術調整**」、「**關鍵字相關性優化**」為第一優先，如果還有其他資源再來執行更多的 SEO 項目。

如果這個內容網站的企業策略決定逐步轉型為：內容收費為主、廣告收益為次。那麼就不能僅依靠流量，必須再進行使用者經驗優化來達成轉換的目標。

企業策略：業績成長或是造成轉換

讓網頁符合搜尋需求還不一定能夠造成轉換，可能因為沒有強而有力的呼籲行動或是品牌印象不足，導致無法說服訪客；或是不佳的使用者經驗、讓人困惑的網站結構，導致訪問網頁過程中產生負面的觀感，如下圖 2-8。

主要維度：到達網頁　其他

依資料列繪製圖表　次要維度　排序類型：預設

到達網頁	客戶開發：工作階段	客戶開發：新工作階段百分比	客戶開發：新使用者	行為：跳出率	行為：單次工作階段頁數	行為：平均工作階段時間長度	轉換：(目標 3 轉換率)	轉換：(目標 3 達成)	轉換：(目標 3 價值)
	224,206 % 總計: 100.00% (224,206)	79.63% 資料檢視平均值: 79.60% (0.05%)	178,545 % 總計: 100.05% (178,458)	82.09% 資料檢視平均值: 82.09% (0.00%)	1.54 資料檢視平均值: 1.54 (0.00%)	00:00:53 資料檢視平均值: 00:00:53 (0.00%)	0.00% 資料檢視平均值: 0.00% (0.00%)	0 % 總計: 0.00% (0)	$0.00 % 總計: 0.00% ($0.00)
1.	60,094 (26.80%)	83.39%	50,115 (28.07%)	85.21%	1.26	00:00:38	0.00%	0 (0.00%)	$0.00 (0.00%)
2.	20,676 (9.22%)	65.99%	13,644 (7.64%)	50.06%	3.16	00:01:58	0.00%	0 (0.00%)	$0.00 (0.00%)
3.	19,958 (8.90%)	81.34%	16,233 (9.09%)	87.20%	1.43	00:00:23	0.00%	0 (0.00%)	$0.00 (0.00%)
4.	4,699 (2.10%)	77.85%	3,658 (2.05%)	84.76%	1.27	00:01:06	0.00%	0 (0.00%)	$0.00 (0.00%)
5.	2,114 (0.94%)	13.01%	275 (0.15%)	59.74%	2.42	00:02:02	0.00%	0 (0.00%)	$0.00 (0.00%)

圖 2-8 網頁只有自然搜尋流量，但是沒有造成轉換。

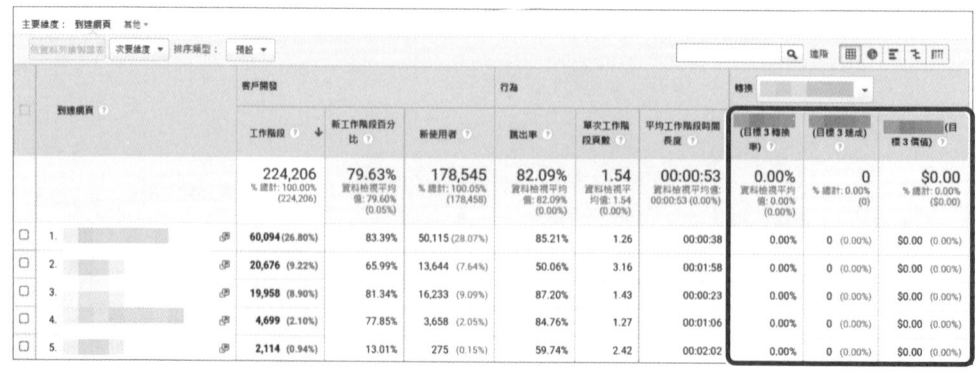

因此操作 SEO 要讓業績成長或是造成轉換，需要再操作的項目是使用者經驗優化，才能產生如下圖 2-9 的結果。

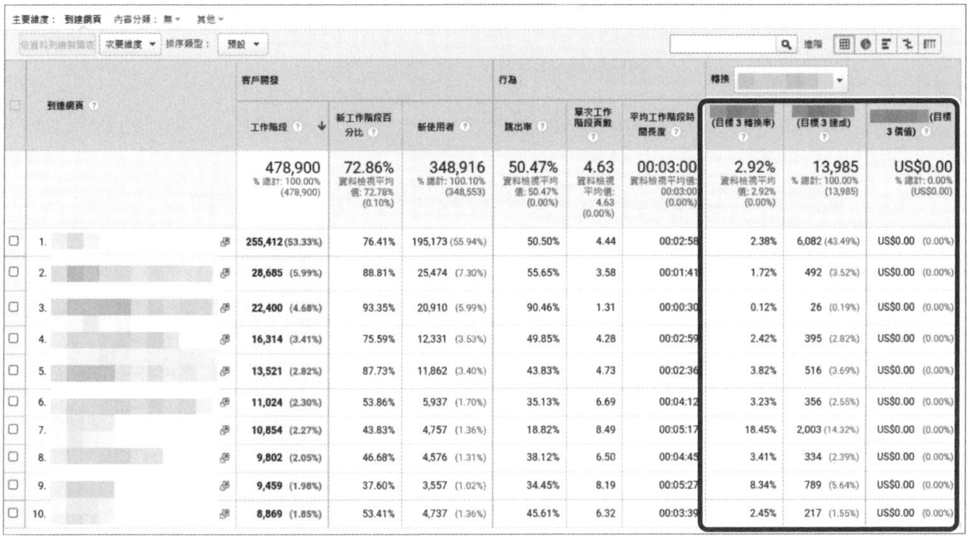

主要維度： 到達網頁 內容分類： 無 其他

次要維度 排序類型： 預設 進階

到達網頁	客戶開發：工作階段	新工作階段百分比	新使用者	行為：跳出率	單次工作階段頁數	平均工作階段時間長度	轉換：(目標 3 轉換率)	(目標 3 達成)	(目標 3 價值)
	478,900 % 總計: 100.00% (478,900)	72.86% 資料檢視平均值: 72.78% (0.10%)	348,916 % 總計: 100.10% (348,553)	50.47% 資料檢視平均值: 50.47% (0.00%)	4.63 資料檢視平均值: 4.63 (0.00%)	00:03:00 資料檢視平均值: 00:03:00 (0.00%)	2.92% 資料檢視平均值: 2.92% (0.00%)	13,985 % 總計: 100.00% (13,985)	US$0.00 % 總計: 0.00% (US$0.00)
1.	255,412 (53.33%)	76.41%	195,173 (55.94%)	50.50%	4.44	00:02:58	2.38%	6,082 (43.49%)	US$0.00 (0.00%)
2.	28,685 (5.99%)	88.81%	25,474 (7.30%)	55.65%	3.58	00:01:41	1.72%	492 (3.52%)	US$0.00 (0.00%)
3.	22,400 (4.68%)	93.35%	20,910 (5.99%)	90.46%	1.31	00:00:30	0.12%	26 (0.19%)	US$0.00 (0.00%)
4.	16,314 (3.41%)	75.59%	12,331 (3.53%)	49.85%	4.28	00:02:59	2.42%	395 (2.82%)	US$0.00 (0.00%)
5.	13,521 (2.82%)	87.73%	11,862 (3.40%)	43.83%	4.73	00:02:36	3.82%	516 (3.69%)	US$0.00 (0.00%)
6.	11,024 (2.30%)	53.86%	5,937 (1.70%)	35.13%	6.69	00:04:12	3.23%	356 (2.55%)	US$0.00 (0.00%)
7.	10,854 (2.27%)	43.83%	4,757 (1.36%)	18.82%	8.49	00:05:17	18.45%	2,003 (14.32%)	US$0.00 (0.00%)
8.	9,802 (2.05%)	46.68%	4,576 (1.31%)	38.12%	6.50	00:04:45	3.41%	334 (2.39%)	US$0.00 (0.00%)
9.	9,459 (1.98%)	37.60%	3,557 (1.02%)	34.45%	8.19	00:05:27	8.34%	789 (5.64%)	US$0.00 (0.00%)
10.	8,869 (1.85%)	53.41%	4,737 (1.36%)	45.61%	6.32	00:03:39	2.45%	217 (1.55%)	US$0.00 (0.00%)

圖 2-9 網頁除了導入自然搜尋流量，還要能夠造成轉換。

案例三：依靠線上營收的電商網站

電商網站就是依靠網站的流量轉換為業績而存活，因此企業策略決定要達成的優先順序是業績成長優先，但是必須先有排名及流量才能得到轉換，因此算是排名、流量、轉換都同等重要。

因此 SEO 的戰略就是「**網站技術調整**」、「**關鍵字相關性優化**」、「**產生使用者需要的內容**」、以及「**使用者經驗優化**」。

專家小結

企業策略改變就會影響應該執行的 SEO 項目，雖然企業策略改變之後，對於後續的影響未必都會很大，但是一定都需要時間作修正，因此在執行 SEO 操作之前，最好把短中長期的企業策略都思考清楚，才能把可能的影響降到最低。

2-3 操作 SEO 經常發生的錯誤

通常很多人都會認為別人發生的錯誤，不會發生在我的身上。但是根據研究顯示，很多操作 SEO 會發生的錯誤，其實都大同小異。茲將這些常見的操作錯誤整理如下，希望可以讓大家不要再重蹈覆轍。

❶ 沒有將之前的委外操作歷史過程告知新的委外廠商

通常企業將 SEO 業務委外時，經常不會把之前曾經做過的 SEO 操作，或是關於 SEO 應該知道的事情，一併告知新的委外廠商。因此新的委外廠商可能會重複操作之前已經驗證無效的操作，或是花了許多時間才搞清楚網站的現況。

- **案例一**：某企業新的 SEO 委外廠商，在操作的過程發現企業網站有大量的外部垃圾連結，後來才知道這些連結是之前的操作。
- **案例二**：某企業新的 SEO 委外廠商，經過一段時間的除錯才發現企業網站的 Google 分析看到的數據並不是真正的數據，而是重複混雜了不同子網域以及外部網站的數據，後來才知道這些錯誤是有歷史過程。

建議：SEO 委外廠商在接下新的案子後，需要花費不少時間搞清楚企業網站的現況，以上兩個案例，沒有把這些資訊告知 SEO 委外廠商，因此就讓新的 SEO 委外廠商浪費時間去做原本不需要做的事情。

不管是 SEO 委外或是內部操作，一定要保存各種重要的 SEO 操作過程或是網站設定資訊，並且在將 SEO 業務委外時告知新的委外廠商。

茲整理如下表應告知或詢問 SEO 委外廠商的事項，提供參考。

表 2-2：需要告知或詢問 SEO 委外廠商的項目。

需要告知 SEO 委外廠商	需要詢問 SEO 委外廠商
1. 之前執行與 SEO 相關的歷史過程。 2. 企業對於整體網路行銷的短中長期策略與資源分配，希望 SEO 扮演的角色。 3. 目前網路行銷的工具或是專案。 4. 與 SEO 專案有關聯的部門與人員。 5. 與 SEO 專案有關聯，目前已知的缺點、問題、或正在尋求解答的難題。	1. SEO 執行成效的 KPI 有哪些項目？ 2. 怎麼做連結（包含內部與外部）？ 3. 怎麼挑選關鍵字？ 4. 怎麼做內容？ 5. 操作流程是什麼？ 6. 執行項目與時程規劃？ 7. 使用那些 SEO 工具？ 8. 有沒有區分初始期與穩定期的不同收費？ 9. 有無過往可證明的執行成效紀錄？ 10. 提供範例報告。

❷ 沒有正確擬訂 SEO 委外合約

SEO 委外合約應該包含 SEO 操作範圍及規範、SEO 報告項目及時程、收費方式及付款時程、SEO 成效驗收方式及退場機制、雙方的違約罰則、保密條款等。其中最常出問題的就是 SEO 操作規範、SEO 成效驗收方式及退場機制。

- **案例三**：某企業的 SEO 委外廠商大量操作違反搜尋引擎規範的項目，導致企業網站遭受處罰，但是因為 SEO 委外合約並沒有清楚記載違反規範應該如何處理，因此讓整個 SEO 操作停擺。

- **案例四**：某企業的 SEO 委外廠商因為操作成效不如預期，但是 SEO 委外合約並沒有清楚記載 SEO 成效驗收方式及退場機制，而 SEO 委外廠商並沒有明顯違約情事，因此讓整個 SEO 操作進退兩難。

建議：SEO 委外合約是委外操作成功與否的重要基礎，不夠嚴謹的合約輕則拖延時間，重則影響企業網站運作及企業營運。擬定 SEO 委外合約時，應該以最壞的情況去思考每個可能的處理方式。

❸ 將所有 SEO 操作全部委外處理

將 SEO 操作委外是因為企業內部沒有具有經驗的人才可以處理，但是並不代表應該將所有 SEO 操作全部委外處理。

- **案例五**：某企業將 SEO 操作委外，包含網站調整、數據收集及內容產生，並由企業內部一名行銷人員當窗口與 SEO 委外廠商聯繫。因為該行銷人員並不具有 SEO 相關知識，因此無法解讀 SEO 報表資訊及辨別 SEO 操作結果的品質，最後因為一直沒有顯著成效，才發現 SEO 報表只報喜不報憂，因而終止該 SEO 專案。

建議：SEO 操作委外不應該把所有的 SEO 業務委外處理，應該在專案進行過程，有計畫性的培養內部人員能夠瞭解整個操作過程，並且關於數據收集不應該由 SEO 委外廠商主導，因為會變成球員兼裁判的狀況，影響 SEO 成效評估的公正性。

❹ 沒有正確管理企業的數位資源

SEO 操作會牽涉到網站、Google 網站管理員、Google 分析、Google 代碼管理員等工具，因此會衍生相關的管理者帳號密碼問題，如果沒有充分瞭解這些企業數位資源的關聯，會嚴重影響企業網站的運作。

- **案例六**：某企業將網站代管及 SEO 操作委外，當發現操作成效不彰時，想要解除合約再另外尋找委外廠商，但是解約時只交回網站的管理者帳號密碼，廠商表示網站空間並不包含在委外合約中，並且網站代管仍舊需要持續付費。這個情況就像企業數位資源被脅持了，因為沒有清楚記載在合約中，委外廠商並沒有義務要交回，導致企業喪失了應有的數位資源。

建議：企業開始運作網站時，就應該確實盤點企業的數位資源 -- 企業網域的管理者帳號密碼、企業網域的管理人與付費流程、企業網域名稱伺服系統的管理人與管理者帳號密碼、網站空間的最高權限管理者帳號密碼、網站的最高權限管理者帳號密碼、Google 相關工具的最高權限管理者帳號密碼。並且在操作過程中，產生的任何管理者帳號，都應該在合約中載明所有權歸屬。另外，有關企業數位資源的管理者帳號密碼，也應該在人員職務異動時交接清楚。

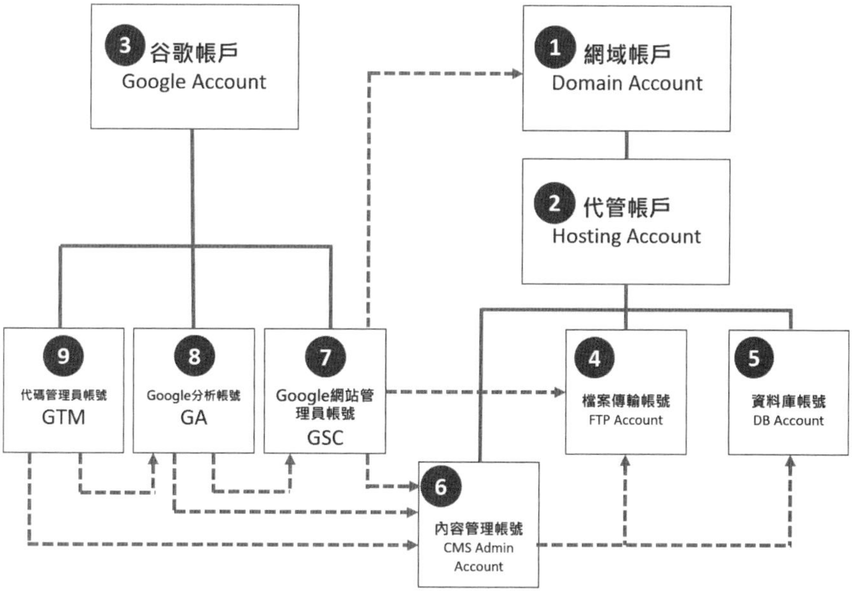

圖 2-10 與 SEO 操作相關的企業數位資源帳戶。

❹ 企業目標不明確導致事倍功半

企業內會有許多不同專案，交由不同人員負責，但是鮮少會注意這些專案是否可能產生互打的情況，也就是某專案的成功，可能會導致另外專案的失敗。

- **案例七**：企業運作網站與手機 APP，並且各自有不同的人員負責操作行銷與 SEO。但是因為網站與手機 APP 運作的內容都是相同的企業服務內容，如果沒有特別的市場佔有率變化，企業網站與手機 APP 的流量其實是互相排擠的。當使用者習慣在網站上瀏覽，就未必會安裝手機 APP；重度使用者安裝了手機 APP，就可能不會在網站上瀏覽。

- **案例八**：企業經營網站與臉書粉絲頁，並且企業網站與臉書粉絲頁都設有成效數據，企業網站的成效數據是網站流量、跳出率、及轉換率，而臉書粉絲頁的成效數據是每天的粉絲增加數量、按讚及分享數量。乍看之下好像沒有什麼不妥的地方，但是最後發現臉書粉絲頁導引的流量越多，會造成企業網站跳出率越高，而降低轉換率。

建議：在成立各種專案之前，必須要以企業的整體目標來判斷是否會產生排擠的現象，如果會的話，這些專案就應該由相同的人員負責，並且訂定整體的成效數據。

案例七的網站與手機 APP 專案，應該視整體流量表現，以及兩者訪客的投入程度來看兩者的成效；**案例八**則應該視平台的特性，排除不必要的干擾因素，比如呈現企業網站的跳出率及轉換率時，分成兩種數據，一個包含全部流量，另一個排除臉書粉絲頁導引的流量。

專家小結

每個 SEO 操作的錯誤都是一部血淚史，之所以會犯下這些錯誤都是因為沒有經驗，或是低估了可能發生錯誤的機率。永遠要記住墨菲定律 (Murphy's Law)：「凡是可能出錯的事就一定會出錯」，如果在操作 SEO 之前，可以好好地理解以上這些案例，就可以免去很多冤枉路。

Chapter

3

SEO 分析作業：徹底瞭解你與競爭者的網站

兵無常勢，水無常形，能因敵變化而取勝者，謂之神。

孫子兵法・虛實篇

SEO 是一個競賽，問題不在於你的網站多好，而在於你的網站是否比其他競爭者好一點。網站要比競爭者好一點，不只要瞭解競爭者，還要知道自己網站的優缺點並且維持優點及修正缺點。要讓網站比競爭者好一點，也不是只有在某個時間點而已，只要網站存在，你就必須一直持續下去。

本章節的主要目的，是讓讀者瞭解如何進行各類 SEO 分析，並且從分析結果清楚知道如何進行 SEO 操作來打敗競爭對手。

3-1 如何進行關鍵字與主題分析

根據 Google 的研究顯示，53% 的消費者在決定購買前會先搜尋研究產品[註1]。在 B2B 消費行為中，使用者在決定某一個品牌之前，至少會進行 12 次的搜尋行為，89% 的 B2B 消費者會使用網際網路進行產品評估[註2]，而且 82% 的消費者在實體店面時會使用手機進行搜尋，來決定是否購買[註3]。

如圖 3-1，我們也可以從網際網路統計資訊得知[註4]，每秒鐘就產生九萬次，每天就產生七十幾億次的 Google 搜尋，這些搜尋行為大多都是因為有資訊需求而產生，因此建置符合使用者搜尋行為的網站，是提升曝光與增加銷售的重要關鍵。

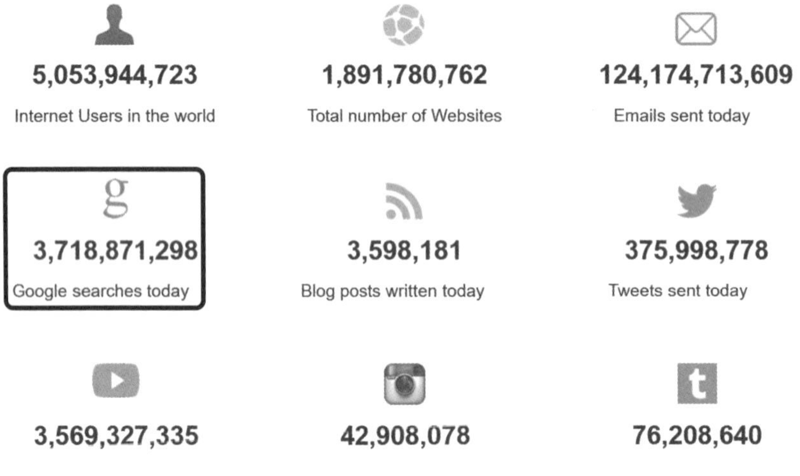

圖 3-1 internetlivestats.com 網站可以看到 Google 搜尋的統計資訊。

註1 https://www.thinkwithgoogle.com/consumer-insights/consumer-trends/shopping-research-before-purchase-statistics/

註2 https://www.thinkwithgoogle.com/consumer-insights/consumer-trends/the-changing-face-b2b-marketing/

註3 https://www.thinkwithgoogle.com/consumer-insights/consumer-trends/i-want-to-buy-moments/

註4 https://www.internetlivestats.com/

以上這些數據都顯示出，讓消費者可以搜尋到網站，能增加網站曝光度而建立品牌認知，或是透過內容行銷影響消費者購買決策，甚至於讓消費者購買產品。

但是應該要如何操作，才能讓使用者可以搜尋到網站呢？

- 必須瞭解使用者會使用的查詢詞 (Queries)，也就是必須進行完善的**關鍵字 (Keywords) 分析**。
- 而當使用者進入網站後，要滿足使用者，就必須進行正確的**主題分析**。

自己想像的關鍵字，未必能夠真正貼近使用者的查詢詞。並且就算導引使用者來到網站，如果沒有使用者想要的內容，使用者也會馬上離開。簡單說就是要用「使用者會使用的查詢詞」進行關鍵字佈局，而非我們自己「猜測」的關鍵字，並且要根據這個查詢詞推導符合「搜尋意圖」的內容。

關鍵字與主題分析就是要找出這些查詢詞後，決定哪些是應該聚焦的關鍵字，然後產生符合搜尋意圖的內容，並在網頁內容與網頁之間，將關鍵字安排在適當的位置。至於什麼才是適當的位置，在第五章再來說明。

關鍵字與主題分析範例

例如我們現在要撰寫減肥跟飲食方面的內容，我們就可以把「**查詢詞**」跟「**關鍵字**」歸納如表 3-1，查詢詞是收集使用者可能會用來查詢的字詞，然後歸納出來需要佈局的關鍵字可能有四種類型：主要關鍵字、次要關鍵字、輔助關鍵字、特殊關鍵字。

將這四種類型的關鍵字組合起來，就形成要撰寫的主題。例如：減肥食譜、運動、推薦、糖尿病，標題就可能是「不運動也能瘦下來，糖尿病患者最推薦的減肥食譜大公開」，然後在內容撰寫時，適度採用主要關鍵字、次要關鍵字、輔助關鍵字、特殊關鍵字這四大類型的詞彙，那麼就可以涵蓋很多可能的查詢意圖。

當然把關鍵字區分為主要關鍵字、次要關鍵字、輔助關鍵字、特殊關鍵字四種類型只是一個範例，並不是唯一的區分方式，你可以根據業界的關鍵字特性，建立適合的區分方式。

- **查詢詞**：使用者會用來查詢的字詞。
- **關鍵字**：由查詢詞衍生而來，為操作 SEO 需要佈局的字詞。

表 3-1：查詢詞與關鍵字範例。

查詢詞	關鍵字
減肥應該吃什麼 減肥應該怎麼吃 減肥應該吃什麼水果 減肥應該吃早餐嗎 減肥應該攝取多少卡路里 減肥吃什麼 減肥吃什麼好 減肥吃什麼水果 減肥吃泡麵 減肥吃地瓜 減肥吃香蕉 減肥吃什麼米 減肥吃飯順序 減肥吃芒果 減肥食譜 減肥食物 減肥食品 減肥食品推薦 減肥食物禁忌 減肥飲食 減肥飲料 減肥飲食菜單 減肥飲品 減肥飲食控制 減肥飲食原則 減肥飲水 減肥飲水量	**主要關鍵字：** 減肥、減肥食譜、減肥餐、減肥菜單、減肥藥、減肥茶、減肥操 … 等等。 **次要關鍵字：** 減醣、斷食、禁食、食物、食品、飲食、飲料、卡路里、熱量、營養、三餐、早餐、午餐、晚餐、消夜、宵夜、少量多餐、滷味、火鍋、肉類、炸物、茶葉、普洱茶、綠茶、烏龍茶、水果、地瓜、香蕉、芒果、泡麵、米飯、澱粉、糙米、五穀米、油脂、脂肪、飲水、喝水、運動、瑜珈、瘦身操、體操、復胖、身材、肚子 … 等等。 **輔助關鍵字：** 應該、什麼、如何、應該吃、吃什麼、怎麼吃、推薦、禁忌、控制、原則、順序、咀嚼、消化、快慢、習慣、消耗、補充、囤積、睡眠 … 等等。 **特殊關鍵字：** 糖尿病、高血壓、慢性疾病、腎臟病、孕婦、老人、年紀、年齡、銀髮族、樂齡、上班族、久坐族、OL、雞尾酒、168 … 等等。

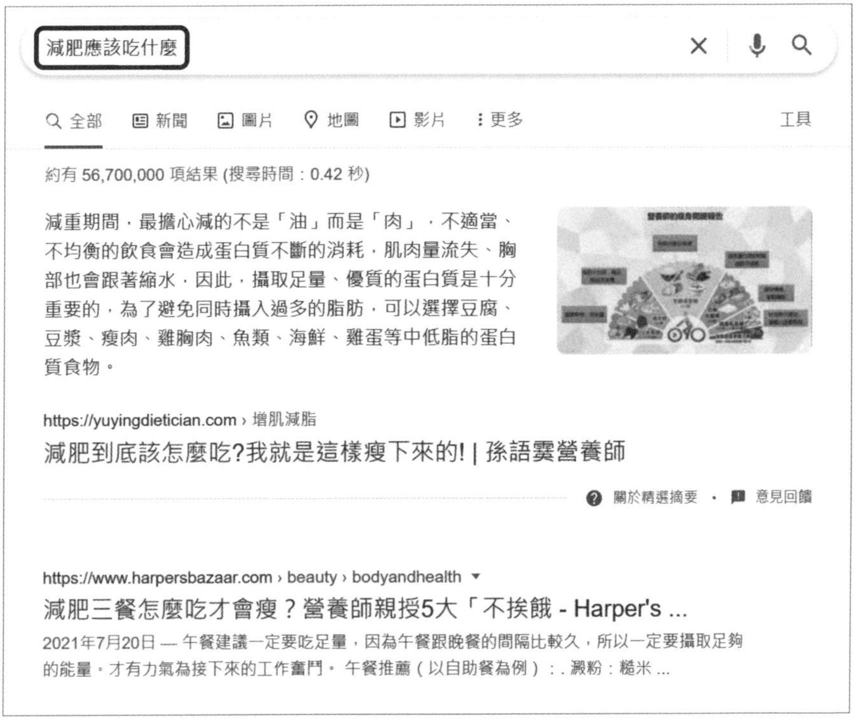
減肥應該吃什麼
全部
新聞
圖片
地圖
影片
更多
工具
約有 56,700,000 項結果 (搜尋時間：0.42 秒)
減重期間，最擔心減的不是「油」而是「肉」，不適當、不均衡的飲食會造成蛋白質不斷的消耗，肌肉量流失、胸部也會跟著縮水，因此，攝取足量、優質的蛋白質是十分重要的，為了避免同時攝入過多的脂肪，可以選擇豆腐、豆漿、瘦肉、雞胸肉、魚類、海鮮、雞蛋等中低脂的蛋白質食物。
https://yuyingdietician.com › 增肌減脂
減肥到底該怎麼吃?我就是這樣瘦下來的! | 孫語霙營養師
關於精選摘要
意見回饋
https://www.harpersbazaar.com › beauty › bodyandhealth
減肥三餐怎麼吃才會瘦？營養師親授5大「不挨餓 - Harper's ...
2021年7月20日 — 午餐建議一定要吃足量，因為午餐跟晚餐的間隔比較久，所以一定要攝取足夠的能量。才有力氣為接下來的工作奮鬥。 午餐推薦（以自助餐為例）：. 澱粉：糙米 ...

圖 3-2「減肥應該吃什麼」得到的查詢結果頁面。

如圖 3-2 所示，查詢詞「減肥應該吃什麼」得到的查詢結果頁面的前幾名，並沒有出現跟查詢詞完全一樣的標題或是內容，而只是「減肥」跟「吃」有關的內容。

當然不是說，跟查詢詞完全一樣是不好的事情，而是現在操作 SEO 已經不是在操作「詞彙」，是要把重點放在滿足查詢詞背後的「意圖」。

有時候查詢詞跟關鍵字會相同，例如使用者會搜尋「減肥食譜」，我們也會把「減肥食譜」當成關鍵字來佈局。更多時候會從查詢詞再衍生出來需要佈局的關鍵字，例如查詢詞「減肥食譜」會再衍生出來「減肥餐」、「減肥菜單」等關鍵字。但是也不必太在意去劃分查詢詞與關鍵字的差別，重點是「**我們要把哪些字詞佈局在網頁內，去滿足搜尋意圖，並且不會讓內容顯得生硬**」。

以下就來說明關鍵字與主題分析流程，看看表 3-1 的查詢詞與關鍵字資料是怎麼來的。

關鍵字與主題分析流程

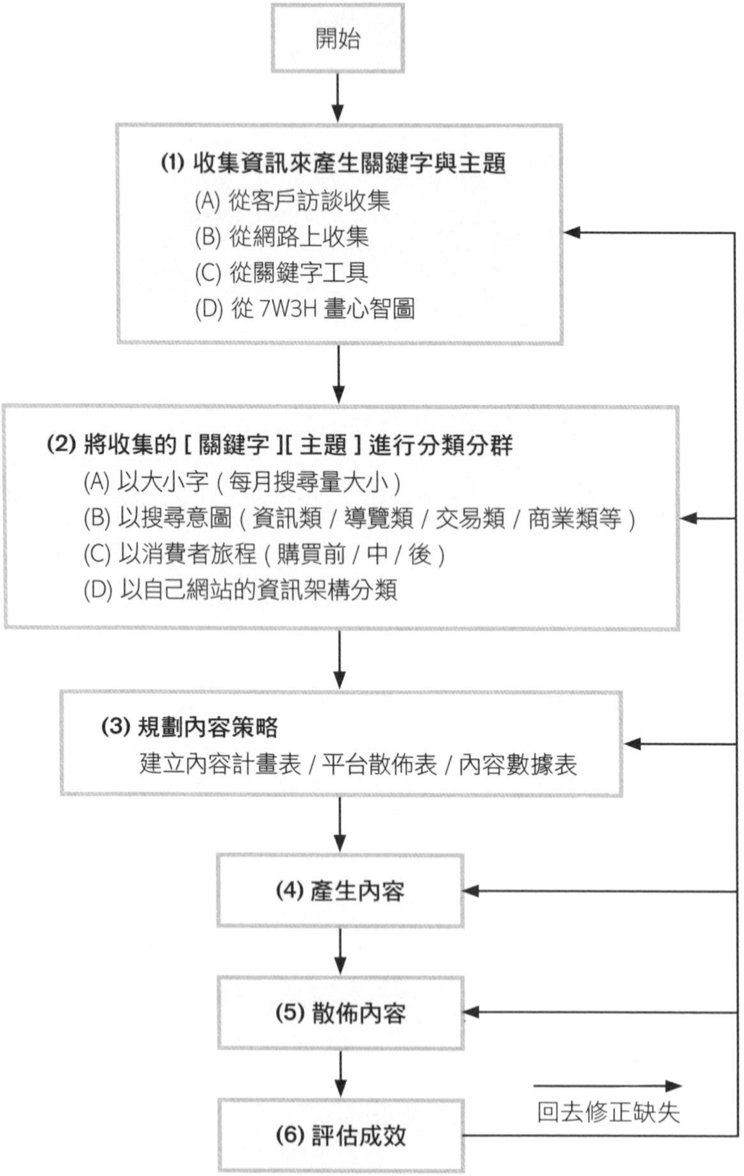
開始
(1) 收集資訊來產生關鍵字與主題
(A) 從客戶訪談收集
(B) 從網路上收集
(C) 從關鍵字工具
(D) 從 7W3H 畫心智圖
(2) 將收集的 [關鍵字][主題] 進行分類分群
(A) 以大小字 (每月搜尋量大小)
(B) 以搜尋意圖 (資訊類 / 導覽類 / 交易類 / 商業類等)
(C) 以消費者旅程 (購買前 / 中 / 後)
(D) 以自己網站的資訊架構分類
(3) 規劃內容策略
建立內容計畫表 / 平台散佈表 / 內容數據表
(4) 產生內容
(5) 散佈內容
(6) 評估成效
回去修正缺失

圖 3-3 關鍵字與主題分析流程。

1. 收集資訊來產生關鍵字與主題

想要廣泛收集資訊來產生關鍵字與主題，可以從四個來源：**從客戶訪談收集**、**從網路上收集**、**從關鍵字工具**、以及**從 7W3H 畫心智圖**。

在收集的過程當中，可能會得到關鍵字，例如「減肥食譜」，或是得到主題，例如「糖尿病患者在減肥時需要注意什麼」。這個階段就是盡可能的收集眾多的關鍵字與主題，提供後續作業。

1.(A) 從客戶訪談收集關鍵字與主題

從客戶訪談收集資訊是最直接的方式，可以真正瞭解客戶的搜尋行為以及想要搜尋的內容。但是前提是要訪談具有代表性的客戶，並且必須具備訪談技巧來挖掘客戶的真正想法，當然這個方式會花費較高的成本與時間。

要從客戶口中瞭解他會怎麼搜尋，以及想要找到什麼樣的資訊，主要詢問開放性的問題，以下是幾個範例問題，你可以根據實際需要來修改：

■ 針對未購買的潛在客戶

1. 如何尋找產品？請描述一下過程。
2. 在評估產品的階段，會希望搜尋到哪些資訊？
3. 對於各同類產品的看法，會購買與不會購買的原因是什麼？
4. 希望產品可以解決什麼問題？之前是怎麼解決這些問題？
5. 是否使用過類似或同類產品？請描述一下使用經驗，以及是否符合原先期待？
6. 使用過類似或同類產品後有無碰到什麼問題，是否接觸銷售或是客服人員？

■ 針對已購買的既有客戶

❶ 如何找到本公司產品？請描述一下過程。

❷ 在評估產品的階段，會希望搜尋到哪些資訊？

❸ 選購本公司產品的原因是什麼？

❹ 希望本公司產品可以解決什麼問題？之前是怎麼解決這些問題？

❺ 對於其他競爭產品的看法，沒有選擇這些競爭產品的原因是什麼？

❻ 請描述一下使用本公司產品的經驗，以及是否符合原先期待？

❼ 購買本公司產品後有無碰到什麼問題，是否接觸銷售或是客服人員？

所謂開放性的問題，就是答案不會是簡單的「是」或「不是」，也不會是一個簡短的句子，而希望是一連串可以延續下去的對話，這樣才可能挖掘出來客戶心裡的真正想法。

在訪談過程中，不要期待客戶直接告訴你使用哪些搜尋詞，或是他希望找到哪些資訊。

在詢問以上的問題的時候，也不要期待客戶會滔滔不絕的告訴你有用的資訊。

你必須用各種方式，逐漸引導對方講出他想講的話，而不是引導對方講出你想要的答案。

■ 行動電源業者的客戶訪談範例

問：請問您在評估產品的階段，會希望搜尋到哪些資訊？

答：當然希望找到沒有壞紀錄的產品，並且在我的預算之內。

問：您所謂壞紀錄的產品，是指什麼壞紀錄？

答：可能就是網路上被抱怨的產品，或是曾經有爆炸之類的事情發生。

問：您比較在意產品的哪類抱怨？會讓你不考慮購買？

答：最主要就是安全問題、發燙的問題啦，再來就是沒多久就沒電，或是充電很慢，最後就是希望重量輕、攜帶方便一點。

問：您希望找到沒有壞紀錄的產品，會怎麼搜尋？

答：就是搜尋有沒有爆炸事件上新聞的，或是有沒有人開箱推薦的，還有看看有沒有被負評抱怨的。

問：您的預算大概在哪個範圍？您最近一次購買，會決定購買的原因是什麼？

答：預算大概在千元以下，最近購買原因就是舊的老是充電變很慢，看到網路上有人推薦快速充電的就買了。

從以上的客戶訪談範例，就可以找到客戶在意的關鍵字與主題。關鍵字包含：爆炸、安全、發燙、散熱、快速充電、容量、重量輕、攜帶方便、開箱、推薦、負評、抱怨、預算、壽命等。然後就可以再衍生出來主題包含：行動電源安規、行動電源認證、行動電源發燙原因、行動電源發燙的安全問題、行動電源的那些規格可以快速充電、行動電源千元以下有哪些選擇、重量輕的行動電源有哪些選擇、如何使用行動電源可以避免發燙、如何使用行動電源可以加速充電等。

1.(B) 從網路上收集關鍵字與主題

如果沒有辦法從客戶訪談收集資訊，你也可以從網路上收集。網路上什麼都有，就看你會不會收集萃取。最簡單的方式，就是透過「**site:**」指令擷取想要的資訊。

例如想知道大家對於行動電源有什麼看法，可以針對特定討論社群來擷取資訊。如圖 3-4，大家會在意行動電源的輸出功率、品牌、充電速度等問題。如圖 3-5，大家談到行動電源接線、發燙、推薦等問題。

site:ptt.cc "行動電源"
全部
圖片
購物
地圖
新聞
更多
工具
約有 36,200 項結果 (搜尋時間：0.41 秒)
https://www.ptt.cc › bbs › MobileComm
[問題] 65W 行動電源選購- 看板MobileComm - 批踢踢實業坊
2021年7月5日 · 42 則貼文 · 15 位作者
hi 不好意思又來發問目前還在挑筆電行動電源筆電型號Dell Latitude 7390 ac充電器是65W https://i.imgur.com/PvzoF91.jpg 直觀上type-c孔供電應該也 ...
https://www.ptt.cc › bbs › M.1610037898.A.FA8.html
[情報] 紫米20號行動電源，200W輸出大功率- 看板MobileComm
2021年1月8日 · 55 則貼文 · 32 位作者
紫米20號行動電源QB826 售價399人民幣（約台幣1720左右）25000mAh電量、輸出接口2C1A，支持200W三口總輸出，65W輸入C1最高支持100W、C2最高 ...
https://www.ptt.cc › bbs › MobileComm
[閒聊] 行動電源品牌推薦? - 看板MobileComm
2020年12月18日 · 101 則貼文 · 86 位作者
目前市佔率較高的行動電源品牌有小米、華碩如果說不挑這兩個品牌的話，還有什麼品牌的行動電源值得買呢? 我搜尋了一下，有廣穎、勁量、阿愣、Moshi ...
https://www.ptt.cc › bbs › M.1617048702.A.899.html
[討論] 行動電源充了幾小時- 看板MobileComm
2021年3月30日 · 21 則貼文 · 15 位作者
各位手機達人行動電源充電大約五小時～八小時仍然還在第一格它有四格，四格表示充滿那平均一格式25%電力量.
https://www.ptt.cc › bbs › M.1613019477.A.733.html
[討論] 可換電池式的行動電源：Xtar PB2S - 看板MobileComm
只要是鋰電池，難免都會有電池衰退的問題雖然不少行動電源很便宜，但如果能有可換電池式的行動電源我覺得也是個不錯的選項除了電池衰退可以自行更換 ...

圖 3-4 透過指令 site:ptt.cc“行動電源”，得到以上搜尋結果。

site:dcard.tw "行動電源"
全部
圖片
購物
地圖
新聞
更多
工具
約有 7,590 項結果 (搜尋時間：0.47 秒)
https://www.dcard.tw › topics › 行動電源
行動電源 | Dcard
在智慧型手機普遍的時代，行動電源的存在也越來越重要了，但，包裝上往往寫著10000mah 5000mah，他們的容量真的有這麼高嗎？其實是沒有的！，不過為什麼會這樣呢？
https://www.dcard.tw › topics › 小米行動電源
小米行動電源 | Dcard
昨天收到貨，但是發現USB 超難拔，不知道有沒有人也一樣難拔，是正常的嗎，是說蝦皮已經給完評價了，現在只能等店家工作日回覆QQ，我拔超久都拔不出來QQ，B12為行充 ...
https://www.dcard.tw › topics › 行動電源
行動電源 | Dcard
如題-小弟從iPhone7s升級到13pro，之前的行動電源只有能連結舊線的孔，且出門不想帶兩條線出門，（舊的接行充新的有頭接插座），上網查發現看USB-C Type-C Lighting看 ...
https://www.dcard.tw › 3C
行動電源推薦 - 3C板 | Dcard
2020年11月27日 — 最近發現行動電源越充越慢了也很快就沒電了，想換個行動電源，但種類太多實在不知道怎麼選... ，現役這顆是ASUS 10050mAh 2016/10生產，這顆用了四年 ...
https://www.dcard.tw › 3C
行動電源充電會燙 - 3C板 | Dcard
2020年5月20日 — 各位好首次3C版發文，我想請問一下，我目前使用的行動電源為下圖，使用的線為下圖的小米二合一傳輸線，使用的插頭是HTC原廠快充插頭，有時候充個二十 ...
https://www.dcard.tw › 好物研究室 › 3C 家電
無線快充行動電源 質感設計舒適觸感 小體積大容量出門超方便

圖 3-5 透過指令 site:dcard.tw“行動電源”，得到以上搜尋結果。

你可以使用「site:」指令，套用在不同的網路社群上，給予不同的關鍵字，來挖掘大家對於特定主題都在談論哪些話題，由此找到主題並推演關鍵字。

1.(C) 從關鍵字工具收集關鍵字與主題

透過關鍵字工具，在這個階段我們需要以下的資訊：

❶ 關鍵字的相關關鍵字 (Related Keywords)

❷ 關鍵字的主題 (Topics)

❸ 關鍵字的估計每月搜尋量 (Monthly Search Volume)

❹ 各網站的流量關鍵字 (Traffic Keywords)

表 3-2：關鍵字工具。

工具名稱	網址
Google 關鍵字規劃工具	https://ads.google.com/home/tools/keyword-planner/
Ahrefs SEO Tools	https://ahrefs.com/
Moz Keyword Explorer	https://moz.com/explorer
Semrush Online Visibility Management Platform	https://www.semrush.com/
Mangools Kwfinder	https://kwfinder.com/
Ubersuggest Keyword Tool	https://neilpatel.com/ubersuggest/
Google 快訊	https://www.google.com/alerts
Google 趨勢	https://trends.google.com.tw/trends/
Google 搜尋	https://www.google.com.tw/
Google Suggest	https://pagerank.tw/google-suggest/
Bing Suggest	https://pagerank.tw/bing-suggest/
Answer The Public	https://answerthepublic.com/
維基百科	https://www.wikipedia.org/
YouTube	https://www.youtube.com/

如圖 3-6 到圖 3-12，透過不同的關鍵字工具都得到了關鍵字「減肥」的相關資訊，可以看到相關關鍵字、相關主題、以及每月的搜尋量，我們把每月搜尋量整理為表 3-3。

表 3-3：不同工具顯示關鍵字「減肥」的每月搜尋量。

工具名稱	每月搜尋量
Google 關鍵字規劃工具	10,000 - 100,000
Ahrefs SEO Tools	18,000 - 27,000
Moz Keyword Explorer	無資料
Semrush Online Visibility Management Platform	390 - 51,900
Mangools Kwfinder	32,200
Ubersuggest Keyword Tool	40,500

從表 3-3 的數據可以看到，不同的工具會得到不同的結果，那麼哪個才是正確的呢？我們可以用 Google 關鍵字規劃工具提供的工具為基準，關鍵字「減肥」的每月搜尋量應該會落在 10,000 到 100,000 之間，但是這個範圍太大了，透過參考其他工具的數據，比較準確的每月搜尋量應該會落在 18,000 到 51,900 左右。

如圖 3-6 到圖 3-21，再把各工具蒐集到的相關關鍵字與主題整理為表 3-4，逐步的就可以整理出如表 3-1 的資料。你也可以再把表 3-1、表 3-3、表 3-4 彙整起來，將關鍵字、主題、每月搜尋量都統整在一起。

在收集資料的時候，會發現「查詢詞」、「關鍵字」、「主題」很難界定，只要把握以下重點，就不會感到困擾了：

1. **查詢詞**是使用者會用來查詢的詞彙，**關鍵字**是將查詢詞衍生之後的詞彙，**主題**則是撰寫內容的概念。例如：使用者的「查詢詞」是減肥食譜，「關鍵字」就可能變成減肥食譜、減肥餐、減肥飲食等，「主題」則是如何透過飲食獲得減肥效果。

2. 如果將得到的資訊轉換成「查詢詞」、「關鍵字」、「主題」碰到困難，可以把「查詢詞」也當成「關鍵字」看待，只區分「關鍵字」與「主題」即可。

表 3-4：關鍵字「減肥」的相關關鍵字與主題（局部資料）。

相關關鍵字	相關主題
減肥餐、減肥飲食、減肥食譜、168 減肥、跳繩減肥、減肥方法、減肥運動、減肥早餐、中醫減肥、減肥手術、印加果油減肥、減肥藥、減肥針、11 字腿、香蕉減肥、211 減肥法、腳踏車減肥、減肥茶、減肥蔬菜 …	如何瘦身、如何瘦腿、如何瘦腰、熱量攝取、澱粉控制、吃水果減肥、減肥運動、飲食控制、有氧減肥、重訓減肥、減肥後的皮膚鬆弛問題 …

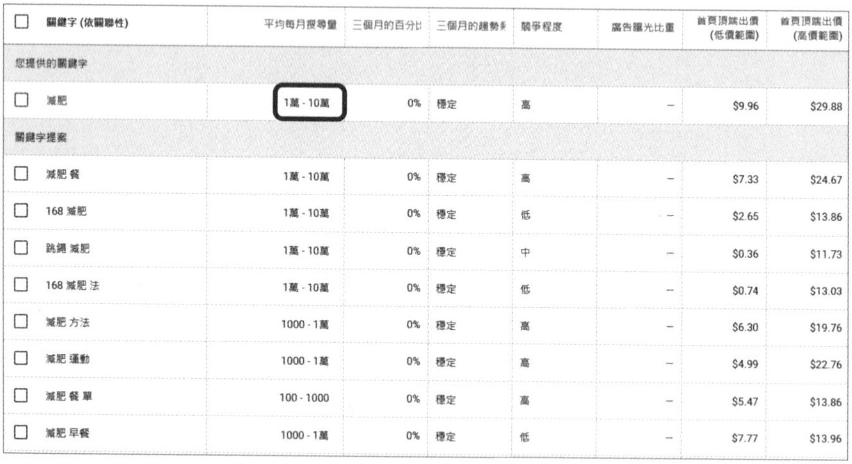

關鍵字 (依關聯性)	平均每月搜尋量	三個月的百分比	三個月的趨勢	競爭程度	廣告曝光比重	首頁頂端出價 (低價範圍)	首頁頂端出價 (高價範圍)
您提供的關鍵字							
減肥	1萬 - 10萬	0%	穩定	高	–	$9.96	$29.88
關鍵字提案							
減肥 餐	1萬 - 10萬	0%	穩定	高	–	$7.33	$24.67
168 減肥	1萬 - 10萬	0%	穩定	低	–	$2.65	$13.86
跳繩 減肥	1萬 - 10萬	0%	穩定	中	–	$0.36	$11.73
168 減肥 法	1萬 - 10萬	0%	穩定	低	–	$0.74	$13.03
減肥 方法	1000 - 1萬	0%	穩定	高	–	$6.30	$19.76
減肥 運動	1000 - 1萬	0%	穩定	高	–	$4.99	$22.76
減肥 餐 單	100 - 1000	0%	穩定	高	–	$5.47	$13.86
減肥 早餐	1000 - 1萬	0%	穩定	低	–	$7.77	$13.96

圖 3-6 從 Google 關鍵字規劃工具得到「減肥」相關資訊。

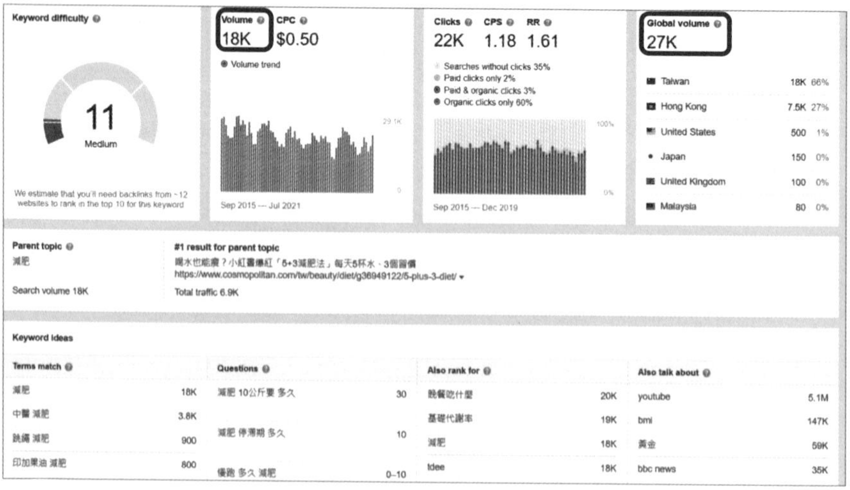

圖 3-7 從 Ahrefs 得到「減肥」相關資訊。

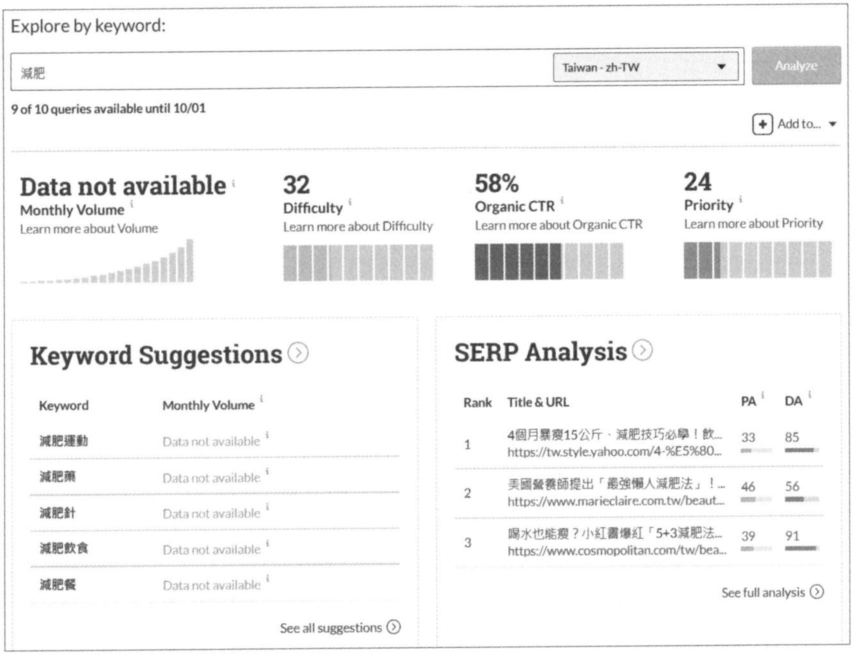

圖 3-8 從 Moz 的工具得到「減肥」相關資訊。

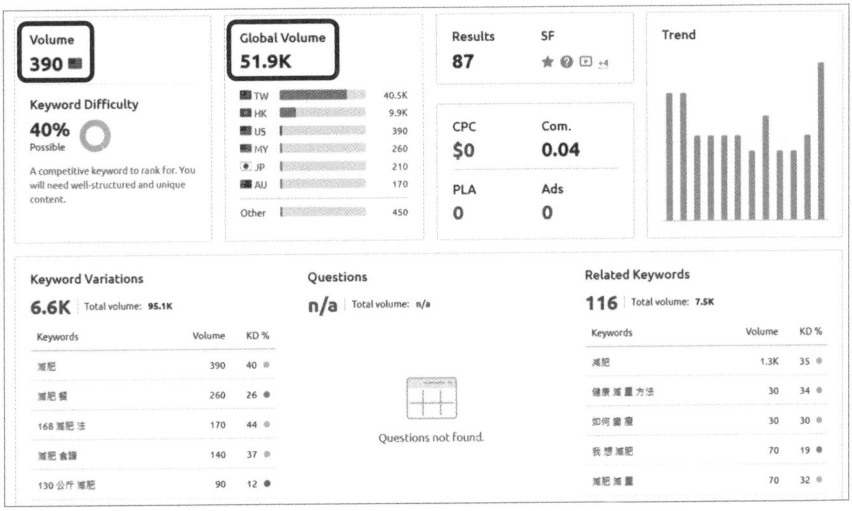

圖 3-9 從 SemRush 得到「減肥」相關資訊。

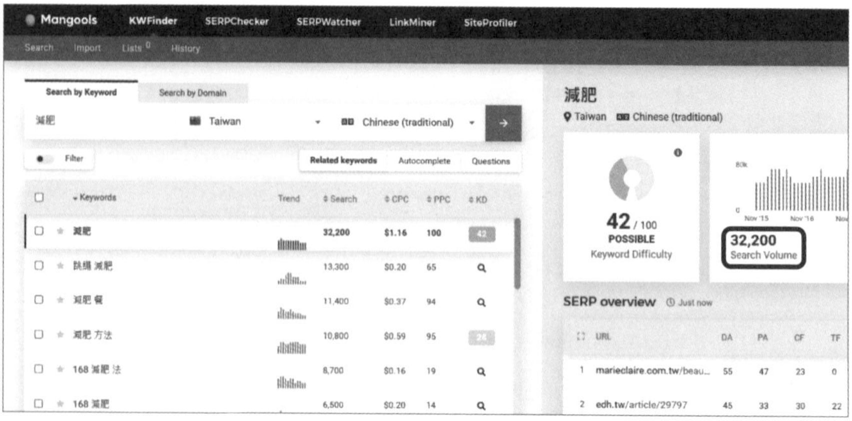

圖 3-10 從 Kwfinder 得到「減肥」相關資訊。

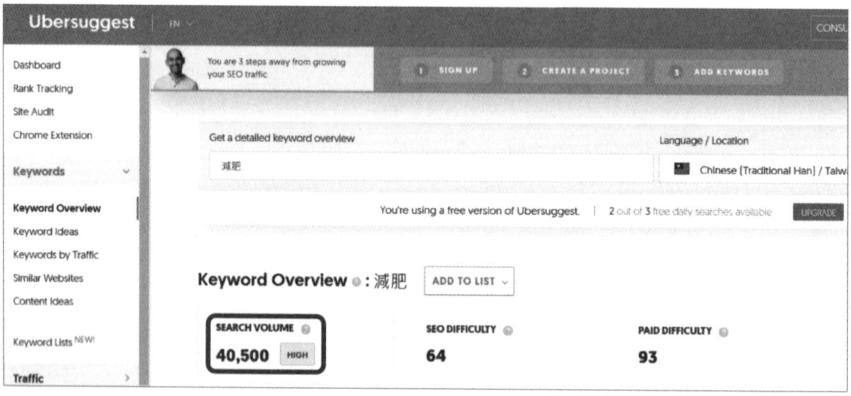

圖 3-11 從 Ubersuggest Keyword Tool 得到「減肥」每月搜尋量。

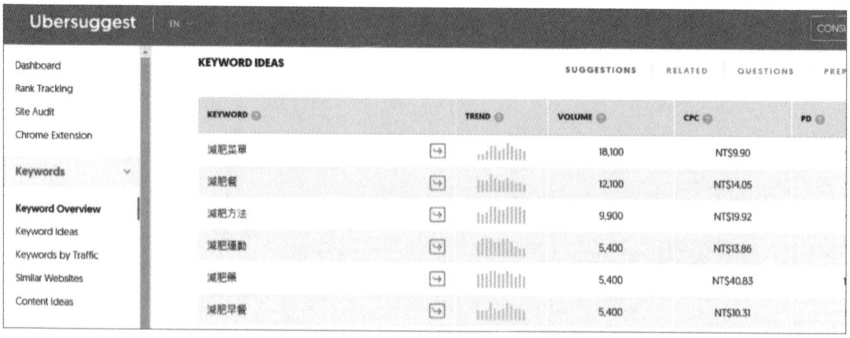

圖 3-12 從 Ubersuggest Keyword Tool 得到「減肥」相關資訊。

快訊
掌握網路新鮮事
減肥
這樣系統即會傳送電子郵件快訊至
建立快訊
顯示選項
快訊預覽
新聞
韓國超模「 鄭浩妍」減肥不節食靠這兩運動養成20吋螞蟻腰、11字腿 - Yahoo奇摩
Yahoo奇摩新聞
身為模特兒鄭浩妍對於身材管理超自律，即便在減肥時也不節食，透過均衡營養攝取足夠的蛋白質與蔬菜。如此一來，瘦也瘦得有線條感，避免復胖。《魷魚遊戲》鄭浩妍:不 ...
人夫以為成功減肥70磅原來遭恐怖枕邊人施毒手 - 星島日報
星島日報-美國版
減肥是不少人的終身課題，美國一名人夫自覺體重過胖，決定減肥瘦身，在健身及飲用蛋白粉下，體重竟在短短數周就狂減32公斤。正當人夫為自己瘦身成功高興不已時，竟發現 ...
他減肥暴瘦32公斤就醫才知妻害的 - 奇摩新聞
Yahoo奇摩新聞
減肥是不少人一生的志業。美國南卡羅來納州一名男子麥凱比（J.D. McCabe）原本體重達250磅（約113公斤），他驚覺自己不能繼續這樣下去，為了改善自己的健康狀況，他 ...

圖 3-13 從 Google 快訊得到「減肥」相關資訊。

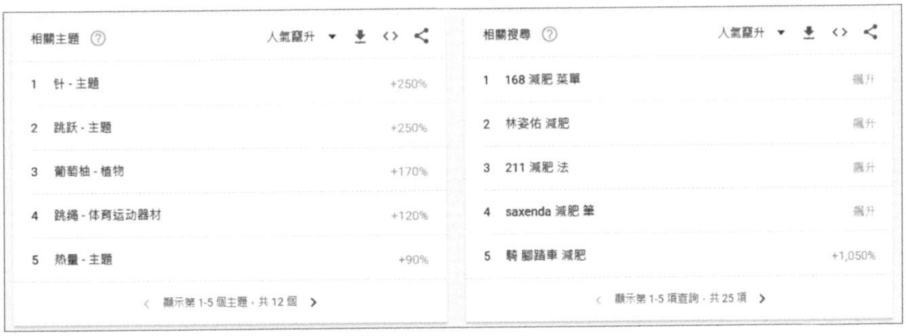
相關主題
人氣竄升
1 针 - 主題 +250%
2 跳跃 - 主題 +250%
3 葡萄柚 - 植物 +170%
4 跳绳 - 体育运动器材 +120%
5 热量 - 主題 +90%
顯示第 1-5 個主題，共 12 個
相關搜尋
人氣竄升
1 168 減肥 菜單 飆升
2 林姿佑 減肥 飆升
3 211 減肥 法 飆升
4 saxenda 減肥 筆 飆升
5 騎 腳踏車 減肥 +1,050%
顯示第 1-5 項查詢，共 25 項

圖 3-14 從 Google 趨勢得到「減肥」相關資訊。

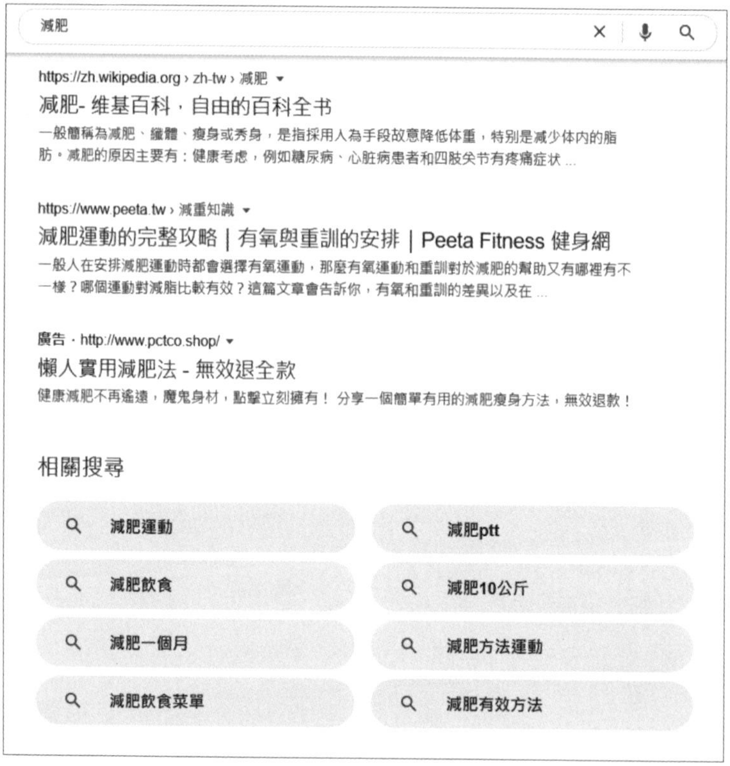
減肥
https://zh.wikipedia.org › zh-tw › 減肥
減肥- 维基百科，自由的百科全书
一般簡稱為減肥、纖體、瘦身或秀身，是指採用人為手段故意降低体重，特別是減少体内的脂肪。減肥的原因主要有：健康考虑，例如糖尿病、心脏病患者和四肢关节有疼痛症状 ...
https://www.peeta.tw › 減重知識
減肥運動的完整攻略 | 有氧與重訓的安排 | Peeta Fitness 健身網
一般人在安排減肥運動時都會選擇有氧運動，那麼有氧運動和重訓對於減肥的幫助又有哪裡有不一樣？哪個運動對減脂比較有效？這篇文章會告訴你，有氧和重訓的差異以及在 ...
廣告 · http://www.pctco.shop/
懶人實用減肥法 - 無效退全款
健康減肥不再遙遠，魔鬼身材，點擊立刻擁有！ 分享一個簡單有用的減肥瘦身方法，無效退款！
相關搜尋
減肥運動
減肥ptt
減肥飲食
減肥10公斤
減肥一個月
減肥方法運動
減肥飲食菜單
減肥有效方法

圖 3-15 從 Google 搜尋得到「減肥」相關資訊。

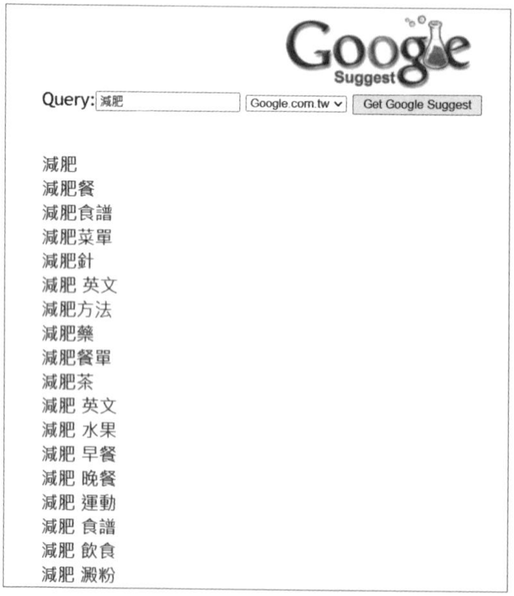
Google Suggest
Query: 減肥
Google.com.tw
Get Google Suggest
減肥
減肥餐
減肥食譜
減肥菜單
減肥針
減肥 英文
減肥方法
減肥藥
減肥餐單
減肥茶
減肥 英文
減肥 水果
減肥 早餐
減肥 晚餐
減肥 運動
減肥 食譜
減肥 飲食
減肥 澱粉

圖 3-16 從 Google Suggest 得到「減肥」相關資訊。

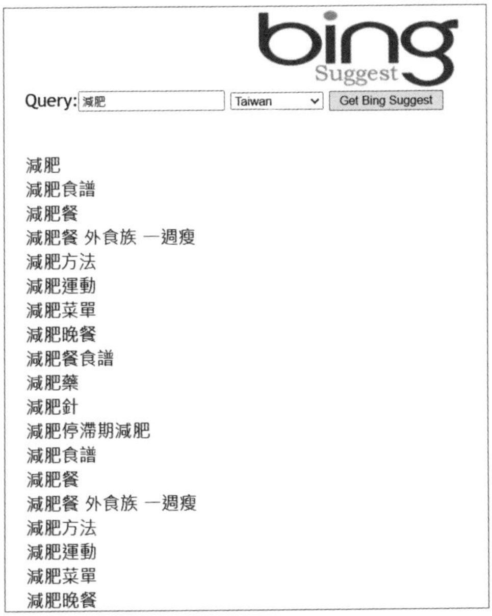

圖 3-17 從 Bing Suggest 得到「減肥」相關資訊。

- 減肥喝水
- 減肥會長高嗎
- 減肥後皮膚鬆弛
- 減肥好處
- 減肥花草茶
- 減肥喝什麼茶
- 減肥花茶
- 減肥喝冬瓜茶
- 減肥不可以吃什麼
- 減肥保健品
- 減肥不能吃水果嗎
- 減肥不吃晚餐
- 減肥 不吃澱粉
- 減肥不能吃什麼
- 減肥 不能吃的東西
- 減肥鼻子會變小嗎

圖 3-18 從 https://answerthepublic.com/ 得到「減肥」相關資訊。

在維基百科上已有名為「減肥」的頁面

減肥

，但是體脂肪率則是更準確的健康指標，而腰圍身高比又更準確。 **減肥**一定要適度，以保障應有的健康。不過，不少人**減肥**過度，走向極端，使身體受到影響和傷害。所以，有一些營養學家和社會學家，呼籲**減肥**一定要適度，以免影響健康，造成危害。 有些人過度**減肥**是出於神經性厭食症等精神疾病。一般人的勸導對這類情況很可能不起作用，建議及時諮詢專業人士。

10 KB (1,373 個字) - 2021年4月23日 (五) 23:12

減肥手術

有肥胖相關的共病症，例如高血壓、葡萄糖耐受性受損、糖尿病、高血脂和阻塞性睡眠呼吸中止症。 此時**減肥**手術應該被視為一個治療方法的選項。醫師與病人關於手術選項的討論應該包括長期的副作用，如再次手術的可能性、膽囊疾病和吸收不良。」 「病人應該被送到擁有對**減肥**手術有豐富經驗的外科醫師的醫學中心。」

17 KB (2,396 個字) - 2021年8月13日 (五) 07:30

減肥淘汰賽 Victory

《**減肥**淘汰賽 Victory》（韓語：다이어트 서바이벌 빅토리，英語：BIGsTORY）韓國SBS電視台的綜藝節目，由李秀景、申東燁、申奉仙、李奎翰主持，節目每集從全國找出過胖的民眾，進行一連串**減肥**活動。 살을 빼야 사랑받는다? TV가 조장. www.mediatoday.co.kr. [2017-07-07]

4 KB (92 個字) - 2019年4月7日 (日) 10:05

香蕉**減肥**法

香蕉**減肥**法（英語：Morning banana diet），是一種為了**減肥**的食物盲從。日本新潟大學正彥岡田教授稱為是一種食物盲從現象，由於缺乏均衡營養。 流行於2008年的日本香蕉**減肥**法，是由大阪的藥師渡邊純子（渡辺 すみ子（暫譯））所發明。 引發日本市場上一度香蕉短缺，及零售商無法滿足需求。臺灣藝人曾雅蘭嘗試過此方式減肥。

2 KB (194 個字) - 2020年4月30日 (四) 02:37

圖 3-19 從維基百科得到「減肥」相關資訊。

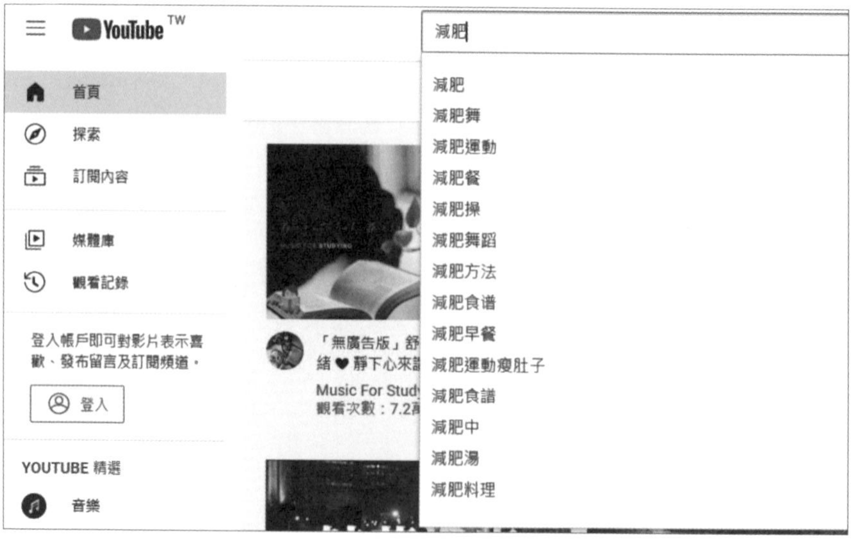

圖 3-20 從 YouTube 得到「減肥」相關資訊。

除了以上的工具可以得到相關的關鍵字與主題之外，許多具有「**搜尋詞建議功能**」的網站，如果網站與你的辭彙相關，都可以當成拓展關鍵字與主題的工具，如圖 3-21 的 momo 購物網站，在查詢框中輸入「減肥」，就得到更多的搜尋詞建議。如圖 3-22 從阿里巴巴網站，可以得到與「Power Bank」相關的關鍵字與主題。

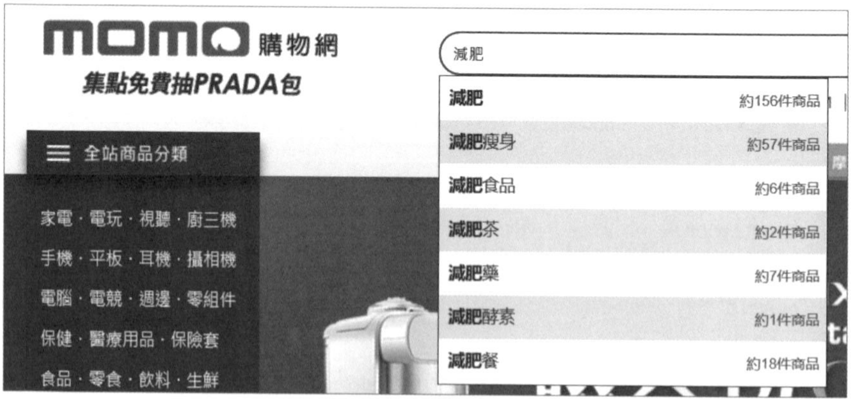

圖 3-21 從 momo 購物網站得到「減肥」相關資訊。

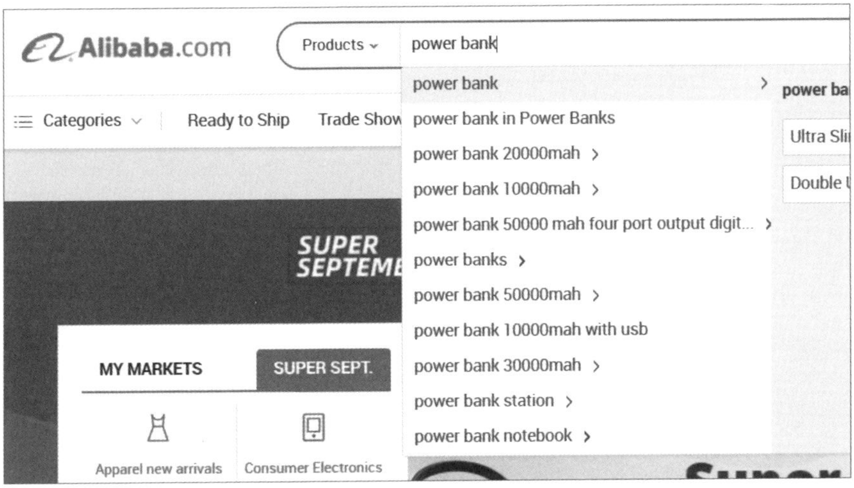

圖 3-22 從阿里巴巴網站得到「Power Bank」相關資訊。

利用各種工具廣泛的收集關鍵字與主題，其實不只可以運用在 SEO 操作的關鍵字與主題分析上，還可以用來理解網路上的行銷趨勢及產業研究。

1.(D) 7W3H 畫心智圖產生關鍵字與主題

心智圖是一種可以激發靈感的工具，可以使用在個人的思維整理，或是群體的腦力激盪上，將心智圖搭配 7W3H 便可以尋找更多的主題與關鍵字。

如表 3-5 所示，根據你要搜尋的主題，來選用適合的項目去做思考。例如，有些主題沒有價格的問題，就不需要思考 How much 的問題。有些主題沒有時間性的問題，就不需要思考 When 的問題。也就是說 7W3H 是一個指引，讓你選用適合的項目去做思考，並不是每個項目都要套用。

表 3-5：7W3H 範例。

項目	說明	範例
Why	為什麼	買按摩椅的原因
Who	是誰	誰會購買按摩椅
Whom	針對誰	購買按摩椅會送給誰
What	什麼	按摩椅有什麼選擇
When	何時	何時會購買按摩椅
Where	何處	去哪裡購買按摩椅
Which	哪個	如何挑選按摩椅
How	如何	如何使用按摩椅
How many	多少數量	多少數量會有折扣
How much	多少錢	價格是多少

例如，思考按摩椅的何時 (When) 問題時，可以利用 Google 趨勢來查詢「按摩椅」，如圖 3-23 所示，看到兩個時間點的查詢量最高，分別是母親節與父親節，因此可以推測按摩椅會經常被拿來當成孝敬父母的禮物，因此「按摩椅」就會跟「母親節」與「父親節」產生相關主題。

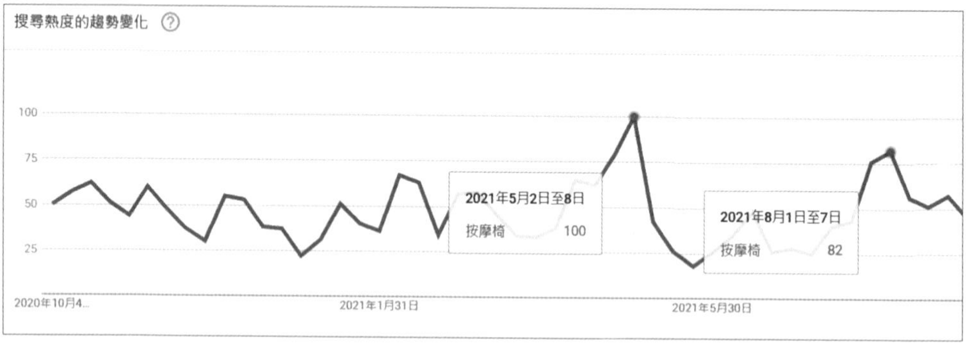

圖 3-23 使用 Google 趨勢來查詢「按摩椅」得到的結果。

如圖 3-24 所示，使用線上軟體 Coggle 來繪製心智圖，探討按摩椅的 7W3H。你也可以用手繪或是挑選其他的心智圖工具，前提是方便使用即可。

當然除了 7W3H 之外，還有很多面向可以探討，如圖 3-25 所示，探討消費者的痛點，研究消費者在購買時或購買前後會碰到哪些疑難雜症，這些都是我們要搜集的關鍵字與主題。

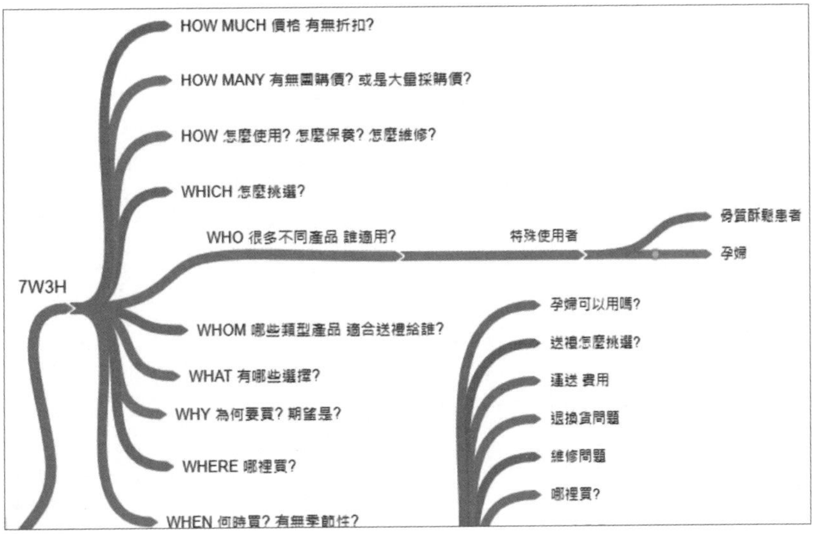

圖 3-24 使用 https://coggle.it/ 繪製心智圖探討 7W3H。

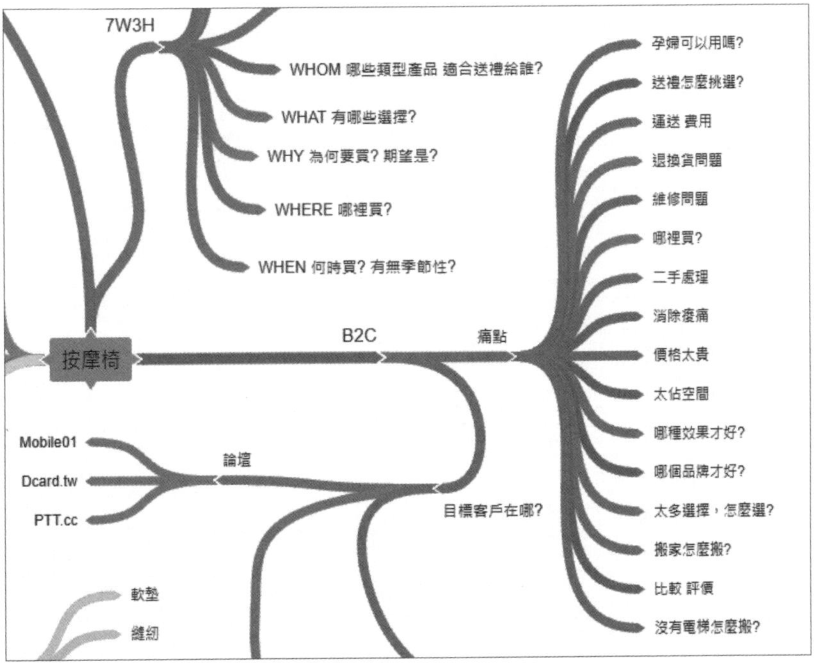

圖 3-25 使用 https://coggle.it/ 繪製心智圖探討消費者的痛點。

2. 將收集的關鍵字 / 主題進行推演與分類分群

收集到眾多的關鍵字與主題之後，再來就是進行**推演**與**分類分群**。所謂**推演**就是由關鍵字去猜測會符合什麼主題？或是由主題去拆出可能包含哪些關鍵字？所謂**分類分群**就是把可能是同一群的放在一起，並且根據各種條件做出分類。

進行推演步驟的目的，就是拓展更多的關鍵字與主題。進行分類分群步驟，其一目的是為了集結成內容，另外的目的是要區分操作的優先順序。

從關鍵字推演到主題的範例

例如我們要從關鍵字「行動電源發燙」瞭解使用者想要的「主題」。使用者的查詢詞可能不會只有「行動電源發燙」，還可以發想查詢詞可能是「行動電源發熱」、「行動電源過熱」、「行動電源很燙」、「行動電源很熱」、「行動電源溫度高」等等。

使用者甚至可能還會使用許多輔助關鍵字，例如「應該怎麼辦」、「應該怎麼處理」、「會不會爆炸」等等。

我們就可以使用各種組合，實際去搜尋看看出現在前三頁的網頁在談論那些主題。例如，如圖 3-26，搜尋「行動電源發燙應該怎麼辦」，看到前幾名的網頁都會解釋發燙的原因以及降溫的方法。所以我們就從關鍵字「行動電源發燙」推演到主題「發燙的原因以及降溫的方法」。

行動電源發燙應該怎麼辦
全部 新聞 圖片 影片 地圖 更多
工具
約有 298,000 項結果 (搜尋時間：0.58 秒)
https://www.rainbow88shop.com › blog › posts › 行動...
行動電源給手機充電為什麼發熱？ - Rainbow彩虹全球3C
2019年6月12日 — 1、行動電源內部過熱的話，高溫會加速元件老化，即使不會即刻造成硬體損壞，也會大大縮短行動電源使用壽命； · 2、過度發熱後會造成電路保護裝置啟動，自動 ...
https://www.dcard.tw › 3C
行動電源充電會燙 - 3C板 | Dcard
2020年5月20日 — 各位好首次3C版發文，我想請問一下，我目前使用的行動電源為下圖， ... 發燙沒有不會發燙的除非轉換率可以到百分百尤其快充高瓦數的充電設備通常應該 ...
https://www.businesstoday.com.tw › 競爭力 › 個人成長
手機發燙怎麼降溫？發燙原因分析，快速替手機降溫10 個技巧
2019年5月28日 — 有哪些可以防止手機溫度升高甚至發燙技巧，在這篇就要來教大家如何防止 ... 充電也是每天都會做的一件事情，甚至還會有人隨身攜帶行動電源，當手機沒 ...
缺少字詞： 應該 | 必須包含以下字詞： 應該
https://info.todohealth.com › ...
手機發燙怎麼辦？教你「7招」讓你的手機不再發燒 | 健康跟著走
當行動電源摸起來明顯發燙正確的處理步驟為何- CPU的處理性能是有限的，多線路的APP會 ... 用手機開過wifi熱點的朋友應該都知道，在手機作熱點時也會產生大量的熱點。

圖 3-26 搜尋「行動電源發燙應該怎麼辦」，得到以上的搜尋結果。

當然除了從搜尋結果進行關鍵字推演到主題之外，還可以透過發想與腦力激盪去思考使用者可能還需要什麼內容，也可以從社交平台去挖掘收集各種蛛絲馬跡。

從主題推演到關鍵字的範例

例如我們收集到資訊，知道使用者會希望瞭解「如何挑選行動電源」。我們就必須從主題「如何挑選行動電源」去推演關鍵字。最簡單的方法就是先把主題「如何挑選行動電源」當成查詢詞，去找到各種相關的關鍵字。

如圖 3-27，搜尋「如何挑選行動電源」，看到這些關鍵字「懶人包」、「選購指南」、「挑選指南」、「排行榜」、「開箱」、「推薦」、「容量」、「快充」、「安全認證」等等。

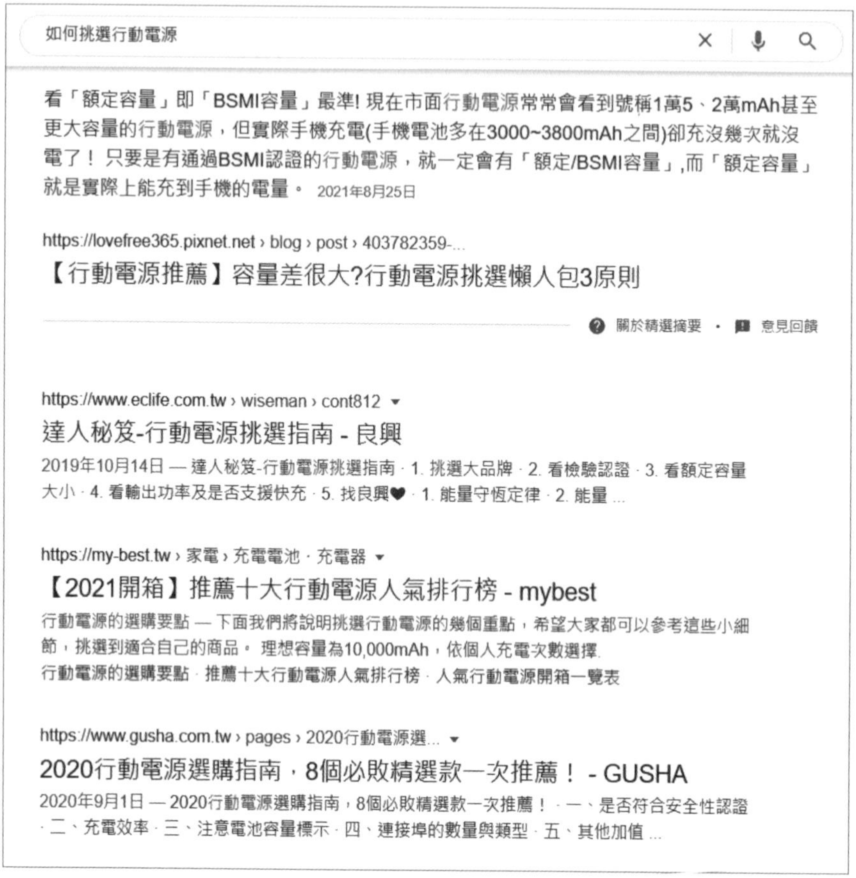
如何挑選行動電源
看「額定容量」即「BSMI容量」最準! 現在市面行動電源常常會看到號稱1萬5、2萬mAh甚至更大容量的行動電源，但實際手機充電(手機電池多在3000~3800mAh之間)卻充沒幾次就沒電了！只要是有通過BSMI認證的行動電源，就一定會有「額定/BSMI容量」,而「額定容量」就是實際上能充到手機的電量。 2021年8月25日
https://lovefree365.pixnet.net › blog › post › 403782359-...
【行動電源推薦】容量差很大?行動電源挑選懶人包3原則
關於精選摘要 · 意見回饋
https://www.eclife.com.tw › wiseman › cont812
達人秘笈-行動電源挑選指南 - 良興
2019年10月14日 — 達人秘笈-行動電源挑選指南 · 1. 挑選大品牌 · 2. 看檢驗認證 · 3. 看額定容量大小 · 4. 看輸出功率及是否支援快充 · 5. 找良興 · 1. 能量守恆定律 · 2. 能量 ...
https://my-best.tw › 家電 › 充電電池．充電器
【2021開箱】推薦十大行動電源人氣排行榜 - mybest
行動電源的選購要點 — 下面我們將說明挑選行動電源的幾個重點，希望大家都可以參考這些小細節，挑選到適合自己的商品。 理想容量為10,000mAh，依個人充電次數選擇.
行動電源的選購要點 · 推薦十大行動電源人氣排行榜 · 人氣行動電源開箱一覽表
https://www.gusha.com.tw › pages › 2020行動電源選...
2020行動電源選購指南，8個必敗精選款一次推薦！ - GUSHA
2020年9月1日 — 2020行動電源選購指南，8個必敗精選款一次推薦！ · 一、是否符合安全性認證 · 二、充電效率 · 三、注意電池容量標示 · 四、連接埠的數量與類型 · 五、其他加值 ...

圖 3-27 搜尋「如何挑選行動電源」，得到以上的搜尋結果。

以上關鍵字與主題間的推演範例，只是其中比較容易的方法，主要目的就是不再把焦點放在「與查詢詞完全一樣」的關鍵字來做操作，而是要讓網頁內容廣泛的包含各種「相關關鍵字」並且「符合搜尋意圖」。你也可以思考除了範例的方法之外，還有沒有其他方法。

主題 / 關鍵字分類分群範例

分類 (Classification) 跟**分群** (Clustering) 是兩個不太一樣，但是類似的概念。如果我們已經知道要根據哪些屬性來分成幾個類別，然後把資料放進歸屬的類別，稱為**分類**。如果我們剛開始並不知道存在哪些屬性以及會有幾個類別，只是把比較類似的放在一起，稱為**分群**。

例如，如果我們想要根據關鍵字的每月平均搜尋量，把關鍵字分成每月平均搜尋量 1,000(含) 以上，以及每月平均搜尋量 1,000 以下，這樣的作法下，關鍵字就會根據已知的屬性 (每月平均搜尋量) 被區分成兩類。

如果我們要把若干關鍵字屬於相同主題的放在一起，那麼就不是分類而是分群，因為相同主題並沒有明顯的屬性，並且在結果出來之前，我們也不知道會分成幾個主題群組。

也可以這麼來說，任何人來把資料做分類，最後結果應該會一樣或是大同小異。但是不同的人把資料做分群，最後結果肯定不會一樣。因為分類的屬性很清楚，例如每月平均搜尋量。但是分群的屬性，事先並不會知道，不同人所決定的屬性也不會相同。

例如，要把飛機、汽車、輪船、風帆船、風箏、摩托車、腳踏車、溜冰鞋這幾個詞彙作「分群」，有人會把它分成「需要燃料」、「不需要燃料」，也可能有人會把它分成「有輪子」、「沒有輪子」。但是如果已經先確定要把它分成「海上」、「陸上」、「空中」三類，那麼不管誰來「分類」，結果都會是一樣的。

關鍵字或是主題分類的方式，可以有以下幾種方式：

- 以每月搜尋量來區分成大字、小字。
- 以消費者旅程來區分成購買前、購買中、購買後。

- 以搜尋意圖來區分成資訊類搜尋、導覽類搜尋、交易類搜尋、商業類搜尋。

那麼分類分群之後要做什麼呢？就是進行取捨跟分出優先順序。

例如根據每月搜尋量分成大字、小字兩類，然後先操作小字，達成目標之後再操作大字。或是根據搜尋意圖分類，放棄資訊類搜尋及導覽類搜尋的關鍵字，優先處理交易類搜尋及商業類搜尋的關鍵字。

關鍵字 / 主題以大字 / 小字的分類範例

大字是指每月搜尋量較大的，小字是指每月搜尋量較小的。但是這個大小是很主觀的概念，每月流量百萬的網站，對於每月搜尋量只有數百的關鍵字 / 主題算是小的，但是對於每月流量只有數千的網站而言，每月搜尋量數百的關鍵字 / 主題已經算是不小。

如圖 3-28，「履歷範本」的每月預估搜尋量是 16K，「履歷樣本」的每月預估搜尋量是 70，前者就是大字，後者就是小字。然後人力銀行就可以根據實際需要，對於大小字分別規劃對應的操作策略。

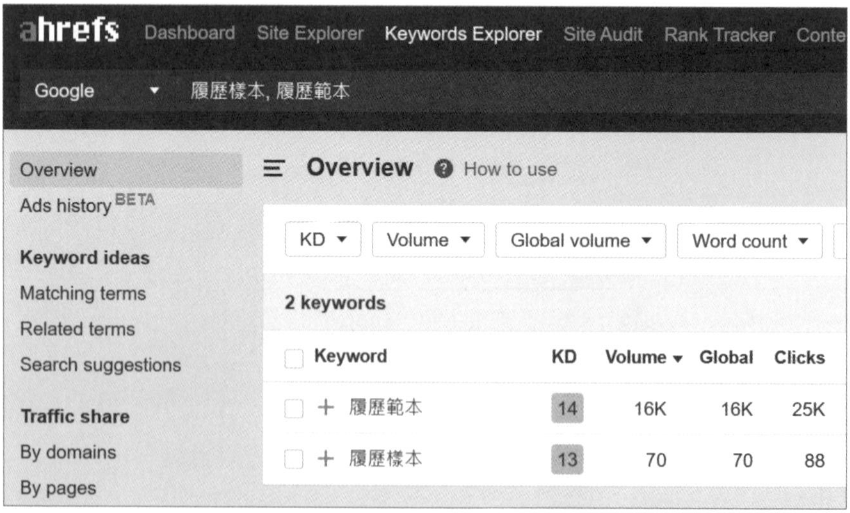

圖 3-28 「履歷範本」與「履歷樣本」的每月預估搜尋量。

關鍵字 / 主題以消費者旅程的分類範例

消費者旅程 (Customer Journey Map) 是指消費者對於某項產品或是服務，從開始接觸訊息、引發興趣、收集資訊、達成購買、購買後的使用行為、使用後的評價、到最後回收丟棄產品的一連串旅程。

消費者旅程可以劃分得很複雜，也可以劃分得很簡單。你可以根據你的產品或是服務來訂定消費者旅程會有哪些階段，最簡單的方式就是劃分成購買前、購買中、購買後三個階段。

如表 3-6，消費者在購買按摩椅前、評估購買階段、以及購買後，會有不同的主題需求，網站就會需要不同的關鍵字布局。如果你的網站都只布局評估購買階段的關鍵字，就無法滿足消費者購買後的需求。

表 3-6：消費者對於按摩椅在購買前、購買中、購買後的關鍵字 / 主題變化範例。

編號 A202209-01	購買前	購買中	購買後
主題	是否需要按摩椅 按摩椅需要的空間 送按摩椅給長輩是否適合	什麼價格才合理 有哪些品牌 各種按摩椅評價 特定按摩椅開箱 哪裡買划算 按摩椅搬運問題	按摩椅使用 按摩椅保養 按摩椅維修 按摩椅回收
關鍵字	按摩椅值得嗎、按摩椅效果、按摩椅尺寸、按摩椅公寓、按摩椅空間、按摩椅禮物、按摩椅母親節、按摩椅父親節 … 等等。	按摩椅價格、按摩椅規格、按摩椅品牌、按摩椅評價、按摩椅推薦、按摩椅開箱、按摩椅搬運、按摩椅沒有電梯 … 等等。	按摩椅使用教學、按摩椅使用注意事項、按摩椅皮革保養、按摩椅清潔、按摩椅維修費用、按摩椅二手價格 … 等等。

關鍵字 / 主題以搜尋意圖的分類範例

與**搜尋意圖** (Search Intent) 相關的演算法改善，可以說是近期 Google 搜尋引擎最明顯的項目，所有 Google 的搜尋結果就是為了滿足搜尋意圖而存在。

如表 3-7，搜尋意圖可以區分為：**導覽類型**(Navigational)、**資訊類型**(Informational)、**商業類型** (Commercial)、**交易類型**(Transactional)。也有人把商業類型跟交易類型合併為**獲利類型**(Money Keyword)，因為商業類型跟交易類型有時候很難區分開來，就乾脆合併在一起。

表 3-7：搜尋意圖範例。

搜尋意圖類型	關鍵字範例
導覽類型 (Navigational)	amazon、pchome、microsoft
資訊類型 (Informational)	如何加密檔案、什麼是 IP
商業類型 (Commercial)	按摩椅價格、按摩椅開箱
交易類型 (Transactional)	WULA 按摩椅分期付款、WULA 按摩椅優惠

「**導覽類型**」的關鍵字搜尋目的就是要尋找特定網頁，搜尋關鍵字「amazon」是因為懶得打完整的網址，目的就是要到亞馬遜網站。這類關鍵字大多是品牌關鍵字或是具有明確品牌意涵的關鍵字。

「**資訊類型**」的關鍵字搜尋目的主要是要獲得資訊，雖然跟購買沒有直接關聯，但是可以培養潛在客戶以及獲得流量，並且如果你的網站具有許多資訊類型的關鍵字搜尋流量，可以提升客戶與搜尋引擎的信賴度。

「**商業類型**」的關鍵字就是指跟產品或服務有關的關鍵字，這類關鍵字搜尋目的雖然還沒有到達購買階段，但是已經進入購買的評估階段。例如搜尋「按摩椅價格」，大多是對按摩椅有興趣而想要瞭解價格，但是尚未有明確的購買意圖。但是如果搜尋「特定型號價格」，就是已經有比較強烈的購買意圖。

「**交易類型**」的關鍵字搜尋目的已經在購買決定的當下，大多網站會希望直接操作這類關鍵字，但是如果沒有佈局其他類型的關鍵字，不容易在交易類型關鍵字獲得成果。

綜合以上所說的各種不同的分類分群觀念，當你開始進行資料整理時，你會碰到很多困難，因為並不是所有方法可以加在一起使用，或是一種方法可以用在各種不同情況。在很多情況下，會很難決定諸如「按摩椅規格」是屬於資訊類還是商業類？其實答案很簡單，你必須從我們提供的方法中去實際操作，然後找出適合你的方法，當你猶豫某個關鍵字或主題應該分類在哪個類型時，就根據你的直覺去分類，因為這些操作沒有正確答案，只有不斷練習才能得到更好的結果。

3. 規劃內容策略

經過上面各階段的操作之後，你已經知道使用者的搜尋詞、主題、應該佈局的關鍵字以及分類分群，接下來就是要利用這些材料開始做菜了。

在規劃內容策略這個階段，需要產生一個如表 3-8 的內容計畫表，目的就是要知道產生哪些內容、產生內容的時程、負責人員等。當然這個表格只是一個參考範例，你可以根據你的實際需求加以修改。

表 3-8：內容計畫表範例。

<table>
<tr><th>內容編號</th><th>內容標題</th><th>主題</th><th>分類</th><th>標籤</th></tr>
<tr><td>C202210-01</td><td>不運動也能瘦下來，糖尿病患者最推薦的減肥食譜大公開</td><td>糖尿病患者減肥食譜</td><td>糖尿病
減肥食譜</td><td>糖尿病、尿酸、腰圍、減肥食譜、低醣</td></tr>
<tr><td>內容格式</td><td colspan="2">負責人員</td><td colspan="2">完成截止日期</td></tr>
<tr><td>文字 / 圖</td><td colspan="2">王曉明</td><td colspan="2">2022/12/31</td></tr>
<tr><td>主關鍵字</td><td colspan="4">相關關鍵字</td></tr>
<tr><td>減肥、減肥食譜、減肥餐、減肥菜單、糖尿病、運動</td><td colspan="4">減醣、食物、食品、飲食、飲料、卡路里、熱量、營養、三餐、早餐、午餐、晚餐、消夜、宵夜、少量多餐、米飯、澱粉、糙米、五穀米、油脂、脂肪、飲水、喝水、瑜珈、瘦身操、體操、身材、肚子、腰圍</td></tr>
<tr><td colspan="5">相關文件</td></tr>
<tr><td colspan="5">關鍵字主題分析表 (編號 A202209-01)、刊登計畫表 (編號 P202210-01)</td></tr>
</table>

4. 產生內容

產生內容的程序就五花八門了，不同的組織有不同的內容產生程序。產生的內容不能只有文字，應該還要包含圖文內容、圖檔、PDF 文件、影音內容等，並且在這個階段需要訂出內容規範書，清楚訂出哪些事項「不能做」，以及哪些事項「必須做」。

內容規範書包含品牌規範、SEO 規範、內容格式規範等，如表 3-9 所示。

表 3-9：內容規範書範例。

	品牌規範	SEO 規範	內容格式規範
不能做	(1) 內容必須注意不得牽涉某些特定議題，例如種族歧視。 (2) 不得使用無版權的圖文。 (3) 若有引用他處內容，文字內容不得超過多少比例，並且必須說明出處。	(1) 不得在標題及描述重複關鍵字。 (2) 不得在不同網址使用重複標題。 (3) 不得使用空白描述。	(1) 不得使用蓋板方式顯示廣告資訊。 (2) 不得使用與網頁底色相同的文字隱藏內容。 (3) 不得使用扭曲失真或像素不佳的圖檔。
必須做	(1) 網頁或圖檔顏色必須與企業識別標誌相同色系。 (2) 網頁內必須含有企業識別標誌。	(1) 在標題、描述、及錨點文字必須出現重要關鍵字。 (2) 網頁標題必須少於多少個中文字數或等同長度以內。 (3) 圖檔必須使用適當的 alt 與 title 文字說明。	(1) 文字必須向左靠齊。 (2) 文字必須大於多少像素或等同的大小。 (3) 圖檔檔案大小必須在 200KB 以下。 (4) 內容必須輔以適當的圖案。 (5) 內容文字字數必須超過多少字數以上。

5. 散佈內容

在內容產生完成之後，可能會刊登在官網或是企業的相關網站，也可能定期的刊登在多個社交平台上。因此透過如表 3-10 所示的刊登計畫表，就可以清楚這些內容在各處刊登的情況。

表 3-10：刊登計畫表範例。

刊登編號	內容編號	刊登網址
P202210-01	C202210-01	https://asiasma.org/example
負責人員	預定刊登時間	實際刊登時間
王達明	2022/12/20	2022/12/01

例如，表 3-8 中的內容編號 C202210-01 最初可能刊登在企業的資訊網站上，並且同一天也刊登連結在企業的臉書粉絲頁上。過一陣子，可能會再次刊登連結在企業的其他社交平台上。因此相同內容編號 C202210-01 可能就會有多個刊登編號，發生在不同時間、不同平台上，透過內容計畫表與刊登計畫表的資訊，就可以串起這些關聯。

6. 評估成效

前面提到各種程序必須要有可量化的依據，因此在訂定計畫時，就必須設想如何追蹤成效。例如表 3-11 所示的內容評估表範例，評估結果以搜尋排名表示，你也可以根據實際需求來訂定評估結果要使用哪些數據來評估，例如搜尋排名、搜尋點擊次數、停留時間、目標轉換率等。

網站內容應該怎麼評估呢？可以分成單一內容追蹤與分組內容追蹤。單一內容追蹤就是追蹤特定網址的數據，分組內容追蹤就是追蹤某個內容類型的數據。

表 3-11：內容評估表範例。

評估編號	內容編號	評估時間	負責人員	評估結果
E202212-01	C202210-01	20221231	王達華	關鍵字「糖尿病減肥食譜」搜尋排名第一名

專家小結

- **關鍵字與主題分析最後至少會產出：** 關鍵字與主題分析表、內容計畫表、內容規範書、刊登計畫表、內容評估表。
- **關鍵字與主題分析表：** 可以知道關鍵字與主題的關係 (例如表 3-6)。
- **內容計畫表：** 可以知道要產出哪些內容以及時程 (例如表 3-8)。
- **內容規範書：** 可以知道哪些該做，哪些不該做 (例如表 3-9)。
- **刊登計畫表：** 可以記錄內容被刊登的情況 (例如表 3-10)。
- **內容評估表：** 可以記錄追蹤內容的成效 (例如表 3-11)。

3-2 如何進行競爭者分析

進行搜尋引擎優化需要先了解自己跟競爭網站，但是哪些網站才是競爭網站呢？競爭網站可能是實體世界的競爭者，也可能未必是實體世界的競爭者。是否為搜尋引擎優化比賽的競爭網站，完全看「**重要關鍵字的重疊狀況**」而定，重疊狀況越高則競爭程度越高。

競爭者分析是希望藉由知道競爭者網站的弱點與優點，調整自我網站優化的方向，但是切記不要把競爭者分析的結果當成自己的門檻。例如有些公司老闆會說：「競爭對手的網站也沒有做這件事情，所以我們就不急著做了。」

競爭對手沒做的事情，不代表不必做；競爭對手已經做的事情，也不代表需要跟著做。競爭者分析的結果只是提供策略擬定的參考資料，還必須經過專業判斷來決定最後的作法。

另外也很忌諱太過專注於競爭者分析結果上，Alphabet Inc. 的技術顧問艾瑞克．施密特 (Eric Schmidt) 就曾經說過：「若你專注在競爭者上，你永遠無法做出真正創新的東西。」因為你過度關注競爭者的各種作法，會陷入制式的思維而無法跳脫。我們就經常看到同類型的競爭網站，最後大家都長得很像，反而失去了應有的獨特性。

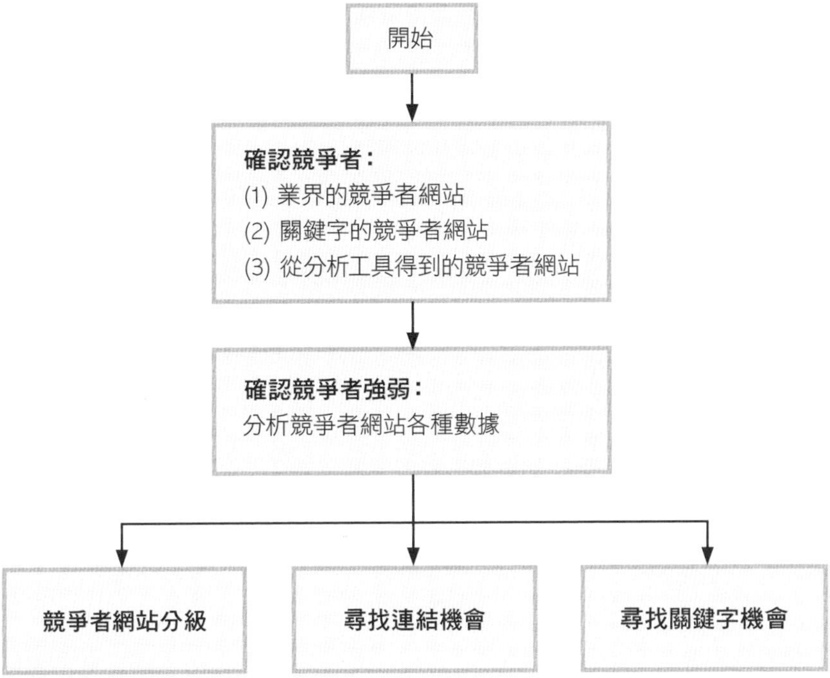

圖 3-29 競爭者分析流程。

步驟 1：確認競爭者

確認誰是競爭者網站，可以由三個來源：**業界的競爭者網站、關鍵字的競爭者網站、從分析工具得到的競爭者網站**。

為什麼要透過這三種來源呢？因為很可能你認定的競爭者網站，根本不是搜尋排名的競爭者網站。例如旅行社，雖同為旅行社，但是可能旅遊路線不同，就不一定是競爭者網站。也很可能原本應該是同業的競爭者網站，但是流量排名根本不算是同等級的競爭對手，你就不需要把它列為競爭者網站。

也有可能不是同業的競爭者，但是在自然搜尋排名卻是競爭者，例如圖 3-30 顯示，搜尋「洗衣機」的結果除了出現銷售洗衣機的網站之外，還看到內容媒體網站，非同業的網站也可能會成為某些關鍵字的競爭網站。

Google
洗衣機
https://www.rt-mart.com.tw › direct
大型家電/視聽影音> 品牌專區_洗衣/乾衣機 - 大潤發
東元智能變頻洗脫烘滾筒洗衣機12KG. $18261. 搶購. view: 9, 18, 36, 72. 最多人購買| 價格排序.
品牌專區_洗衣/乾衣機總計104件商品.
https://health.udn.com › 元氣網 › 養生
洗衣機買滾筒式還是水槽式？ 專家：衣服經常太髒該選這種
2021年7月23日 — 至於水槽型的洗衣機，則是靠著高速迴轉清洗衣物，原理和傳統使用洗衣板洗衣較為類似。以此方法可以去除滲透到纖維的髒汙，缺點則是容易讓衣服結成一片。附 ...
https://www.guting5.com.tw › product
洗衣機 - 祥銘貿易電器家電網
祥銘貿易電器家電網|冰箱|洗衣機|瓦斯乾衣機|. 購物車(0). 線上即時：30人累計造訪：57625524
人. 首頁 · 關於祥銘 · 地點 · 商品目錄 · 留言板 · 客服中心, 安裝說明 ...

圖 3-30 搜尋「洗衣機」出現的網頁，並非都來自同業的網站。

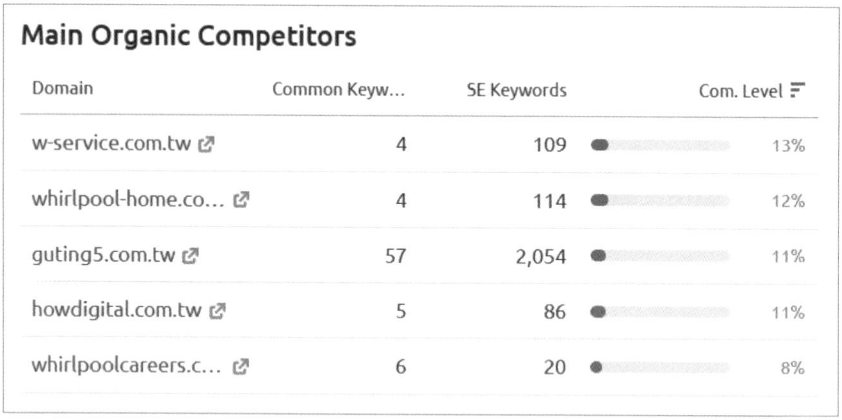

Main Organic Competitors

Domain	Common Keyw...	SE Keywords	Com. Level
w-service.com.tw	4	109	13%
whirlpool-home.co...	4	114	12%
guting5.com.tw	57	2,054	11%
howdigital.com.tw	5	86	11%
whirlpoolcareers.c...	6	20	8%

圖 3-31 透過 https://www.semrush.com/ 之類的分析工具也可以得到競爭者網站。

因此由這三種來源得到競爭者網站之後，再來整體評估要將哪些競爭者網站當成搜尋排名的競爭者網站，繼續進行下一個步驟的分析。

步驟 2：確認競爭者強弱

搜尋引擎優化是一個與其他網站的比賽，因此必須瞭解競爭網站的狀況，才能夠知道應該如何準備這個比賽。搜尋引擎優化的競爭者分析需要知道競爭網站的體質強弱，如下表 3-12 所示，包括**網站的規模大小、網站的信賴度、網站伺服器的健康狀況、網站的總體與搜尋流量、網站的外部連結狀況**等。

表 3-12：競爭者分析項目。

#	項目	說明
1	網站的規模大小	網站的網頁數量以及索引量
2	網站的信賴度	網站的網域 / 網頁信賴度等數據
3	網站伺服器的健康狀況	從外部看到的網站伺服器健康狀況，例如連線速度、網站反應時間等
4	網站的總體與搜尋流量	從外部工具測量得到的網站總體流量
5	網站的外部連結狀況	外部連結的分布狀況

步驟 2.1：比較網站的規模大小

網站的網頁數量或是被搜尋引擎索引的數量，代表網站的規模大小。網站的內容越多，某種程度上代表超越的困難度越高。但是透過爬取網站來瞭解網站的真實規模太耗費時間，並且有些網站會封鎖爬蟲軟體，為了快速瞭解網站的規模，可以使用搜尋引擎的「site:」指令得到概略的索引數量 (如圖 3-29)。但是這個方式得到的數字不是精確的索引數量，因此只具有相對性的參考價值。

所謂相對性的參考價值是指，當使用「**site:**」指令來比較兩個網站，如圖 3-32 與 3-33，得到索引數量 4,610,000 與 36,800,000，表示後者網站大於前者網站。但是如果得到的索引數量差異不大時，就無法肯定哪個網站的規模比較大。

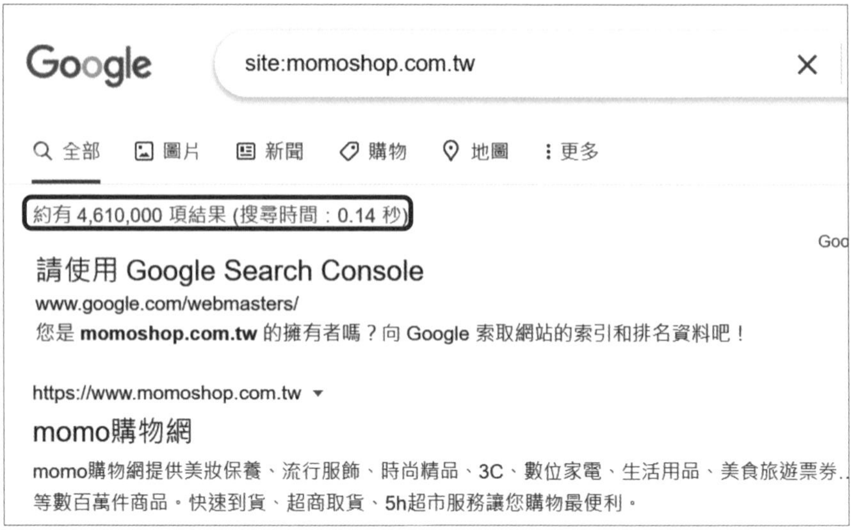
Google
site:momoshop.com.tw
全部
圖片
新聞
購物
地圖
更多
約有 4,610,000 項結果 (搜尋時間：0.14 秒)
請使用 Google Search Console
www.google.com/webmasters/
您是 momoshop.com.tw 的擁有者嗎？向 Google 索取網站的索引和排名資料吧！
https://www.momoshop.com.tw
momo購物網
momo購物網提供美妝保養、流行服飾、時尚精品、3C、數位家電、生活用品、美食旅遊票券...
等數百萬件商品。快速到貨、超商取貨、5h超市服務讓您購物最便利。

圖 3-32 使用「site」指令瞭解 momoshop.com.tw 被索引數量。

Google
site:shopee.tw
全部
圖片
新聞
購物
地圖
更多
約有 36,800,000 項結果 (搜尋時間：0.39 秒)
請使用 Google Search Console
www.google.com/webmasters/
您是 shopee.tw 的擁有者嗎？向 Google 索取網站的索引和排名資料吧！
https://shopee.tw › swag0719
SWAG SKATE SHOP, 線上商店 - 蝦皮購物
SWAG經銷各大一線滑板品牌硬體、相關服飾各式交通板、技術板、長板硬體周邊配件俱全歡迎
蒞臨參觀也歡迎私訊訂購提供完整透明的商品資訊，買家評價評論讓你安心無虞不踩 ...

圖 3-33 使用「site」指令瞭解 shopee.tw 被索引數量。

但是有時許多電商網站為了增加被索引數量，以及提升搜尋曝光度，會將「搜尋結果頁」的網址也加入 Sitemap.xml 檔案中，而被搜尋引擎索引，這時「site」指令看到的數量就會比實際網站規模大很多。

例如 https://shopee.tw/search?keyword=surfacego 這個網頁，正常情況下這類網頁不會被搜尋引擎索引，但是實際上卻被 Google 索引了。所以雖然透過「site」指令得到的數據，shopee.tw 大於 momoshop.com.tw，但是實際是否如此，就無法確定。

因此如果「site」指令的方式無法比較實際的規模大小，就必須使用爬蟲軟體來爬取整個網站。Xenu 是一個免費的爬蟲軟體，但是只有 Windows 版本；另外常用的爬蟲軟體 Screaming Frog SEO Spider 有 Windows 與 Mac 版本，但是超過 500 個網頁則必須購買授權。

爬蟲軟體工具	**Xenu：** https://home.snafu.de/tilman/xenulink.html **Screaming Frog：** https://www.screamingfrog.co.uk/seo-spider/

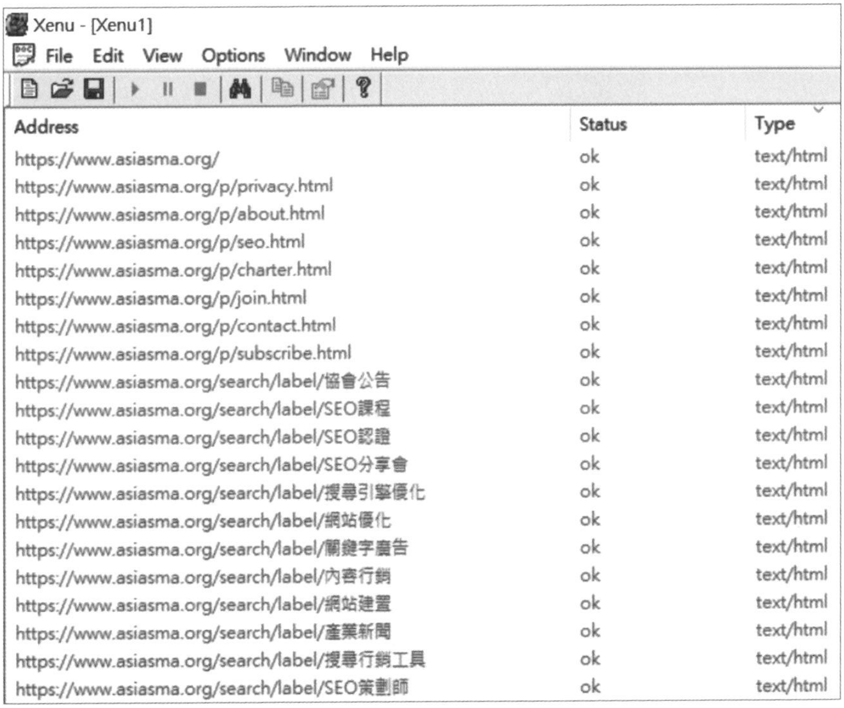

圖 3-34 使用 Xenu 爬取網站。

Statistics for managers

Correct internal URLs, by MIME type:

MIME type	count	% count	Σ size
text/html	31 URLs	68.89%	10280919 Bytes
image/x-icon	1 URLs	2.22%	0 Bytes
application/atom+xml	12 URLs	26.67%	0 Bytes
application/rss+xml	1 URLs	2.22%	0 Bytes
Total	45 URLs	100.00%	10280919 Bytes

All pages, by result type:

ok	45 URLs	19.74%
skip external	183 URLs	80.26%
Total	228 URLs	100.00%

圖 3-35 使用 Xenu 爬取網站得到的統計報告。

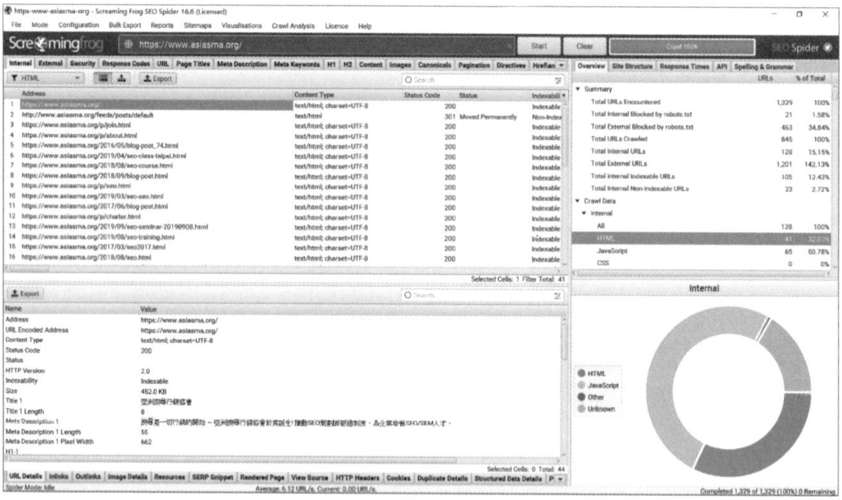

圖 3-36 使用 Screaming Frog SEO Spider 爬取網站。

使用爬蟲軟體得到的 URL 數量，是指網頁、圖檔及其他各種資源的總和；得到的 Text/HTML 數量，就是網站的網頁數量。如圖 3-35 與圖 3-36，有時候使用不同的爬蟲軟體會得到不同的數據，也會跟使用「site」指令得到的數據不同，到底哪個才是正確的呢？

其實使用 Screaming Frog SEO Spider 爬取網站得到的數據，是最接近實際的網頁數量，因為使用「site」指令只能得到估計值，而免費的 Xenu 則可能漏爬了某些網頁。因此要瞭解競爭網站的規模大小，必須嘗試使用各種方法，才能找到比較接近實際情況的數據。

步驟 2.2：比較網站的信賴度

早期的網站信賴度以 Google 的 PageRank 為主，但是自從 Google 不再公開 PageRank 數值之後，許多 SEO 業者就陸續發展出來可以取代 PageRank 的信賴度數據，其中以 Moz.com 的**網頁信賴度** (PA、Page Authority) 與**網域信賴度** (DA、Domain Authority) 最常被拿來使用。

網頁信賴度與**網域信賴度**是一個 0 到 100 的數值，根據連進網頁或網域的信賴度數值加權計算而來，數值越大代表信賴度越高。而其他 SEO 業者也都在開發類似可以代表網站與網頁信賴度的工具，雖然計算出來的數據可能會有些差異，但是都可以拿來參考比較。

網站信賴度查詢工具	**MozBar**：https://moz.com/products/pro/seo-toolbar **Moz Domain Analysis**：https://moz.com/domain-analysis **Mangools SEO extension**：https://mangools.com/seo-extension **Ahrefs**：https://ahrefs.com/website-authority-checker

使用 MozBar 之前必須先到 Moz.com 註冊一個免費的帳號，並且將 MozBar 外掛安裝在 Google Chrome 或是相容的瀏覽軟體上，然後在瀏覽網站時，就可以在瀏覽軟體的網址列下看到如圖 3-37 的數據，顯示 wikipedia.org 的 PA 為 81，DA 為 93，意思就是 wikipedia.org 首頁的信賴度為 81，而整個網域的信賴度為 93。

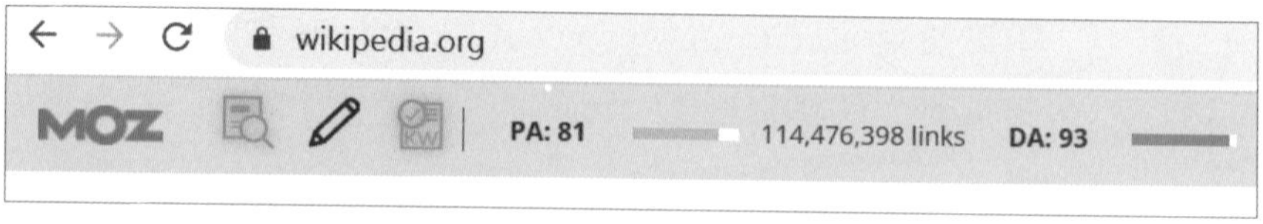

圖 3-37 使用 MozBar 可以看到網站的 PA 及 DA 數值。

如圖 3-38，使用這個 Moz Domain Analysis 工具可以看到 wikipedia.org 的 Domain Authority 為 93，其他各網頁的 PA 數值，以及連到 wikipedia.org 的各網域的 DA 數值。

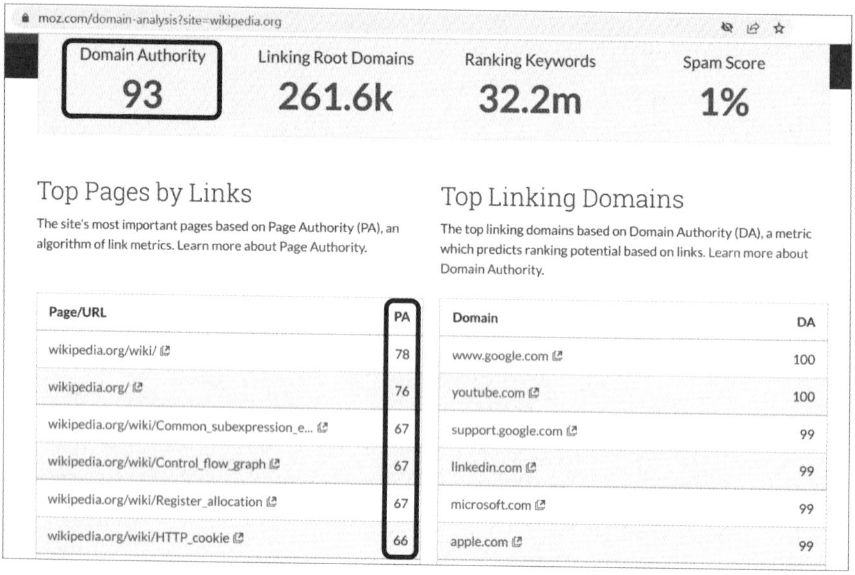

圖 3-38 使用 Moz Domain Analysis 可以看到網站的 DA 數值及 PA 數值。

使用 Mangools 的 SEO Extension 之前也必須先到 Mangools.com 註冊一個免費使用十天的帳號，並且將 SEO Extension 外掛安裝在 Google Chrome 或是相容的瀏覽軟體上，然後在瀏覽網站時，就可以點選右上角 SEO Extension 外掛的圖示，就會看到如圖 3-39 的數據，顯示 wikipedia.org 的 DA 為 93，PA 為 76。另外還看到 Citation Flow 與 Trust Flow 的數據，這兩個數據在後面章節會再詳細說明。

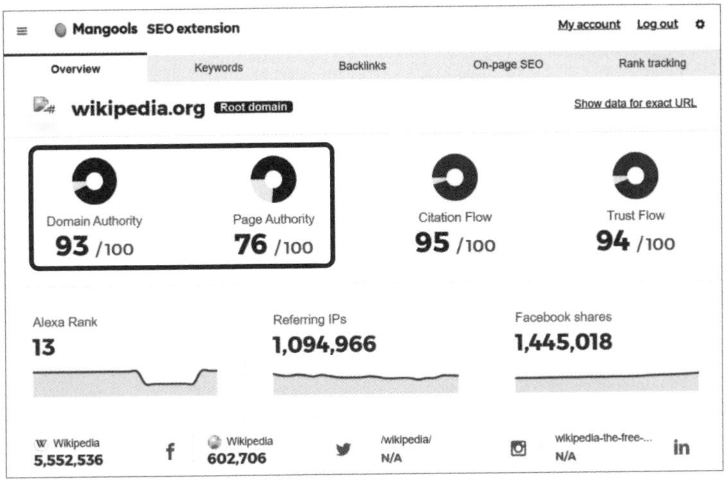

圖 3-39 使用 Mangools SEO extension 可以看到網站的 PA 及 DA 數值。

如圖 3-40，使用 Ahrefs Website Authority Checker 工具可以看到網站的 DR (Domain Rating) 數值為 91，這個 DR 數值就是類似 Moz.com 的 DA 數值。

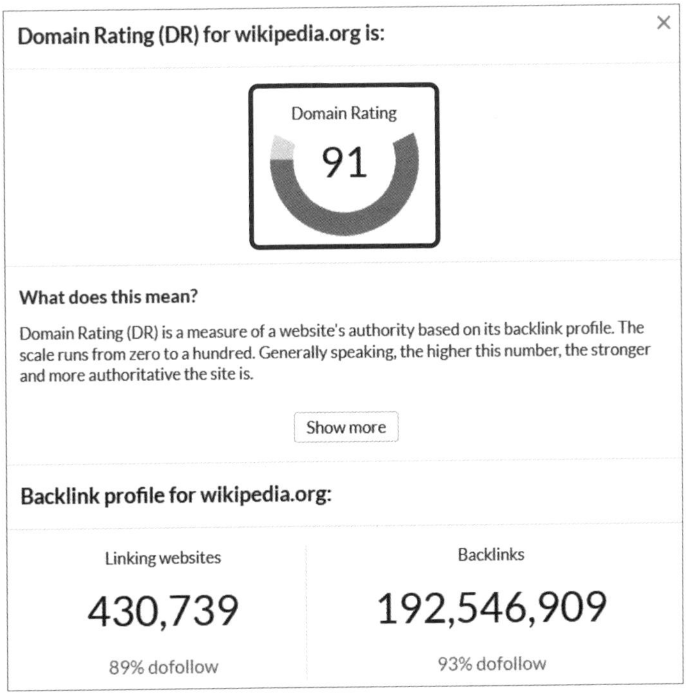

圖 3-40 使用 Ahrefs Website Authority Checker 可以看到網站的 DR 數值。

步驟 2.3：比較網站伺服器的健康狀況

伺服器健康狀況是指從外部可以看到的伺服器的狀況，包括：網站主機連線效能、網站 DNS 連線效能、網頁載入效能、網站穩定上線時間等。

網頁速度 (Page Speed) 與**網頁體驗訊號** (Page Experience) 早就已經是搜尋引擎的排名重要訊號，較佳的網頁速度可以提升網頁體驗訊號，也是搜尋排名的正向因素。並且如圖 3-41 的研究結果顯示，網頁載入時間每增加一秒鐘，平均轉換率會下降 2.11%，想要獲得優秀的轉換率 (轉換率是指訪客可以達成預期目標的比率)，最佳的網頁載入時間為兩秒鐘以內。

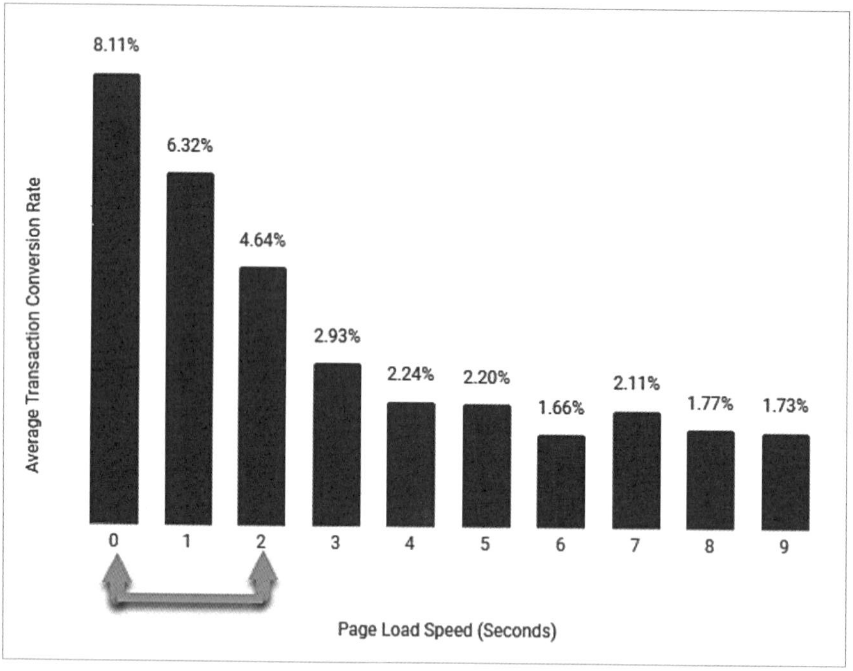

圖 3-41 https://www.portent.com/blog/analytics/research-site-speed-hurting-everyones-revenue.htm 研究結果顯示，最佳的網頁載入時間為兩秒鐘以內。

網頁效能檢查工具	https://pagespeed.web.dev/ https://www.webpagetest.org/ https://gtmetrix.com/ https://tools.pingdom.com/ https://www.dotcom-tools.com/web-servers-test
網站連線檢查工具	http://www.chinafirewalltest.com/ https://www.dotcom-tools.com/china-firewall-test
網站 DNS 效能查詢工具	https://www.dnsperf.com/dns-speed-benchmark
網站上線穩定度監看工具	https://uptimerobot.com/ https://www.montastic.com/ https://www.dnsstuff.com/uptime-monitor-tools

如圖 3-42 及圖 3-43，看到行動裝置版網頁與電腦版網頁的效能數據各是 92 分與 99 分，表示電腦版網頁的效能優於行動裝置版網頁。https://pagespeed.web.dev/ 這個測試工具要求的標準很高，如果沒有刻意針對評分項目去做調校，能夠得到 60 分左右就算是不錯的效能。

圖 3-42 使用 https://pagespeed.web.dev/ 測試行動網頁效能。

圖 3-43 使用 https://pagespeed.web.dev/ 測試電腦版網頁效能。

Google 針對網頁的效能提出三個指標當成重要的網頁效能指標 (Core Web Vitals)：**最大內容繪製** (LCP，Largest Contentful Paint)、**首次輸入延遲** (FID，First Input Delay)、**累積配置偏移** (CLS，Cumulative Layout Shift)。

- **最大內容繪製** (LCP)：網頁內的主要內容被使用者看到所花費的時間，2.5 秒以內代表「好」，2.5 秒到 4.0 秒以內代表「中等」，4.0 秒以上代表「差」。
- **首次輸入延遲** (FID)：使用者跟網頁互動可以獲得回應的時間，也就是使用者點擊了網頁某個互動的元件到網頁回應的時間，100 毫秒 (ms) 以內代表「好」，100 毫秒到 300 毫秒以內代表「中等」，300 毫秒以上代表「差」。
- **累積配置偏移** (CLS)：網頁元件顯示之後的整體偏移分數，這個分數介於 0 到 1 之間，數值越小表示越沒有偏移，也就是顯示在畫面上之後不會亂跳動，0.1 以內代表「好」，0.1 到 0.25 以內代表「中等」，0.25 以上代表「差」。

如圖 3-44，看到最大內容繪製 (LCP) 為 0.9 秒，累積配置偏移 (CLS) 為 0.003，都是「好」的數值範圍。而總阻塞時間 (TBT，Total Blocking Time) 為 0 毫秒，則與首次輸入延遲 (FID) 相關，也是在「好」的數值範圍。

圖 3-44 使用 https://pagespeed.web.dev/ 測試電腦版網頁效能。

PageSpeed Insights 還有量測另外三個數據：**首次內容繪製** (FCP，First Contentful Paint) 是指網頁載入時開始繪製的時間，**速度指標** (Speed Index) 是指網頁的內容可以被使用者看到的時間，**可互動時間** (Time to Interactive) 是指網頁開始載入到允許使用者互動的時間。

如圖 3-45，使用 webpagetest.org 工具來量測，得到首次內容繪製 (FCP) 是 0.601 秒，速度指標 (Speed Index) 是 0.660 秒，最大內容繪製 (LCP) 為 0.858 秒，累積配置偏移 (CLS) 為 0.002，總阻塞時間 (TBT) 為 0 毫秒，與 PageSpeed Insights 的數據都差不多。

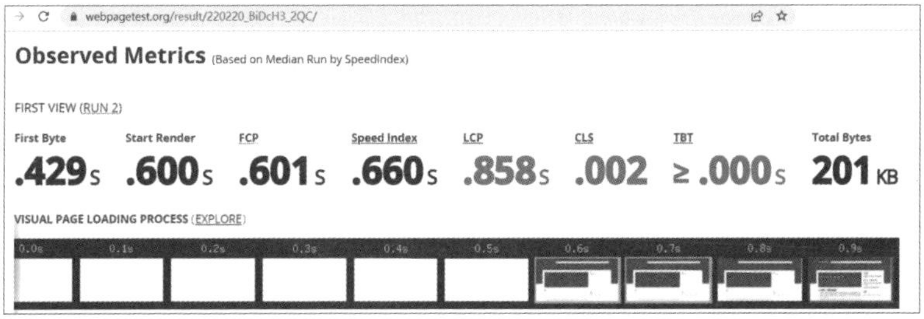

圖 3-45 使用 https://www.webpagetest.org/ 測試網頁效能，得到指標數據。

GTmetrix 與 Pingdom 測速工具則更簡單的給了一個效能分數，如圖 3-46 與圖 3-47，得到 100 分與 91 分，可以直接用來比較網頁的效能。

圖 3-46 使用 https://gtmetrix.com/ 測試網頁效能。

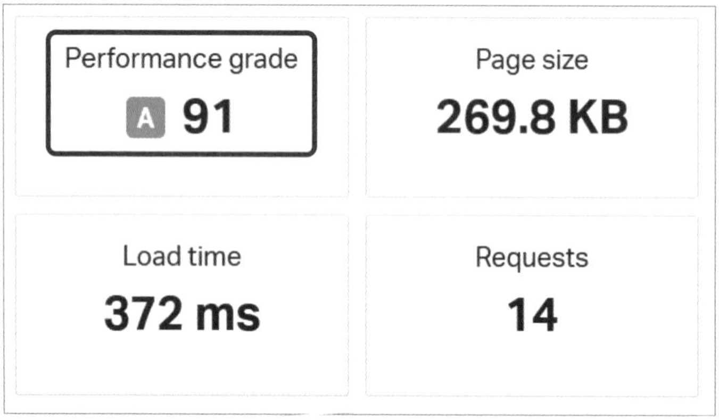

圖 3-47 使用 https://tools.pingdom.com/ 測試網頁效能。

網頁也會因為從不同地點瀏覽而有不同的效能，因此 dotcom-tools.com 測速工具則以不同地點來比較網頁的效能，如圖 3-48，顯示三個不同地點的載入所需時間。

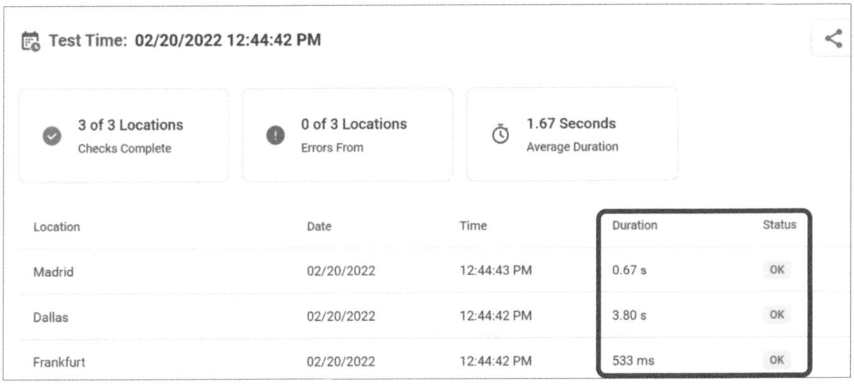

圖 3-48 使用 https://www.dotcom-tools.com/web-servers-test 測試網頁效能。

圖 3-49 使用 http://www.chinafirewalltest.com/
測試 youtube 網站是否可由中國地區連線。

由於某些網站會因為特定因素而被某些國家封鎖，例如中國地區會封鎖 YouTube 影音網站，所以如圖 3-49、圖 3-50、圖 3-51，可以透過工具來檢測是否會被中國地區封鎖。如果中國是你企業的目標市場，就必須注意是否有被封鎖，萬一發現有被封鎖，就要找到原因去解除。

圖 3-50 使用 http://www.chinafirewalltest.com/
測試 www.ntu.edu.tw 網站是否可由中國地區連線。

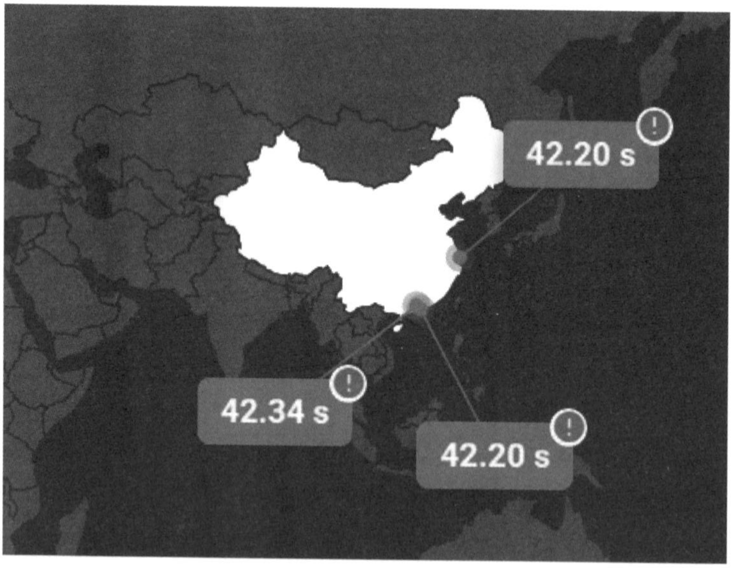

圖 3-51 使用 https://www.dotcom-tools.com/china-firewall-test
測試 youtube 網站是否可由中國地區連線。

如圖 3-52 則是透過 dnsperf.com 的工具來測試 DNS 連線效能，瞭解全球各地解析你的網站的效能全貌，綠色的表示可以快速反應，橘色的表示反應稍慢，紅色的部分則是反應較差。如果你做全世界的生意，就必須特別注意目標市場的用戶瀏覽你的網站是否可能發生困難。

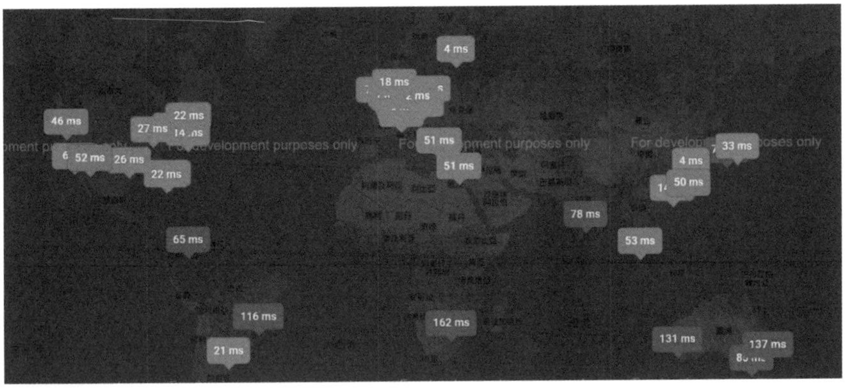

圖 3-52 使用 https://www.dnsperf.com/dns-speed-benchmark 測試 DNS 連線效能。

如圖 3-53 是 UptimeRobot 監看多個網站的上線穩定度，如果上線穩定度是 99.9% 以上表示具有優秀的穩定度，如果是 99.9% 以下表示需要特別關注網路連線或是伺服器本身是否經常斷線。當 UptimeRobot 監看到網站發生斷線，就會發送如圖 3-54 的電子郵件通知管理者，當網站恢復上線就會發送如圖 3-55 的電子郵件通知管理者，因此透過電子郵件就可以盡速處理，排除斷線的原因，也可以用來監看競爭對手伺服器的連線狀態。

大部分一些大的企業網站會斷線，大多都是在做維修或是升級，觀察到競爭對手伺服器斷線再重新連線時，可以去觀察看看是否有改版的跡象。

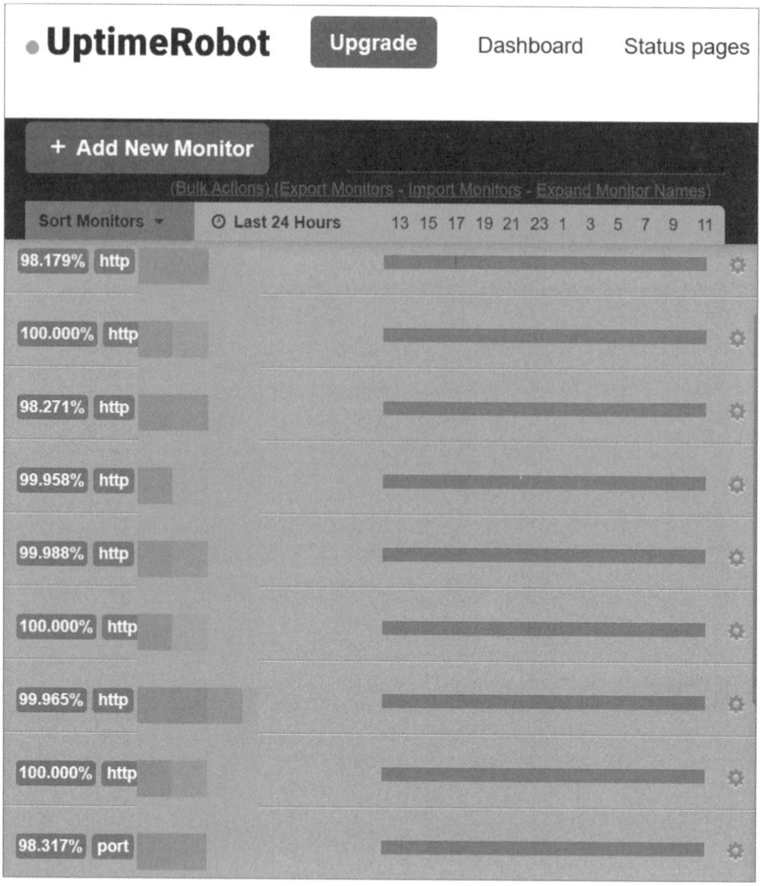

圖 3-53 使用 https://uptimerobot.com/ 監看網站上線穩定度。

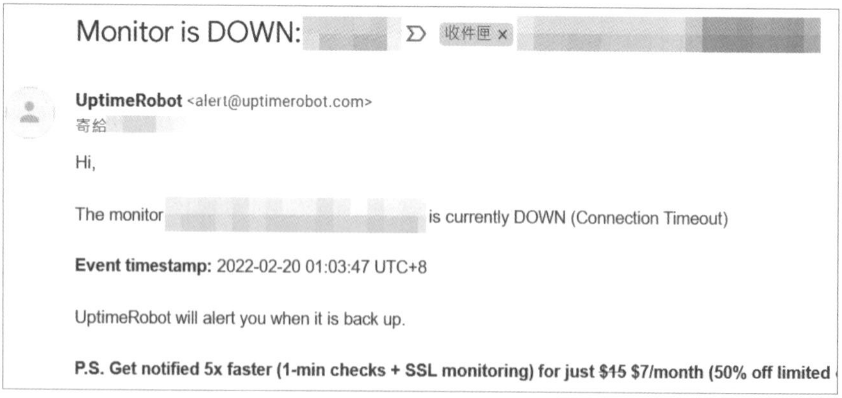

圖 3-54 使用 https://uptimerobot.com/，監測到網站無法連線，就會收到電子郵件。

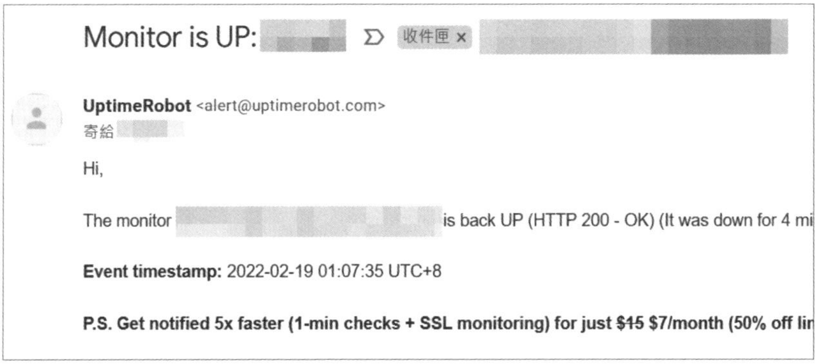

圖 3-55 使用 https://uptimerobot.com/，監測到網站恢復連線，就會收到電子郵件。

步驟 2.4：比較網站的總體與搜尋流量

瞭解競爭網站的流量是在瞭解競爭者的實力，競爭網站的流量越高，越不容易超越。如圖 3-56，SimilarWeb 可以用來瞭解網站流量大小及網站流量來源等數據，所顯示的流量數據有的是經過認證後的流量，有的是統計估計出來的流量。不過不管是經過認證或是估計的數值，都是很值得參考的重要數據。

網站流量查詢工具	**SimilarWeb**：https://www.similarweb.com/ **Ubersuggest Chrome extension**：https://app.neilpatel.com/en/extension **Semrush**：https://www.semrush.com/

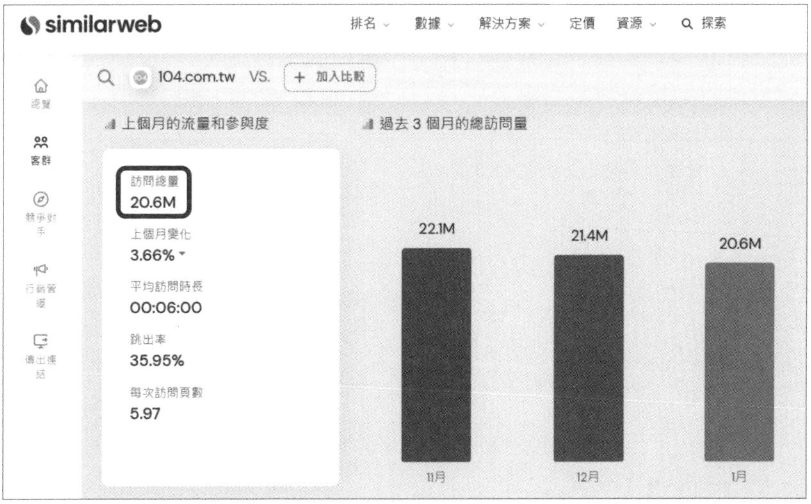

圖 3-56 使用 https://www.similarweb.com/ 查詢網站流量。

如圖 3-57，可以看到搜尋流量為 45.19%，因此將整體流量 20.6M 乘以 45.19% 得到搜尋流量約為 9.3M，可以跟圖 3-58 Ubersuggest 的有機每月流量 7,805,021 來比較。

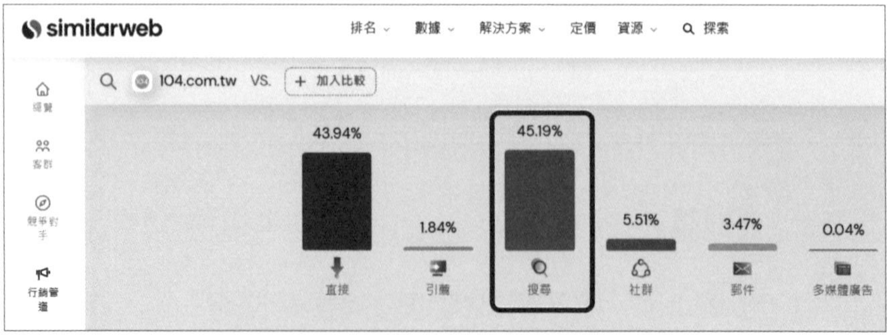

圖 3-57 使用 https://www.similarweb.com/ 查詢網站搜尋流量。

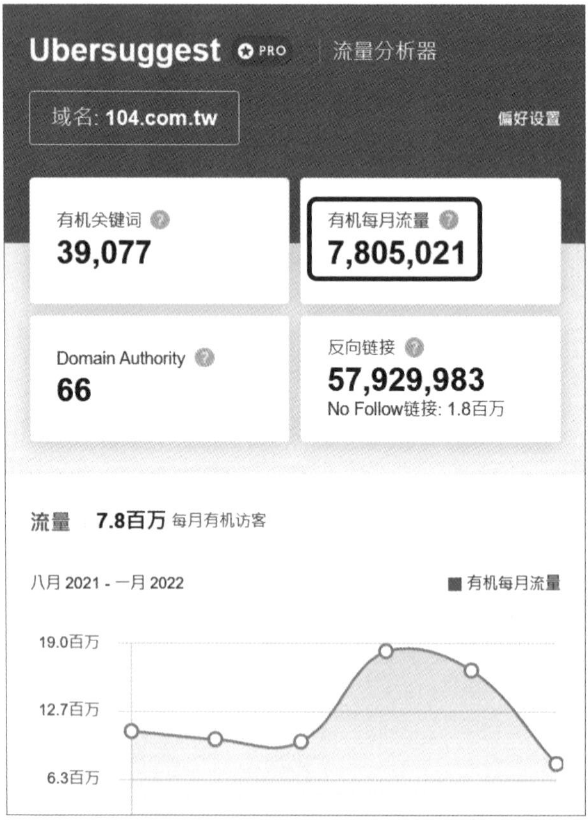

圖 3-58 使用 Ubersuggest Chrome extension 查詢網站搜尋流量。

similarweb.com 針對較高流量的網站可以看到流量資訊，但是對於中小企業網站就不會提供資訊，如圖 3-59，如果網站的每月流量低於 5 萬，就無法透過 similarweb.com 看到流量資訊。但是如圖 3-60 及圖 3-61，可以使用 Ubersuggest Chrome extension 或是 Semrush.com 來查詢中小企業流量較低的網站流量資訊。

圖 3-59 使用 https://www.similarweb.com/ 無法查詢每月流量低於 5 萬的網站資訊。

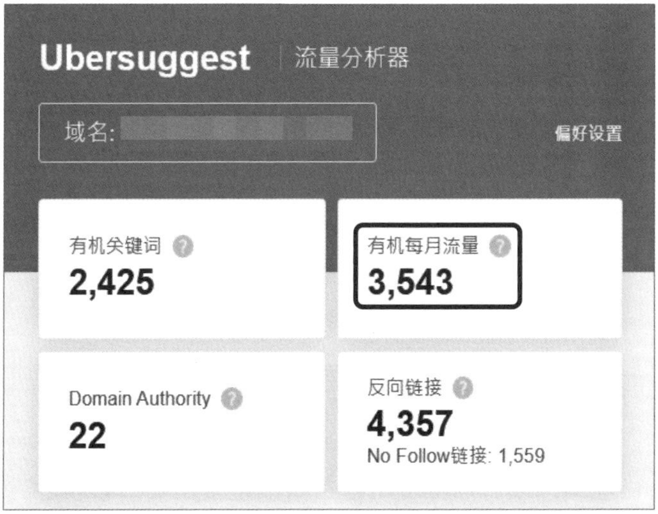

圖 3-60 使用 Ubersuggest Chrome extension 查詢中小企業網站搜尋流量。

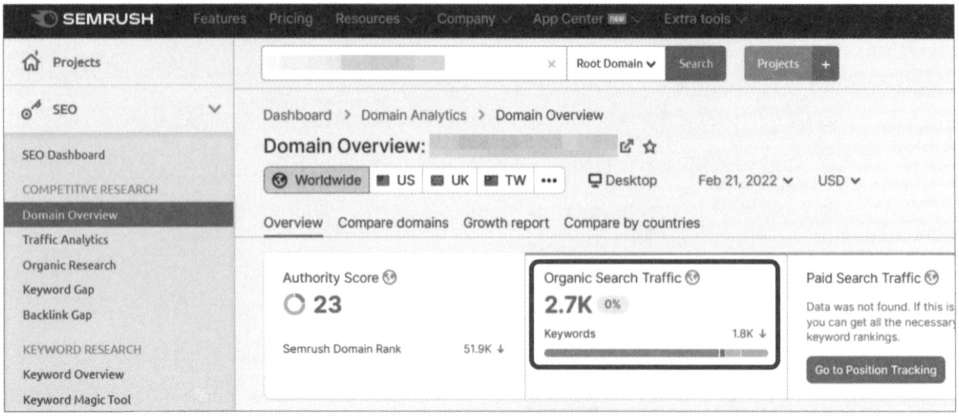

圖 3-61 使用 Semrush.com 查詢中小企業網站搜尋流量。

步驟 2.5：比較網站的外部連結狀況

外部連結查詢工具	**Majestic 外部連結查詢工具：** https://majestic.com/reports/site-explorer **Moz 外部連結查詢工具：** https://analytics.moz.com/pro/link-explorer **Ubersuggest Chrome extension：** https://app.neilpatel.com/en/extension **Semrush：** https://semrush.com

例如圖 3-62，使用 Majestic.com 會得到「Trust Flow」與「Citation Flow」兩個數值，前者是指網站外部連結的品質分數，此分數越高表示網站的連結品質越高；後者是指網站外部連結的數量分數，此分數越高表示網站的連結數量越高。

```
連結信賴比例(Trust Ratio) = Trust Flow / Citation Flow
```

連結信賴比例是一個可以用來判斷網站外部連結健康狀態的指標，連結信賴比例的數值越高表示連結狀況越好，如圖 3-62 中，Trust Ratio = 58/52 = 1.12，表示網站的連結狀況是非常健康的。

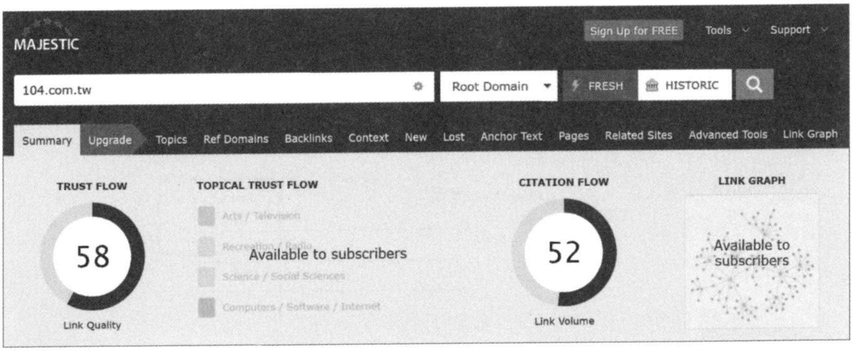

圖 3-62 使用 Majestic 外部連結查詢工具，得到 Trust 與 Citation Flow 數值。

如圖 3-63、圖 3-64、圖 3-65、圖 3-66，使用不同的工具都可以查詢到網站的外部連結狀況，各是 136,279,085、57.9M、57,929,983、30.5M，不同的工具因為資料來源不同，因此就會有差異，以目前這個網站的數據來看，外部連結應該落在 57.9M 以上到 136,279,085 是比較合理的。

既然不同的工具可能會得到不同的數據，那麼我應該如何比較兩個網站的外部連結數量高低呢？就是從多個工具的使用經驗中固定挑選一個工具，都使用同樣這個工具去比較兩個網站，就可以得到較正確的結果。

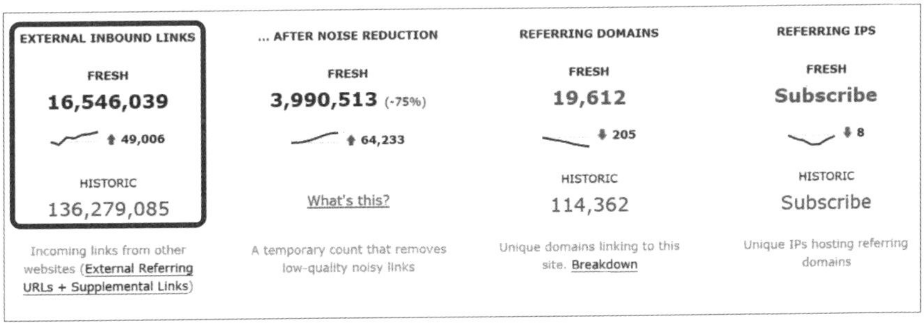

圖 3-63 使用 Majestic 外部連結查詢工具，得到外部連結數值。

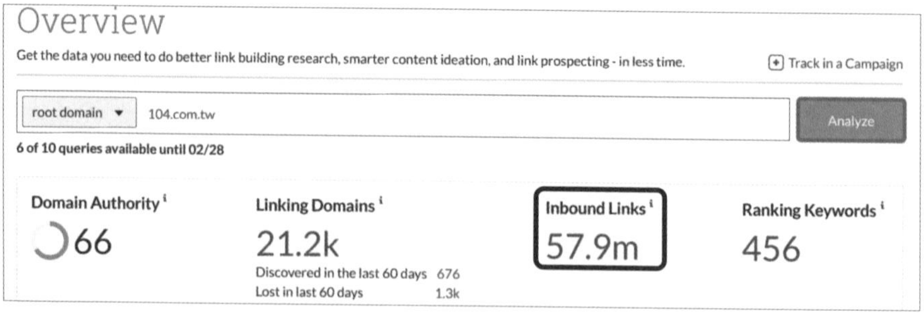

圖 3-64 使用 Moz 外部連結查詢工具，得到外部連結數值。

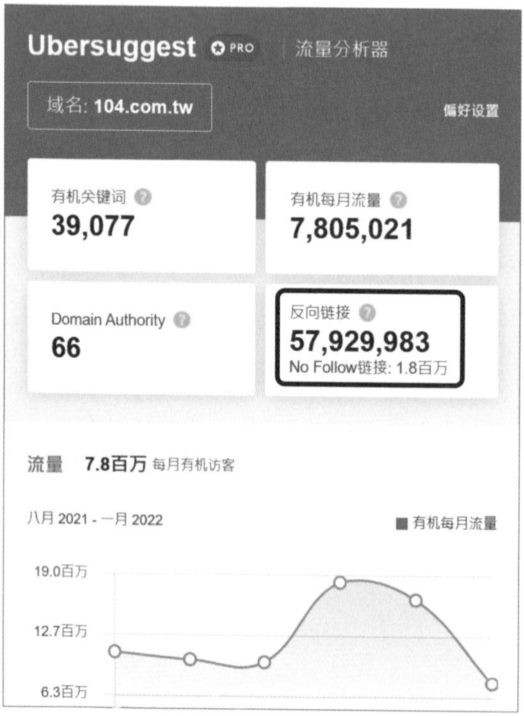

圖 3-65 使用 Ubersuggest Chrome extension 查詢網站外部連結狀況。

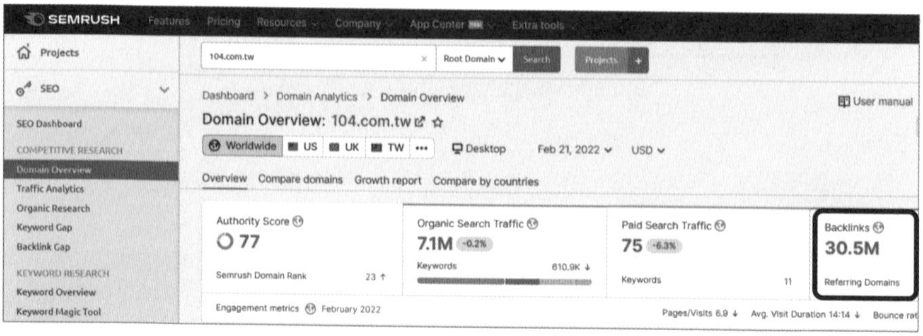

圖 3-66 使用 Semrush.com 查詢網站外部連結狀況。

步驟 3：尋找連結機會

連結機會查詢工具	**Ubersuggest Backlink Opportunity：** https://app.neilpatel.com/zh/seo_analyzer/backlink_opportunity https://app.neilpatel.com/en/seo_analyzer/backlinks **Moz 外部連結查詢工具：** https://analytics.moz.com/pro/link-explorer/inbound-links **Semrush**：https://semrush.com **Majestic 外部連結查詢工具：** https://majestic.com/reports/site-explorer **Ahrefs**：https://ahrefs.com

從競爭者的網站外部連結分析作業中，可以透過工具看到競爭者網站有哪些外部連結。某些免費工具會提供部分資訊，但是如果想要得到較完整的競爭者網站外部連結資訊，就必須使用付費工具。

如圖 3-67、圖 3-68、圖 3-69、圖 3-70、圖 3-71、圖 3-72，可以透過以上的工具得到網站的外部連結來源，其中 Majestic 與 Ahrefs 需要付費，其他則可以免費得到局部的資料。

得到競爭者網站的外部連結來源之後，就可以挑選出較高品質的外部連結來源，然後尋求這些來源建立連結到你的網站的可能性。關於建立高品質連結的可能方法，在第六章會再詳細說明。

圖 3-67 使用 Ubersuggest Backlink Opportunity 得到反向鏈接機會。

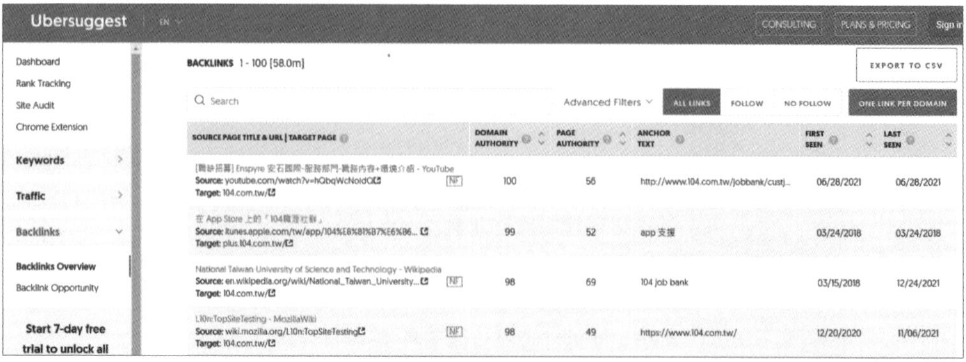

圖 3-68 使用 Ubersuggest.com 得到網站的外部連結來源。

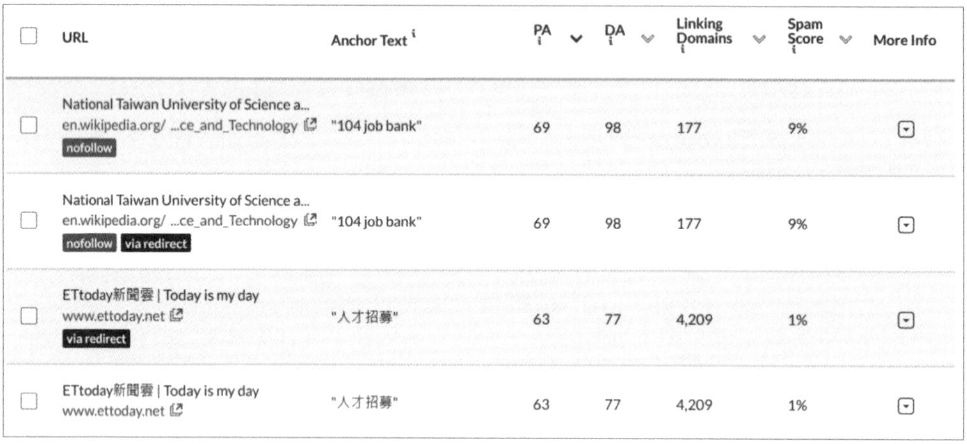

圖 3-69 使用 Moz 外部連結查詢工具得到網站的外部連結來源。

圖 3-70 使用 Semrush.com 得到網站的外部連結來源。

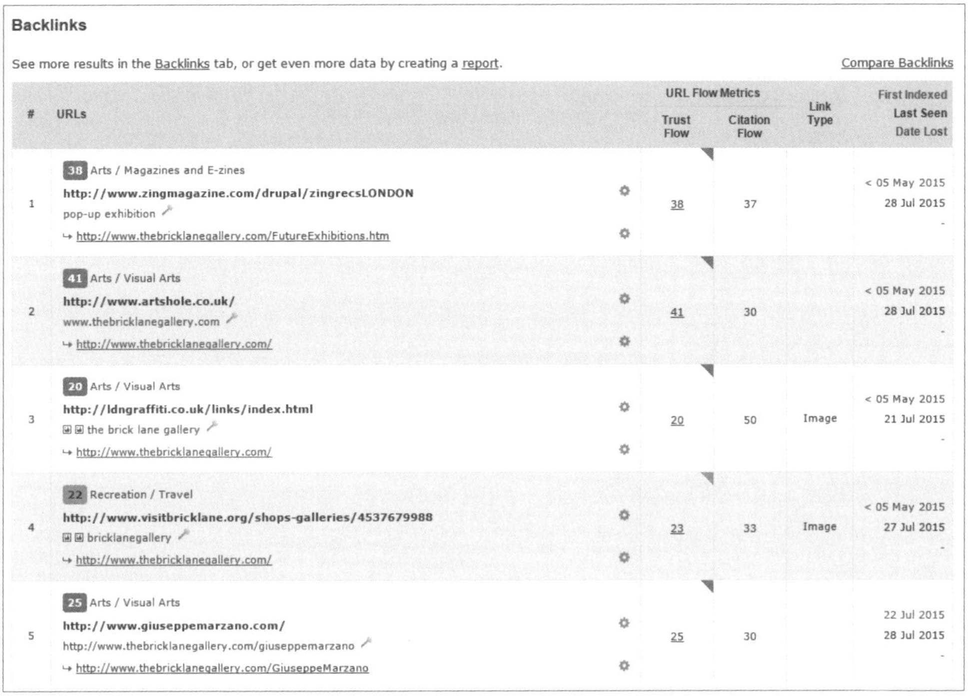

圖 3-71 使用 Majestic 外部連結查詢工具得到網站的外部連結來源。

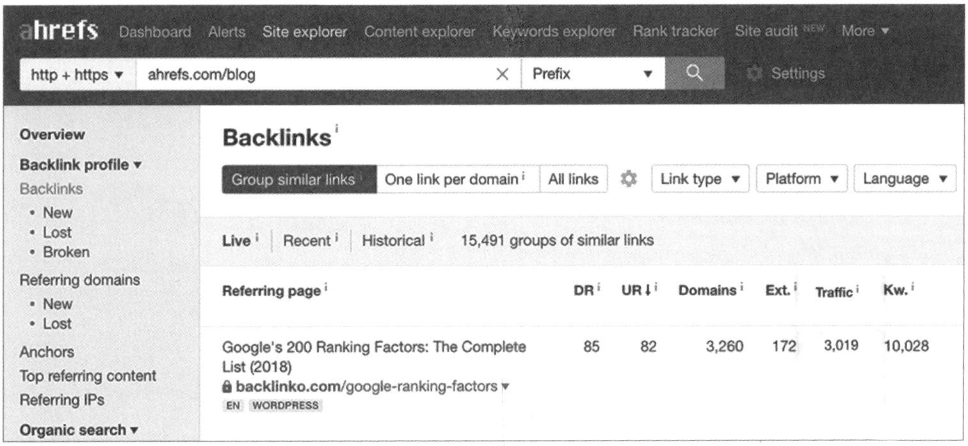

圖 3-72 使用 Ahrefs.com 得到網站的外部連結來源。

步驟 4：尋找關鍵字機會

關鍵字機會查詢工具	**Ubersuggest Keyword Opportunity：** https://app.neilpatel.com/zh/traffic_analyzer/keywords **Ahrefs Content Gap Tool：** https://ahrefs.com/content-gap

如圖 3-73，透過關鍵字工具可以找到競爭者網站的流量關鍵字，你的網站或許也有透過這些關鍵字導入流量，也可能沒有。例如從資料看到關鍵字「年薪百萬」預估每月導入 556 個流量，就可以研究該網頁導入流量的原因，以及你的網頁是否也有機會獲得該關鍵字的流量。

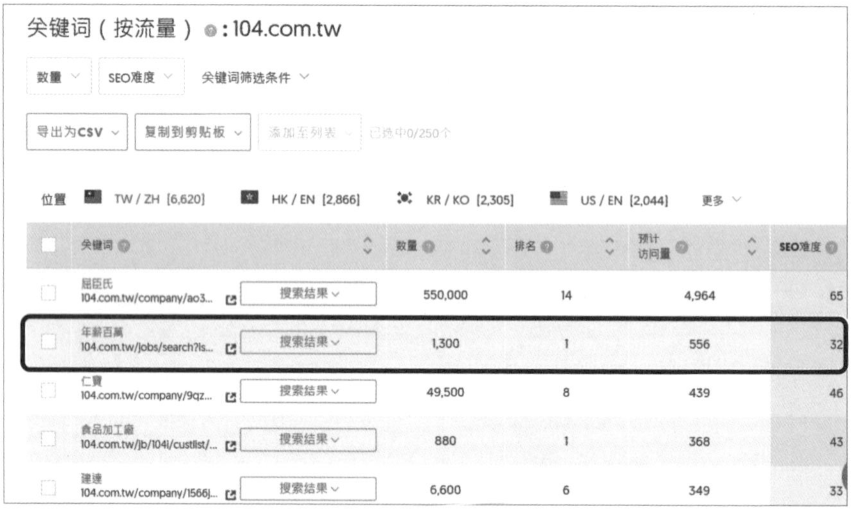

圖 3-73 使用 Ubersuggest Keyword Opportunity 查詢關鍵字機會。

如圖 3-74，Ahrefs 的 Content Gap 工具屬於付費工具，可以協助找出競爭者網站具有流量但是你卻沒有流量的關鍵字。如果這些關鍵字流量是你的網站應該要有，只是因為沒有建立相關內容而無法導入流量的話，就應該學習競爭者網站，撰寫出比競爭者網頁更優秀的內容。

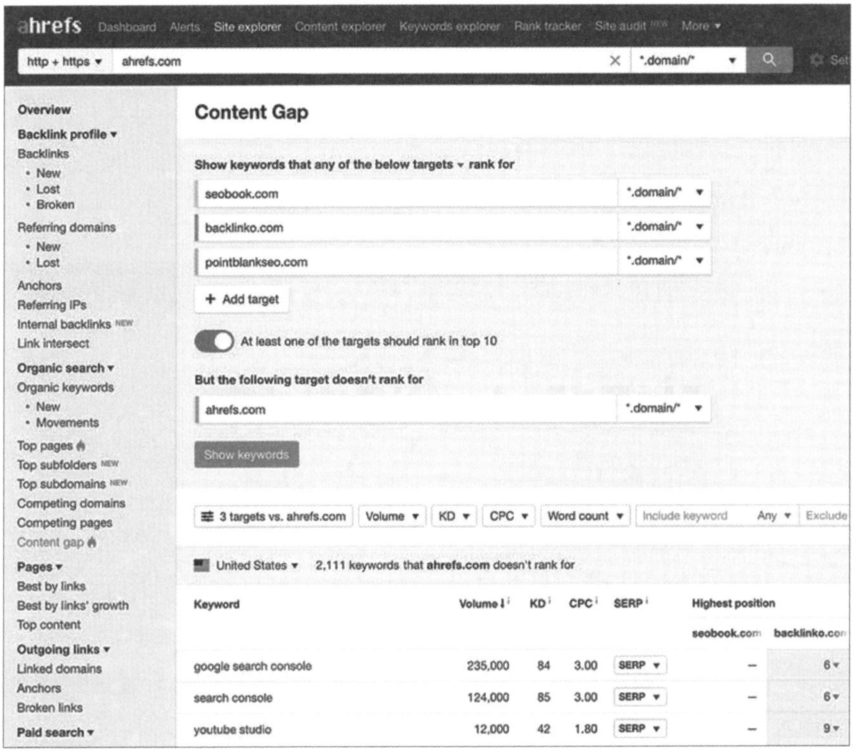

圖 3-74 使用 Ahrefs Content Gap Tool 查詢與競爭對手的關鍵字差異。

專家小結

競爭者分析最主要目的就是要知道敵我位置，不清楚敵我位置就如同在黑暗中打仗。經過正確的競爭者分析，才能夠知道應該如何強化自己的網站的不足，擬定可行的策略。

3-3 如何精確監看關鍵字排名

當經過正確的關鍵字分析之後，掌握自我與競爭對手的關鍵字排名升降就是一件很重要的事情。要監看關鍵字排名升降有幾個方式：**使用排名軟體、使用 Google 網站管理員、或是人工監看**。

監看關鍵字排名：使用排名軟體

關鍵字排名軟體	**免費關鍵字排名監看工具：** https://myrankaware.com/ **付費關鍵字排名監看工具：** https://neilpatel.com/blog/ubersuggest-rank-tracking/ https://moz.com/tools/rank-tracker https://ahrefs.com/keyword-rank-checker

如圖 3-75，Rankaware 是一套自動監看自然搜尋排名的軟體，可以免費監看一個網站無限多個關鍵字的自然搜尋排名，並且可以設定多國多語言的不同搜尋引擎。如果需要監看多個站台，則需要購買付費版本。

但是使用自動監看排名軟體有一個缺點，就是無法取得太精細的自然搜尋排名資訊。例如只能設定監看 Google 台灣的自然搜尋排名，而無法知道台灣不同縣市的 Google 自然搜尋排名。

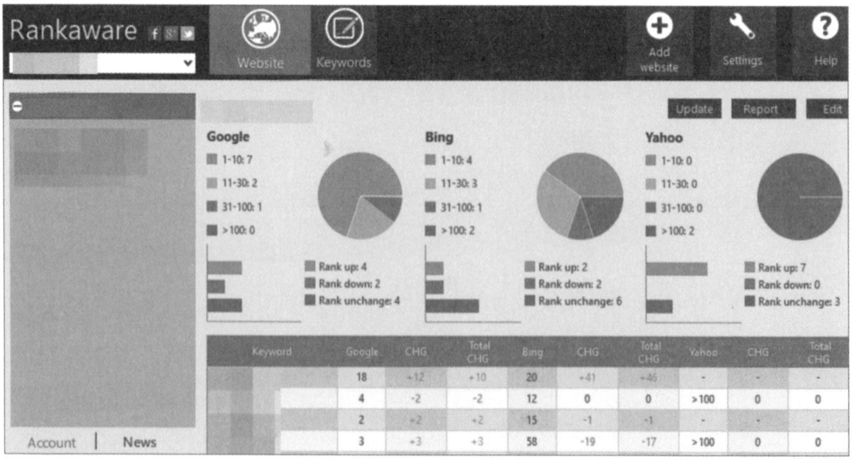

圖 3-75 使用 Rankaware 自動監看自然搜尋排名。

監看關鍵字排名：使用 Google 網站管理員

Google 網站管理員	https://search.google.com/search-console

使用 **Google 網站管理員**來監看自然搜尋排名算是最輕鬆的事情，因為所有的排名資訊都由 Google 幫你處理好了，你只需要定期將排名資訊下載，在不同時間點去比較排名上升或是下降即可。

如圖 3-76，從 Google 網站管理員的「成效」選項就可以看到各關鍵字的點擊、曝光、點選率、及排名等資訊，但是如圖 3-77，可以看到一個缺點就是只能看到 1000 個關鍵字的資訊，對於較大的網站來說就稍嫌不足，但是對於一般中小企業網站應該足夠了。關於 Google 網站管理員的更多詳細功能，在第七章會再詳細說明。

圖 3-76 使用 Google 網站管理員監看自然搜尋排名。

成效 匯出

搜尋類型：網路 日期：前 3 個月 + 新驗證的網站 上次更新日期：4 小時前

primary key foreign key分別	97	194	50%	1
relational algebra範例	16	26	61.5%	1
sql key種類	13	29	44.8%	1
資料庫正規化 練習	10	14	71.4%	1
er model符號	9	68	13.2%	1
dfd 範例	8	125	6.4%	1
活動圖範例	7	104	6.7%	1
er model範例	6	241	2.5%	1
資料流程圖範例	6	81	7.4%	1

每頁列數： 10 1-10 列，共 1000 列

圖 3-77 使用 Google 網站管理員監看自然搜尋排名只能獲得 1000 列資訊。

監看關鍵字排名：人工監看

Google 在地搜尋模擬工具	https://sem.city/local/

因為使用自動監看排名軟體，無法監看特定縣市的自然搜尋排名，所以有些時候人工監看就不得不做。但是許多人在進行人工監看關鍵字排名經常犯的錯誤，就是沒有注意到關鍵字排名的個人化問題，而取得不正確的關鍵字排名資料。

例如你在台灣看到的自然搜尋排名，跟國外客戶看到的就會不一樣。甚至於你在台北市看到的自然搜尋排名，就可能跟在高雄看到的不一樣。

Google 搜尋引擎的關鍵字排名資料會因為下列個人化因素而產生差異：

❶ 在登入 Google 帳號情況下，是否開啟「個人化搜尋結果」。

「個人化搜尋結果」：是指讓搜尋服務根據你的 Google 帳戶資訊來顯示個人化的搜尋結果。也就是如圖 3-78，如果你開啟「個人化搜尋結果」，Google 就會根據你的活動來提供給你更適合的搜尋結果。例如你經常瀏覽的網站，如果跟你的搜尋意圖相關的話，就會優先出現在搜尋結果；例如你經常到訪的地點，如果符合搜尋搜尋意圖的話，也會優先出現在搜尋結果。

某些搜尋結果的個人化需要同時啟用其他設定，例如圖 3-79，活動控制項中的網路和應用程式活動，以及圖 3-80，活動控制項中的定位記錄。如果「個人化搜尋結果」是關閉的，你的登入狀態才不會影響搜尋結果。

顯示個人化搜尋結果
選擇是否讓搜尋服務根據你的 Google 帳戶資訊顯示個人化搜尋結果
搜尋服務中的個人化搜尋結果包括：
根據搜尋記錄自動完成預測，方便你接續先前的作業。瞭解詳情
根據 Google 帳戶內的資訊所提供的個人化回覆，例如 Gmail 中的「我的航班」，以及 Google 地圖中的「回家路線」。瞭解詳情
根據 Google 帳戶內的活動記錄所推薦的項目，例如探索專區內容、「推薦內容」或「用餐地點」
有些搜尋結果需要同時啟用其他設定 (例如網路和應用程式活動或定位記錄) 才會顯示
這項設定不會影響 Google 助理中的個人化搜尋結果設定，也不會影響 Google 帳戶儲存搜尋記錄

圖 3-78 https://www.google.com/setting/search/privateresults/
可以開啟或關閉 Google 的個人化搜尋結果。

活動控制項
儲存在你帳戶中的資料可讓 Google 在各項服務中為你提供更加個人化的使用體驗。請選擇哪些設定可以在你的 Google 帳戶中儲存資料。
Safer with Google
你可以控制要將哪些資料儲存到個人帳戶。 瞭解詳情
網路和應用程式活動
這會儲存您在 Google 網站和應用程式中的活動 (包括位置等相關資訊)，以提高搜尋效率、改善推薦內容的實用性，以及在 Google 地圖、Google 搜尋和其他 Google 服務中提供更符合個人需求的體驗。 瞭解詳情
開啟
關閉

圖 3-79 https://myactivity.google.com/activitycontrols
可以開啟或關閉活動控制項中的網路和應用程式活動。

定位記錄
系統會透過你的裝置儲存你造訪的地點 (無論當時是否正在使用特定 Google 服務)，以便製作你的個人化地圖、根據你造訪過的地點顯示推薦內容，以及提供其他實用資訊。 瞭解詳情
開啟
關閉
與這個帳戶相關聯的裝置
自動刪除 (已關閉)
選擇自動刪除設定的選項
管理記錄

圖 3-80 https://myactivity.google.com/activitycontrols
可以開啟或關閉活動控制項中的定位記錄。

❷ 使用的瀏覽軟體存在之前的網頁瀏覽紀錄。

如果你沒有登入 Google 帳號，在沒有使用瀏覽軟體的**無痕模式**(如圖 3-81) 情況下，你的瀏覽歷史紀錄還是可能會影響搜尋結果。因此如果希望搜尋結果不受個人化因素影響的話，就盡可能的在無痕模式下搜尋。

圖 3-81 在 Google Chrome 中開啟無痕模式。

❸ 所在地點或是 IP 位址可以被 Google 擷取。

Google 會透過 GPS 及 IP 位址來修正搜尋結果，如圖 3-82 及圖 3-83，在新竹與苗栗搜尋「日本料理」就得到不同的搜尋結果。但是如果我以指令指示 Google 給我特定地區的搜尋結果，Google 就會忽略 GPS 及 IP 位址，如圖 3-84 使用「near= 台北」加在搜尋網址內，原本搜尋網址「https://www.google.com/search?q= 滷肉飯」，變更為「https://www.google.com/search?q= 滷肉飯 &near= 台北」，Google 就會依照指示給我台北地區的滷肉飯搜尋結果。

如圖 3-85，就算我的實際所在地區是印尼，在搜尋網址上加上「near= 台北」參數之後，就如同在台北搜尋一樣。

圖 3-82 在新竹搜尋「日本料理」得到的搜尋結果。

圖 3-83 在苗栗搜尋「日本料理」得到的搜尋結果。

圖 3-84 使用「near= 台北」參數讓 Google 模擬台北的在地搜尋。

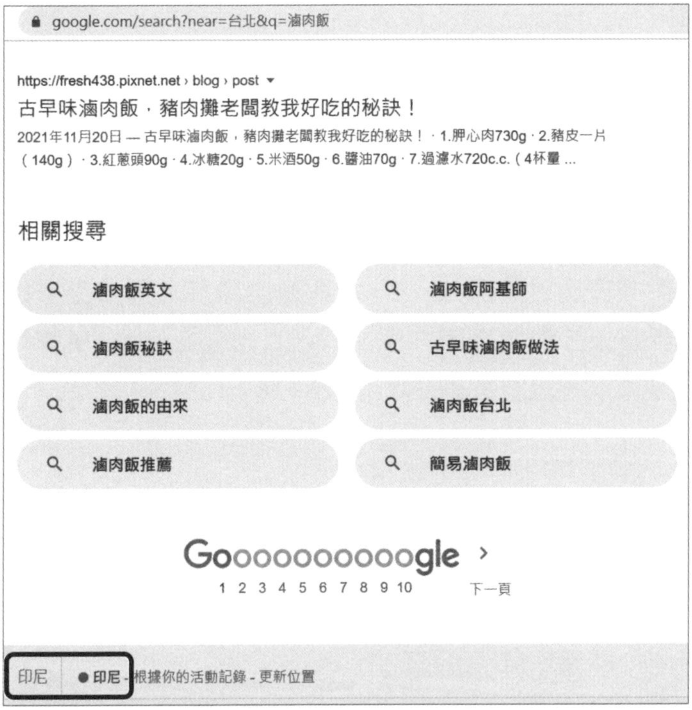

圖 3-85 不管實際地點在何處，都可以讓 Google 模擬其他地點的在地搜尋。

但是「near= 台北」這樣的參數並無法滿足所有的需求，因為如果我想讓 Google 模擬「near= 聖地牙哥」、「near= 墨西哥」，會發現很多地區無法正確顯示。

這時候就必須使用 **Google 在地搜尋模擬工具** https://sem.city/local，才有辦法精確的得到每個地點的在地搜尋結果。如圖 3-86 填寫好資料按下 Submit 之後會得到如圖 3-87 的列表，選擇第一個項目就是模擬「新北市」的搜尋，選擇第二個項目就是模擬「台北市」的搜尋，選擇第三個項目就是模擬「松山機場」的搜尋，選擇第四個項目就是模擬「新北市淡水」的搜尋。

如圖 3-88 就是使用 Google 在地搜尋模擬工具模擬在「新北市」搜尋「滷肉飯」的搜尋結果。圖 3-89 就是模擬在「舊金山」搜尋「sushi」的搜尋結果。

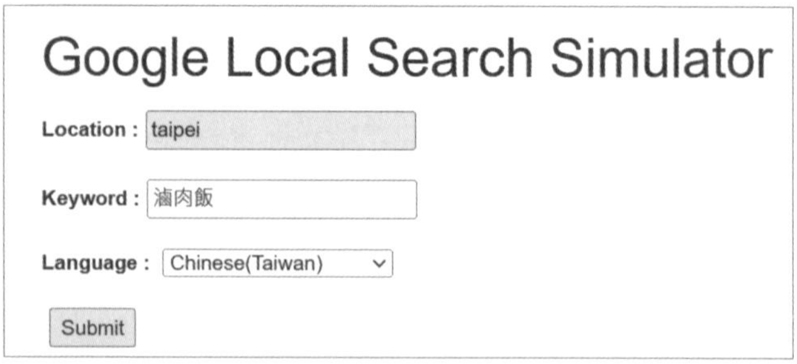

圖 3-86 在 Location 填入 taipei，在 Keyword 填入滷肉飯，選擇 Chinese(Taiwan)，按下 Submit 即可開始搜尋。

圖 3-87 Google 在地搜尋模擬工具 https://sem.city/local。

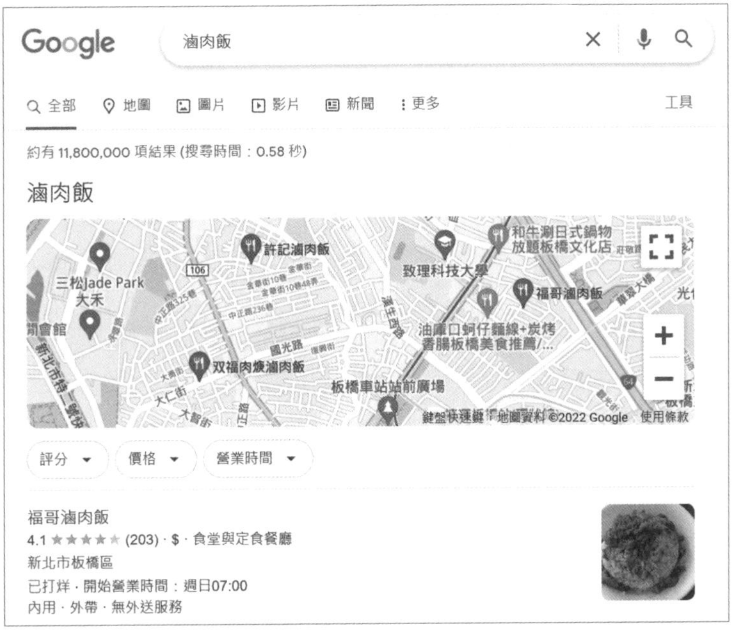

圖 3-88 使用 Google 在地搜尋模擬工具模擬在「新北市」搜尋「滷肉飯」。

圖 3-89 使用 Google 在地搜尋模擬工具模擬在「舊金山」搜尋「sushi」。

專家小結

監看自然搜尋排名不是要斤斤計較排名的升降，因為自然搜尋排名本來就會隨時持續的變動，不要因為幾個關鍵字排名突然下降或消失，而搞得神經緊張，因為監看自然搜尋排名的主要目的是在**觀察搜尋引擎演算法的趨勢**，應該在意的是「整體自然搜尋排名的升降」而非「某些關鍵字自然搜尋排名的升降」。

memo

Chapter

4

網站結構調整：正確的結構是成功的基礎

網路規模還不算大的時候，確實內容為王。但是規模越來越大時，光是內容為王是不夠的。

藍德·費施金 Rand Fishkin (SparkToro 創辦人)

搜尋引擎優化的分數等於網站結構分數乘以其他各項因素的總和，如果網站結構分數是零分的話，那麼其他的努力也就全部泡湯。盡可能的提升網站結構分數，你的其他努力才有意義，本章節就帶您瞭解如何調整網站的結構。

4-1 如何規劃網站的資訊架構

網站的**資訊架構** (Information Architecture) 就像是房子的建築結構，如果這個結構不正確，則整個網站就會讓使用者覺得困惑，搜尋引擎也就無法建立正確的相關性。使用者覺得困惑就會流失流量，搜尋引擎無法建立正確的相關性就無法獲得應有的搜尋排名。

資訊架構是由架構規劃師、程式設計師、網站工程師、內容策略師或是類似職務的人共同產生的結果，可以透過網站優化或是 SEO 任務中找到缺失來進行改善。因此 SEO 工程師必須知道什麼是正確的資訊架構，才有辦法調整網站為使用者與搜尋引擎都喜愛的樣貌。

什麼是正確的網站資訊架構呢？簡單來說，如果能讓大部分訪客以及搜尋引擎「無礙」的瀏覽網站獲得需要的資訊，那麼這個網站的資訊架構就是正確的。說起來簡單，但是要做到「無礙」，需要仔細規畫以下各項目：

- **資訊分類**：主要決定內容或是商品的相關結構，會呈現在網站選單、網頁麵包屑、網頁的網址結構等。
- **詞彙標示**：主要決定重要的文字，例如網站選單、麵包屑上的文字、網頁標題、以及連結的錨點文字等。
- **導覽設計**：主要決定如何導引訪客順利得到資訊，例如網頁的動線結構以及搜尋功能等。
- **搜尋設計**：搜尋功能是特殊類型的導覽，搜尋設計包含搜尋邏輯設計、搜尋介面設計、及搜尋結果頁面設計。

資訊分類、詞彙標示、導覽設計、以及搜尋設計有些元素是互相重疊的，資訊分類的概念會用在詞彙標示、導覽設計、與搜尋設計；詞彙標示也會用在資訊分類、導覽設計、與搜尋設計；導覽設計與搜尋設計則是資訊分類與詞彙標示的呈現。

(1) 資訊分類

資訊分類就是將內容或是商品有條理的呈現，並且大多資訊分類還會區分「類別」與「標籤」，例如將服飾商品分為男性服飾與女性服飾兩種「類別」，再根據服飾的材質加上羊毛、尼龍、純棉等「標籤」。這些「類別」與「標籤」就可以呈現在網站選單、網頁麵包屑、連結的錨點文字、網頁標題、網址結構上。

如圖 4-1、圖 4-2、圖 4-3、圖 4-4，正確的「類別」與「標籤」規劃可以讓使用者清楚你的內容或是商品的相對關係，快速的按圖索驥找到需要的資訊，也可以讓搜尋引擎建立更緊密的相關性。

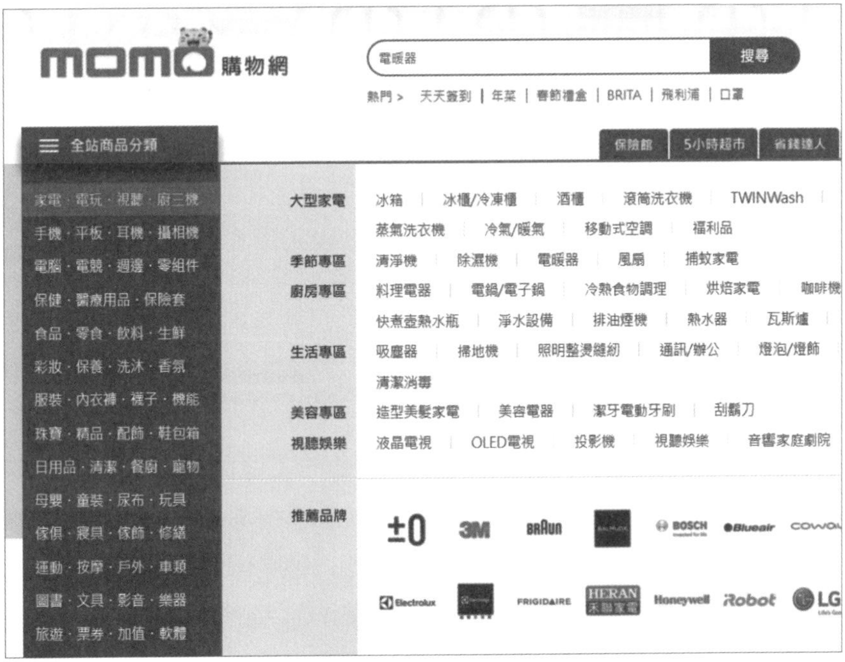

圖 4-1 網站選單呈現「類別」，讓複雜的眾多商品清楚分類。

圖 4-2「標籤」大多會出現在文章或是商品頁的明顯位置。

圖 4-3「類別」呈現在產品網頁的麵包屑上。

圖 4-4「類別」呈現在產品網頁的網址結構上。

建構網站時，有些情況會讓類別或是標籤很不容易決定，如果碰到猶豫不決的時候，有兩個方式可以解決，第一個方式就是**把類別看成「大類」，把標籤看成「小類」**，也就較多項目的就可以把它規劃為「類別」，較少項目的就把它規劃為「標籤」。

例如圖 4-5，專門介紹旅遊的網站，可以用地區當成類別 (例如台北市、台中市)。如圖 4-6，文章中提到的重要項目，但是並不足以形成一個類別的就當成標籤 (例如古蹟、公園、下午茶等)。

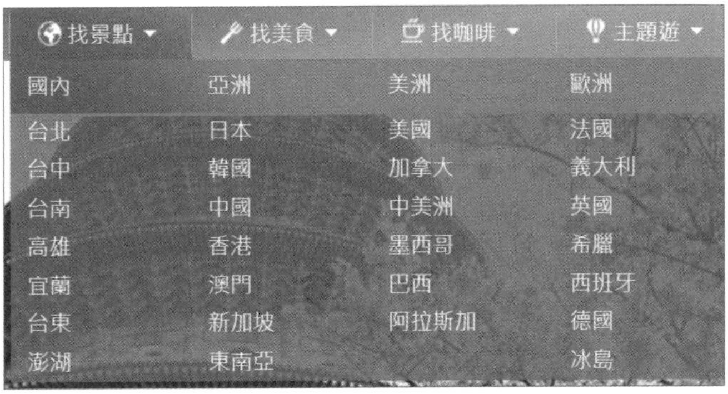

圖 4-5 Yahoo 奇摩旅遊網站以地區當成類別。

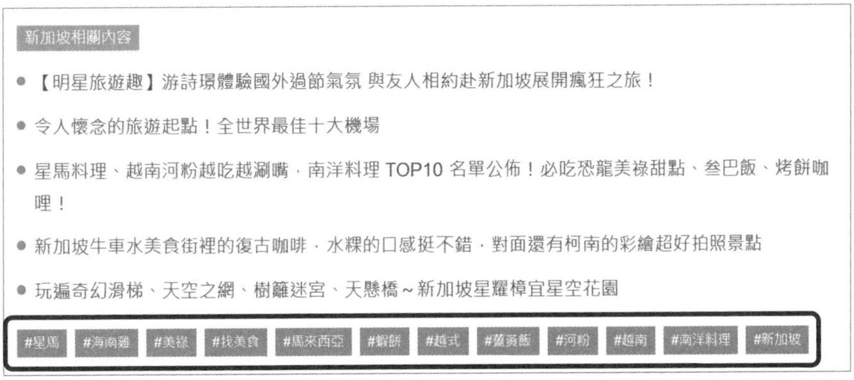

圖 4-6 不足以形成一個類別，但算是重要的屬性就當成標籤。

第二個方式就是**以目標客戶的使用習慣來決定**，把目標客戶常用來挑選商品的屬性規劃為「類別」，不常使用的屬性則規劃為「標籤」。

例如電競電腦只是電腦的一種，正常來說應該區分在電腦之下，但是很多目標客戶會尋找電競專用的電腦設備，因此如圖 4-7，大多購物商場會把「電競電腦」當成一個獨立的類別。

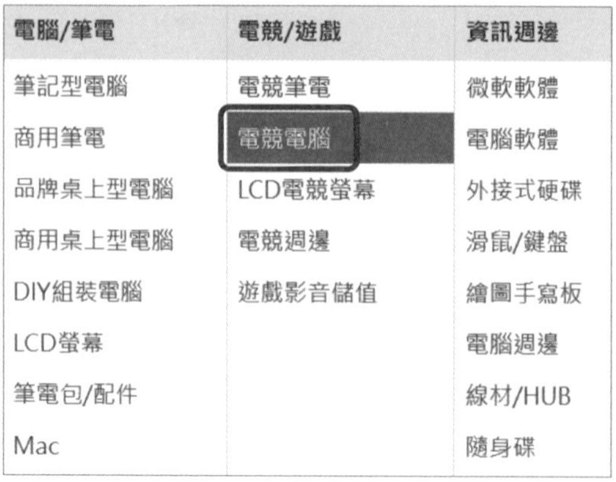

圖 4-7 因為有不少的目標客戶會專門尋找電競專用的電腦，因此把電競電腦變成類別。

在操作資訊分類時，還是會有許多情況無法很順利進行，例如把商品依照用途分成多種類別，但是某些類別都只有一兩樣商品，是否該把少量的集中規劃為其他類別呢？尤其在分類雜貨商品時，更會碰到這類問題。如圖 4-8，蝦皮網站的「日用品」類別包含了各類商品共 857 個品項，因此你就無法從分類瀏覽很快的找到衛生紙。因此如果你想在蝦皮網站找到衛生紙，大概只能搜尋了。

圖 4-8 蝦皮網站的日用品類別包含 857 個品項，但是看不到衛生紙項目。

但是如圖 4-9，好市多的商品分類把衛生紙分類在「清潔日用、寵物」類別下，因此你就可以從商品分類很快的找到衛生紙。

圖 4-9 好市多的商品分類，把衛生紙分類在「清潔日用、寵物」類別。

因此在資訊分類時如果碰到困難，最好的方式就是借鏡其他網站的做法，多去參考同類網站如何分類，就可以歸納出比較適合的分類方式。

(2) 詞彙標示

資訊分類在規劃時，還需要確認使用的詞彙是目標客戶習慣使用的，例如行動硬碟、行動碟、隨身碟、拇指碟、固態硬碟、SSD 硬碟、外接式硬碟，如果這些詞彙同時出現在圖 4-10 中，就會讓人感到疑惑。

這些詞彙有些是指一樣的東西，也有些是有差異的。除了使用正確的詞彙外，還需要考慮目標客戶的使用習慣、業界標準、以及一致性，這個程序就是「**詞彙標示**」。

所謂「一致性」是指相同的東西在任何地方都要有相同的稱呼，如果相同產品在某個地方稱為「固態硬碟」，又在另外地方稱呼「SSD 硬碟」，就會引起困惑。

資訊週邊	資訊設備	電腦組件
微軟軟體	噴墨印表機	CPU中央處理器
電腦軟體	雷射印表機	記憶體
外接式硬碟	墨水/碳粉匣	主機板/擴充
滑鼠/鍵盤	標籤/相印機	顯示卡
繪圖手寫板	網通分享器	內接式硬碟
電腦週邊	視訊監控	SSD固態硬碟
線材/HUB	電子鎖智能	組裝電腦配件
隨身碟	辦公營業設備	
	插座/延長線	
	網路硬碟	
	不斷電系統	
	企業專區	

圖 4-10 行動硬碟、行動碟、隨身碟、拇指碟、固態硬碟、SSD 硬碟、外接式硬碟這些類似的詞彙應該如何標示，端看業界標準與目標客戶使用習慣。

(3) 導覽設計

導覽設計主要決定如何導引訪客順利得到資訊，例如網頁的動線結構以及搜尋功能等。導覽設計可以區分為四種類型：**結構性導覽** (Structural Navigation)、**相關性導覽** (Associative Navigation)、**功能性導覽** (Utility Navigation)、以及**附加導覽** (Supplemental Navigation)。

(a) 結構性導覽

結構性導覽又分成**全域導覽** (Global Navigation) 與**本域導覽** (Local Navigation)。

全域導覽又稱為主要導覽 (Main Navigation) 或是網站層級導覽 (Site-level Navigation)，其目的是要讓訪客不要在網站中迷路，讓訪客知道現在身處何處。

全域導覽通常會存在網站的全部頁面上，如圖 4-11 亞馬遜網站的全域導覽列，在首頁及商品頁也都存在，如圖 4-12、圖 4-13。

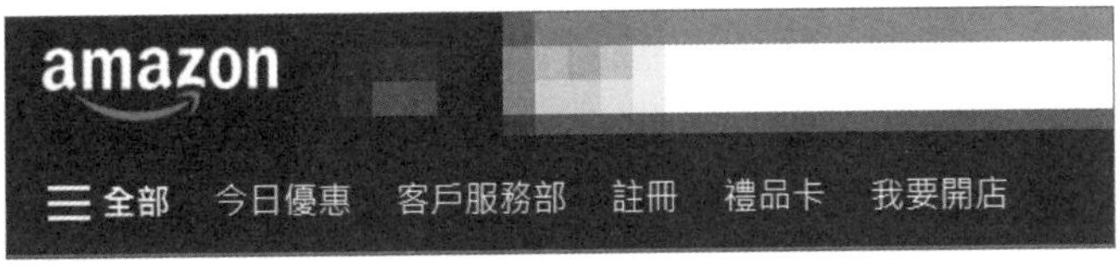

圖 4-11 亞馬遜網站的全域導覽列。

圖 4-12 亞馬遜網站首頁的全域導覽列。

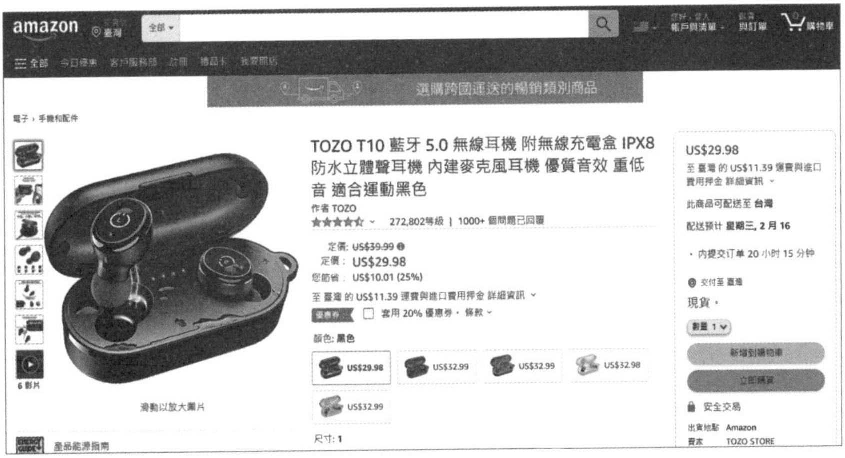

圖 4-13 亞馬遜網站的商品頁也看到全域導覽列。

本域導覽又稱為次要導覽 (Sub-navigation) 或是網頁層級導覽 (Page-level Navigation)，其目的則是要讓訪客知道現在位置的附近有什麼。

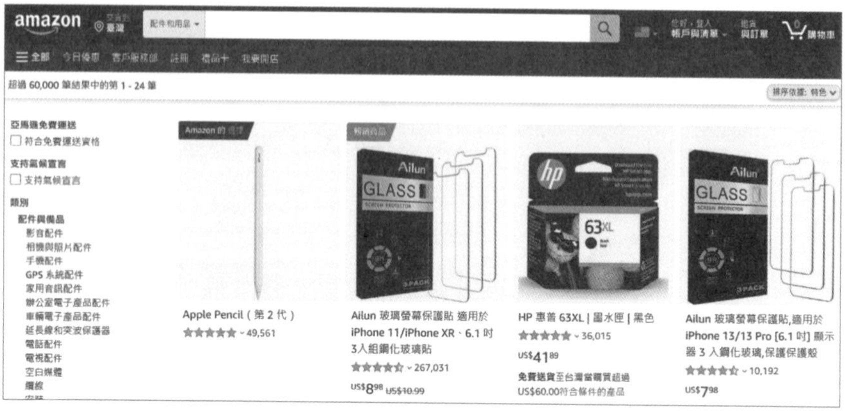

圖 4-14 進入亞馬遜網站的「配件與備品」類別，就看到左側的導覽列，就屬於本域導覽。

網頁的麵包屑也是結構性導覽，算是屬於本域導覽的一種，因為可以讓訪客知道網頁附近有什麼內容或是商品。如圖 4-15，在羅技電競耳機的商品頁中，看到商品的上層是「Logitech G」與「電競品牌耳機」，那麼使用者就可以再點選「Logitech G」，看到該系列的全部商品。如果再點選「電競品牌耳機」，就可以再看到更多品牌的電競耳機。

圖 4-15 透過網頁的麵包屑，從羅技電競耳機的商品頁，可以連結到商品的上層資訊。

(b) 相關性導覽

相關性導覽也分成兩種，**內文導覽** (Contextual Navigation) 與**快速連結** (Quick Links)。

內文導覽顧名思義就是存在內文中，或是存在內文周遭的導覽。內文導覽有時是跟本文直接相關，如圖 4-16，把本文大綱先以目錄形式呈現，讓讀者可以在閱讀前就可以知道文章要談什麼，也讓讀者可以直接點選跳到有興趣的次主題。

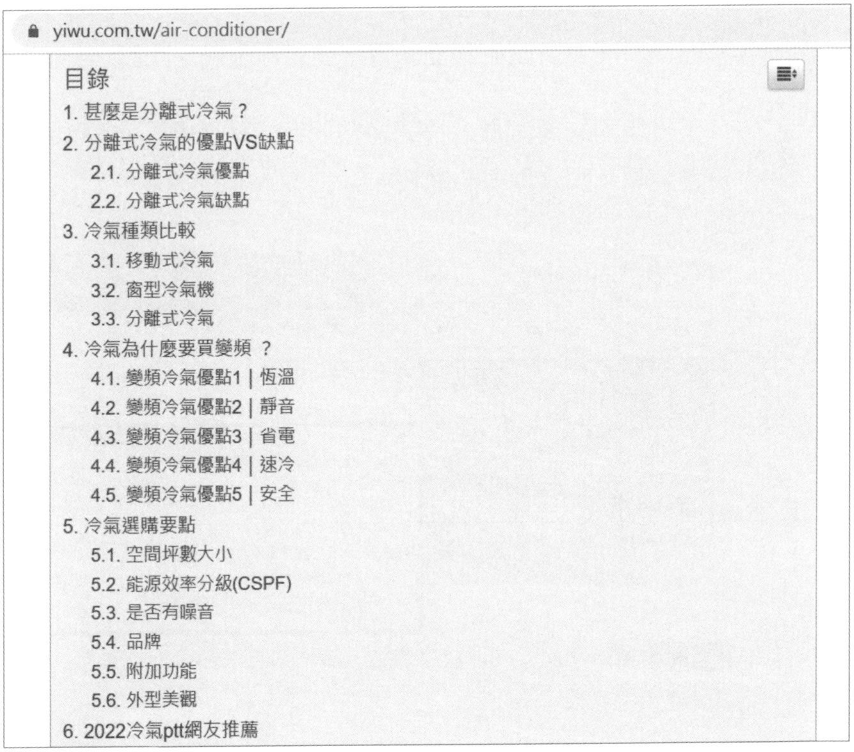

圖 4-16 內文導覽以目錄形式呈現。

有時內文導覽會是延伸閱讀或是相關商品，如圖 4-17，博客來書店商品頁內提供相關商品的內文導覽，讓讀者瀏覽更多可以選擇的商品。

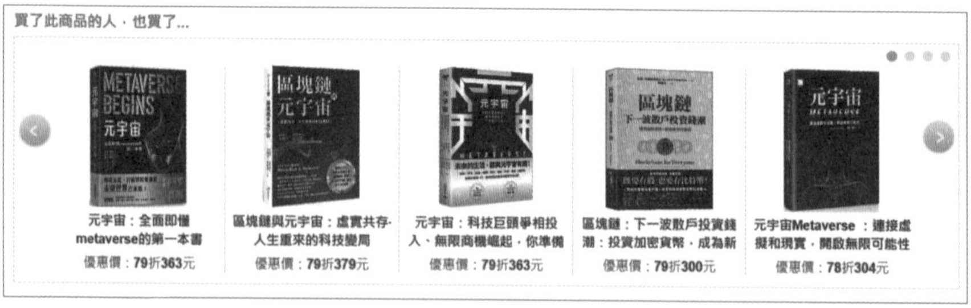

圖 4-17 博客來書店商品頁內提供相關商品的內文導覽。

除了內文導覽之外，相關性導覽的第二種類型就是**快速連結**。例如圖 4-18，飯店商品頁提供附近景點的快速連結，訪客可以點選「光華商場」而導引到光華商場附近的更多飯店。

不管是內文導覽還是快速連結，目的就是讓訪客可以被導引去挖掘更多資訊，找到需要的網頁。

圖 4-18 飯店商品頁提供快速連結，讓訪客可以點選附近景點而被導引去挖掘更多資訊，找到需要的飯店。

(c) 功能性導覽

功能性導覽通常出現在主要導覽列的上方，或是網頁中明顯的位置。例如電商網站中，網頁右上角通常會有「查看購物車」的功能，或是在明顯的位置會有「搜尋」的功能。

如圖 4-19，蝦皮網站的右上角，有查看購物車等功能，就是屬於功能性導覽。並且功能性導覽內容通常會根據訪客身分而有差異，例如是否登入會員，就會提供不同的功能性導覽內容。

圖 4-19 蝦皮網站的右上角，有查看購物車等功能，就是屬於功能性導覽。

(d) 附加導覽

附加導覽指**網站地圖** (Sitemap)、**網站導引** (Guide) 等功能，目的在於補充其他導覽的不足。

如圖 4-20，104 人力銀行網站的網站地圖列出所有服務，讓訪客了解服務種類分成三大類「找工作」、「找人才」、以及「多元服務」，並且了解各類的服務有哪些項目。

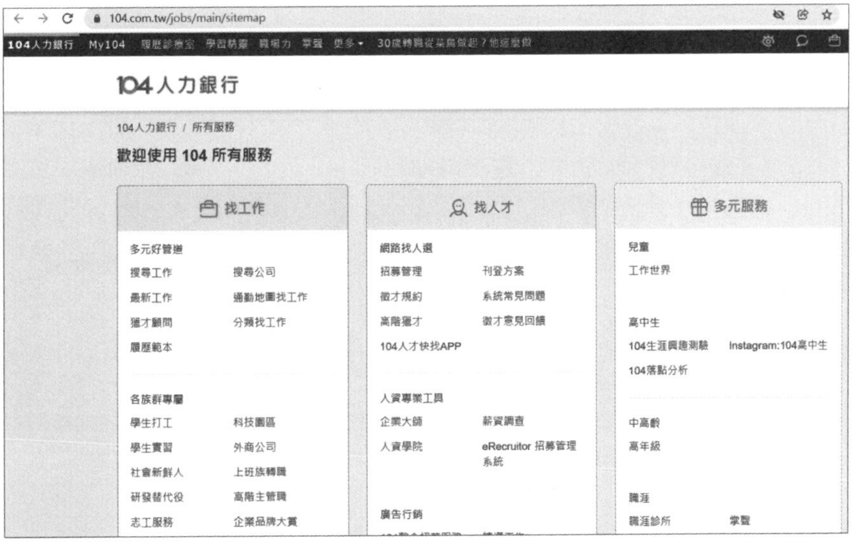

圖 4-20 104 人力銀行網站的網站地圖列出所有服務。

如圖 4-21，1111 人力銀行網站除了網站地圖之外，還提供網站導覽功能，可以逐步的介紹各項重要功能，讓訪客更了解網站提供的服務項目。

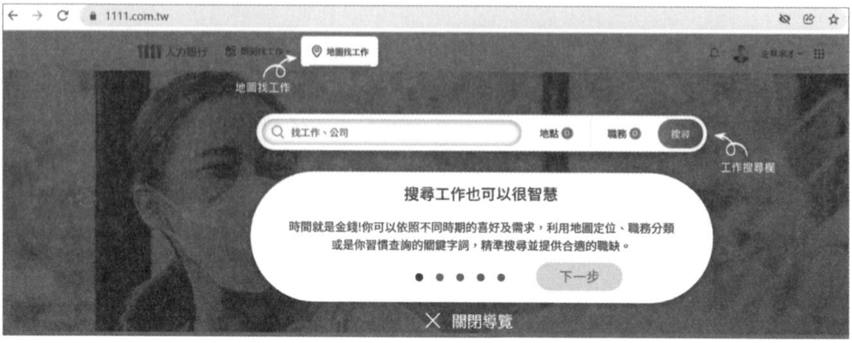

圖 4-21 1111 人力銀行網站提供網站導覽功能。

(4) 搜尋設計

搜尋功能算是一種特殊類型的導覽，一般導覽是由網站設計者全權主導導覽的動線，但是搜尋則是由使用者主導方向，再由網站網站設計者依照使用者的需求從旁導引。

搜尋設計包含**搜尋邏輯設計**、**搜尋介面設計**、及**搜尋結果頁面設計**。這三大項目的設計優劣，就會決定使用者瀏覽動線的順暢度，也會影響挖掘資訊的順利與否。

當使用者瀏覽網站而找不到他想要的資訊，或是使用者想要快速找到資訊的時候，就會使用網站的站內搜尋。當使用站內搜尋之後，如果沒有滿足使用者需求，使用者大多就會離開，因此搜尋設計的好壞會影響使用者的去留。

(a) 搜尋邏輯設計

如圖 4-22，在博客來網路書店搜尋「SEO 超入門」，它的搜尋邏輯會以「SEO 超入門」、「SEO 入門」、「SEO」、「入門」這幾個詞彙來進行搜尋，因此你會得到一些跟 SEO 完全無關的搜尋結果。之所以會這樣設計，目的是希望擴大搜尋範圍，但是也會出現搜尋結果不符合需求的情況。

圖 4-22 在博客來網路書店搜尋「SEO 超入門」。

如圖 4-23，在 104 人力銀行搜尋「SEO 經理」，再加上「月薪 5 萬以上」的條件，可以順利得到符合條件的工作列表，但是如果再加上「碩士學歷」的條件，得到的工作列表並不是「SEO 經理」並且「月薪 5 萬以上」並且「碩士學歷」條件的工作列表，而變成「SEO 經理」並且「月薪 5 萬以上」或者「碩士學歷」條件的工作列表，這個搜尋結果就會讓使用者感到困惑。

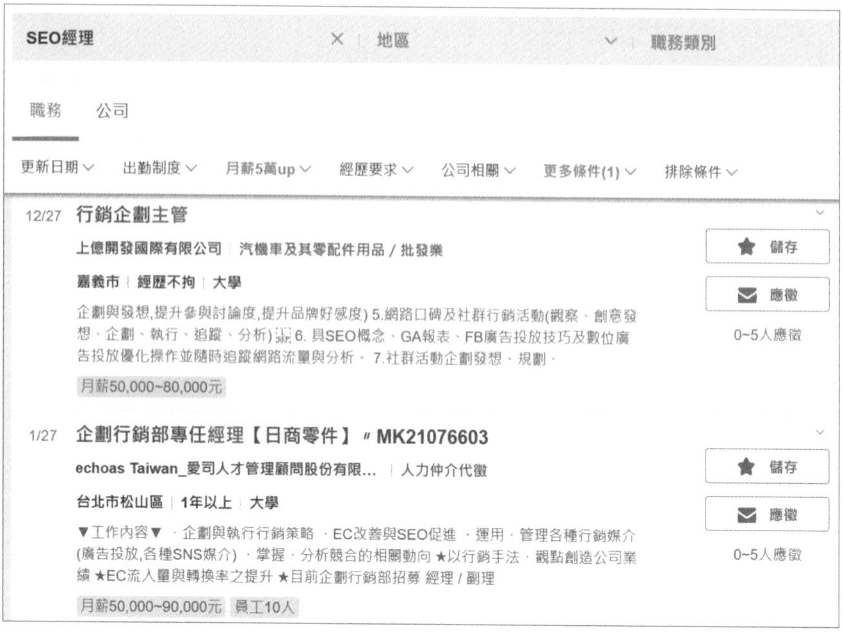

圖 4-23 在 104 人力銀行搜尋「SEO 經理」、「月薪 5 萬以上」、「碩士學歷」，卻出現大學學歷的工作。

(b) 搜尋介面設計

搜尋設計中的搜尋介面設計好壞，也會影響網站導覽的功用。如圖 4-24，在蝦皮網站的搜尋框下方會列出較常被搜尋的詞彙，提供使用者參考。如此一來可以導引使用者搜尋該詞彙，也具有讓搜尋引擎爬取該詞彙相關網頁的作用。

例如這個網址 https://shopee.tw/search?keyword= 除溼機，存在搜尋框下就會讓搜尋引擎爬取除溼機的搜尋結果，這些網頁就會跟「除溼機」形成關聯。

圖 4-24 蝦皮網站的搜尋框下方會列出較常搜尋的詞彙，提供使用者參考。

如圖 4-25，當使用者在蝦皮網站的搜尋框內開始輸入搜尋詞彙，介面就會出現該搜尋詞彙的建議搜尋，同樣具有導引使用者搜尋的功能，並且這個建議搜尋可以使用該詞彙來搜尋「賣場」以及「商品」，是一個非常簡便的設計。

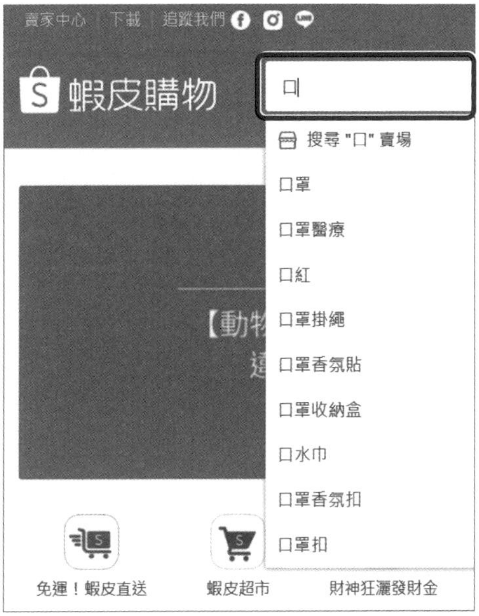

圖 4-25 使用者在蝦皮網站輸入搜尋詞彙時，就會出現相關搜尋建議。

愛奇藝網站的搜尋介面設計也是一個非常值得參考的範例，如圖 4-26，當使用者點選到搜尋框，尚未輸入任何詞彙時，就會出現熱門搜尋建議；如圖 4-27，當使用者開始輸入詞彙時，就會出現該詞彙的相關建議。

圖 4-26 點選愛奇藝網站的搜尋框，在尚未輸入任何詞彙時就會出現熱門搜尋。

圖 4-27 在愛奇藝網站的搜尋框，輸入詞彙後就會出現搜尋建議。

如圖 4-28，momo 購物網站的搜尋框，除了出現建議詞彙之外，還會出現估計的搜尋數量。當然這樣的功能設計上會比較繁複，也會加重網站伺服器的資源，但是因為讓使用者清楚預知搜尋結果，除了可以提高搜尋意願之外，還可以讓使用者在搜尋之前修正搜尋詞彙。

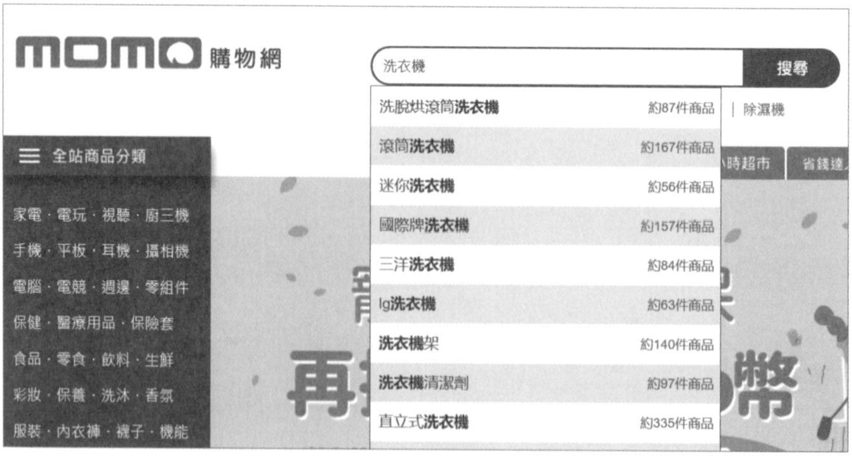

圖 4-28 momo 購物網站的搜尋框，除了出現建議詞彙之外，還會出現估計的搜尋數量。

(c) 搜尋結果頁面設計

搜尋結果頁面是搜尋邏輯與搜尋介面最後的呈現，除了會影響使用者是否繼續點選之外，也會影響網頁的相關性強度。

不管系統的搜尋邏輯如何設計，搜尋結果應該要讓使用者可以自行再過濾，來決定最後的搜尋結果。如圖 4-29，Booking.com 旅遊服務網站，在搜尋結果的左側提供多樣的過濾條件，並且顯示符合條件的資料筆數，讓訪客可以自由調整放寬或是縮小搜尋範圍。

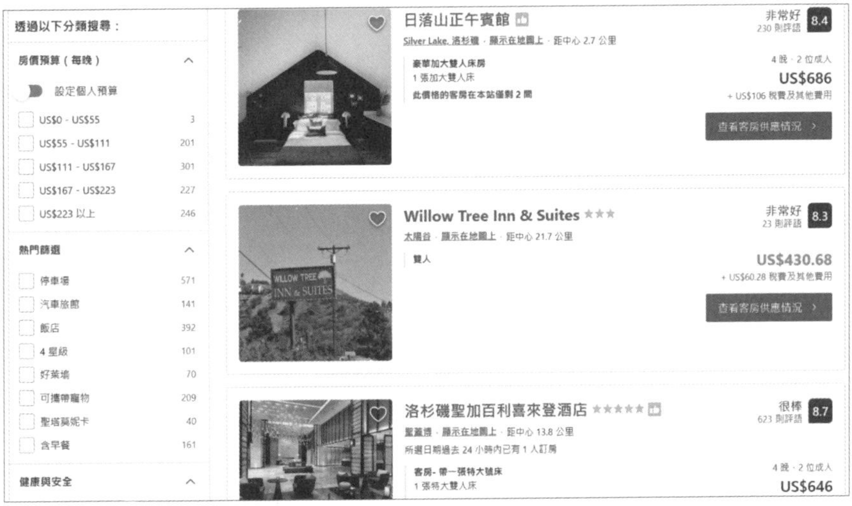

圖 4-29 Booking.com 網站的搜尋結果頁面，左側提供各類的過濾條件。

如圖 4-30、圖 4-31，momo 購物網站與 ETmall 購物網站都在搜尋結果頁面提供商品各種過濾功能，讓使用者可以縮小搜尋範圍，精確找到需要的商品。

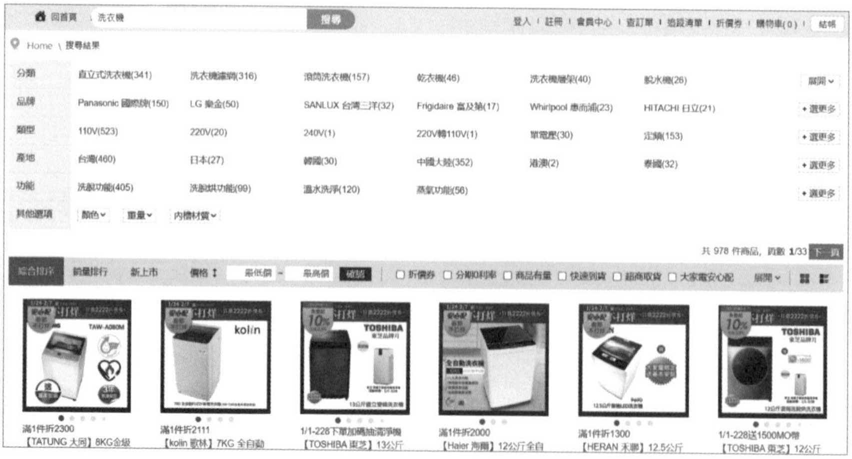

圖 4-30 momo 購物網站在搜尋結果頁面提供商品各種過濾功能。

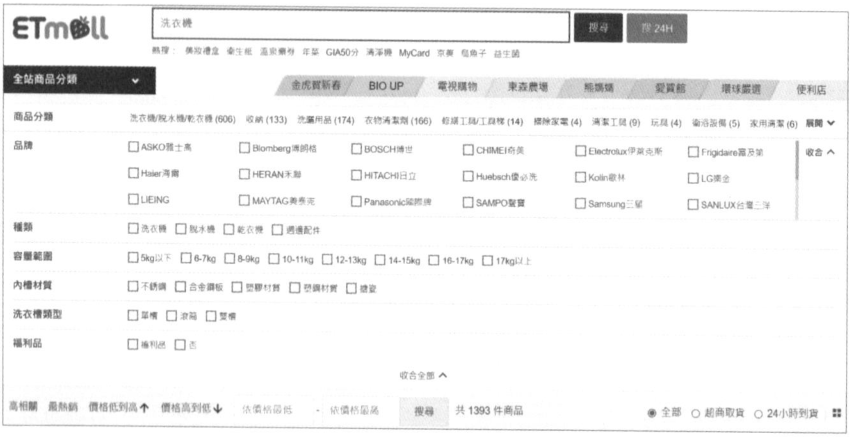

圖 4-31 ETmall 購物網站在搜尋結果頁面提供商品各種過濾功能。

但是如圖 4-32，PChome 線上購物網站僅在左側提供分類選擇，而沒有商品過濾功能，因此想要找到目標商品勢必需要花費較多的時間。

圖 4-32 PChome 線上購物網站僅在左側提供分類選擇，沒有商品過濾功能。

好的資訊架構對 SEO 有何影響？

前面一直強調，某些設計會影響搜尋引擎建立相關性的強度，到底什麼樣的資訊架構會讓網頁被搜尋引擎產生相關性呢？網頁是否跟某些關鍵字具有相關性，搜尋引擎會根據「連結」與「內容」來判斷，而資訊架構就是產生「站內連結」的重要來源。

如圖 4-33，在搜尋引擎的眼裡，網頁就是一個個的節點，網頁間的連結就是節點之間的連線，因此網頁的關連性就會由網頁間的連結傳遞出去。好的資訊架構會自動的將相關的網頁串聯起來，對於使用者來說，就可以按照連結逐步找到需要的網頁；對於搜尋引擎來說，這些被串聯的網頁就具有相關性。

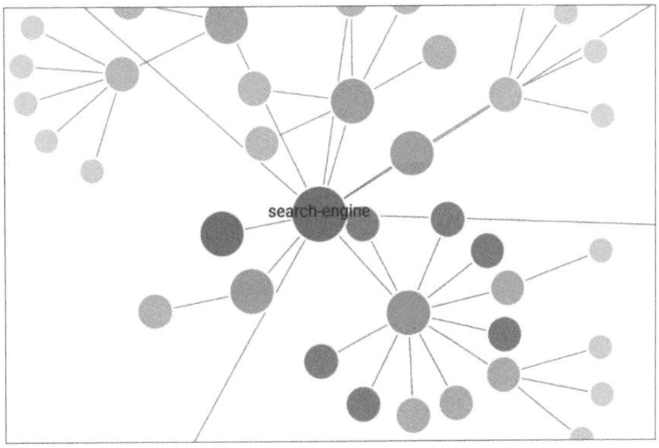

圖 4-33 在搜尋引擎的眼裡，網頁就是一個個的節點，網頁間的連結就是節點之間的連線。

但是要記得的是，並不是網頁串聯起來就會被搜尋引擎認為是相關的網頁，最後還是需要經過搜尋引擎的認可，因此亂做一堆不是真正相關的連結只是浪費時間而已。

專家小結

看完這個章節，你應該會有個疑問：「現在知道資訊分類、詞彙標示、導覽設計、以及搜尋設計是什麼了，但是這些是由設計師主導的結果，SEO 工程師有什麼辦法去改變呢？」

網站在建構資訊架構時，正常情況應該事先把 SEO 的因素都考慮進去，但是實務上經常看到網站完成之後，才開始討論 SEO 因素，因此 SEO 工程師的工作就是提出網站的改善建議。

SEO 工程師提出建議後，最後還是需要經過不斷溝通及層層確認才能進行修改。所以 SEO 工程師除了必須熟悉資訊架構之外，更需要具備説服其他相關人員的能力。

4-2 如何規劃網址與目錄以增加相關性

前面章節提到資訊分類的結果會呈現在網址結構上，與網址相關的網域以及子目錄在 SEO 操作上也有很重要的意義，但並不是關鍵字要出現在這些結構上面，而是規劃上是否能夠告訴搜尋引擎關於「**內容的結構**」。

要瞭解「內容的結構」的意思，你可以想像一下自己電腦的硬碟。你的電腦硬碟中容納了許多的檔案，如果你有規劃檔案放置的結構，就能夠很快的找到需要的檔案；全球的網站就如同搜尋引擎的硬碟，你的網站有越清楚的「內容結構」，搜尋引擎就越容易正確地處理你的網站資料。

認識網址相關名詞

網域、網址、以及子目錄跟「內容的結構」的關係是什麼呢？每個網址都會包含幾個部分：通訊協定、主機名稱、網域名稱、子目錄與檔案。

以這個網址為例，https://store.nintendo.com/nintendo-switch/systems.html。

https	是指通訊協定 (Protocol)，:// 是用來隔開通訊協定跟網址
store	是指主機名稱 (Host Name)、機器名稱 (Machine Name)、或是子網域 (Subdomain)
nintendo.com	是指網域名稱 (Domain Name)，簡稱為網域
nintendo-switch	是指子目錄 (Subdirectory)
system.html	是指檔案

通常習慣上可以把 https://store.nintendo.com/nintendo-switch/systems.html 稱為網址，也可以把 store.nintendo.com/nintendo-switch/systems.html 稱為網址。不過前者是比較正式的說法，後者則省略了 https 通訊協定。

通訊協定就是用來告訴軟體與連線主機，我的目的到底要做什麼，在這個例子裡，通訊協定是 https (HyperText Transfer Protocol Secure) 超文本傳輸安全協定，目的是要以加密傳遞資料的方式瀏覽網頁內容。其他常用的通訊協定，例如 ftp (File Transfer Protocol) 檔案傳輸協定、http (HyperText Transfer Protocol) 超文本傳輸協定等。

以這個網址 https://store.nintendo.com/nintendo-switch/systems.html 為例：store 是主機名稱 / 機器名稱，也可以稱為第三層網域 / 子網域或是次網域 (Subdomain)。nintendo 則是第二層網域 (Second Level Domain)，com 是第一層網域 (Top Level Domain)，因

為 com 是國際型網域，又稱為 gTLD(Global Top Level Domain)。第一層網域如果具有國家碼，例如 com.tw，又稱為 ccTLD (Country Code Top Level Domain)。/nintendo-switch/ 這個子目錄就規劃成商店內專門銷售任天堂 Switch 主機，systems.html 就是該目錄下的執行檔案。

所以當搜尋引擎看到這兩個網址：

```
https://www.nintendo.com/switch/
https://store.nintendo.com/nintendo-switch/systems.html
```

搜尋引擎會從網址去猜測，前者是任天堂網站專門提供 Switch 主機資訊的網址，而後者是專門銷售任天堂 Switch 主機的商店網址。如果網站的規劃不是如此，那麼網站的內容結構被搜尋引擎誤解，搜尋排名的表現就會不如預期。

如圖 4-34，可以看到這個網址 https://www.nintendo.com/switch/ 是用來介紹任天堂 Switch 主機產品的相關資訊，另外一個網址 https://www.nintendo.com/amiibo/ 則是用來介紹任天堂 Amiibo 公仔的相關資訊。

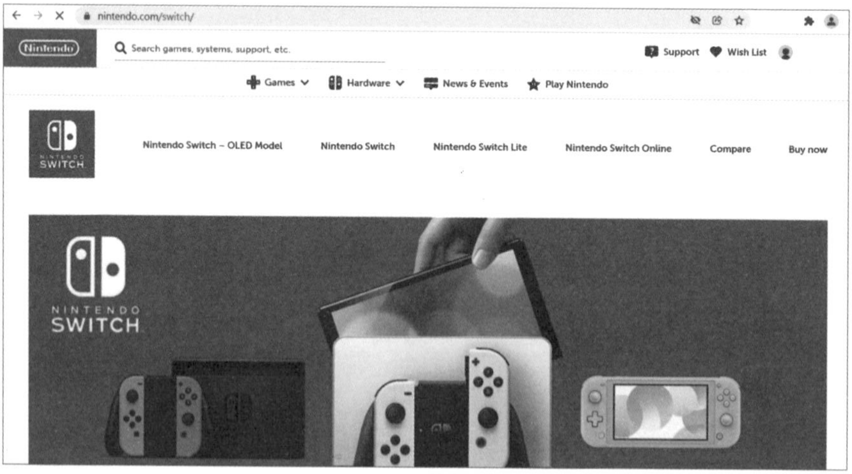

圖 4-34 https://www.nintendo.com/switch/ 是用來介紹任天堂 Switch 主機產品的相關資訊。

如圖 4-35，這個網址 https://store.nintendo.com/nintendo-switch/systems.html 則是任天堂 Switch 主機的銷售網頁，進入後就可以看到各種不同主機配備及價錢。

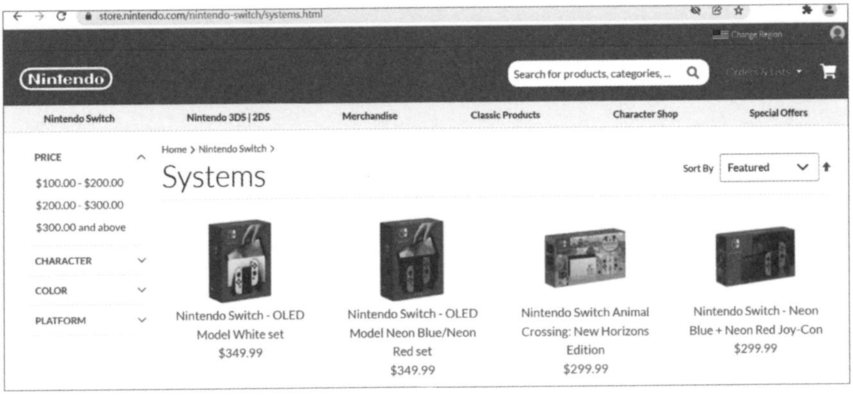

圖 4-35 https://store.nintendo.com/nintendo-switch/systems.html 任天堂 Switch 主機的銷售網頁。

網域、子網域、主機名稱

最早主機名稱 (子網域) 主要用來區分各個不同用途的主機，例如：

Yahoo 網頁伺服器	www.yahoo.com
Yahoo 郵件伺服器	mail.yahoo.com
Yahoo 新聞伺服器	news.yahoo.com

網際網路擴大運用範圍之後，開始出現更多階層的子網域如下表的狀況：

台灣 Yahoo 網頁伺服器	tw.yahoo.com
台灣 Yahoo 郵件伺服器	tw.mail.yahoo.com
台灣 Yahoo 新聞伺服器	tw.news.yahoo.com
法國 Yahoo 網頁伺服器	fr.yahoo.com
法國 Yahoo 郵件伺服器	fr.mail.yahoo.com
法國 Yahoo 新聞伺服器	fr.news.yahoo.com

對於子網域來說，位階的大小是「從右到左」，也就是左邊的子網域是右邊的下個階層。所以 tw.news.yahoo.com 與 fr.news.yahoo.com 都是 news.yahoo.com 的下個階層，那麼它的「內容的結構」

就很清楚的表達了，tw 與 fr 都是 news.yahoo.com 新聞網站下不同地區的新聞。

子目錄

子目錄位階的大小是「從左到右」，也就是右邊的子目錄是左邊的下個階層。子目錄主要用來清楚區分某個大主題下的一群內容，也就是子目錄的內容類型，最好還是跟主目錄是相同類型比較恰當。例如 https://www.ec.com.tw 網站下銷售男性服飾，可以規劃在 https://www.ec.com.tw/men/。

因此假如某個網路商店每年會舉辦商品展，其中包含食品類及服飾類，並且希望每年的內容都保留下來，我們看看下列的網址，你認為哪種類型較為適合呢？

- **第一類型**：把「年份」放在後面，如下格式。

```
https://www.ec.com.tw/food/2022/
https://www.ec.com.tw/food/2023/
https://www.ec.com.tw/clothes/2022/
https://www.ec.com.tw/clothes/2023/
```

- **第二類型**：把「食品類及服飾類」放在後面，如下格式。

```
https://www.ec.com.tw/2022/food/
https://www.ec.com.tw/2023/food/
https://www.ec.com.tw/2022/clothes/
https://www.ec.com.tw/2023/clothes/
```

第一類型的網址，food 與 clothes 子目錄下再區分年份，第二類型的網址，年份子目錄下再區分 food 與 clothes。就「內容的結構」來說，第一類型的網址可以累積每年的 food 或是 clothes 的相關性內容，但是第二類型的網址每年都必須重新來過，去年的相關內容性不會累積在今年的目錄之下。

所以在這個情況下，**第一類型的網址是比較建議的結構**。

並且如果選擇使用第一類型的網址時，https://www.ec.com.tw/food/ 與 https://www.ec.com.tw/clothes/ 這兩個網址最好存在內容，並以年份列出歷年的商品展，盡量不要出現網頁不存在的情況，如此歷年的資料才會與上層的 food 與 clothes 產生最大的關聯性。

實務範例：SEO 友善網址

Google 對於網址的要求並不複雜，就是一個網頁一個網址，以及網站的網址結構應該盡可能符合 **SEO 友善網址** (SEO-Friendly URL)，如此可以讓搜尋引擎正確的解讀你的網站結構。

SEO 友善網址具體的要求如下：

❶ **網址內的英文字母建議一律使用小寫，並且英文詞彙需要分隔時使用連字號 (-)，而不要使用底線 (_)。**

網址在非 Windows 系統中，其實大小寫的網址是有可能不同的，但是為了避免讓使用者混淆，網址內的英文字母建議一律使用小寫。

並且以連字號分隔英文詞彙，例如：https://example.com/car-rental/，而不要使用底線 https://example.com/car_rental/。因為搜尋引擎可以將 car-rental 正確的拆解為 car rental 兩個英文字母，但是會將 car_rental 看成是一個英文字母。

❷ **網址內盡量使用精簡而有意義的描述，不要使用冗長而沒有意義的字串。**

這個要求其實跟前面章節的資訊架構要求是一樣的，有意義的描述就是類似資訊架構的詞彙標示。

例如以下網址

```
https://example.com/summer-clothing/filter?color-profile=dark-grey
https://example.com/summer-clothing/filter?cp=dg
https://example.com/summer-clothing/?id_sezione=360&sid=3a5ebc944f41daa6f849f
```

以第一個網址最符合規範，第二個網址雖然簡短，但是詞彙 cp=dg 是沒有意義的字串，第三個網址更不用說，既冗長又沒有意義。如果無法既精簡又有義意，就必須盡量在兩者之中折衷取捨做選擇。

❸ 網址盡量簡短，應該盡量去除不必要的子目錄。

Google 雖然沒有明文要求網址的長度或是子目錄數量限制，但是大多 SEO 規範會要求子目錄盡量不要超過四到五個階層，但是還是盡可能維持在四個階層以下。

除非網站的內容相當龐大而複雜，不然大多網址架構不應該會超過五個子目錄階層，例如這個網址：https://www.acer.com/ac/zh/TW/content/home/ 有五個子目錄階層。其實有些子目錄根本不需要，比較精簡的版本應該可以變成：https://www.acer.com/zh-tw/，其他中文版本改為 https://www.acer.com/zh-hk/、https://www.acer.com/zh-cn/。

為何 Acer 的網址會變成這麼長？可能是把伺服器的目錄檔案結構直接搬過來變成網址，而沒有考慮到 SEO 友善網址的因素。

再來看另外一個網址範例：

```
https://www.asus.com/tw/Laptops/For-Home/Vivobook/Vivobook-13-Slate-OLED-T3300/
```

存在五個子目錄階層。

這個 ASUS 的產品網頁，把「產品的階層」都搬到網址結構上，其實很多子目錄是不必要存在網址的，可以優化為以下幾個狀況：

```
https://www.asus.com/tw/Vivobook-13-Slate-OLED-T3300/
https://www.asus.com/tw/Laptops/Vivobook-13-Slate-OLED-T3300/
https://www.asus.com/tw/Laptops-For-Home/Vivobook-13-Slate-OLED-T3300/
https://www.asus.com/tw/Vivobook/13-Slate-OLED-T3300/
```

第一個網址是最精簡的，把產品類別階層直接拿掉，如果想要表示產品類別階層的意義，可以使用網頁的麵包屑來呈現。第二個

網址保留 /Laptops/，可以讓使用者與搜尋引擎由網址瞭解這個產品的類別。第三個網址將 /Laptops/For-Home/ 縮短為 /Laptops-For-Home/。第四個網址保留 /Vivobook/，但是將下層子目錄的 Vivobook 字母刪除，避免相同文字重複出現在網址上。

這個範例呈現了大多網站都會犯的錯誤，況且以下的網址都是不存在的：

```
https://www.asus.com/tw/Laptops/For-Home/
https://www.asus.com/tw/Laptops/
```

表示這兩個目錄只是純粹要呈現產品類別階層，該目錄並沒有存在的必要。

但是這個網址 https://www.asus.com/tw/Laptops/For-Home/Vivobook/ 是存在的，表示 /Vivobook/ 有存在的必要，因此這個範例以第四個網址是最適合的：

```
https://www.asus.com/tw/Vivobook/13-Slate-OLED-T3300/
```

通常網址的子目錄會過多階層，都是因為想要把分類階層呈現在網址結構上，其實內容或是商品的分類階層，並不需要一對一的對應到網址的子目錄。

❹ 網址內如果存在不影響網頁內容的網址參數，應該在標準網址宣告時去除。

這個規範就是為了要符合 Google 最重要的需求：**一個網頁一個網址**。因為搜尋引擎最不希望發生的事情就是透過網址去抓取網頁內容，最後發現做了白工，因為許多不同網址結果是相同內容的網頁。

例如下面兩個網址，問號後面 familybar_show 就是網址參數，其實網頁內容是完全一樣的：

```
https://game.udn.com/game/index?familybar_show
https://game.udn.com/game/index
```

因此這個網頁就要使用以下的**標準網址宣告**，告訴搜尋引擎應該索引哪個網址。

```
<link rel="canonical" href="https://game.udn.com/game/index"/>
```

關於標準網址宣告，在本章第四節會再詳加說明。

實務範例：子網域與子目錄的選擇

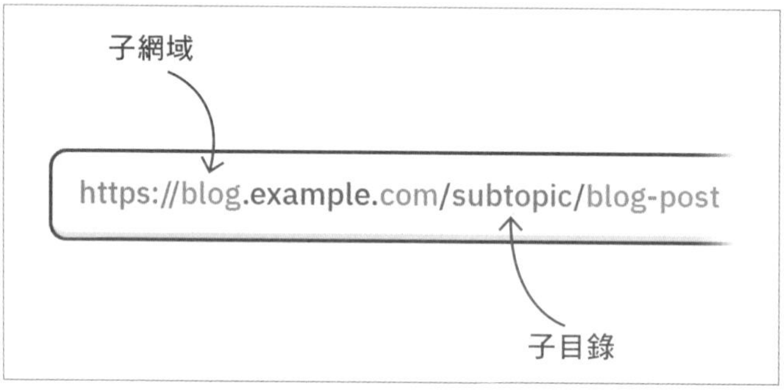

圖 4-36 子網域與子目錄。

許多人在規劃網站時，經常會碰到子網域與子目錄的選擇難題，例如應該選擇使用以下哪個網址結構，當成繁體中文的網站網址？

使用子網域	https://tw.example.com
使用子目錄	https://www.example.com/tw/

子網域與子目錄的選擇，可以根據以下規範：

❶ 網頁數量多寡：

如果網頁數量不多，建議使用子目錄；如果網頁數量很多，建議使用子網域。多少的網頁數量算是多呢？其實並沒有一個絕對值，就由網站規劃者自行評估。

例如經常有人不知道該使用子網域還是子目錄來規劃不同語系的網頁，如果網站的繁體中文網頁數量很多，則可以考慮使用子網域的網址 https://tw.example.com；如果網站的繁體中文網頁數量並不多，則可以考慮使用子目錄的網址 https://www.example.com/tw/。

為何網頁數量多才建議使用子網域呢？因為使用子網域就變成一個獨立的網站，一個網站如果網頁數量太少，SEO 操作就不容易有效的提升搜尋排名。

❷ 內容是否關聯：

如果網頁內容需要關聯，建議使用子目錄；如果網頁內容沒有需要關聯，則建議使用子網域。

例如 104 人力銀行網站是 https://www.104.com.tw/，104 企業網站跟人力銀行網站並不需要互相關聯，因此網址以子網域的方式設為 https://corp.104.com.tw/。

例如 1111 人力銀行網站是 https://www.1111.com.tw/，1111 人力銀行網站的徵才常見問題網址以子目錄的方式設為 https://www.1111.com.tw/QARecruit/，如此兩者之間可以建立關聯。

❸ 網站是否需要分開管理：

如果不需要分開管理，建議使用子目錄；如果需要分開管理，建議使用子網域。

因為使用子網域就形成獨立的網站，便可以與主網站分開管理。如果使用子目錄，沒有特別設定的話，基本上就是主網站下的一個目錄，當然就不適合與主網站分開管理。

例如 https://www.google.com 與 https://support.google.com 兩個就是獨立的網站，可以分開放置於不同的網站空間，給不同的管理者獨立管理。

如果 https://www.google.com/support/ 以子目錄的方式存在主網站之下，管理者可以同時管理主網站的根目錄與子目錄，較不適合分開管理。

實務範例：子網域與子目錄的各自優勢

網址應該選用子網域還是子目錄，沒有哪個選擇就肯定比較好，其實各有優缺點。只是在 Google 的搜尋排名演算法上，為了防止**網域佔用** (Domain Crowding)，也就是避免相同網站佔據過多搜尋結果頁面，會限制每個頁面不會超過兩個相同網站的網址。

因此使用子網域的網址在這個演算法上就會有優勢，如圖 4-37 才有可能整個搜尋結果都是來自 pixnet.net 的子網域。如果痞客邦的網址規劃是以子目錄方式呈現的話 https://pixnet.net/ 你的站台 /，就不可能出現如圖 4-37 的搜尋結果出現。

Google
歐洲旅遊心得
https://csliu1016.pixnet.net blog › post › 44548836-...
歐洲旅遊心得 - 花顏巧語
2019年7月13日 — 這次去歐洲，是因為巧巧心心念念想去荷蘭的羊角村， 她其實只想荷蘭單國旅遊，但我們沒有時間籌備自助旅行， 只能貪方便跟團，市面上根本沒有荷蘭單國 ...
https://undotres.pixnet.net blog › post › 65969071-su...
歐洲旅遊綜合心得分享 - EC與米魯小窩
2018年1月4日 — 雖然歐洲已經不是第一次去了不過從恐攻新聞頻傳開始2017秋季北歐旅行算是個人頭一遭去那麼遠的北方哪所以我抱著期待又怕受傷害的心情慢慢爬文也還好 ...
https://hlcb.pixnet.net blog › post
【旅遊心得】旅行不在很多的行程，感動才是最重要的
2021年3月7日 — 出發德國以前與回來之後，很多人都會問，既然都去歐洲了， 為何只去德國，而且時間還去這麼久在我去以前，唯一可以解釋的，就是德國真的比較安全， ...
https://victorchiu0810.pixnet.net blog › post › 27437...
歐洲旅行社行程的觀後心得 - 科學怪人的海天遊蹤
一些看完各家旅行社行程的心得，分享自己的看法： 1. ... 去一趟歐洲，隨便都是12-15天左右的行程，平均每天的費用可能就要10,000，「花這麼多錢出來玩，當然能在當地 ...
https://a29543467.pixnet.net blog › post
歐洲德國瑞士旅遊心得分享 - 完美女人

圖 4-37 Google 搜尋結果頁面上，會出現相同網域的子網域網址。

也有人真的去實驗子網域與子目錄造成的自然搜尋差異，如圖 4-38 中顯示了將子網域變更為子目錄之後，網站的自然搜尋流量竟然大增，原因很可能就是因為子目錄與主網站具有較大相關性的緣故。

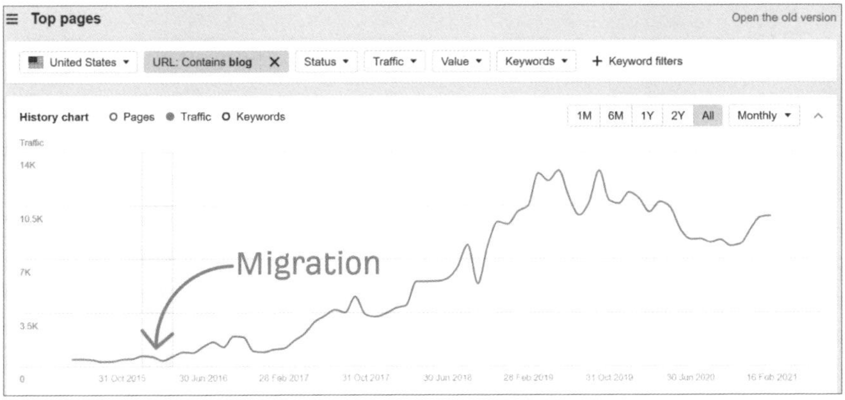

圖 4-38 某個網站將子網域變更為子目錄之後，網站的自然搜尋流量大增（資料來源：Ahrefs）。

如圖 4-39，Github 網站將 github.com/blog/ 變更為 blog.github.com 之後，網站的自然搜尋流量有降低的現象，再將網址變更為 github.blog 之後，自然搜尋流量才有逐漸回升的趨勢。

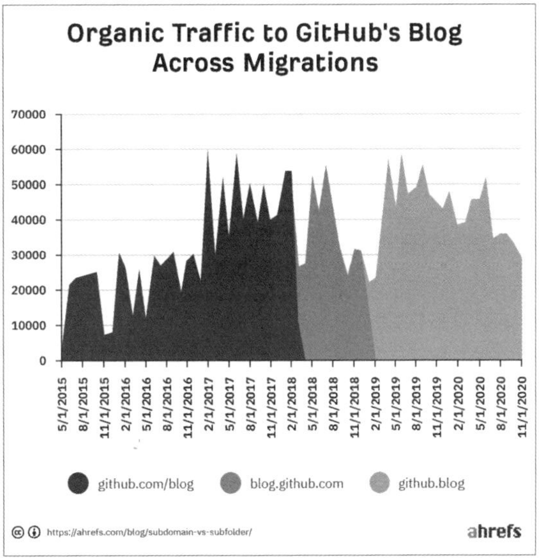

圖 4-39 Github 的部落格將子目錄變更為子網域，網站的自然搜尋流量有降低的現象，再轉換為完全獨立的網站後有回升的趨勢（資料來源：Ahrefs）。

因此從上面的結果來看，如果內容與主網站相關，選用子目錄會比較具有優勢，但是在搜尋結果上就無法佔據兩個以上的排名。如果內容與主網站無關，並且網頁數量不少，那麼就建議選用子網域。

SEO 專家小結

規劃網址的子網域與子目錄，是建立網站資訊架構很重要的項目，而且已經營運的網站如果需要修改網址結構的話，是非常麻煩的。因為不同的網址會被搜尋引擎認定為是不同的網頁，因此網址修改後勢必要透過轉址或是宣告，將舊網址的相關性數據轉移到新網址。並且網址結構變更後，搜尋引擎會再重新評估各類數據，對於搜尋排名的影響則是好壞都有可能。

4-3 如何處理網域型網址

網域型網址是指諸如 dns.com.tw 的網址，網域本身就是網址。相對於使用「www 開頭的網址」而言，網域型網址也可以稱為「非 www 的網址」。

有些網站只使用「www 開頭的網址」與「網域型網址」其一作為網址，另一個網址卻是不存在的，如圖 4-40，https://ntu.edu.tw 並無法顯示內容。有些網站則是「網域型網址」與「www 開頭的網址」同時存在並指向相同內容，如圖 4-41。前者可能會讓使用者無法連上網站，後者會造成重複內容，這兩種情況都是不好的網址結構。

https://ntu.edu.tw
無法連上這個網站
請檢查 ntu.edu.tw 中是否有錯字。
如果拼字正確，請嘗試執行 Windows 網路診斷。
DNS_PROBE_FINISHED_NXDOMAIN
重新載入

圖 4-40 https://ntu.edu.tw 無法連上台灣大學的網站。

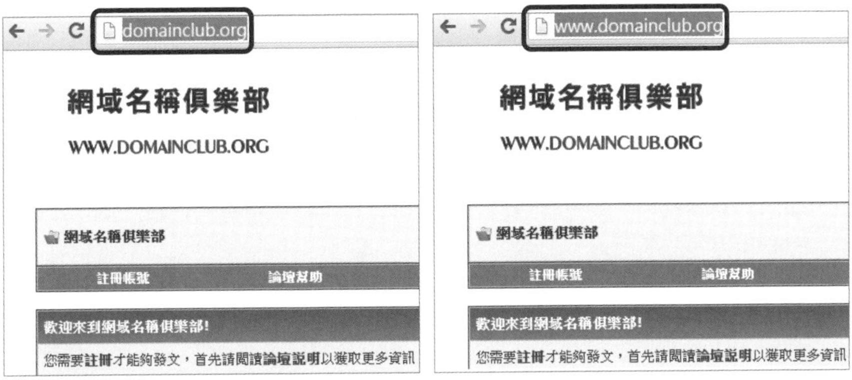

圖 4-41 domainclub.org 或是 www.domainclub.org 兩者網址都存在，並且都連上相同網頁。

Google 對於這類情況的要求很簡單：

❶ **如果「www 開頭的網址」與「網域型網址」要規劃成相同的網站，則確定哪個當成基礎網址 (Base URL) 之後，四大類型網址的其他三個網址都要轉址指向到 https 的基礎網址。**

四大類型網址就是指：

```
https://www.example.com
https://example.com
http://www.example.com
http://example.com
```

例如 104.com.tw 與 www.104.com.tw，當基礎網址選定為 www.104.com.tw 之後，http://104.com.tw、https://104.com.tw、http://www.104.com.tw 都要轉址指向到 https://www.104.com.tw。

❷ **如果「www 開頭的網址」與「網域型網址」要規劃成不相同的網站，則各自的 http 網址都要轉址指向到各自的 https 網址。**

例如 url.com.tw 與 www.url.com.tw 是不同的網頁，http://url.com.tw 就必須轉址到 https://url.com.tw；http://www.url.com.tw 就必須轉址到 https://www.url.com.tw。

SEO 專家小結

四大類型網址如果沒有正確的轉址，網頁的相關分數就會分散。例如 https://www.example.com 與 https://example.com 各有 100 個外部連結進來，如果轉址集中到 https://example.com，則這個網址會變成具有 200 個外部連結，當然相關分數就會提升。至於轉址應該怎麼做，下個章節就會詳細說明。

4-4 如何正確使用轉址與標準連結元素

標準連結元素 (Canonical Link Element) 與**轉址** (Redirect) 具有部分類似的作用，但是又有一部分完全不同的結果，是在操作 SEO 時經常搞錯的兩個重要觀念。

什麼是轉址？

轉址的意思是當使用者瀏覽某個網頁時，會跳轉到另外一個目的網頁。轉址的方式可以分成 301 轉址、302 轉址、以及 Meta Refresh 轉址：

- **301 轉址**：代表的是**永久性**的轉址，所謂永久性的意思就是告訴搜尋引擎，舊的網址已經不再使用，請將目的網址當成索引的對象。所以舊的網址 A 經過 301 轉址到網址 B，搜尋引擎就會索引網址 B，而網址 A 就會從索引資料中移除。

- **302 轉址**：代表的是**暫時性**的轉址，所謂暫時性的意思就是告訴搜尋引擎，被轉址的網址只是暫時不使用，請不要更動原本的索引。所以網址 A 經過 302 轉址到網址 B，搜尋引擎會保留網址 A 的索引，而網址 B 並不會被搜尋引擎索引。

- **Meta Refresh 轉址**：使用 HTML 語法的宣告方式進行轉址，範例如下 (其中 0 是指 0 秒，當進入該網頁時，即刻轉址到指定的 url)：

```
<!doctype html>
<html>
  <head>
  <meta http-equiv="refresh" content="0; url=https://example.com/
   newlocation" />
  <title>Example title</title>
```

如果 Meta Refresh 轉址是 0 秒即刻轉址，就會被視為 301 轉址；如果不是 0 秒即刻轉址，就會被視為 302 轉址。

使用者在瀏覽網頁時被轉址，並不會知道被哪種方式轉址，這些轉址方式只有搜尋引擎或是透過工具偵測才會知道。

雖然不同的轉址方式已經告知搜尋引擎應該索引的對象，但是搜尋引擎仍舊握有最後決定權，未必百分之百會依照轉址宣告。

為何要轉址？

轉址的原因有可能是網址變更、網站搬家、行銷活動結束、網頁 AB 測試、網頁暫時維修等。(網頁 AB 測試是指讓使用者進入某網頁之後，隨機轉址到各種不同版本的網頁，以便用來了解這些不同網頁的效果。)

如果因為網址變更、網站搬家、及行銷活動結束的原因而進行轉址，就屬於永久性的轉址，因此就要使用 301 轉址方式。

如果因為網頁 AB 測試、網頁暫時維修的原因而進行轉址，就屬於暫時性的轉址，因此就要使用 302 轉址方式。

使用 .htaccess 進行轉址

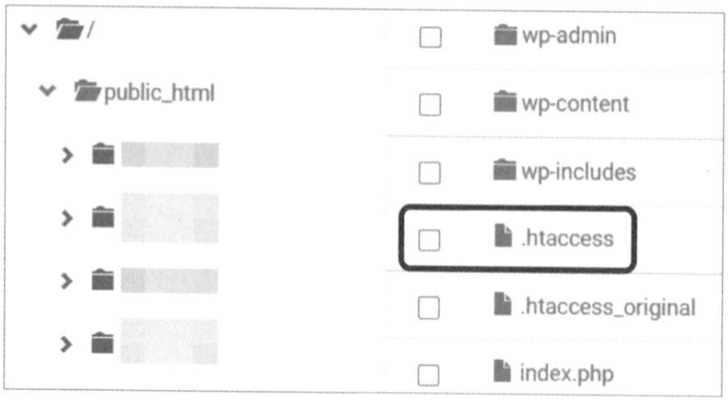

圖 4-42 .htaccess 檔案位於 Apache HTTP Server 系統的根目錄上。

.htaccess 是在 Apache HTTP Server 系統，位於根目錄上進行各種權限規則設置的一個文件檔，其中一個重要的作用就是設定轉址規則，以下是在 .htaccess 內設置各種轉址的語法範例。

- **範例一：將所有 domain.com 轉址到 www.domain.com**

```
RewriteEngine On ——❶
RewriteCond %{HTTP_HOST} ^domain\.com$ [NC] ——❷
RewriteRule ^(.*)$ https://www.domain.com/$1 [L,R=301] ——❸
```

❶ 語法 RewriteEngine On 是指開啟轉址，如果有一連串的轉址，RewriteEngine On 只需要開啟一次即可。

❷ RewriteCond 是指進行轉址的條件 (Condition)，符號 ^ 是指開頭，符號 $ 是指結尾，%{HTTP_HOST} 是指 http_host 變數，NC 是指不管大小寫 (Non-CaseSensitive)。所以 RewriteCond 敘述句的意思是：如果 http_host 變數符合 domain.com 不管大小寫條件就開始進行轉址。

❸ RewriteRule 是指轉址的規則 (Rule)，RewriteRule 後面會接著 Pattern 跟 Substitution，Pattern 是指要轉址的匹配，Substitution 是指要轉址的目的。例如 ^(.*)$ 是指所有都要轉址，https://www.domain.com/$1 是指要轉址成 www.domain.com 並且把原本 http_host 後面的參數帶到後面 $1 的位置。

[L,R=301] 則是指旗標 (Flag)，L 指 Last Rule 指示此匹配規則不要再往後面套用，R 指示轉址方式為 301 轉址。

- **範例二：將所有 www.domain.com 轉址到 domain.com**

```
RewriteEngine On
RewriteCond %{HTTP_HOST} ^www.domain.com [NC]——❶
RewriteRule ^(.*)$ https://domain.com/$1 [L,R=301]——❷
```

❶ 此範例剛好跟範例一相反，RewriteCond 敘述句的意思是，如果 http_host 變數符合 www.domain.com 不管大小寫條件就開始進行轉址。

❷ 轉址的規則 ^(.*)$ 是指所有都要轉址，https://domain.com/$1 是指要轉址成 domain.com 並且把原本 http_host 變數後面的參數帶到後面 $1 的位置。

- **範例三：所有非 www.domain.com 轉向為 www.domain.com**

```
RewriteEngine On
RewriteCond %{HTTP_HOST} !^www\.domain\.com$ [NC]
RewriteRule ^(.*)$ https://www.domain.com/$1 [L,R=301]
```

❶ 此範例唯一多出來的符號是 !，代表 not 的意思，也就是 !^www\.domain\.com$ 表示如果 http_host 變數不是 www.domain.com 的話，就符合這個轉址的條件，RewriteRule 就跟範例一完全一樣。

❷ 此範例與範例一的差別就在於，範例一只把 domain.com 轉址到 www.domain.com，而本範例把非 www.domain.com 都轉址到 www.domain.com。舉個例子，如果是 shop.domain.com，在範例一不會轉址，但是在本範例就會轉址。

- **範例四：將所有 http 網域轉址到 https 網域**

```
RewriteEngine On
RewriteCond %{HTTPS} off——❶
RewriteRule ^(.*)$ https://%{HTTP_HOST}/$1 [R=301,L]——❷
```

1. RewriteCond %{HTTPS} off 的意思就是，如果網址的通訊協定是 http 的話。

2. RewriteRule 就是將所有網址轉成 https，然後網址就照 http 通訊協定的那個網址。

- **範例五 ： 將檔案宣告為已經刪除**

```
Redirect 410 /myfile.html
```

以上語法表示 myfile.html 已經不存在，請不要索引或是再告訴我 404。因為回應碼 404 只是表示檔案找不到，對於搜尋引擎來說，並不是已經刪除。其他關於檔案 404 處理，會在本章第八節詳細說明。

以上 RewriteCond 與 RewriteRule 的這些表示法，都是**正則表示法** (Regular Expression)，如果覺得困難的話，可以在網路上搜尋「htaccess 正則表示法」，就會找到更多相關語法。

使用 web.config 進行轉址

如果伺服器為 IIS 的話，就沒有 .htaccess 可以進行上述的轉址方式，就必須使用匯入或是在 web.config 內輸入轉址的語法。

web.config 的轉址語法也是使用正則表示法，較大的不同是使用 XML 的格式來表示，更多 IIS 轉址可以參考：

```
https://docs.microsoft.com/en-us/iis/extensions/url-rewrite-modu le/url-
rewrite-module-configuration-reference
```

- **範例一 ： 將所有 domain.com 轉址到 www.domain.com**

```
<rewrite>
<rules>
<rule name="RedirectNonWwwToWww" stopProcessing="true">
  <match url="(.*)" />
  <conditions>
    <add input="{HTTP_HOST}" pattern="^domain.com$" />
  </conditions>
```

```
  <action type="Redirect" url="https://www.domain.com/{R:0}"
    redirectType="Permanent" />
</rule>
</rules>
</rewrite>
```

● **範例二 ： 將 www 開頭的網址都轉址到 domain.com**

```
<rewrite>
<rules>
<rule name=" RedirectWwwToNonWww" stopProcessing="true">
  <match url="(.*)" />
  <conditions>
    <add input="{HTTP_HOST}" pattern="^(www\.)(.*)$" />
  </conditions>
  <action type="Redirect" url="https://domain.com/{R:0}"
    redirectType="Permanent" />
</rule>
</rules>
</rewrite>
```

● **範例三 ： 將 http 轉指到 https**

```
<rewrite>
<rules>
<rule name="RedirectToHTTPS" stopProcessing="true">
  <match url="(.*)" />
  <conditions>
    <add input="{HTTPS}" pattern="off" ignoreCase="true" />
  </conditions>
  <action type="Redirect" url="https://{SERVER_NAME}/{R:1}"
    redirectType="Permanent" />
</rule>
</rules>
</rewrite>
```

使用轉址工具檢查確定轉址正常

進行以上的轉址設定後，我們可以使用瀏覽軟體或是工具來測試，是否如我們所想的進行轉址。通常使用瀏覽軟體可以確定轉址的結果是否正確，但是不能知道轉址的方式是否正確。

轉址檢測工具	https://wheregoes.com/ https://www.redirect-checker.org/ https://redirectdetective.com/ https://checkserp.com/redirect-checker/

我們使用工具進行測試，如圖 4-43，可以看到 http://dns.com.tw 以 301 轉址的方式轉址到 https://dns.com.tw，然後另外的規則再以 301 轉址的方式轉到 https://www.dns.com.tw。我們經常看到有些轉址雖然結果看似正常，但是很可能應該使用 301 轉址，實際上卻是 302 或是 meta refresh 轉址，雖然對於使用者沒有任何差別，但是對於搜尋引擎來說卻是不同的意義。

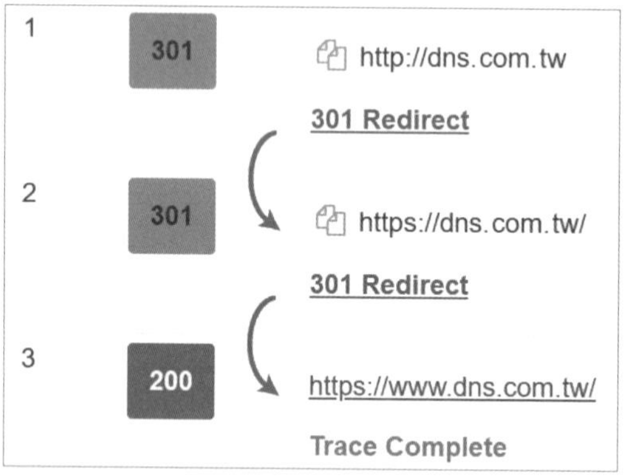

圖 4-43 使用 https://wheregoes.com/ 測試轉址結果。

標準連結元素的用途

Google 使用網址當成辨識網頁的依據，因此讓 Google 知道應該索引哪個網址，是很重要的任務。**標準連結元素** (Canonical Link Element) 宣告，就是讓搜尋引擎依照指示進行索引的方法。

標準連結元素存在的最主要目的，就是要解決因網址而引起內容重覆的問題。告訴所有由不同網址進入的搜尋引擎，知道哪個網址才是統一標準進入點，如此一來搜尋引擎就只需要索引一份資料。

例如以下網址都指向相同的網頁：

```
https://www.example.com/
https://www.example.com/?page=1
https://www.example.com/index.html
```

Google 如果沒有被告知應該怎麼索引，它會三個網址都索引，直到它發現這三個網址其實都是相同的網頁內容，標準連結元素宣告就是為了解決這個重複索引的問題。

標準連結元素的宣告是放置在 <head> 標記之內，格式如下：

```
<link rel="canonical" href=" 宣告的網址 " />
```

```
<meta name="description" content="最權威的SEO知識來源 ~ 本網探討SEM搜尋引擎行銷、
<meta name="robots" content="max-image-preview:large" />
<link rel="canonical" href="https://seo.dns.com.tw/" />
<link rel="next" href="https://seo.dns.com.tw/page/2" />
<meta property="og:locale" content="zh_TW" />
<meta property="og:site_name" content="台灣搜尋引擎優化與行銷研究院:SEO:SEM |" />
```

圖 4-44 標準連結元素宣告範例。

當我們在 https://seo.dns.com.tw/ 網頁內有如圖 4-44 的標準連結元素宣告時，那麼 https://seo.dns.com.tw/?page=1 雖然也指向相同網頁，但是 Google 就不會再重複索引。

如果搜尋引擎索引了重複的內容，等於浪費資源在重複處理相同的網頁，這個問題對於搜尋引擎來說是很嚴重的事情。所以如果有正確的宣告標準連結元素，就不會浪費搜尋引擎的**檢索預算** (Crawling Budget)，一來可以減少資源浪費，二來可以讓搜尋引擎把時間花在其他應該被索引的網頁上。

轉址與標準連結元素有何不同？

轉址會讓使用者看到從初始網頁轉到目的網頁，但是使用者不會知道網頁中有宣告標準連結元素。也就是說**轉址面對的對象是使用者與搜尋引擎，但是標準連結元素宣告面對的對象只有搜尋引擎**。

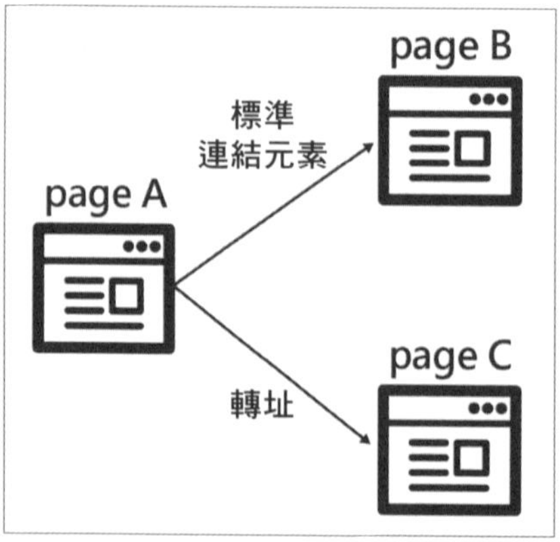

圖 4-45 標準連結元素與轉址。

如圖 4-45，如果網頁 A 以標準連結元素指向網頁 B 的話，使用者只會看到網頁 A，而不會看到網頁 B，但是搜尋引擎會索引網頁 B。若網頁 A 以轉址指向網頁 C 的話，使用者會看到網頁 C，而搜尋引擎會根據轉址的型態決定索引的對象，如果是 301 轉址就會索引網頁 C，其他狀況就會索引網頁 A。

使用標準連結元素經常犯錯的狀況

如果轉址發生錯誤，在瀏覽網頁時就會發現，但是許多錯誤的標準連結元素宣告，經常會被網站管理者忽略，而這個標準連結元素錯誤，最差的情況可能會讓你的網站消失在搜尋排名中。

經常看到以下的錯誤情況有以下幾個，提供您參考：

- **把標準連結元素設在 body 當中**

標準連結元素宣告應該放置於 <head> 區塊內，如果把標準連結元素宣告放在 <body> 區塊內，這個宣告將會被搜尋引擎忽略。

- **把所有網頁的標準連結元素設到首頁**

如果把所有網頁的標準連結元素設到首頁，就變成只有首頁被索引，其他網頁就從索引中消失了，每個網頁應該有自己的標準連結元素才是正確的。

● **把標準連結元素設在多頁文章的第一頁**

例如以下這個頁面，原本是一篇文章分成多頁：

第一頁	https://www.businessweekly.com.tw/KBlogArticle.aspx?ID=7628
第二頁	https://www.businessweekly.com.tw/KBlogArticle.aspx?ID=7628&pnumber=2
第三頁	https://www.businessweekly.com.tw/KBlogArticle.aspx?ID=7628&pnumber=3

如果第二頁及第三頁的標準連結元素都設到第一頁，就會造成搜尋引擎只索引第一頁的內容。

● **把絕對網址連結寫成相對網址**

標準連結元素宣告應該以絕對網址表示，例如 http://example.com/folder/，而不該宣告相對網址如 /folder/。

● **重覆宣告標準連結元素**

通常會產生重覆的標準連結元素宣告，大多發生在網站安裝外掛工具的情況下，例如 WordPress 的 Yoast SEO 或是 All in one SEO Pack 等外掛。因為可能某外掛已經產生標準連結元素宣告，但是又安裝了另外也會產生該宣告的外掛。如果發生重複宣告而且網址不同的話，搜尋引擎就無法正確的處理，大多的情況是全部的宣告都不會被處理。

專家小結

既然轉址與標準連結元素宣告這麼重要，SEO 操作應該透過什麼方式找到錯誤呢？有兩個工具可以使用：Google 網站管理員與爬蟲軟體 Screaming Frog SEO Spider，這兩個工具的使用在後面的章節再來詳細介紹。

4-5 如何處理動態網址

網址有分**動態網址** (Dynamic URL) 與**靜態網址** (Static URL)，這兩者有什麼差別呢？這兩種網址在 SEO 操作中有何影響呢？

動態網址與靜態網址

如果對於動態網址及靜態網址這個名詞不太熟悉，首先來認識一下：

- **動態網址**：網頁的內容是由程式透過資料庫產生，以不同的參數來決定產生哪些內容，這樣的網址稱為動態網址。例如 https://seo.dns.com.tw/?p=9622，其實是 https://seo.dns.com.tw/index.php?p=9622，也就是 index.php 程式由參數 p 到資料庫抓取編號 9622 的內容顯示出來。
- **靜態網址**：網頁的內容是直接寫在網頁 HTML 中，這樣的網址稱為靜態網址，例如 http://www.dns.com.tw/index.html。

因此存在會影響網頁內容的網址參數的網址，就是動態網址，反之就是靜態網址。例如有些網址雖然存在網址參數，但是它並不會影響網頁內容，就不算是動態網址，例如 https://seo.dns.com.tw/?utm_source=newsletter&utm_media=banner。

動態網址產生的網頁重複問題

搜尋引擎處理動態網址與靜態網址其實沒有什麼差別，同樣都是由網址去抓取內容。會引起差別的情況是，當動態網址中的參數不同卻產生相同內容，而且這類動態網址大量出現時，搜尋引擎就會開始放棄部分索引，甚至於將這類動態網址停止出現在搜尋結果中。

例如以下這個網址 (如圖 4-46)：

```
https://ecshweb.pchome.com.tw/search/v3.3/?q=usb&scope=all&sortParm=sale&so
    rtOrder=dc
```

其實跟這個網址的內容是一樣的：

```
https://ecshweb.pchome.com.tw/search/v3.3/?q=usb&scope=all&sortParm=sale
```

差別只在於前者多出 sortOrder=dc 參數，這個參數只是調整資料的排序，而沒有改變資料的內容。對於搜尋引擎來說，它並不希望索引太多只有順序不同但其實內容都相同的網頁。

圖 4-46 這個網頁的參數會引起內容重複。

為何重複的網頁內容會讓搜尋引擎會做出這樣的決定呢？因為它不願意浪費索引資源在相同的內容，也不希望這些重複的內容會引起使用者的困擾。所以當網站出現因為參數問題而引起重複內容時，Google 搜尋引擎會在網站管理員工具中提出警告，網站管理員最好盡速解決來避免被搜尋引擎放棄索引或是降級。

如何解決因為參數引起重複內容的問題？

方法 1：使用 .htaccess 將動態網址轉成靜態網址

● **範例（一）**

在 .htaccess 檔案中設定以下語法：

```
RewriteCond %{HTTP_HOST} ^example.com$ [NC,OR]
RewriteCond %{HTTP_HOST} ^www.example.com $ [NC]
RewriteRule ^product-([0-9]*).html product.php ? var1=$1 [NC,L]
```

語法說明：瀏覽這個靜態網址 http://example.com/product-hat.html，其實是執行這個動態網址 http://example.com/product.php?var1=hat

● **範例（二）**

在 .htaccess 檔案中設定以下語法：

```
RewriteCond %{HTTP_HOST} ^example.com$ [NC,OR]
RewriteCond %{HTTP_HOST} ^www.example.com$ [NC]
Rewriterule ^product/([^-]+)-([^&]+)\.html$ /product.php ? var1=$1&var2=$2 [NC,L]
```

語法說明：瀏覽這個靜態網址

```
http://example.com/product/software-office365.html
```

其實是執行這個動態網址

```
http://example.com/product.php?var1=software&var2=office365
```

方法 2：使用標準連結元素宣告網頁

例如 https://seo.dns.com.tw/?p=9622&cpage=2 這個範例，我們只要在該網頁內宣告標準連結元素，即可解決問題。

在 https://seo.dns.com.tw/?p=9622&cpage=2 網頁內宣告：

```
<link rel=" canonical" href=" http://seo.dns.com.tw/?p=9622" >
```

即可讓搜尋引擎不處理 cpage 參數。

SEO 專家小結

搜尋引擎對待動態網址與靜態網址其實沒有什麼不同，未必靜態網址就會比動態網址有優勢。事實上 Google 爬取這兩種網址都沒有問題，就點擊率來說，靜態網址可能有些微優勢，因為使用者可以很容易地讀懂這個網址。

但是就索引和排名來說，使用動態網址並不意味著明顯的劣勢。因此只需要注意是否因為網址參數而引起重複內容的問題即可，如果為了提升點擊率而使用轉址到靜態網址，也要注意正確的設定。

4-6 如何排除搜尋引擎的索引障礙

Google 說早在使用者搜尋之前，網路檢索器已經收集了數兆個網頁的資訊，並建立搜尋索引，可是你知道你經常不自覺的阻擋搜尋引擎的索引嗎？我們先來看看應該檢查哪些地方以確保能讓搜尋引擎順利索引。

搜尋引擎的索引障礙有哪些？

以下的設定會影響搜尋引擎索引：

1. **使用 .htaccess 設定網站存取權**：這個設定檔可以禁止特定來源無法存取網站，因此如果搜尋引擎被禁止存取網站，當然就無法順利索引。
2. **使用 .htaccess 設定是否索引**：這個設定檔可以指定特定檔案的索引方式。

❸ **使用 robots.txt 設定網站索引權**：這個設定檔可以指引搜尋引擎，哪些資源可以索引，哪些資源不要索引，雖然並不是強制的設定，但是大多搜尋引擎都會依照指示。

❹ **使用網頁的 meta robots 宣告索引方式**：這個宣告可以允許或禁止搜尋引擎索引，比 robots.txt 更具強制效果。

❺ **使用網頁的標準連結元素宣告索引對象**：這個宣告可以指引搜尋引擎應該索引的對象，如果宣告正確的話，搜尋引擎大多都會依照指示進行索引。

❻ **使用 Javascript 產生連結**：搜尋引擎雖然有能力在爬取網頁時解析 Javascript，但是搜尋引擎未必都會願意解析，因此以 Javascript 產生的連結內容，有時並不會被索引。

瞭解以上會影響搜尋引擎索引的因素之後，我們就必須特別監看這些設定，避免將搜尋引擎設為禁止存取或索引。

如何設定 .htaccess 的存取權限

在 .htaccess 中，有三個語法設定存取權限：

❶ 使用 Order 來決定處理順序。

❷ 使用 allow from 來記載允許存取的名單。

❸ 使用 deny from 來記載禁止存取的名單。

- **範例（一）：阻擋全部**

```
Order allow,deny
deny from all
```

以上語法先處理允許名單，再處理禁止名單，因為禁止名單是禁止全部，所以外來的存取全部阻擋。

- **範例（二）：全部通過**

```
Order deny,allow
allow from all
```

以上語法先處理禁止名單，再處理允許名單，因為允許名單是允許全部，所以外來的存取全部通過。

● **範例（三）：只允許特定 IP 通過**

```
Order deny,allow
deny from all
allow from 140.10.20.30
```

以上語法先處理禁止名單，再處理允許名單，因為禁止全部，只允許 140.10.20.30 該 IP 通過。

● **範例（四）：阻擋特定 IP**

```
Order allow,deny
allow from all
deny from 140.10.20.30
```

以上語法先處理允許名單，再處理禁止名單，因為允許全部，只禁止 140.10.20.30 該 IP 通過，因此只有阻擋 140.10.20.30。

● **範例（五）：阻擋一群 IP**

```
Order allow,deny
allow from all
deny from 140.10.20.30
deny from 140.10.20.31
deny from 140.10.30.0/24
```

以上語法先處理允許名單，再處理禁止名單，因為允許全部，只禁止 140.10.20.30、140.10.20.31、以及這群 140.10.30.1~140.10.30.254 通過。

以上範例阻擋某個 IP 或是一群 IP 存取時，需要確認沒有阻擋到搜尋引擎的爬蟲。因為搜尋引擎的爬蟲 IP 位址會經常改變，這裡無法提供詳細資訊，你必須自己去搜尋確認。

以下是目前部分的 Google 爬蟲 IP 位址 ：

```
https://www.infidigit.com/news/google-releases-list-of-ip-addresses-used-
by-googlebot-for-crawling/
```

- **範例 (六) 設定 pdf 檔案都不索引**

```
<files *.pdf>
Header set X-Robots-Tag "noindex,nofollow,noarchive"
</files>
```

以上範例將網站的所有 pdf 檔案都設為不索引，這樣的設定就將所有的 pdf 檔案排除於搜尋引擎排名之外，也就是沒有人可以搜尋到這些 pdf 檔案。

如何設定 meta robots ?

Meta robots 宣告應放置於 <head> 與 </head> 之間，語法如下：

```
<html> <head> <title> 你的網頁標題 </title>
<META NAME=" 屬性值 #1" CONTENT=" 屬性值 #2">
</head>
```

- **屬性值 #1** 指定搜尋引擎 (如表 4-1)。
- **屬性值 #2** 指定應該處理的方式 (如表 4-2)。

以上的格式英文大小寫都沒有差別，屬性值可以多值，也可以分開多行宣告。例如把多個屬性值放在一起：

```
<META NAME="robots" CONTENT="noindex, nofollow">
```

或是把多個屬性值分開宣告：

```
<META NAME="robots" CONTENT="noindex">
<META NAME="robots" CONTENT="nofollow">
```

這些宣告的對象是搜尋引擎，使用者瀏覽網頁時並不會因為這些宣告而受到影響。

表 4-1 中，有幾個比較陌生的爬蟲，例如 rogerbot、MJ12bot、Ahrefsbot，這幾個爬蟲所屬網站都是在提供網站分析及連結分析服務，因此有些網站會特別阻擋這幾個爬蟲，用以躲避被分析到非法連結。因此如果有網站阻擋這些爬蟲，反而變成告訴大家他們想躲避這些分析。

表 4-1：NAME 的屬性值，指定搜尋引擎。

屬性值 #1	說明
robots	所有搜尋引擎的爬蟲程式
googlebot	Google 的爬蟲程式
googlebot-mobile	Google 行動的爬蟲程式
googlebot-news	Google 新聞的爬蟲程式
googlebot-image	Google 圖片的爬蟲程式
googlebot-video	Google 視訊的爬蟲程式
bingbot	Bing 的爬蟲程式
slurp	Yahoo 的爬蟲程式
baiduspider	百度的爬蟲程式
rogerbot	Moz.com 的爬蟲程式
MJ12bot	Majestic.com 的爬蟲程式
AhrefsBot	Ahrefs.com 的爬蟲程式
ia_archiver	Alexa.com 的爬蟲程式

表 4-2：CONTENT 的屬性值，指定處理方式。

屬性值 #2	說明
noindex	不要索引本網頁
nofollow	不要跟隨本網頁內的連結
noarchive	不要儲存庫存網頁 Bing 還會使用 nocache 來表示 noarchive
noodp	不要使用 ODP 的描述
nosnippet	不要在搜尋結果顯示描述或是快照
none	等同於 noindex 與 nofollow
noimageindex	不要索引本網頁的圖片檔案，僅 Google 使用
unavailable_after:date	在指定日期後，停止索引本網頁，僅 Google 使用。例如： <META NAME="GOOGLEBOT" CONTENT="unavailable_after: 23-Jul-2007 18:00:00 EST">

● 範例（一）宣告所有搜尋引擎都不要索引

```
<META NAME="robots" CONTENT="noindex">
```

● 範例（二）宣告所有搜尋引擎都不要索引、庫存網頁、跟隨連結

```
<META NAME="robots" CONTENT="noindex,noarchive,nofollow">
```

如何測試索引宣告是否正確設定？

索引宣告檢測工具：

❶ Google Chrome 外掛 Robots Exclusion Checker：

https://chrome.google.com/webstore/detail/robots-exclusion-checker/lnadekhdikcpjfnlhnbingbkhkfkddkl

❷ HTTP Header Checker：

https://www.webconfs.com/http-header-check.php

由以上的各種範例可以知道，要宣告索引的相關設定，可以透過網頁內的 meta robots 宣告，也可以透過 .htaccess 的方式宣告。我們可以從內碼看到 meta robots 宣告，但是透過 .htaccess 的方式宣告就必須使用索引宣告檢測工具才能知道了。

如圖 4-47，透過 Google Chrome 外掛 Robots Exclusion Checker，可以看到網頁 meta robots 沒有宣告，但是看到透過 .htaccess 宣告的 X-robots-Tag 為不庫存不索引。

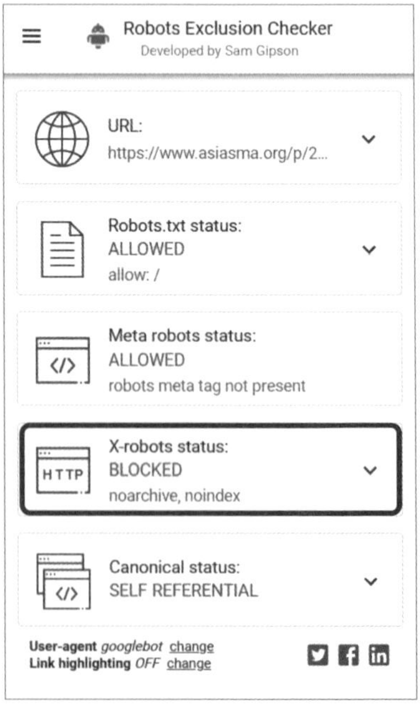

圖 4-47 使用 Google Chrome 外掛 Robots Exclusion Checker 檢查索引宣告。

如圖 4-48，透過 HTTP Header Checker 可以檢查網頁的 X-robots-Tag，看到宣告為不庫存不索引。

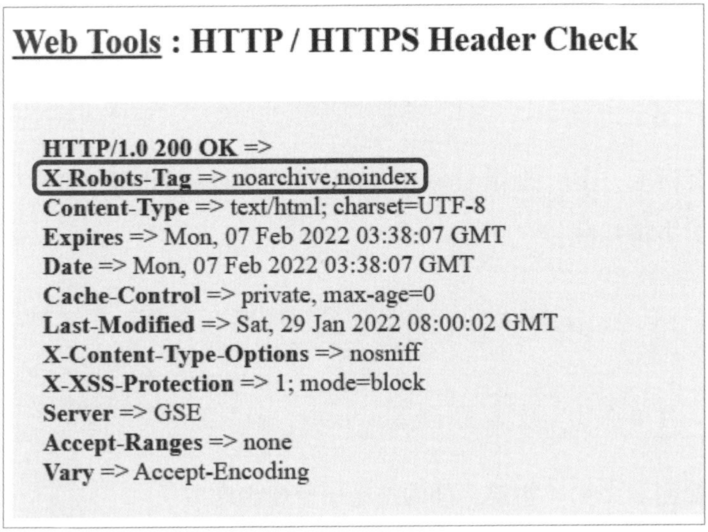
Web Tools : HTTP / HTTPS Header Check
HTTP/1.0 200 OK =>
X-Robots-Tag => noarchive,noindex
Content-Type => text/html; charset=UTF-8
Expires => Mon, 07 Feb 2022 03:38:07 GMT
Date => Mon, 07 Feb 2022 03:38:07 GMT
Cache-Control => private, max-age=0
Last-Modified => Sat, 29 Jan 2022 08:00:02 GMT
X-Content-Type-Options => nosniff
X-XSS-Protection => 1; mode=block
Server => GSE
Accept-Ranges => none
Vary => Accept-Encoding

圖 4-48 透過 HTTP Header Checker 可以知道 X-robots-Tag 宣告為不庫存不索引。

如何設定 robots.txt ?

robots.txt 檔案位於網站的根目錄下，能夠告訴搜尋引擎的爬蟲程式網站內容是否進行爬取，並且還可以指定 Sitemap 的位置。如果你並不需要特別宣告爬取限制，並透過其他方式傳送 Sitemap（例如使用網站管理員工具提交，請參考本章第九節），就不需要設定 robots.txt 檔案。

這裡指的 Sitemap 是 XML 格式的 Sitemap，跟前面提到的附加導覽中的網站地圖 Sitemap 是不一樣的東西。XML 格式的 Sitemap 是給搜尋引擎看的，附加導覽的 Sitemap 是給使用者看的。

所以如果網站有使用 robots.txt，其路徑就是 https:// 網址 /robots.txt，如果這個檔案不存在，就表示這個網站沒有使用 robots.txt。

robots.txt 有五種宣告類型：

User-agent	指定搜尋引擎爬蟲類型 (參考表 4-1)
Crawl-delay	限定爬蟲抓取每頁的秒數限制
Disallow	不希望被爬取的網址路徑
Allow	允許被爬取的網址路徑
Sitemap	告知搜尋引擎網站的 Sitemap 網址

- **範例 (一) ： 拒絕 Googlebot 索引 /nogooglebot/ 目錄，其他搜尋引擎都允許**

```
User-agent: Googlebot
Disallow: /nogooglebot/
User-agent: *
Allow: /
Sitemap: http://www.example.com/sitemap.xml
```

- **範例 (二) ： 拒絕全部的搜尋引擎爬蟲爬取**

```
User-agent: *
Disallow: /
```

- **範例 (三) ： 允許全部的搜尋引擎爬蟲爬取 (最常使用的設定)**

```
User-agent: *
Allow: /
```

- **範例 (四) ： 拒絕百度爬蟲，但是允許其他搜尋引擎**

```
User-agent: Baiduspider
Disallow: /
User-agent: *
Disallow:
```

- **範例 (五) ： 禁止 Googlebot 檢索所有的 .pdf 檔案**

```
User-agent: Googlebot
Disallow: /*.pdf$
```

以上的星號 (*) 表示萬用字元，金錢符號 ($) 表示結尾。**/*.pdf$** 的意思就是指根目錄下任何檔案以 .pdf 為附檔名的檔案。

如何測試 robots.txt ？

Google 網站管理員 robots.txt 測試工具	https://www.google.com/webmasters/tools/robots-testing-tool

您可以在 Google 網站管理員工具的 robots.txt 測試工具中提交網址，該工具會模擬 Googlebot 爬蟲的行為來檢查您的 robots.txt 檔案，並告訴你的 robots.txt 是否正確。

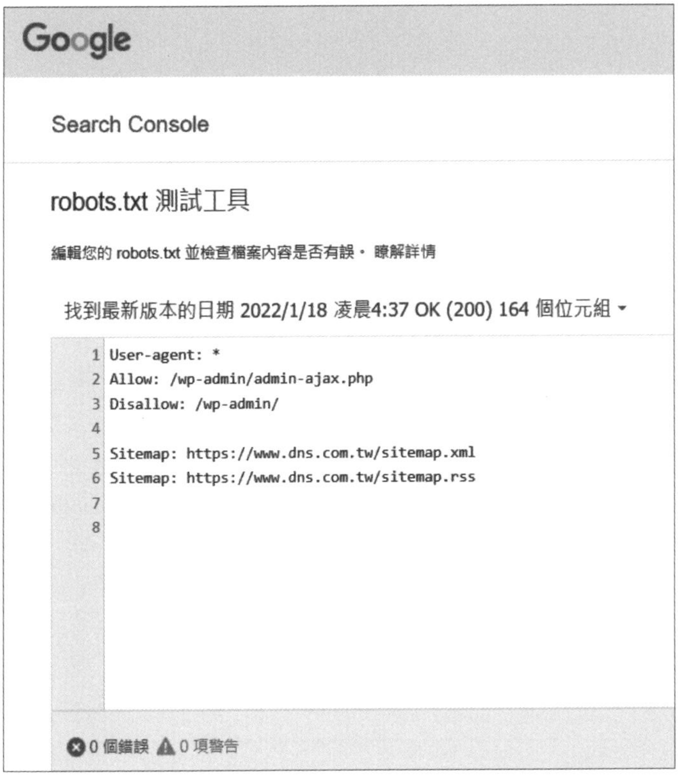

圖 4-49 Google 網站管理員工具中 robots.txt 測試工具。

如圖 4-49，測試工具顯示 0 個錯誤、0 項警告，但是要注意的是，這個測試工具只是檢查語法有無錯誤，並不會檢查設定的邏輯問題。

使用 robots.txt 應該特別注意以下事項：

- 使用 robots.txt 封鎖網址是有風險的，因為大家都能看到設定內容，並且對於想要抓取者沒有強制作用，僅屬於宣告性質。如真的需要封鎖網址存取權，建議採用其他機制，以確保無人能透過網路搜尋到您的網址。

- 正派的網路爬蟲都會按照 robots.txt 檔案中的指示，但並不是每個網路爬蟲都是如此。因此如果要確保特定資訊不會受到網路爬蟲存取，應該使用其他封鎖方式。

- robots.txt 禁止索引的網頁檔案，如果網路爬蟲再由別的連結抓到該檔案，還是有可能索引該檔案，但是被 robots.txt 禁止索引的圖檔，則不會被索引。

- 應該盡量避免在 robots.txt 宣告網站的 Sitemap 檔案，因為等於告訴大家你的網站細節。

專家小結

本章節介紹的宣告及設定會影響搜尋引擎的爬蟲抓取動作，如果阻擋了不該阻擋的網頁，就會讓該網頁喪失了參與搜尋排名的機會。並且應該定期檢查這些設定，因為如果駭客入侵網站，植入惡意的設定並拒絕全部搜尋引擎的爬蟲爬取，那麼你的網頁就會全部從搜尋排名中消失。

4-7 如何規劃多語系及多地區網站

多語系網站 (Multilingual Sites) 是指網頁內容含有兩種以上語言的網站，並且各語言的網站內容是相同的，只是差別在使用不同的語文來撰寫。例如 tw.mystore.com 與 cn.mystore.com，前者使用繁體中文，後者使用簡體中文。

多地區網站 (Multi-regional Sites)，是指明確鎖定不同國家或是地區使用者的網站。如果你建立多語系網站的目的是要讓不同國家地區的使用者，可以搜尋看到適當語系的內容，那麼就必須建立多語系及多地區網站。例如 tw.mystore.com 鎖定台灣的使用者，cn.mystore.com 鎖定中國的使用者。

各種語系代碼：

```
https://en.wikipedia.org/wiki/List_of_ISO_639-1_codes
```

國家地區代碼：

```
https://en.wikipedia.org/wiki/ISO_3166-1_alpha-2
```

我們可以從語系代碼查到中文的語系代碼為 zh，台灣的國家地區代碼為 tw，兩個組合起來就是 zh-tw，這三個代碼就可以在後續的相關設定中使用。

建立多語系網站

如果僅是要建立多語系網站，沒有需要建立多地區網站的話，網站的網址可以使用子網域 (例如 tw.mystore.com) 或是子目錄 (例如 www.mystore.com/tw/)，並使用 hreflang 標記來告訴搜尋引擎各版本的對應關係。

例如英文網頁位於 http://www.mystore.com/，而繁體中文網頁則位於 http://tw.mystore.com/，簡體中文網頁則位於 http://cn.mystore.com/，你可以使用下列三種方法進行多語系網頁的宣告。

方法一：使用 HTML Link 元素（網頁內宣告方式）

這一個方法就是在每個版本的網頁，宣告其他語言版本的網頁網址。

在英文網頁 https://www.mystore.com/ 的 HTML<head> 部分中加入 link 元素：

```
<link rel="alternate" hreflang="zh-tw" href="https://tw.mystore.com/" />
<link rel="alternate" hreflang="zh-cn" href="https://cn.mystore.com/" />
```

在繁體中文網頁 https://tw.mystore.com/ 的 HTML<head> 部分中加入 link 元素：

```
<link rel="alternate" hreflang="en" href="https://www.mystore.com/" />
<link rel="alternate" hreflang="zh-cn" href="https://cn.mystore.com/" />
```

在簡體中文網頁 https://cn.mystore.com/ 的 HTML<head> 部分中加入 link 元素：

```
<link rel="alternate" hreflang="en" href="https://www.mystore.com/" />
<link rel="alternate" hreflang="zh-tw" href="https://tw.mystore.com/" />
```

然後可以在選擇語言的頁面，使用以下宣告：

```
<link rel="alternate" href="http://www.mystore.com/page/" hreflang="x-default" />
```

x-default 語法的用途，則是宣告 www.mystore.com/page/ 不是指定任何語言版本，而是該網頁為選擇語言的頁面。

以下是愛奇藝網站的範例 https://www.iq.com ：

```
<link rel="alternate" hrefLang="zh-tw" href="https://www.iq.com/?lang=zh_tw"/>
<link rel="alternate" hrefLang="zh-cn" href="https://www.iq.com/?lang=zh_cn"/>
<link rel="alternate" hrefLang="th" href="https://www.iq.com/?lang=th_th"/>
<link rel="alternate" hrefLang="id" href="https://www.iq.com/?lang=id_id"/>
<link rel="alternate" hrefLang="x-default" href="https://www.iq.com/?lang=en_us"/>
```

方法二：使用 Sitemap

在 Sitemap 內指定各語言版本網頁的網址，每個網址都要有個別的 url 元素，而每個 url 元素都必須含有指示網頁網址的 loc 標記，和該網頁及其所有替代版本的 xhtml:linkrel="alternate" hreflang=" 語言代碼 "。

如下的 Sitemap 就是指定英文網頁為 www.mystore.com、繁體中文網頁為 www.mystore.com/tw/、簡體中文網頁為 www.mystore.com/cn/。

```
< ? xml version="1.0" encoding="UTF-8" ? >
 <urlset xmlns="https://www.sitemaps.org/schemas/sitemap/0.9"
  xmlns:xhtml="https://www.w3.org/1999/xhtml">
    <url>
    <loc>https://www.mystore.com/</loc>
    <xhtml:link
                 rel="alternate"
                 hreflang="zh-tw"
                 href="https://www.mystore.com/tw/"
                 />
    <xhtml:link
                 rel="alternate"
                 hreflang="zh-cn"
                 href="https://www.mystore.com/cn/"
                 />
    <xhtml:link
                 rel="alternate"
                 hreflang="en"
                 href="https://www.mystore.com/"
                 />
  </url>

  <url>
    <loc>https://www.mystore.com/tw/</loc>
    <xhtml:link
                 rel="alternate"
                 hreflang="zh-tw"
                 href="https://www.mystore.com/tw/"
                 />
    <xhtml:link
                 rel="alternate"
```

```
                    hreflang="zh-cn"
                    href="https://www.mystore.com/cn/"
                    />
        <xhtml:link
                    rel="alternate"
                    hreflang="en"
                    href="https://www.mystore.com/"
                    />
    </url>

        <url>
        <loc>https://www.mystore.com/cn/</loc>
        <xhtml:link
                    rel="alternate"
                    hreflang="zh-tw"
                    href="https://www.mystore.com/tw/"
                    />
        <xhtml:link
                    rel="alternate"
                    hreflang="zh-cn"
                    href="https://www.mystore.com/cn/"
                    />
        <xhtml:link
                    rel="alternate"
                    hreflang="en"
                    href="https://www.mystore.com/"
                    />
    </url>

</urlset>
```

方法三：使用 HTTP Header（程式宣告方式）

所謂 HTTP Header (HTTP 標頭）是指當要求或是傳送 HTTP 協定的資料時，會用來傳送有關 HTTP 訊息的資訊。如果要發佈的不是 HTML 檔案，沒有辦法使用 HTML Link 元素時（例如 PDF 檔案），就可以使用 HTTP 標頭來指定不同語言版本的網址，如下所示：

```
Link:<https://tw.mystore.com/>;rel="alternate";hreflang="zh-tw"
```

以上宣告，搜尋引擎就知道你的繁體中文版本在 https://tw.mystore.com。

如要在連結的 HTTP 標頭中指定多個 hreflang 值，可使用半形分號來分開各個值，如下所示：

```
Link:<http://tw.mystore.com/>;rel="alternate";hreflang="zh-tw",
<http://cn.mystore.com/>;rel="alternate";hreflang="zh-cn"
```

搜尋引擎透過以上宣告，就知道繁體中文版本與簡體中文版本各對應到的網址。

這三種宣告方式，以第一種跟第二種比較常用，只有在無法使用第一種跟第二種方式時，才會使用第三種方式。

總結來說，讓搜尋引擎知道各種語言版本網頁位置有什麼好處呢？這些語言標記的宣告，對於使用者並沒有任何差別，但是讓搜尋引擎不會判定這些網頁是內容重複，並且搜尋引擎可以知道要提供哪種語言的版本給正確的使用者。

建立多語系及多地區網站

如果某些網站既是多地區網站，也是多語言網站，就可能需要更複雜的網站結構設計。例如網站可能會有美國和加拿大地區兩種英文版本，而加拿大地區的內容又同時含有法文和英文版本，另外中文版本又區分為台灣與香港的繁體中文，以及中國的簡體中文。

在這個情況下，網站的網址就建議使用「子網域」來區分不同地區，搭配「子目錄」來區分相同地區不同的語言，並使用 hreflang 標記來告訴搜尋引擎各版本的對應關係。

例如某個網站有以下幾個語言的網頁版本：

美國的英文版本	http//www.mystore.com/
加拿大的英文版本	http//ca.mystore.com/en/
加拿大的法文版本	http//ca.mystore.com/fr/
台灣的繁體中文版本	http//tw.mystore.com/
香港的繁體中文版本	http//hk.mystore.com/
中國的簡體中文版本	http//cn.mystore.com/

在 https://www.mystore.com/ 網頁內宣告：

```
<link rel="alternate" hreflang="en-ca" href="https://ca.mystore.com/en/"/>
<link rel="alternate" hreflang="fr-ca" href="https://ca.mystore.com/fr/"/>
<link rel="alternate" hreflang="zh-tw" href="https://tw.mystore.com/"/>
<link rel="alternate" hreflang="zh-hk" href="https://hk.mystore.com/"/>
<link rel="alternate" hreflang="zh-cn" href="https://cn.mystore.com/"/>
```

其中 zh-tw 是指台灣的繁體中文 (ZHongwen)，zh-hk 是指香港的繁體中文，zh-cn 是指中國的簡體中文。所以如上例，各語言版本的網頁，都要宣告其他五種語言版本網頁的對應網址。

鎖定美國地區	www.mystore.com
鎖定加拿大地區	ca.mystore.com
鎖定台灣地區	tw.mystore.com
鎖定香港地區	hk.mystore.com
鎖定中國地區	cn.mystore.com

Google 如何判斷網站鎖定的目標國家地區？

當需要鎖定特殊國家地區時，要注意 Google 通常會使用下列幾個方式來判斷網站鎖定的目標國家地區：

❶ 網域是否使用國家型代碼網域 (ccTLD)？

剛剛的例子中，.tw 就是屬於國家型代碼網域 (ccTLD)，其他如 .de 代表德國、.cn 代表中國、.jp 代表日本、.kr 代表韓國等，因此這類網域可讓使用者和搜尋引擎得知你的網站特別鎖定特定國家地區的使用者。

但是要注意的是，如表 4-3，Google 把某些 ccTLD 代碼視作 gTLD（一般頂層網域），也就是這些網址不因為這些後綴而自動鎖定特定國家地區。但是這個被 Google 視為 gTLD 的 ccTLD 清單，不一定永遠固定，所以必須隨時注意更新。

如果你使用被認為屬於特定國家地區的國家型代碼網域，就不需要特別告訴搜尋引擎，就會自動被鎖定在特定國家地區。

表 4-3：常用 gTLD 與 ccTLD 列表。

gTLD	ccTLD	被 Google 當成 gTLD 的 ccTLD
.com .net .org .info .mobi .tel .asia .biz .name .pro .coop .app .bike .cafe .shoes 等。	.tw .au .hk .id .in .jp .kr .my .nz .ph .pk .sg .vn .at .be .ch .de .dk .es .fr .it .li .nl .uk .us .ca .mx 等。	.ad .as .bz .cc .cd .co .dj .fm .io .la .me .ms .nu .sc .sr .su .tv .tk .ws .eu 等。

❷ 網站伺服器的 IP 位址

大多網站伺服器會放置於目標使用者的所在地區，這樣在存取上不需要經過太多網路節點，可以具有傳輸速度的優勢。但是某些網站會使用分散式內容傳送網路 (CDN)，或是將主機架設於網路伺服器基礎架構較佳的地區，此時網站的 IP 位址就無法判斷是屬於哪個國家地區。

❸ 其他判斷指標

其他判斷的線索來源還包括網頁上的住址和電話號碼、是否使用當地語言和貨幣、來自其他當地網站的連結、來自於當地使用者的流量、或是否使用 Google 我的商家等。

以下幾個例子來說明 Google 會如何知道你的網站應該屬於哪個國家地區：

- **範例一**：你的網站為 ec.com.tw 的話，Google 就因為你使用 com.tw 而自動鎖定你的網站在台灣。不管你的伺服器放置在哪裡，也不管網頁上的住址和電話號碼等線索，都不會有任何的影響。

- **範例二：** 你的網站為 ec.com 的話，Google 就無法從網域得知網站應該屬於哪個國家地區，所以就會由網站的 IP 位址以及 hreflang 設定，並參酌其他判斷指標，來綜合決定網站應該屬於哪個國家地區。

如何測試 Hreflang 設定正確性？

Google Chrome 外掛 Hreflang Tag Checker	https://chrome.google.com/webstore/detail/hreflang-tag-checker/hjgdcecfiohgajnhilmjhebdganpaomk
Hreflang 測試工具	https://hreflangchecker.com/https://app.sistrix.com/en/hreflang-validator

不同的檢查工具會出現不同的結果，如圖 4-50 在 Acer.com 找不到 x-default 設定，因為這個設定在 https://www.acer.com/worldwide/。

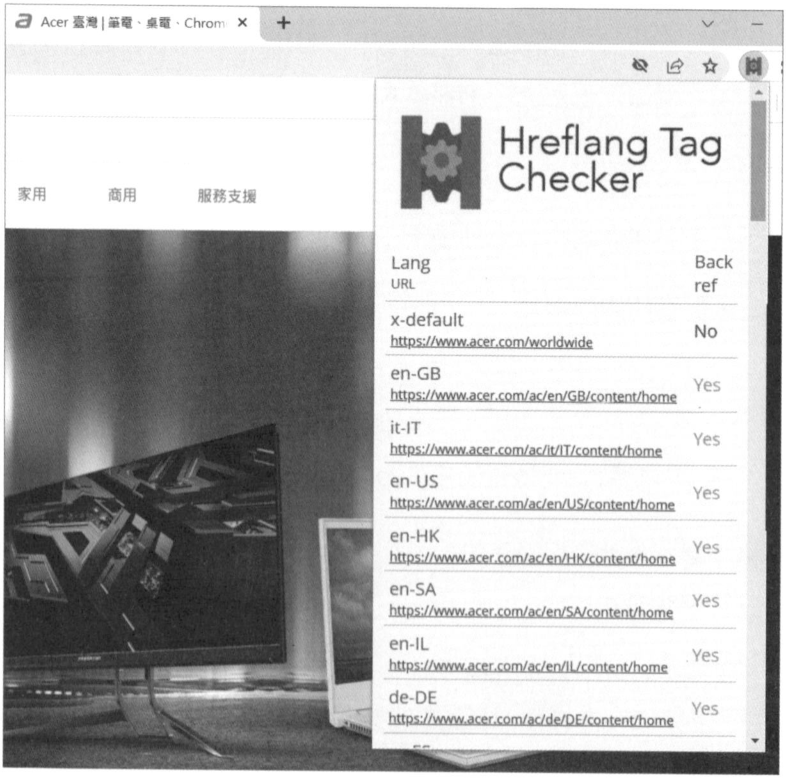

圖 4-50 使用 Google Chrome 外掛 Hreflang Tag Checker 檢查 Acer.com 的 Hreflang 設定。

如圖 4-51 的檢查工具找到許多錯誤及警告訊息，但是圖 4-52 的檢查工具就完全通過檢查，其實是因為檢查規則的寬鬆問題，你可以透過不同的檢查工具去檢查 hreflang 設定，只要有某個檢查工具通過，表示已經通過最基本門檻，再透過其他工具檢查結果來修正細部宣告。例如網頁的 hreflang 宣告為繁體中文，但是網頁並沒有宣告 <html lang="zh-tw">。

圖 4-51 使用 hreflangchecker.com 檢查 Acer.com 的 Hreflang 設定。

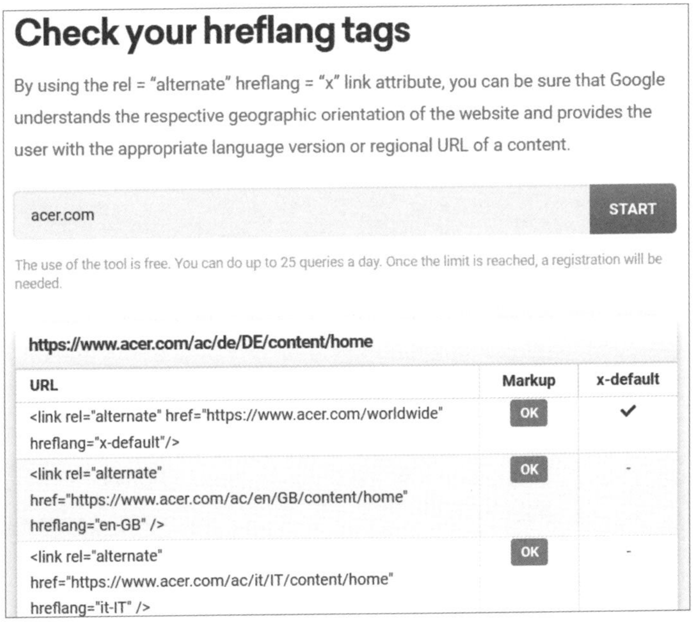

圖 4-52 使用 app.sistrix.com/en/hreflang-validator 檢查 Acer.com 的 Hreflang 設定。

使用 hreflang 常見的錯誤

❶ 沒有包含自我網頁的語系宣告。

你的網站有幾種語系地區網頁，就應該在任何網頁要包含這些 hreflang 宣告。經常犯的錯誤都是沒有宣告本身，例如在繁體中文網頁沒有宣告 hreflang="zh-tw"。

❷ hreflang 宣告沒有使用絕對網址。

正確的宣告：

```
<link rel="alternate" hreflang="en" href="https://www.mystore.com/en/"/>
```

錯誤的宣告：

```
<link rel="alternate" hreflang="en" href="/en/"/>
```

❸ 重複的語系宣告到不同網頁。

整個網站應該要有一致的正確宣告，在一個網頁內也不要宣告相同語系到不同的網頁，如果宣告不一致的話，搜尋引擎就不知道哪個才是正確的，很可能完全放棄你的 hreflang 宣告。

例如以下重複宣告 hreflang="zh-cn" 到不同的網頁 ：

```
<link rel="alternate" hreflang="en" href="https://www.mystore.com/en/"/>
<link rel="alternate" hreflang="zh-cn" href="https://www.mystore.com/zh-cn/"/>
<link rel="alternate" hreflang="zh-tw" href="https://www.mystore.com/zh-tw/"/>
<link rel="alternate" hreflang="zh-cn" href="https://www.mystore.com/cn/"/>
```

❹ 錯誤的語系與國家代碼。

在本章節最開頭就提供了各種語系與國家地區的代碼，但是有些代碼會跟認知有些差異，例如這個網頁 https://www.acer.com/ac/en/GB/content/home，你會看到這個宣告 hreflang="en-GB" 為英國英文語系，這是正確的，但是有些網頁會宣告成為 hreflang="en-UK"，在 hreflang 應該使用的英國代碼為 GB 而不是 UK。

5 錯誤的語系編碼宣告。

在 html 宣告中有個 <html lang=" 語系 "> 的宣告，這個語系的宣告最好跟 hreflang 的語系宣告一致，才不會被嚴格的檢查工具列為錯誤。

6 沒有使用標準連結宣告。

例如以下是台灣繁體中文網頁內的宣告：

```
<link rel="canonical" href="https://www.mystore.com/zh-tw/"/>
<link rel="alternate" hreflang="zh-tw" href="https://www.mystore.com/zh-tw/"/>
<link rel="alternate" hreflang="zh-cn" href="https://www.mystore.com/zh-cn/"/>
<link rel="alternate" hreflang="en" href="https://www.mystore.com/en/"/>
```

在每個語系的宣告中，應該都要有標準連結宣告，Google 才不會弄錯應該索引的對象。

7 網頁被其他不索引的宣告阻擋。

這個應該是最無知也最可怕的錯誤，不要忙半天把語系地區宣告都弄好之後，又把這些網頁宣告為 noindex 或是被 robots.txt 排除索引。

8 沒有正確使用 x-default 宣告。

如果網域內沒有任何網頁設定選擇語系地區的 x-default 宣告，雖然不是致命的錯誤，但是 Google 可以從這個 x-default 宣告，理解你的整體多語系多地區的規劃。

專家小結

建立多語系網站的目的，可以避免被搜尋引擎誤判各種不同語言的網頁內容為重複內容，並且可以讓搜尋引擎正確地將搜尋結果提供給使用不同語言的使用者。建立多地區網站的目的，可以讓網站鎖定正確的國家地區，可以讓搜尋引擎正確地將搜尋結果提供給特定地區的使用者。

4-8 如何處理網頁 404 錯誤問題

如果網頁中連結的對象網頁已經不存在，瀏覽軟體就會回報 404 錯誤，訪客就看不到想看的網頁內容，同時搜尋引擎也會看到這個錯誤。如果網頁中存在過多的 404 錯誤，會影響使用者體驗，搜尋引擎對此網站的信賴度也會降低，因此我們必須使用「連結檢查工具」，找出網頁的錯誤連結並且修正。

表 4-4：HTTP 狀態碼（資料來源：維基百科）。

狀態碼	說明
200	**OK** 請求已成功，請求所希望的響應頭或資料體將隨此響應返回。
301	**Moved Permanently** 被請求的資源已永久移動到新位置，並且將來任何對此資源的參照都應該使用本響應返回的若干個 URI 之一。
302	**Found** 請求的資源現在臨時從不同的 URI 響應請求。由於這樣的重新導向是臨時的，用戶端應當繼續向原有位址傳送以後的請求。
400	**Bad Request** 由於包含語法錯誤，當前請求無法被伺服器理解。
404	**Not Found** 請求失敗，請求所希望得到的資源未被在伺服器上發現。沒有資訊能夠告訴使用者這個狀況到底是暫時的還是永久的。
410	**Gone** 表示所請求的資源不再可用。
500	**Internal Server Error** 伺服器遇到了一個未曾預料的狀況，導致了它無法完成對請求的處理。一般來說，這個問題都會在伺服器的程式碼出錯時出現。
503	**Service Unavailable** 由於臨時的伺服器維護或者過載，伺服器當前無法處理請求。這個狀況是臨時的，並且將在一段時間以後恢復。

想要查出網站上不存在的網頁，最方便的工具是 **Google 網站管理員工具**與 **Bing 網站管理員工具**。如圖 4-53 及圖 4-54，可以從 Google 與 Bing 的網站管理員工具中，查詢得知是否存在 404 錯誤。

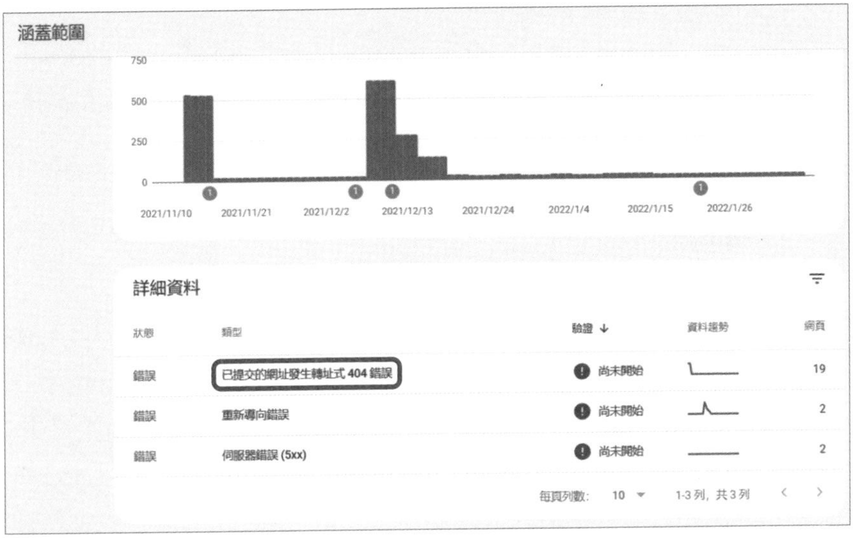

圖 4-53 從 Google 網站管理員工具的涵蓋範圍可以查看是否存在 404 錯誤。

圖 4-54 從 Bing 網站管理員工具的 SEO 報告中可以查看是否存在 404 錯誤，但是上圖目前沒有 404 錯誤。

其他工具例如 Xenu's Link Sleuth、Screaming Frog SEO Spider、或是 Wordpress 的 Broken Link Checker 外掛。使用這些連結檢查工具，也可以就可以找出網頁索引錯誤的 404 網頁並且更正。

檢查網站 404 錯誤的工具：

Xenu's Link Sleuth 網址	https://home.snafu.de/tilman/xenulink.html
Screaming Frog SEO Spider 網址	https://www.screamingfrog.co.uk/seo-spider/
WordPress Broken Link Checker 外掛	https://wordpress.org/plugins/broken-link-checker/

如圖 4-55、4-56、4-57，使用不同的工具都可以檢查網站的 404 錯誤，其中 Xenu's Link Sleuth（只有 Windows 版本）與 WordPress Broken Link Checker 外掛是免費的工具，Screaming Frog SEO Spider 具有 Windows 及 Mac 版本，但是爬取超過 500 個網頁以上需要購買授權。

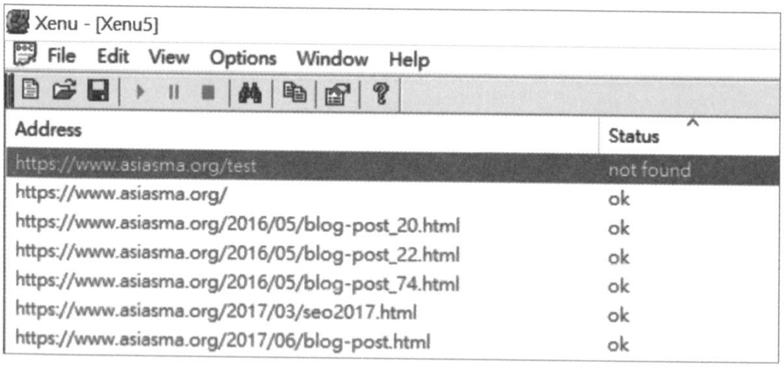

圖 4-55　使用 Xenu's Link Sleuth 檢查 404 錯誤。

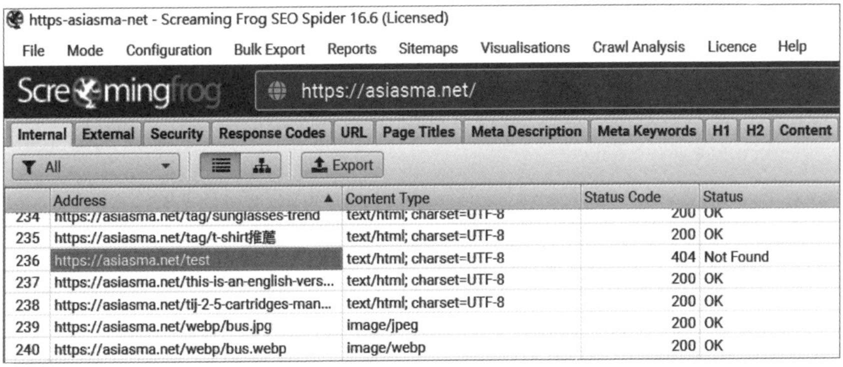

圖 4-56 使用 Screaming Frog SEO Spider 檢查 404 錯誤。

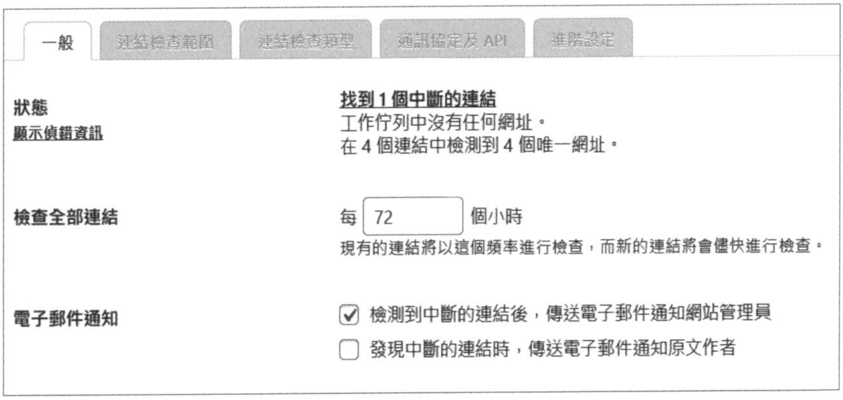

圖 4-57 使用 WordPress 的 Broken Link Checker 外掛檢查 404 錯誤。

檢查到 404 錯誤的處理方式

如果檢查到網頁有 404 錯誤，處理方式如下：

❶ **如果網頁已經刪除，不需要再存在**：應該如本章第四節的轉址方式，將該網頁的 HTTP 狀態碼設定為 410，並且刪除或更新連到該網頁的連結。

例如網頁 A 是發生 404 錯誤的網頁，網頁 B 內有連結連到網頁 A，則將網頁 A 的 HTTP 狀態碼設定為 410，並且刪除或更新網頁 B 內連到網頁 A 的連結。

❷ **如果網頁被誤刪，應該需要存在**：建立或恢復該網頁，並且透過 Google 或 Bing 的網站管理員重新抓取網頁並要求索引。

例如網頁 A 是發生 404 錯誤的網頁，網頁 B 內有連結連到網頁 A，則建立或恢復網頁 A，並且透過 Google 或 Bing 的網站管理員重新抓取網頁 A 並要求索引。

❸ **如果網頁存在，只是網址更改**：更新連到該網頁的連結，並且透過 Google 或 Bing 的網站管理員重新抓取網頁並要求索引。

例如網頁 A 是發生 404 錯誤的網頁，網頁 B 內有連結連到網頁 A，則更新網頁 B 內連結到網頁 A 的連結，並且透過 Google 或 Bing 的網站管理員重新抓取網頁 A 及網頁 B 並要求索引。

❹ **如果網頁存在，網址也沒有更改**：這表示被抓取的時候有錯誤產生或是被網站設定阻擋，先更正錯誤的阻擋 (可能是 robots.txt 或是 noindex 設定，請參考本章第六節)，再透過 Google 或 Bing 的網站管理員重新抓取網頁 A 並要求索引即可。

❺ **無法預期的 404 錯誤**：有些 404 錯誤的發生並不是網頁存不存在的問題，而是使用者把網址打錯或是外部網站連結錯誤，這種情況就必須設置好網站的客製化 404 網頁，來引導使用者可以順利的點選相關網頁或是進行站內搜尋。

什麼是轉址式 404？

轉址式 404 (Soft 404) 就是瀏覽時網頁並不存在，但是 HTTP 狀態碼卻是回應 200，也就是原本的 HTTP 狀態碼 404 被轉址成為回應 200。

轉址式 404 會造成搜尋引擎索引錯誤，因為 HTTP 狀態碼回應 200 會讓搜尋引擎以為網頁是正常的而進行索引，我們使用 https://redirectdetective.com/ 這個轉址工具來檢視網頁，故意去檢視不存在的網址，結果如圖 4-58，原本應該是 HTTP 狀態碼 404 卻以 302 轉址到另外網頁，這就是轉址式 404。如圖 4-59，也故意去檢視另外網站不存在的網址，結果顯示了 HTTP 狀態碼 404，這就是正常的 404。如果你的網頁存在轉址式 404，就應該更正為一般的 404。

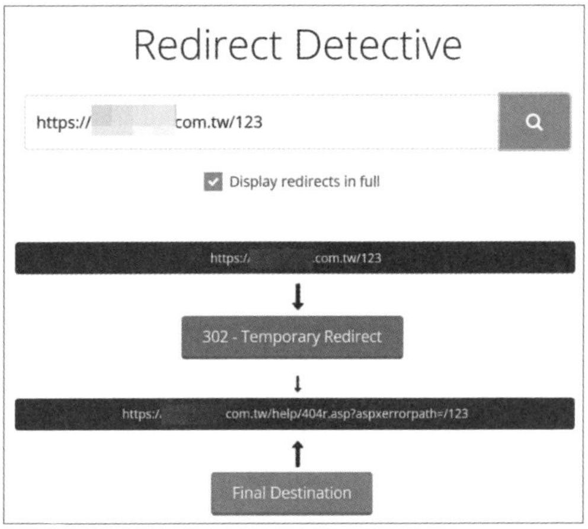

圖 4-58 使用 https://redirectdetective.com/ 這個轉址工具來檢視不存在的網頁。

圖 4-59 使用 https://redirectdetective.com/ 這個轉址工具來檢視不存在的網頁。

SEO 專家小結

網頁產生 404 錯誤，肯定對於使用者經驗是負面的，但是對於搜尋排名來說就要看 404 錯誤的狀況。如果網站產生大量的 404 錯誤，對於搜尋排名就是負面因素，但是如果只是少量的 404 錯誤，其實並不會產生太大的影響，只需要依照本章節的處理方式，並且避免讓 404 錯誤變成轉址式 404 錯誤即可。

4-9 如何建立網站 Sitemap

網站的網站地圖 Sitemap 可以分成兩大格式的檔案：HTML 與 XML 格式。HTML 格式 Sitemap 主要是給訪客瀏覽；XML 格式 Sitemap 主要是給搜尋引擎瞭解應該索引的網址。搜尋引擎的爬蟲程式會讀取這個檔案，更加完整的檢索您的網站。

雖然在理想狀況下，搜尋引擎的爬蟲程式通常可以找出大部分的網頁，但是在某些情況下，Sitemap 可以協助搜尋引擎改善網站的檢索結果，例如當網站規模很大或是網站剛建立不久。

許多人都會有錯覺，認為搜尋引擎一定會爬取你的所有網頁，其實搜尋引擎的處理過程主要仰賴複雜的演算法，即便已經傳遞 Sitemap 給搜尋引擎，都未必保證所有網頁會被檢索或者建立索引。當然如果你不準備 Sitemap 給搜尋引擎，就更可能會發生網頁索引遺漏的情況。

XML Sitemap 說明

底下是一個 XML 格式 Sitemap 的範例，下列範例僅包含一個 URL：

```
<?xml version="1.0" encoding="UTF-8"?>
<urlset xmlns="http://www.sitemaps.org/schemas/sitemap/0.9">
  <url>
    <loc>https://www.example.com/foo.html</loc>
    <lastmod>2005-01-01</lastmod>
    <changefreq>monthly</changefreq>
    <priority>0.8</priority>
  </url>
</urlset>
```

其中 xmlns="http://www.sitemaps.org/schemas/sitemap/0.9 是指**一般網址**格式的 Sitemap，xmlns 是 xml namespace 的縮寫，指定各類型格式的定義，更多格式請參考表 4-5。

表 4-5：各類型的 Sitemap 格式。

類型	格式
一般網址	xmlns=http://www.sitemaps.org/schemas/sitemap/0.9
圖片	xmlns:image=http://www.google.com/schemas/sitemap-image/1.1
影片	xmlns:video=http://www.google.com/schemas/sitemap-video/1.1
行動裝置	xmlns:mobile=http://www.google.com/schemas/sitemap-mobile/1.0
新聞	xmlns:news=http://www.google.com/schemas/sitemap-news/0.9

如下範例是將多種類型的 Sitemap 集中在一個 XML 檔案中，不過不同類型的 Sitemap 還是分別建立會比較好。

```
<?xml version="1.0" encoding="UTF-8"?>
<urlset xmlns="http://www.sitemaps.org/schemas/sitemap/0.9"
  xmlns:image="http://www.google.com/schemas/sitemap-image/1.1"
  xmlns:video="http://www.google.com/schemas/sitemap-video/1.1">
  <url>
    <loc>https://www.example.com/foo.html</loc>
    <image:image>
       <image:loc>https://example.com/image.jpg</image:loc>
    </image:image>
    <video:video>
      <video:content_loc>
        https://www.example.com/video123.flv
      </video:content_loc>
      <video:player_loc allow_embed="yes" autoplay="ap=1">
        https://www.example.com/videoplayer.swf ? video=123
      </video:player_loc>
      <video:thumbnail_loc>
        https://www.example.com/thumbs/123.jpg
      </video:thumbnail_loc>
      <video:title> 適合夏季的燒烤排餐 </video:title>
      <video:description>
        讓您每次都能料理出最美味的排餐！
      </video:description>
    </video:video>
  </url>
</urlset>
```

如何使用工具產生 XML Sitemap ？

雖然知道 Sitemap 的格式，但是除非網頁數量很少，不然不可能以手動方式建立網站的 Sitemap，大多情況都必須借助程式或是工具替我們產生。

Sitemap 產生工具：

Xenu's Link Sleuth 網址	https://home.snafu.de/tilman/xenulink.html
Screaming Frog SEO Spider 網址	https://www.screamingfrog.co.uk/seo-spider/

這兩個工具也是我們使用來檢查 404 錯誤的工具，Xenu's Link Sleuth 只能產生檔案的 XML Sitemap。Screaming Frog SEO Spider 則是可以產生檔案及圖檔的 XML Sitemap。

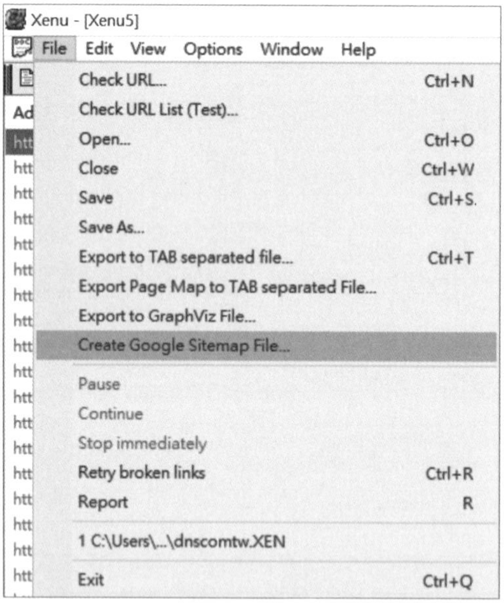

圖 4-60 Xenu's Link Sleuth 可以免費產生網站的 Sitemap。

圖 4-61 Screaming Frog SEO Spider 可以產生網站的網頁與圖檔 Sitemap。

如何傳送 Sitemap 給搜尋引擎

如圖 4-62、圖 4-63，我們可以使用 Google 與 Bing 的網站管理員工具進行 Sitemap 傳送，請注意，您只需要使用網站管理員工具上傳一次 Sitemap 給搜尋引擎，但是務必定期更新 Sitemap 檔案，如果是手動產生的話，要以相同檔名上傳到網站伺服器，搜尋引擎會定期檢查這個 Sitemap 檔案，看看是否有新的網頁連結。

如果有些網站的資料變動性很大，使用工具重新產生 Sitemap 檔案太耗費資源，就會設計由系統自動產生新的 Sitemap。

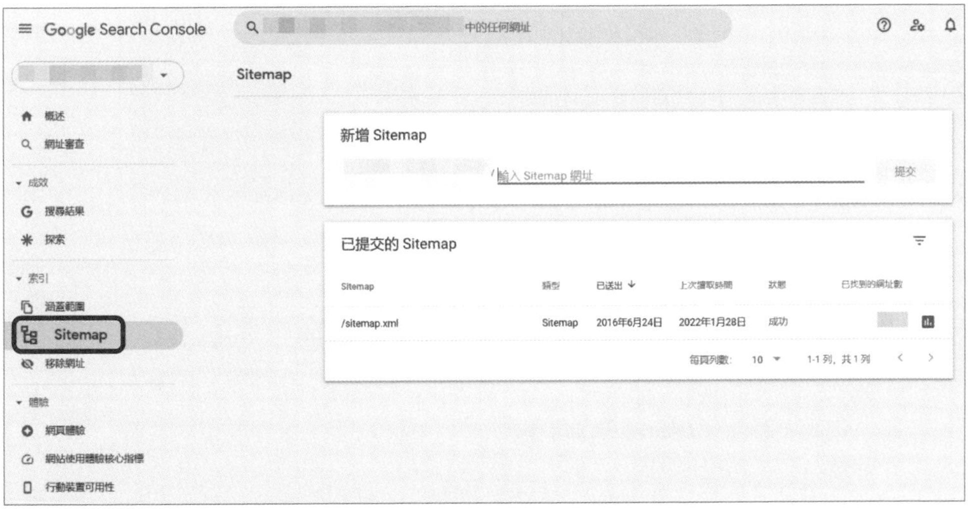

圖 4-62 從 Google 網站管理員工具提交 Sitemap。

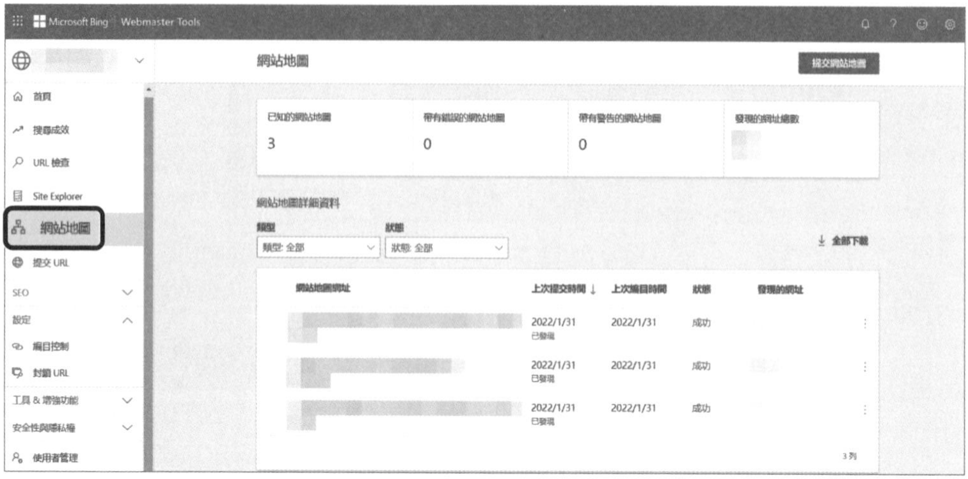

圖 4-63 從 Bing 網站管理員工具的**網站地圖**提交 Sitemap。

Sitemap 注意事項

❶ 如果單一 Sitemap 超過 50 MB，或是網址超過 50,000 個，就必須將這個大型 Sitemap 分割成多個 Sitemap，然後使用 Sitemap 索引檔一次提交多個 Sitemap。

Sitemap 索引檔範例格式如下：

```
<?xml version="1.0" encoding="UTF-8"?>
<sitemapindex xmlns="http://www.sitemaps.org/schemas/sitemap/0.9">
  <sitemap>
    <loc>https://www.example.com/sitemap1.xml</loc>
  </sitemap>
  <sitemap>
    <loc>https://www.example.com/sitemap2.xml</loc>
  </sitemap>
</sitemapindex>
```

Sitemap 的更多語法請參考：

```
https://www.sitemaps.org/protocol.html
```

❷ 與 Sitemap 檔案一樣，未壓縮的 Sitemap 索引檔大小不得超過 50 MB，且最多只能包含 50,000 個網址。

❸ 只要 Sitemap 檔案在伺服器上不更改位置，將 Sitemap 提交給搜尋引擎只需要一次即可，搜尋引擎會定期回訪你提交的 Sitemap 檔案。如果網站的 Sitemap 內容有變更，只須更新 Sitemap 即可，不需要重新提交。

❹ Sitemap 的路徑雖然可以寫在 robots.txt 上，但是這樣會有一個後遺症，就是競爭對手可以輕易的知道你的重要檔案有哪些，以及可以知道你的網頁數量。因此建議 Sitemap 的路徑不要寫在 robots.txt 上，並且盡量不要很容易被猜到路徑位置，從 Google 或 Bing 的網站管理員工具去提交 Sitemap 即可。

專家小結

網站地圖 (Sitemap) 是網站與搜尋引擎溝通一個重要的管道，如果能夠善用網站地圖提供完整的連結資訊以及影片、圖片、行動服務和新聞的語意資料的話，可以讓搜尋引擎更瞭解你的網站並更正確的處理網站。

memo

Chapter 5

網頁內部的調整

現在的搜尋結果頁面，就是過去網頁累積的成績，如果你現在不開始累積，未來就不會有優秀的搜尋結果。

藍德・費施金 Rand Fishkin (SparkToro 創辦人)

網頁內部的調整算是 SEO 最基本的技巧，包含網頁內可以被讀者看到的元素，例如內容與介面；以及網頁內讀者看不到的元素，例如宣告標記。這兩種讀者看得到與看不到的元素，都是搜尋引擎判斷與查詢詞相關性的重要依據，本章節主要目的就在於瞭解網頁內部 SEO (OnPage SEO) 的調整技巧。

5-1 應該如何安排網頁標題與描述

撰寫獨特的網頁標題 (Title) 與網頁描述 (Description)，是區別你的網頁與別人網頁的最好方式，也是決定能否具有優秀排名很重要的一步。網頁標題與網頁描述會影響搜尋引擎的索引，也會影響讀者的判斷。網頁標題與網頁描述必須具備獨特、精確、以及簡短等特性，才能夠將網頁突顯出來。

網頁標題與描述

圖 5-1 在原始碼內的網頁標題與描述。

如圖 5-1，網頁標題與網頁描述在網頁原始碼中使用以下格式來標記。

網頁標題：

```
<title> 網頁標題文字 </title>
```

網頁描述：

```
<meta name="description" content=" 網頁描述文字 ">
```

Open Graph 的網頁描述：

```
<meta name="description" property="og:description"
itemprop="description" content=" 網頁描述文字 ">
```

近況更新
新增相片／影片
建立相簿
http://www.chinatimes.com/
中時電子報
CTnews
中時電子報 CTnews - Chinatimes.com
《中時電子報》台灣網站100強「傳播媒體類」第一名，同時也是最吸睛的新聞網站。內容來源包括《中國時報》、《工商時報》、《旺報》、《時報周刊》、《中天新聞》、《中視》各類型精選報導。《中時電子報》自大...
CHINATIMES.COM | 作者：中時電子報
朋友
發佈

圖 5-2 在 Facebook 或是支援 Open Graph 的社交網站張貼時，會顯示設定的文字及圖片。

Open Graph Protocol是什麼？

這是讓開發者用在網頁上，可以跟 Facebook 的社交功能互相串連的一種宣告標記。如圖 5-2，如果你在網頁正確的使用 Open Graph 的宣告，當你把該網頁貼在社交網路，就會依照 Open Graph 宣告的方式顯示圖片跟文字。Open Graph Protocol 更多資訊請參考：http://ogp.me/，或參考本章第七節。

設定網頁標題與描述之後，當網頁被瀏覽時，瀏覽軟體就會顯示該網頁的標題 (如圖 5-3)；出現在搜尋結果頁面時，就會顯示該網頁的標題與描述 (如圖 5-4)。所以網頁的標題與描述的好壞，會直接影響搜尋排名及影響使用者的點選意願。

圖 5-3 顯示在瀏覽軟體的網頁標題。

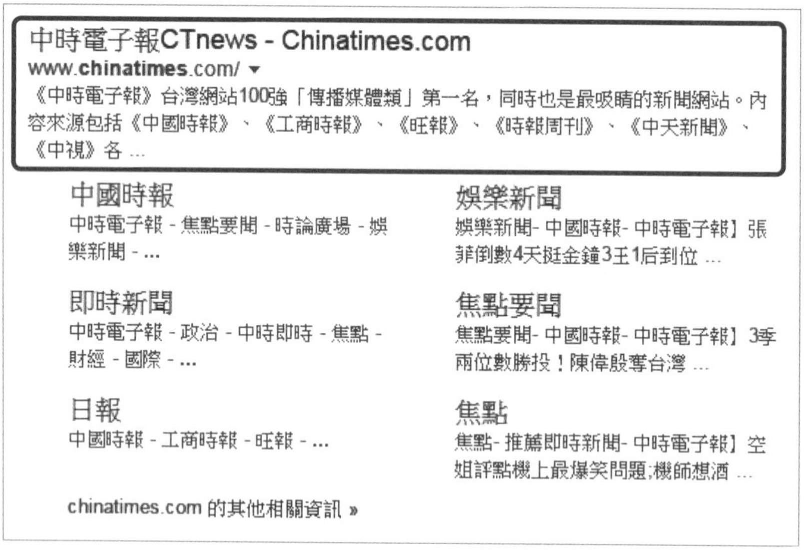

圖 5-4 在搜尋結果頁面的網頁標題與描述。

什麼是獨特、精確、簡短？

「獨特」的意思就是除了跟別人的網頁不同之外，也要跟自己網站內的其他網頁不同，就是只能這裡有，而在別處看不到。如果使用完整的網頁標題進行搜尋，而無法讓你的網頁出現在搜尋結果的第一名，那麼這個網頁標題就不夠獨特。如果許多網頁都具有相同的網頁描述，那麼這個網頁描述也就不夠獨特。

「精確」的意思就是要精準的跟網頁內容互相呼應，能夠確實的表示網頁的內容，並且使用大家普遍會使用的詞彙。如果從網頁標題與描述無法猜測出真正的網頁內容，那麼這個網頁標題與描述也就不夠精確。

「簡短」的意思就是要用最少的字句表達想說明的內容，不能拖泥帶水甚至於充塞重複的關鍵字。簡短並非指長度一定要短，而是指可以通情達意的條件下，最精簡的字句。

但是並非你的網頁標題與描述會被搜尋引擎照單全收，當網頁出現在搜尋結果頁面，而搜尋引擎認為網頁的標題或是描述並不恰當時，搜尋引擎就可能會自行修改。如圖 5-5，曾經有人做過實驗，統計搜尋引擎的搜尋結果頁面之後，只有 38.6% 的網頁標題保持原樣，36% 的網頁標題被部分修改，25.4% 的網頁標題整個被重新更換。雖然這些數字不能代表全部情況，但是可以知道搜尋引擎並不會完全接受原本的網頁宣告。

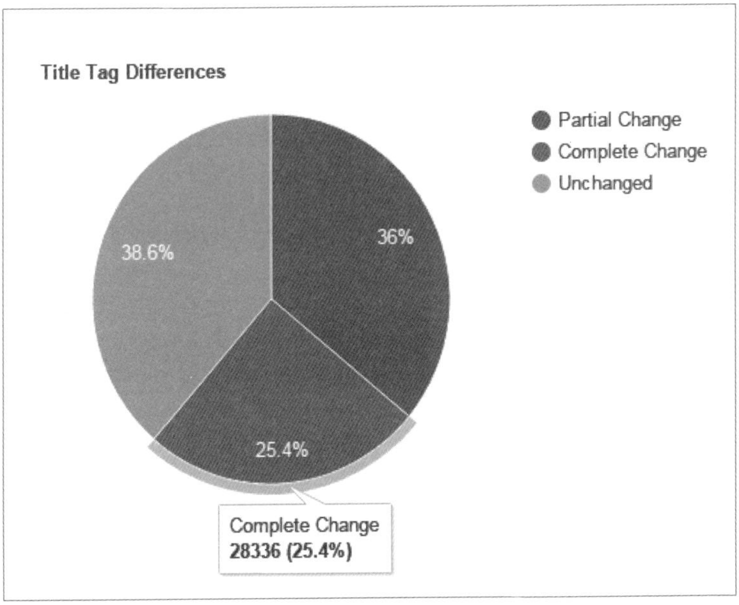

圖 5-5 某研究指出 25.4% 與 36% 的網頁被 Google 完全變更或是部分修改網頁標題，資料來源：http://authoritylabs.com/blog/title-tags/。

```
<!DOCTYPE html>
<html lang="zh-Hant-TW">
<head>
    <meta charset="UTF-8">
    <meta http-equiv="Content-Language" content="zh-tw">
    <meta http-equiv="Content-Type" content="text/html; charset=utf-8">
    <meta http-equiv="X-UA-Compatible" content="IE=edge" />
    <title>104人力銀行 - 找工作、徵才、找優質工作、幸福企業的求職徵才平台</title>
<meta name="description" content="104 人力銀行提供專業、便利、貼心的求職徵才服務。104
<meta name="keywords" content="徵才,打工,履歷,自傳,找工作,求職網,人力銀行">
```

圖 5-6 104 人力銀行網站原本的標題與描述。

https://www.104.com.tw ▾

104人力銀行

104 人力銀行提供專業、便利、貼心的求職徵才服務。104 秉持最佳雇主品牌值得被讚揚！每個求職者，應追求更好更棒的理想企業！104 更榮獲2018 年「工作生活平衡獎」 ...

圖 5-7 Google 搜尋結果頁面，104 人力銀行網站的標題被修改。

104人力銀行 - 找工作、徵才、找優質工作、幸福企業的求職徵才 ...

https://www.104.com.tw

104 人力銀行提供專業、便利、貼心的求職徵才服務。104 秉持最佳雇主品牌值得被讚揚！每個求職者，應追求更好更棒的理想企業！104 更榮獲 2018 年「工作生活平衡獎」與「資安品質精銳...

圖 5-8 Bing 搜尋結果頁面，104 人力銀行網站的標題沒有被修改。

圖 5-6 是 104 人力銀行網站原本的標題與描述，但是如圖 5-7，在 Google 搜尋結果頁面上，網站名稱之外的詞彙被 Google 認為是不必要的。但是如圖 5-8，在 Bing 搜尋結果頁面上，104 人力銀行網站的網頁標題就沒有被修改。

而如圖 5-9，墾丁國家公園網站在 Google 搜尋結果頁面上，被加上了網頁描述。如圖 5-10，在 Bing 的搜尋結果頁面上，則是連網頁標題都不見了。

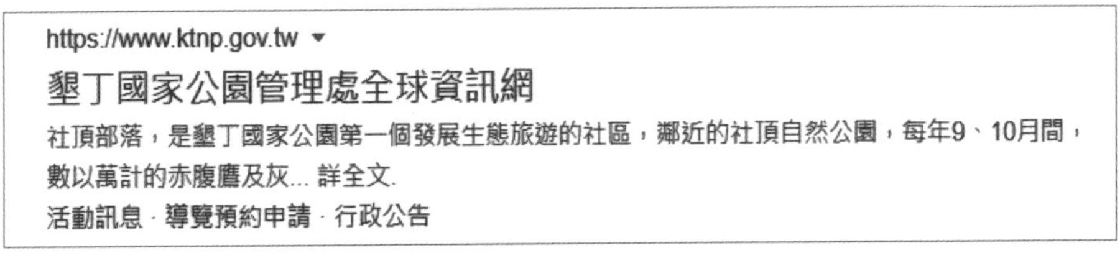
https://www.ktnp.gov.tw
墾丁國家公園管理處全球資訊網
社頂部落，是墾丁國家公園第一個發展生態旅遊的社區，鄰近的社頂自然公園，每年9、10月間，數以萬計的赤腹鷹及灰... 詳全文.
活動訊息 · 導覽預約申請 · 行政公告

圖 5-9 墾丁國家公園網站在 Google 搜尋結果頁面上，被加上了網頁描述。

www.ktnp.gov.tw
https://www.ktnp.gov.tw/Default.aspx
www.ktnp.gov.tw

圖 5-10 墾丁國家公園網站在 Bing 的搜尋結果頁面上，網頁標題也不見了。

從以上的例子就可以知道在搜尋結果頁面上，很多網站會被搜尋引擎修改網頁標題與描述，因此你就必須瞭解搜尋引擎修改的原因，製作出符合搜尋引擎需求的網頁標題與描述，才能夠以預期的方式顯示在搜尋搜尋結果頁面上。

什麼才是最好的網頁標題？

網頁標題是使用者瀏覽搜尋結果時，對於網站的第一印象，因此網站是否會被點選，網頁標題具有重要的因素，底下介紹撰寫網頁標題幾個需要留意的事項。

1. 必須符合獨特、精確、以及簡短三個條件

大部分網頁會被搜尋引擎修改，都是因為不符合這個條件。例如網站內有過多的網頁標題都一樣、網頁標題內有過多的贅詞、或是網頁標題過度冗長。

2. 最重要的關鍵字放置於最前面

例如「SEO 指南 - 台灣搜尋引擎優化與行銷研究院」，將品牌或是公司名稱放置於最後面。當然如果品牌或是公司名稱是該頁面重要的關鍵字，則另當別論。

3. 標題長度最好符合搜尋引擎規格

各種搜尋引擎的搜尋結果頁面的網頁標題與網頁描述的長度，可能會經常修改，例如本書編撰時，網頁標題的最大長度大約是 29 個中文字或是等長的英數字。

網頁標題最好能夠完整的出現在搜尋結果頁面上，因此標題長度最好符合搜尋引擎規格，讓使用者看到完整的網頁標題。當然不是超過這個長度就會被修改，有些只會被省略。但是如果是很重要的網頁，最好限制在上述長度以內。

4. 適度包含關鍵字，但是不要充塞或是重複關鍵字

絕大部分會被修改的網頁標題，大多都是因為充塞或是重複關鍵字。例如網頁標題「宿霧、宿霧島、宿霧自由行、菲律賓宿霧、宿霧旅遊 - 最棒旅行社」，就很可能被縮短成為「宿霧旅遊 - 最棒旅行社」。

5. 要準備子標題

因為搜尋引擎未必會使用你的標題放在搜尋結果頁面上，所以網頁標題應該要有備用文字。通常搜尋引擎會選用的標題，大多是網頁內使用 <h1> 或是粗體標記的文字。如果你的單一網頁內存在多個主題，最好每個主題區塊具有子標題，才不會讓搜尋引擎自己亂抓。

6. 中文標題文字要考慮斷詞問題

所謂斷詞問題是指搜尋引擎索引網頁標題時，會預先把標題文字拆開。例如圖 5-11，在 Google 使用這個指令「領頭羊 site:dns.com.tw」，搜尋引擎會列出具有「領頭羊」的網頁。但是如果使用這個指令「頭羊 site:dns.com.tw」，就找不到符合搜尋字詞的網頁。明明「領頭羊」有被索引，但是「頭羊」卻沒有被索引，就是因為搜尋引擎不認為在我們網頁中，「頭羊」是一個詞彙。所以你應該使用「site:」指令，先確定你的重要關鍵字是否被正確索引。

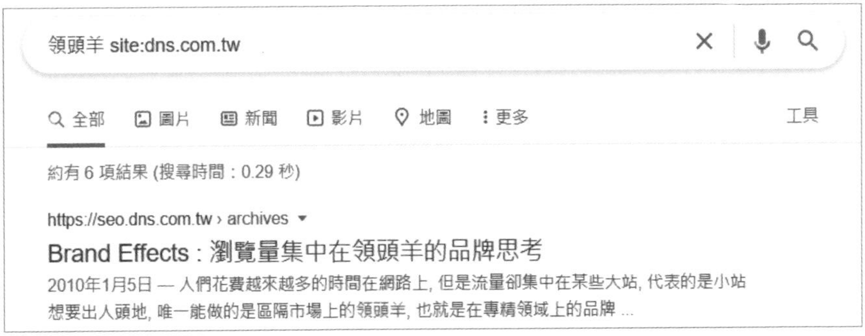
領頭羊 site:dns.com.tw
全部
圖片
新聞
影片
地圖
更多
工具
約有 6 項結果 (搜尋時間：0.29 秒)
https://seo.dns.com.tw › archives
Brand Effects：瀏覽量集中在領頭羊的品牌思考
2010年1月5日 — 人們花費越來越多的時間在網路上, 但是流量卻集中在某些大站, 代表的是小站想要出人頭地, 唯一能做的是區隔市場上的領頭羊, 也就是在專精領域上的品牌 ...

圖 5-11 以指令「領頭羊 site:dns.com.tw」進行 Google 搜尋的結果。

頭羊 site:dns.com.tw
全部
地圖
圖片
影片
新聞
更多
工具
找不到符合搜尋字詞「頭羊 site:dns.com.tw」的文件。
建議：
• 請檢查有無錯別字
• 試試以其他關鍵字搜尋。
• 試試以較籠統的關鍵字搜尋。
• 試試以較少的關鍵字搜尋。

圖 5-12 以指令「頭羊 site:dns.com.tw」進行 Google 搜尋的結果。

什麼才是最好的網頁描述

網頁標題肩負建立第一印象的任務，而網頁描述則是決定使用者是否會點選進入網頁的重要關卡，底下介紹撰寫網頁描述幾個需要留意的事項。

1. 必須符合獨特、精確、以及簡短三個條件

許多大型網站的動態網頁，例如程式產生的查詢結果，是最不容易製作網頁描述。例如 momo 購物網冷氣機產品的網頁描述是：

```
<meta name="description" content="momo 購物網提供美妝保養、流行服飾、時尚精品、3C、數位家電、生活用品、美食旅遊票券…等數百萬件商品。快速到貨、超商取貨、5h 超市服務讓您購物最便利。電視商品現折 100，折價券，5 折團購，限時下殺讓您享超低價，並享有十天猶豫期；momo 購物網為富邦及台灣大哥大關係企業 ">
```

但是被修改如圖 5-13，因為原始網頁描述中的文字跟冷氣機完全沒有相關，所以被搜尋引擎認為不夠符合獨特、精確、以及簡短三個條件。

https://m.momoshop.com.tw › search › searchKeyword... ▾
冷氣機 - momo購物網
冷氣機 · 【TECO 東元】多功能除溼淨化移動式空調8000BTU/冷氣機 · 【HITACHI 日立】2-3坪1級變頻冷暖分離式冷氣機組.

圖 5-13 momo 購物網冷氣機產品的網頁描述被 Google 重新修改。

2. 適度包含關鍵字，但是不要充塞或是重複關鍵字

雖然網頁描述比較不會因為這個原因被修正，但是網頁描述顯示在搜尋結果頁面時，充塞或是重複關鍵字會降低使用者的點選意願。

3. 描述長度最好符合搜尋引擎規格

網頁描述可以很長，但是在搜尋結果頁面上會截掉過長的部分。但是搜尋引擎同樣也會經常調整網頁描述的長度限制，因此需要關注這些變化。目前網頁描述的重點部分最好不要超過 150 到 160 個字元，也就是 80 個中文字以內，並且網頁描述未必一定需要是完整的句子，例如：

```
<meta name="Description" content=" 書名：哈利波特 - 神秘的魔法石，作者：J・K・羅琳，類型：奇幻魔法推理驚悚青年教育 ">
```

4. 要準備備用網頁描述

最好的網頁描述不該只有在描述標記內，因為搜尋引擎未必會在搜尋結果頁面上使用你的描述，所以網頁描述應該也要有備用文字，預估的關鍵字前後的整段文字，就會是備用的網頁描述。

網頁描述比網頁標題更容易被修改，因此只需要針對靜態內容來產生最好的網頁描述，動態網頁則盡可能產生符合頁面並包含重要關鍵字即可，可以不需要過度在意被搜尋引擎修改。但是不管靜態或是動態內容，都要考慮社交分享時社交平台會尋找網頁描述，如果沒有正確設定，社交平台會自動抓取網頁內的文字，很可能並不是預期希望顯示的文字。

專家小結

網頁標題與網頁描述是 SEO 操作中，除了網頁內容之外，非常重要的元素。雖然網頁標題與網頁描述並非關鍵性的排名因素，但是它卻可以影響搜尋結果頁面以及社交分享的點選率。

5-2 應該如何安排網頁配置

網頁配置是指網頁整體呈現的樣子，會影響訪客的使用行為，也會影響搜尋引擎判斷網頁相關性與品質。自從 Google 的熊貓演算法 (Panda Algorithm)、及企鵝演算法 (Penguin Algorithm) 出現之後，許多網頁配置不佳會被當成負面因素；Google 的蜂鳥演算法 (Hummingbird Algorithm) 也會透過網頁配置的各種蛛絲馬跡當成網頁語意的資料；並且多螢幕環境也讓網頁配置影響了使用者的投入程度，因此是非常重要的課題。

那些項目是網頁配置應該特別注意的呢？請見底下的說明。

網頁可以省略 Keyword tag 宣告，如要保留也不要充塞關鍵字

Google 完全不理會網頁中的 Keyword tag 宣告，而 Bing 也表示這個宣告並無法讓你的網頁獲得排名突破性的變化，但是誤用的話可能傷害你的網頁。

Keyword tag 宣告：

```
<meta name="Keyword" content=" 關鍵字 1, 關鍵字 2 … ">
```

以下中時新聞網的 Keyword tag 宣告，就是關鍵字充塞，屬於典型的錯誤範例：

```
<meta name="keywords" itemprop="keywords" content=" 中時，中時新聞網，社論，無色覺醒，旺傳媒，中國時報，翻爆，中時晚報，工商時報，工商 e 報，旺報，時報周刊，周刊王，中天，中視，中旺電視，伊林娛樂，樂公益，孝親獎，新聞深喉嚨，新聞龍捲風，大政治大爆卦 ,Want Media,CTnews,China times,ctee,ctweekly,wantweekly,ctitv,ctv,wantblogger,lecoin,loveparents,timesawards">
```

以下是 1111 人力銀行的 Keyword tag 宣告，就沒有關鍵字充塞的問題：

```
<meta name="keywords" content=" 求職，求才，徵才，工作，找工作，求職網，人力銀行，幸福企業 " />
```

網頁必須有 charset 的編碼宣告

網頁的 charset 編碼宣告是告訴瀏覽軟體要以何種編碼方式來顯示文字，除了透過伺服器端來宣告，也可以在網頁端進行宣告。這個宣告對於 SEO 本身沒有太大的影響，但是如果因為 charset 宣告錯誤而產生亂碼，會因此讓跳出率升高。網頁的 charset 編碼宣告有下列兩種方式，目前大多瀏覽軟體都支援。

舊式的 charset 宣告方式：

```
<meta http-equiv="content-type"content="text/html;charset=utf-8">
```

HTML5 的 charset 宣告方式：

```
<meta charset="UTF-8">
```

以上的 UTF-8 是編碼的一種方式，目前大多的中文網頁都是採用這個編碼方式。

連結標記內填寫 Title 屬性內容

連結標記主要用來建立連結，其語法格式如下：

```
<a href=" 網址 " title=" 說明文字 "> 錨點文字 </a>
```

通常使用 <a> 這個標記，大多會忽略 Title 的說明文字，或只是重複錨點文字，但是其實說明文字可以補強錨點文字，並且可以提升連結的可使性與可存取性，讓訪客知道這個連結的額外資訊，如圖 5-14。所以不管連結標記 Title 屬性對於 SEO 幫助如何，都應該使用來增加使用者的便利性。

圖 5-14 使用 title 屬性後，滑鼠移到該連結會顯示說明文字。

頁面內文要有清楚而明顯的關鍵字、相關關鍵字、衍生關鍵字、組合關鍵字

自從 Google 蜂鳥演算法出來之後，網頁的相關性已經不只看關鍵字本身而已，而是採用**主題模式** (Topic Modeling) 來歸納。主題模式的大概意思就是搜尋引擎會「瞭解」網頁在談的主題，而非只是尋找關鍵字的字串。所以光是存在使用者在尋找的查詢詞還不足以判斷這個網頁是相關的，還必須透過主題模式來看使用者的「意圖」與這個網頁的「主題」是否相關。

例如你的網站討論照相技巧，網頁內存在「Nikon」這個關鍵字，而使用者搜尋「Nikon 價錢」目的是要購買。當搜尋引擎瞭解這兩個「主題」是不同的，你的網頁就不會出現在有購買意圖的搜尋結果頁面。所以不能光有關鍵字，還必須有相關關鍵字、衍生關鍵字、組合關鍵字，來補強網頁的主題。更多相關資訊，請參考第三章第一節。

網頁內文章應該適度使用問答方式呈現

使用問答方式呈現網頁內容的目的很簡單，就是為了因應使用者經常在查詢時會使用「什麼是」、「如何」、「怎樣」、「是什麼」、「為何」、「何時」、「哪裡」、「多少」等疑問句進行查詢。所以網頁內文章使用自問自答的方式呈現，就很容易被搜尋出來。

適度使用分類與標籤，自我組織網頁以協助搜尋引擎了解網頁之資料

有些 SEO 教學說搜尋引擎喜歡部落格，所以網站應該以部落格方式建置。其實搜尋引擎不是喜歡部落格，而是喜歡部落格內的分類與標籤的結構。因為透過分類與標籤，可以把相關網頁串聯起來。所以不管是建置部落格還是一般網站，應該善用分類與標籤組織網頁，讓搜尋引擎更瞭解你的網站。詳細關於分類與標籤的說明，可以參考第四章第一節。

網頁內應該提供其他相關內容及相關連外連結

通常訪客進到網頁後，如果沒有吸引他的地方，就會關閉視窗離開。因此希望訪客再去點選網頁的其他地方，就必須提供相關內容的連結，可以是本網站的連結或是連外連結。網頁內有本網站的相關連結，可以強化各網頁的關聯性；網頁內有外部的相關連結，可以產生外部連結效果 (Outbound Link Effects)，尤其是具備信賴度與權威

度的外部連結，關聯性建立的效果會更好。網頁內相關連結的操作方式，細節可以參考第六章第二節。

網頁內應該提供清楚簡單的社交分享介面

社交因素到底是否為搜尋排名因素目前眾說紛紜，Google 資深工程師 John Mueller 曾經表示 Google 並未將社交訊號當成搜尋排名因素；Google 的前搜尋品質小組主管 MattCutts 也說過 Google 只把社交網路當成一般網頁，並且 Google 也無法抓到社交網路的私人訊息。但是對於 Bing 搜尋引擎來說，卻曾經承認社交因素確實是搜尋排名因素之一。

不管如何，許多研究確實顯示社交訊號會透過訪客的反應，而間接影響搜尋排名因素。所以網頁內應該具備清楚簡單的社交分享介面，以及使用正確的社交標記，讓分享的內容更清楚的顯示。關於社交標記的細節，可以參考本章第七節。

7.深具口碑，值得信賴：
SEO策劃師課程已經培養上百名優秀學員，並且已經舉辦多屆認證考試。
不知道SEO怎麼做嗎? 請馬上加入SEO策劃師認證培訓課程的學習行列吧 !!
標籤：
搜尋引擎優化 5
SEO課程 14
分享:

圖 5-15 網頁要有清楚簡單的社交分享介面。

網頁內重要關鍵字應該使用 <h1><h2><h3> 及粗體字標示

前面提到備用標題最好使用 <h1> 標記來加強，而內文重要關鍵字也是同樣道理，可以適度使用 <h1>、<h2>、<h3> 及粗體字標示，但是不要過度使用這些強化關鍵字的標記。

網頁內容若有多個主題，要讓搜尋引擎正確抓到替代的標題與描述

網站的每篇網頁，都可能具有多個主題，每個主題都可能具有使用者會搜尋的字詞，在各段的重要主題如果具有關鍵字，就可以使用粗體字等標示，如圖 5-16，既可以讓搜尋引擎知道重點，也讓訪客清楚知道段落。

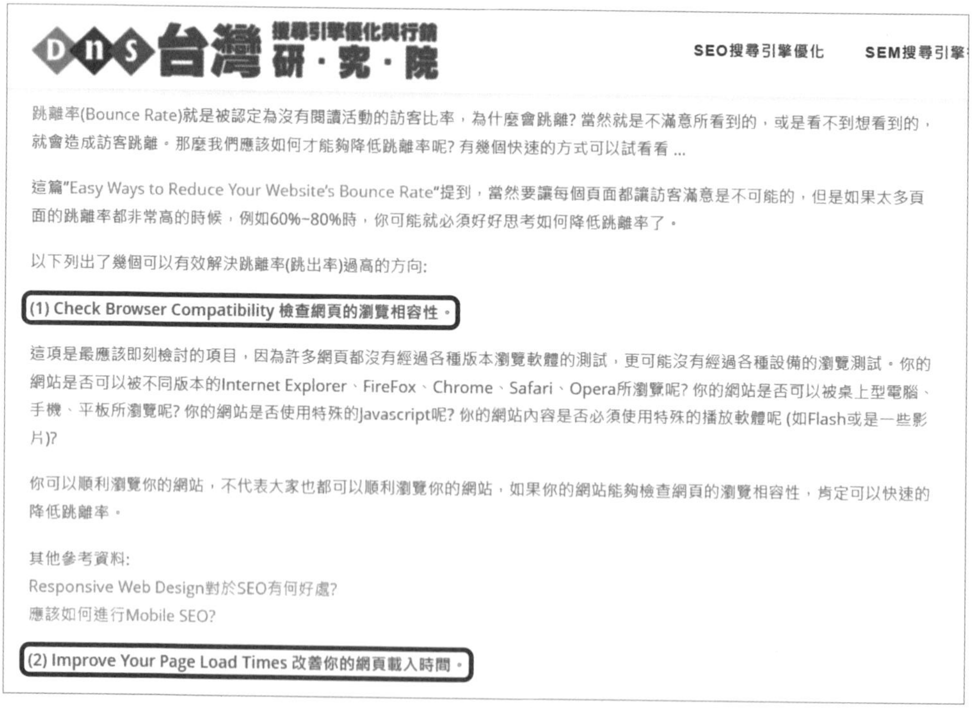
Dns 台灣 搜尋引擎優化與行銷 研·究·院
SEO搜尋引擎優化
SEM搜尋引擎
跳離率(Bounce Rate)就是被認定為沒有閱讀活動的訪客比率，為什麼會跳離? 當然就是不滿意所看到的，或是看不到想看到的，就會造成訪客跳離。那麼我們應該如何才能夠降低跳離率呢? 有幾個快速的方式可以試看看 ...
這篇"Easy Ways to Reduce Your Website's Bounce Rate"提到，當然要讓每個頁面都讓訪客滿意是不可能的，但是如果太多頁面的跳離率都非常高的時候，例如60%~80%時，你可能就必須好好思考如何降低跳離率了。
以下列出了幾個可以有效解決跳離率(跳出率)過高的方向:
(1) Check Browser Compatibility 檢查網頁的瀏覽相容性。
這項是最應該即刻檢討的項目，因為許多網頁都沒有經過各種版本瀏覽軟體的測試，更可能沒有經過各種設備的瀏覽測試。你的網站是否可以被不同版本的Internet Explorer、FireFox、Chrome、Safari、Opera所瀏覽呢? 你的網站是否可以被桌上型電腦、手機、平板所瀏覽呢? 你的網站是否使用特殊的Javascript呢? 你的網站內容是否必須使用特殊的播放軟體呢 (如Flash或是一些影片)?
你可以順利瀏覽你的網站，不代表大家也都可以順利瀏覽你的網站，如果你的網站能夠檢查網頁的瀏覽相容性，肯定可以快速的降低跳離率。
其他參考資料:
Responsive Web Design對於SEO有何好處?
應該如何進行Mobile SEO?
(2) Improve Your Page Load Times 改善你的網頁載入時間。

圖 5-16 網頁內容如果具備多個重要的主題，可以將子標題用粗體字標示。

網頁內重要關鍵字不要以動態文字，或以輪轉式出現

所謂動態文字或是輪轉式，是指每次相同網址進來，在相同區塊位置會出現不同的文字，這類文字通常不會被搜尋引擎當成重要內容。所以如果你的網頁也有類似情況，不要把重要關鍵字使用這種方式呈現。而且這種方式並不會讓搜尋引擎認為示該網頁經常更新，因為「更新」跟「變動」是不一樣的事情。

網頁內可安排文字、圖文、圖片、影片等多樣性內容

網頁如果圖文並茂並且具有多媒體內容，可以讓訪客停留時間拉長，也讓訪客比較容易閱讀。並且使用者進行搜尋，不一定只尋找網頁文字，也可能需要圖片、影片、或是 PDF 檔案等各類文件。並且這些「非文字」的檔案，最好使用該檔案附近的文字或是標記來凸顯相關性，例如圖片的 Alt 屬性。

圖片的 Alt 屬性標示語法：

```
<img src="Boy_clothes.gif" alt=" 男孩衣服 ">
```

網頁內文章不要過短，最好超過一個螢幕畫面的範圍

搜尋引擎還是最喜歡文字，網頁文字過少或是網頁顯示時主要文字部分的比例不恰當，都可能變成 SEO 的負向因素。例如 Google 的網頁配置過濾演算法 (Top Heavy algorithm) 如果判斷網頁的開頭廣告比例過高，就不可能會讓該網頁獲得優秀的排名。

文章如有時間性，應注意新鮮度 (Query Deserved Freshness，QDF) 問題

QDF 的意思是指新的頁面在某一段時間內，其搜尋排名會比舊資料更有優勢。但是也有些類型的內容，新的頁面反而比較無法獲得搜

尋排名優勢。例如時事類型的關鍵字，新的頁面會比較吃香，但是知識類型的關鍵字，新的頁面反而比較不吃香。

如圖 5-17，在當年大巨蛋事件剛發生時，以關鍵字「大巨蛋」搜尋到的網頁，最前面的都是台北市大巨蛋的新聞。但是如圖 5-18，因為 QDF 效應已經消退之後，以關鍵字「大巨蛋」搜尋到的網頁，大巨蛋的新聞就不是出現在最前面。

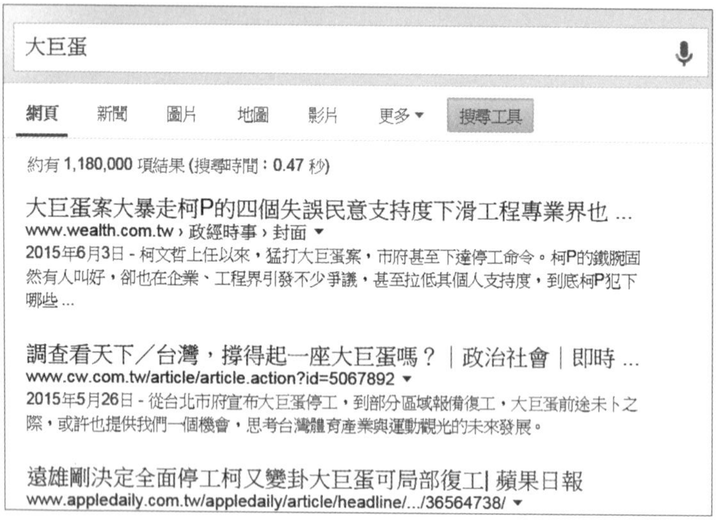
大巨蛋
網頁
新聞
圖片
地圖
影片
更多
搜尋工具
約有 1,180,000 項結果 (搜尋時間：0.47 秒)
大巨蛋案大暴走柯P的四個失誤民意支持度下滑工程專業界也 ...
www.wealth.com.tw › 政經時事 › 封面
2015年6月3日 - 柯文哲上任以來，猛打大巨蛋案，市府甚至下達停工命令。柯P的鐵腕固然有人叫好，卻也在企業、工程界引發不少爭議，甚至拉低其個人支持度，到底柯P犯下哪些 ...
調查看天下／台灣，撐得起一座大巨蛋嗎？｜政治社會｜即時 ...
www.cw.com.tw/article/article.action?id=5067892
2015年5月26日 - 從台北市府宣布大巨蛋停工，到部分區域報備復工，大巨蛋前途未卜之際，或許也提供我們一個機會，思考台灣體育產業與運動觀光的未來發展。
遠雄剛決定全面停工柯又變卦大巨蛋可局部復工| 蘋果日報
www.appledaily.com.tw/appledaily/article/headline/.../36564738/

圖 5-17 關鍵字「大巨蛋」，在事件熱度時的搜尋結果畫面。

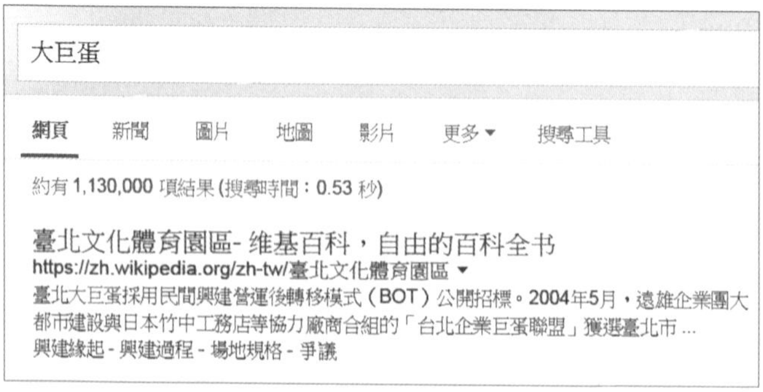
大巨蛋
網頁
新聞
圖片
地圖
影片
更多
搜尋工具
約有 1,130,000 項結果 (搜尋時間：0.53 秒)
臺北文化體育園區- 维基百科，自由的百科全书
https://zh.wikipedia.org/zh-tw/臺北文化體育園區
臺北大巨蛋採用民間興建營運後轉移模式（BOT）公開招標。2004年5月，遠雄企業團大都市建設與日本竹中工務店等協力廠商合組的「台北企業巨蛋聯盟」獲選臺北市 ...
興建緣起 - 興建過程 - 場地規格 - 爭議

圖 5-18 關鍵字「大巨蛋」，在事件熱度消退時的搜尋結果畫面。

網頁配置應該要有區塊性的合理安排

網頁區塊合理安排有助於網頁的瀏覽，例如導覽選單區、主要內容區、頁首頁尾區等，如果網頁內同類的功能散佈於不同的區域，使用者就無法很快的找到需要的功能。

圖 5-19 1111 人力銀行的區塊安排，讓使用者一目瞭然。

可點選的物件是否可用視覺判斷

如果網頁內的物件是可點選的 (Clickable)，應該要在滑鼠尚未移過去之前，就能夠利用視覺判斷出來，而不是讓訪客使用滑鼠去偵測那些是可以點選的連結或是按鍵。尤其現在許多使用者透過平板瀏覽網頁，它並不會被判斷為手機類的行動設備，所以不會自動轉到行動版網頁。如果平板使用者無法利用視覺判斷可點選的物件，瀏覽活動就會出現困難。

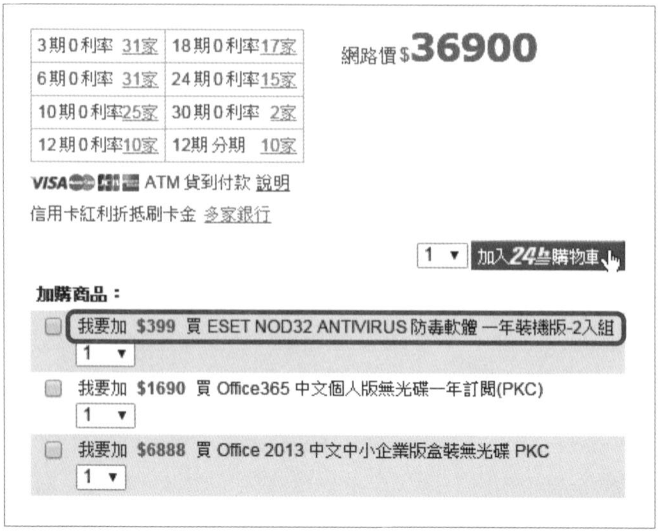

圖 5-20 PChome 網路購物商品頁面中，加購商品的描述是可點選的，但是完全無法用視覺判斷。

任何頁面應該可以返回首頁以及上層網頁

每個網頁雖然是獨立的，但是至少應該固定存在三個路徑：返回首頁、返回上層、以及連結到相關網頁，其中最容易被忽略的就是返回上層的路徑。雖然瀏覽軟體或是行動設備都具有返回上層的按鍵，但是你的網頁配置最好存在返回上層的功能，或是類似的功能，例如回到該頁的類別頁面。

網頁內應避免使用 javascript:history.back()

Javascript 的 history.back() 或是 history.go(-1) 都是用來返回上層或是返回上個來源，其功能跟瀏覽軟體的返回是一樣的作用，但是這個語法很可能就是網頁跳出率的最大元兇。

網頁內應避免有隱藏連結，或是太小字體、太小尺寸之圖檔連結

在網頁內明明存在，但是讓訪客看不到的連結、文字、或是圖案，這類做法被搜尋引擎視為欺騙的行為，應該盡量避免。這類手法大多使用下列方式：

- 在白色的背景中使用白色的文字。
- 在圖片的背後置入文字。
- 使用 CSS 讓文字的位置不在螢幕範圍內。
- 使用 CSS 讓文字看不見。
- 將文字的字體大小設為零。
- 將連結置於非常小的文字或是圖片上。

SEO 專家小結

搜尋引擎處理網頁搜尋排名是以網頁為單位，排名因素除了網頁標題、網頁描述、網頁內容文字之外，再來就是網頁配置了。網頁配置除了會影響訪客的「投入程度」之外，還會影響搜尋引擎判斷「信賴度」與「相關度」。

5-3 什麼是語意標記

語意標記 (Semantic Markup 或是 Semantic Tag) 就是指網頁內可以清楚標示內容意義的標記，有些標記可以讓搜尋引擎自動擷取正確的內容，更有些標記可以讓搜尋引擎自動瞭解內容。語意標記的發展過程中，各種不同類型的語意標記也逐漸被標準化，而使得各種搜尋引擎都支援。因此正確的使用語意標籤，可以讓你的網站內容同時被多種搜尋引擎更加瞭解。

以更簡單的方式來說，就是透過標記把資訊突顯出來，格式就類似如下的樣子：

```
< 身分證字號 >A123456789</ 身分證字號 >
```

如果「A123456789」出現在網頁內容當中，搜尋引擎未必會知道是什麼東西。但是如果有一種語意標記 < 身分證字號 > 可以把身分證字號標示出來，那麼搜尋引擎就知道這串資訊就是身分證字號。

當然目前並沒有 < 身分證字號 > 這個語意標記，但是正式的語意標記也跟這個例子很類似。例如以下的語意標記，敘述了某個活動的名稱：

```
<div itemscope itemtype="https://schema.org/Event">
<div itemprop="name">SEO 趨勢分享會 </div>
</div>
```

搜尋引擎就從這些標記中，擷取出正確的內容。例如上面的「SEO 趨勢分享會」，如果沒有宣告為 http://schema.org/Event(活動)，以及 itemprop="name"(活動名稱) 這個語意標記，搜尋引擎就不會知道這個詞彙是活動名稱。

當網頁內容正確的使用語意標記，網頁就可以被搜尋引擎理解，然後就可以正確的索引分類與展示。當使用者搜尋這類活動的時候，你的網頁就可以有很高的機會出現在搜尋結果的第一頁。如圖 5-21 在 Google 搜尋「knicks schedule」，可以看到紐約尼克隊的籃球比賽時間表。

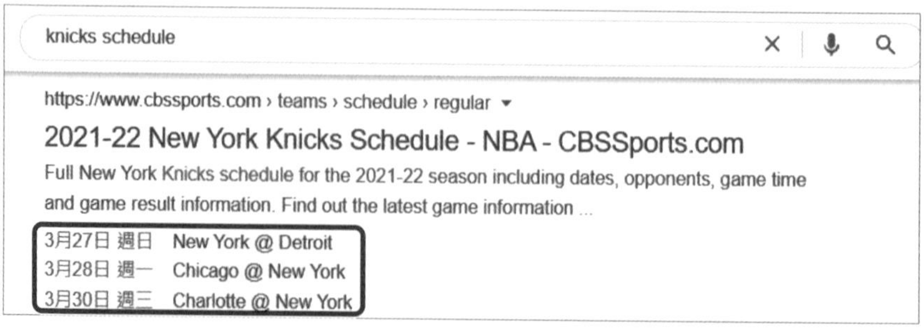
knicks schedule
https://www.cbssports.com › teams › schedule › regular
2021-22 New York Knicks Schedule - NBA - CBSSports.com
Full New York Knicks schedule for the 2021-22 season including dates, opponents, game time and game result information. Find out the latest game information ...
3月27日 週日 New York @ Detroit
3月28日 週一 Chicago @ New York
3月30日 週三 Charlotte @ New York

圖 5-21 在 Google 搜尋「knicks schedule」，可以看到紐約尼克隊的籃球比賽時間表。

專家小結

網頁可以有下列幾種方式來使用語意標記：Google 結構化資料標記協助工具 (Markup Helper)、HTML5 的語意標記、或是使用 Schema.org 的語意標記。正確地使用這些語意標記，你的網頁就可以更正確的被搜尋引擎處理了。這些語意標記的使用方法，請參考後續的章節。

5-4 如何使用 Google 的語意標記工具

Google 的語意標記工具

Google 結構化資料標記協助工具	https://www.google.com/webmasters/markup-helper/

使用 Google 結構化資料標記協助工具

Step 1 如圖 5-22，到訪 Google 結構化資料標記協助工具 https://www.google.com/webmasters/markup-helper/，選擇標記類型並輸入網址，按下開始標記。

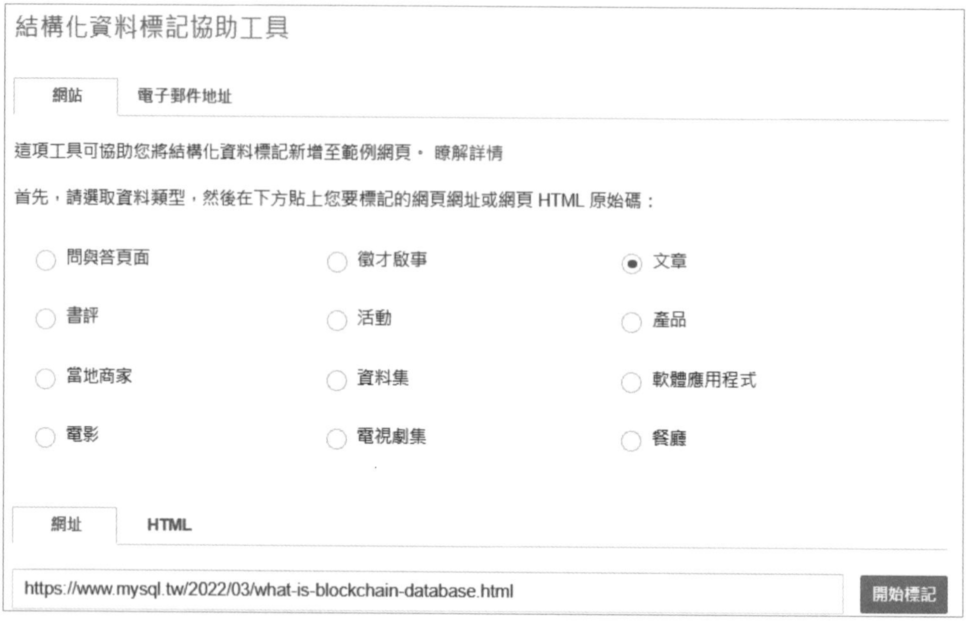

圖 5-22 Google 結構化資料標記協助工具。

Step 2 如圖 5-23，逐一將需要標記的部分反白，並選擇該標記的屬性，例如標題、作者、日期等，然後按下建立 HTML。

圖 5-23 將需要標記的部分反白，並選擇該標記的屬性，例如標題。

Step 3 如圖 5-24，右邊會產生語意標記，你可以選擇「微資料」或是「JSON-LD」的標記格式。「微資料」與「JSON-LD」語意標記各是什麼意思，可以參考本章第六節。

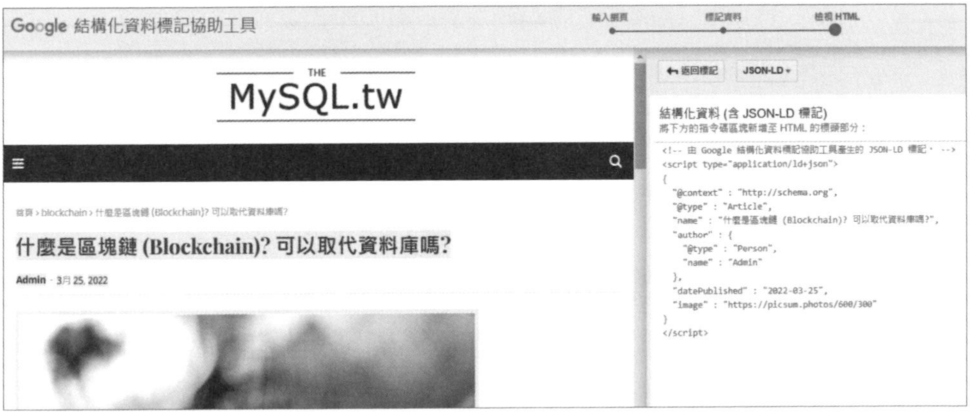
Google 結構化資料標記協助工具
輸入網頁
標記資料
檢視 HTML
THE
MySQL.tw
首頁 › blockchain › 什麼是區塊鏈 (Blockchain)? 可以取代資料庫嗎?
什麼是區塊鏈 (Blockchain)? 可以取代資料庫嗎?
Admin · 3月 25, 2022
返回標記
JSON-LD
結構化資料 (含 JSON-LD 標記)
將下方的指令碼區塊新增至 HTML 的標頭部分：
<!-- 由 Google 結構化資料標記協助工具產生的 JSON-LD 標記。 -->
<script type="application/ld+json">
{
"@context" : "http://schema.org",
"@type" : "Article",
"name" : "什麼是區塊鏈 (Blockchain)? 可以取代資料庫嗎?",
"author" : {
"@type" : "Person",
"name" : "Admin"
},
"datePublished" : "2022-03-25",
"image" : "https://picsum.photos/600/300"
}
</script>

圖 5-24 語意標記可以選擇「微資料」或是「JSON-LD」的標記格式。

Step 4 如果選擇「JSON-LD」的標記格式，則把該標記插入到網頁的 <head> 或是 <body> 內碼區域即可；如果選擇「微資料」的標記格式，則必須插入到網頁的 <body> 內碼區域，並搭配網頁格式做美化修飾，因為「JSON-LD」的標記內容不會顯示在網頁上，而「微資料」的標記內容則會出現在網頁上。

早期原本「JSON-LD」標記必須插入到網頁的 <head> 內碼區域，但是因為許多平台並不容易做到，最後 Google 順應趨勢而修改了規定，接受出現在 <head> 或是 <body> 區域的「JSON-LD」標記。

SEO 專家小結

Google 結構化資料標記協助工具是以標示的方式協助「產生語意標記」，適用於具有修改內碼權限的網站管理員使用，對於網頁的語意標記比較具有彈性，也比較精準，但是必須修改內碼。

5-5 如何使用 HTML5 語意標記

HTML5 是 2014 年 10 月由全球資訊網協會 (W3C) 完成標準制定的 HTML 最新修訂版本，在語意方面增加了舊版本沒有支援的新元素 (如表 5-1)，例如 <nav> 網站導航塊和 <footer> 頁尾等，這些標記將有利於搜尋引擎的索引整理。

其實嚴格來說，HTML5 的語意標記並不是真正能夠標示結構化資料的語意標記，它是屬於區塊性質的元素 (Sectioning Elements)，只能告訴搜尋引擎區塊 (Section) 的意義。也就是透過 HTML5 的語意標記，搜尋引擎可以瞭解網頁內每個區塊的作用，例如透過 <article> 知道這個區塊是引用外部文章，但是並不知道這個外部文章的細節。

表 5-1：HTML5 常用的語意標記。

標記	說明
<article>	註明外部內容，例如引用新聞、部落格、討論區、或是任何外部來源的文章
<aside>	用來放網頁內容的附加資訊，內容應該與附近的內容相關
<details>	關於文件的詳細描述，可以讓使用者點選後再展開
<summary>	在 <details> 內的摘要內容
<figure>	用來組織具有標題的獨立內容，例如插圖、圖表或程式片段等
<figcaption>	在 <figure> 裡面的標題標記
<footer>	頁尾
<header>	頁頭
<hgroup>	把 <h1> 到 <h6> 這類標記群組起來
<mark>	標示重點文字的標記
<meter>	測量用的標記
<nav>	導覽區域的標記
<progress>	顯示進度百分比的標記
<section>	區塊標記
<time>	時間標記

例如以下的 HTML5 語意標記，<header> 裡面的內容就會出現在網頁的頁頭；<nav> 裡面的內容就是導覽項目；<article> 就可以用來標註外來的文章內容；<section> 就可以用來區隔各個不同的區塊，例如主要內容或是選單區域；<footer> 裡面的內容就會出現在網頁的頁尾。

```
<body>
 <header>
   頁首的文字內容
 </header>
 <nav>
 <ul>
   <li> 導覽功能一 </li>
   <li> 導覽功能二 </li>
 </ul>
 </nav>
 <article>
   <hgroup>
     <h1> 重點文字一 </h1>
     <h2> 重點敘述文字 </h2>
   </hgroup>
   <section>
     <h1> 重點文字 </h1>
     <p> 敘述文字 </p>
     <meter value="2" min="0" max="10">2 out of 10</meter><br>
     <meter value="0.6">60%</meter>
     Downloading progress:<progress value="22" max="100"></progress>
     <p> 表示日期時間 <time datetime="2008-02-14 20:00">2008-02-14 20:00
       </time></p>
     <figure>
       <img src="example.jpg">
       <figcaption>Demo Picture</figcaption>
     </figure>
   </section>
 </article>
 <footer>
   <p> 頁尾 </p>
 </footer>
</body>
```

專家小結

HTML5 雖然不是用來讓網頁可以被搜尋引擎自動擷取資料，但是卻可以讓搜尋引擎瞭解網頁配置的邏輯，所以可以用來搭配其他語意標記 (後面章節會介紹) 協助搜尋引擎正確完成索引。

5-6 什麼是 Schema 語意標記

Schema.org 這個組織所定義的語意標記簡稱為 Schema 語意標記 (Schema Semantic Markup)，Google、Bing、Yahoo、以及 Yandex 各搜尋引擎都支援這些語意標記進行網頁資料結構化，而編碼方式可以是 **Microdata** (微資料)、**JSON-LD** (JavaScript 串聯資料物件表示法，JavaScript Object Notation for Linked Data)、或是 **RDFa** (屬性資源描述架構，Resource Description Framework in Attributes) 等。Schema 語意標記所標記後的網頁，就是真正的結構化資料了，因為搜尋引擎就可以知道網頁內被標記資訊代表的意義。這些結構化資料就會用在搜尋引擎的許多應用上，例如搜尋結果、知識圖譜、或是內部的索引作業，進而影響搜尋排名。

認識 Microdata、JSON-LD 以及 RDFa

Microdata、JSON-LD、或是 RDFa 這些又是什麼呢？網頁為什麼需要這些呢？主要的作用就是利用它們的語法，搭配 Schema.org 統一定義的詞彙 (Vocabulary)，讓原本非結構化 (Unstructured) 的網頁內容變成結構化 (Structured) 的內容。

Microdata、JSON-LD、或是 RDFa 都是用來宣告「可機讀」資料的編碼方式。可機讀的意思是可以讓機器自己讀取資料，也就是透過這些表示法，電腦可以擷取已經定義好的資料。

許多網頁管理者或是網頁開發者都會很疑惑，「為什麼要搞出這麼多種語意標記的語法」，「為什麼 Schema.org 不統一語意標記的格式」。

因為在出現 Schema.org 之前，早就已經存在各領域的語意標記語法，這些語法適用在各種不同的情況，Schema.org 只做統一語意的詞彙 (Vocabulary)，而不統一它們既有的語法。例如「author」這個詞彙是指書籍的作者，「date Published」這個詞彙是指出版日期。只要在 Microdata、JSON-LD、或是 RDFa 等都使用這些既定的詞彙，搜尋引擎就可以掌握網頁的結構化資料，根本不需要把 Microdata、JSON-LD、或是 RDFa 變成一種格式。

所以你現在應該要知道兩件事情：

- Schema.org 統一定義詞彙 (例如 author、product、review 等)，而所有搜尋引擎都支援這些詞彙，所以可以從網頁抓到正確的資料。
- Microdata、JSON-LD、或是 RDFa 就是最常用來搭配 Schema 語意標記的編碼方式。

所以我們只需要知道 Microdata、JSON-LD、或是 RDFa 的編碼方式，也就是它們的語法，再加上知道 Schema.org 定義了那些詞彙，就能夠把網頁內容以結構化的方式呈現給搜尋引擎，享受網頁搜尋排名被提升的成果了。

微資料 (Microdata) 的格式

微資料會包含兩個部分：

- 宣告這個微資料的類型 (Type) 屬於哪個 Schema 的詞彙。
- 在此類型 (Type) 下的屬性特性 (Property) 是什麼。

不過上面的說法太過於正式，可能又要打翻一群人，所以我們再用更簡單的方式來解釋這個到底在說什麼。簡單來說，就是要先知道微資料要來呈現什麼資料，例如書籍資料、商品資料、或是評論資料等。然後才能夠順著這個類型的項目去給予資料，例如書籍資料會有書籍名稱，商品資料會有商品名稱，評論資料會有評論內容。

「**宣告這個微資料的類型 (Type) 屬於哪個 Schema 的詞彙**」，就是要知道微資料要用來呈現什麼資料，就是用下面這個語法：

```
<div itemscope itemtype="https://schema.org/Product">
```

微資料以 itemscope 與 itemtype 來宣告要使用哪個 Schema 的詞彙，例如以上語法就是指出要使用 Schema.org 的 Product(產品) 來呈現資料。你可以改變**套色**字的部分，變成其他的類型，例如 Book(書籍)、或是 Review(評論)。

而「**在此類型 (Type) 下的屬性特性 (Property) 是什麼**」，就是根據 itemprop 指定這個類型的項目去給予資料，就是用這個語法：

```
<meta itemprop="name" content="USB 隨身碟 ">
```

或是

```
<h1 itemprop="name">USB 隨身碟 </h1>
```

或是

```
<span itemprop="name">USB 隨身碟 </span>
```

以上語法就是根據 Product 類型的項目 name 去給予資料，你可以改變套色字的部分，變成其他的項目，例如 image(商品圖片)；斜體字的部分就是該項目的資料。

把微資料的兩個部分都放在一起，就變成下面的樣子：

第一種樣子：

```
<div itemscope itemtype="https://schema.org/Product">
<h1 itemprop="name">USB 隨身碟 </h1>
</div>
```

第二種樣子：

```
<div itemscope itemtype="https://schema.org/Product">
<meta itemprop="name" content="USB 隨身碟 ">
</div>
```

第三種樣子：

```
<div itemscope itemtype="https://schema.org/Product">
<span itemprop="name">USB 隨身碟 </span>
</div>
```

這三種樣子的微資料，都在告訴搜尋引擎相同的事情，就是有一個產品的名稱叫做「USB 隨身碟」。當然還可以搭配其他 HTML 的語法，變化成為更多的樣子，但是不變的是微資料與語意標記的基本架構。

以上就是微資料的基本語法，使用微資料來敘述各種類型 (Type) 的資料，每個類型下有很多項目的屬性特性 (Property) 要賦予資料。並且實務會用到的微資料還可能會用到跨類型，例如產品 (Product) 類型裡面還用到價格提供 (Offer) 類型。

例如以下的範例，就是同時使用多種類型 (Product 與 Offer) 的微資料，敘述產品的名稱、產品的圖片檔案位置、產品的網址、以及產品的價格。

```
<div itemscope itemtype="https://schema.org/Product">
<h1 itemprop="name">product name</h1>
<img itemprop="image" src=" https://example.com/product.jpg" >
   <div itemscope itemtype="https://schema.org/Offer">
   <a itemprop="url" href="https://example.com/p.html">prodcut</a>
   <span itemprop="priceCurrency" content="NTD">$NTD</span>
   <span itemprop="price" content="500">500</span>
   </div>
</div>
```

JSON-LD 的格式

JSON-LD 是一種以 JSON 格式來呈現資料當成鍵連資料 (Linked Data)。簡單來說 JSON-LD 就是把資料用 JSON 的格式宣告在網頁上，讓搜尋引擎可以瞭解網頁內容的語意格式。

JSON(JavaScript Object Notation) 原本是用在 Javascript 語言內的一種物件表示法，這個表示法的樣子如下：

- **{"name":"John Lennon","born":"1940-10-09"}** 用來表示物件，裡面有姓名為 John Lennon 這個物件，其生日是 1940-10-09。
- **["John Lennon","Paul McCartney","George Harrison","Ringo Starr"]** 用來表示陣列資料，裡面有披頭四樂團的四位成員姓名。

再搭配上各種 keyword 跟 term 之後，就形成功能跟微資料一樣的語意標記了。由於 keyword 與 term 不太容易翻譯成中文，如果 keyword 硬要翻譯成關鍵字，term 硬要翻譯成術語，反而有些詞不達意，所以就不另外翻譯中文。常用的 JSON-LD 的 keyword 例如 @context 與 @type，功能跟微資料的 itemscope 與 itemtype 類似；term 就是跟微資料的屬性特性一樣的功能，例如 name 與 description。

例如下面 JSON-LD 的範例：

```
<script type="application/ld+json"> {
"@context": "https://schema.org",
"@type": "Product",
"name": "This is product name"
"description": "This is description",
} </script>
```

其實就是跟下面的微資料意思完全一樣：

```
<div itemscope itemtype="https://schema.org/Product">
<h1 itemprop="name">This is product name</h1>
<h1 itemprop="description">This is description</h1>
</div>
```

但是要注意的是正式的 JSON-LD 是大小寫不相同的，keyword 之類的 @context 不能寫成 @Context，@type 也不能寫成 @Type；term 之類的 name 跟 description 也都要按照原本的定義，不要變更大小寫。

RDFa 的格式

RDFa(屬性資源描述架構，Resource Description Framework in Attributes) 也是用來描述結構化資料的方式，語法跟微資料比較接近。使用 vocab 來指定 Schema.org；使用 typeof 來指定類型；使用 property 來指定屬性特性。

例如下面 RDFa 的範例，同樣是設定產品的名稱以及描述：

```
<div vocab="https://schema.org/" typeof="Product">
<span property="name">This is product name</span>
<span property="description">This is description</span>
</div>
```

最後我們使用結構化資料測試工具來檢視上述三種格式的標記資料：

結構定義標記驗證工具	https://validator.schema.org/
複合式搜尋結果測試工具	https://search.google.com/test/rich-results

如圖 5-25，使用結構定義標記驗證工具，顯示沒有任何錯誤或警告，但是如圖 5-26，使用複合式搜尋結果測試工具，則出現 1 個錯誤及 4 個警告，原因就在於結構定義標記驗證工具只驗證語法，而複合式搜尋結果測試工具則會檢查必要資料是否存在。

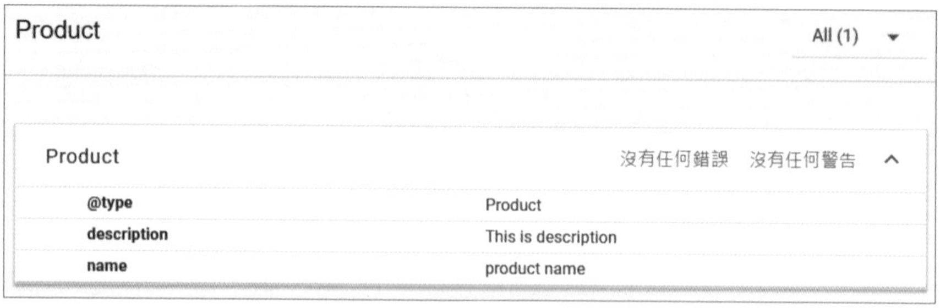

圖 5-25 使用結構定義標記驗證工具顯示的結果。

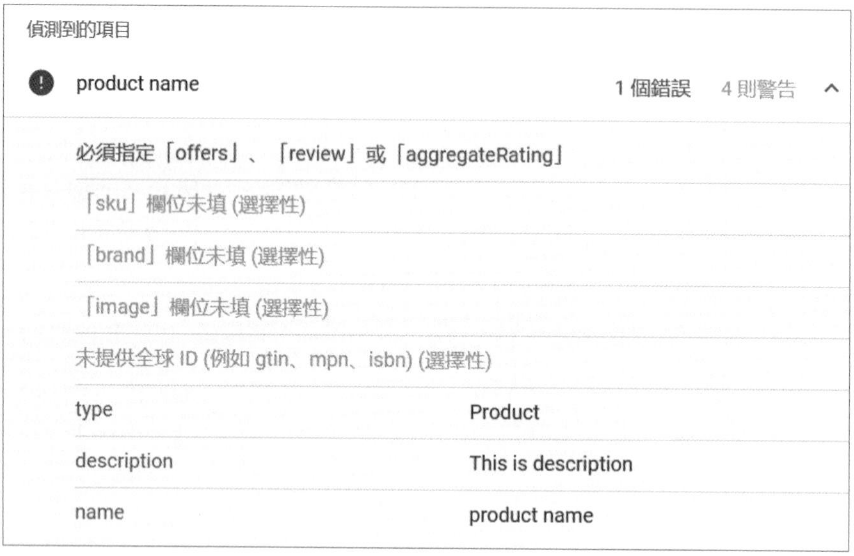

圖 5-26 使用複合式搜尋結果測試工具顯示的結果。

那麼我們在檢測網頁的語意標記時，應該以哪個工具為主呢？

當然以比較嚴謹的**複合式搜尋結果測試工具**為主，但是在某些情況需要自己判斷錯誤訊息的嚴重性。例如許多 B2B 的產品頁面都不會提供價錢，因此產品的語意標記就不會有「offers」這個欄位，如果你把「offers」寫為「詢價」，因為該欄位必須是數字，同樣會產生錯誤。因此碰到這類情況，只要語法沒有錯誤，欄位缺乏的警告就可以忽略，或是尋找其他更適用的語意標記。

SEO 專家小結

Microdata、JSON-LD、RDFa 是較常見且被各搜尋引擎接受的語意標記，其中 JSON-LD 因為插入網頁內碼後並不會影響網頁的顯示，是最為大家喜歡使用的一種語意標記。但是也因為這個緣故，JSON-LD 就被黑帽 SEO 當成隱藏資訊的伎倆。但是如果被搜尋引擎發現語意標記與實際網頁內容不符，還是會被處罰或降級，因此不要輕易嘗試。

5-7 如何使用語意標記

Schema 語意標記可以從 https://schema.org/docs/full.html 看到完整的列表，但是我們並不需要知道所有的語意標記。經常使用的語意標記列表如下：

表 5-2：經常使用的語意標記列表。

#	語意標記	語意標記語法網址
1	組織標記 (Organization)	https://schema.org/Organization
2	網站標記 (WebSite)	https://schema.org/WebSite
3	網頁標記 (WebPage)	https://schema.org/WebPage
4	文章標記 (Article)	https://schema.org/Article
5	新聞標記 (NewsArticle)	https://schema.org/NewsArticle
6	網站導覽標記 (SiteNavigation)	https://schema.org/SiteNavigationElement
7	麵包屑標記 (Breadcrumbs)	https://schema.org/BreadcrumbList https://developers.google.com/structured-data/breadcrumbs
8	產品標記 (Product)	https://schema.org/Product
9	書籍標記 (Book)	https://schema.org/Book
10	活動標記 (Event)	https://schema.org/Event
11	在地商店標記 (LocalBusiness)	https://schema.org/LocalBusiness ↓

#	語意標記	語意標記語法網址
12	評論標記 (Review)	https://schema.org/Review
13	評等標記 (Rating)	https://schema.org/Rating https://schema.org/AggregateRating
14	人物標記 (Person)	https://schema.org/Person
15	食譜標記 (Recipe)	https://schema.org/Recipe
16	影片標記 (VideoObject)	https://schema.org/VideoObject
17	圖片標記 (ImageObject)	https://schema.org/ImageObject
18	職缺標記 (JobPosting)	https://schema.org/JobPosting
19	常見問題標記 (FAQPage)	https://schema.org/FAQPage
20	如何標記 (HowTo)	https://schema.org/HowTo

當需要套用語意標記時，也不需要從語法開始撰寫，而可以透過以下工具來產生及檢視語意標記。

- **工具一：語意標記產生工具**

https://technicalseo.com/tools/schema-markup-generator/

https://webcode.tools/generators/json-ld

https://www.searchbloom.com/tools/schema-markup-generator-tool/

- **工具二：語意標記檢視工具**

https://codebeautify.org/htmlviewer

https://jsonformatter.org/html-viewer

- **工具三：語意標記查核工具**

https://validator.schema.org/

https://search.google.com/test/rich-results

Schema 語意標記產生範例 (一)

假設要產生組織 (Organization) 的語意標記，如圖 5-27，首先使用語意標記產生工具 https://technicalseo.com/tools/schema-markup-generator/ 填入組織的相關資訊。如圖 5-28，產生了 JSON-LD 格式的組織語意標記。

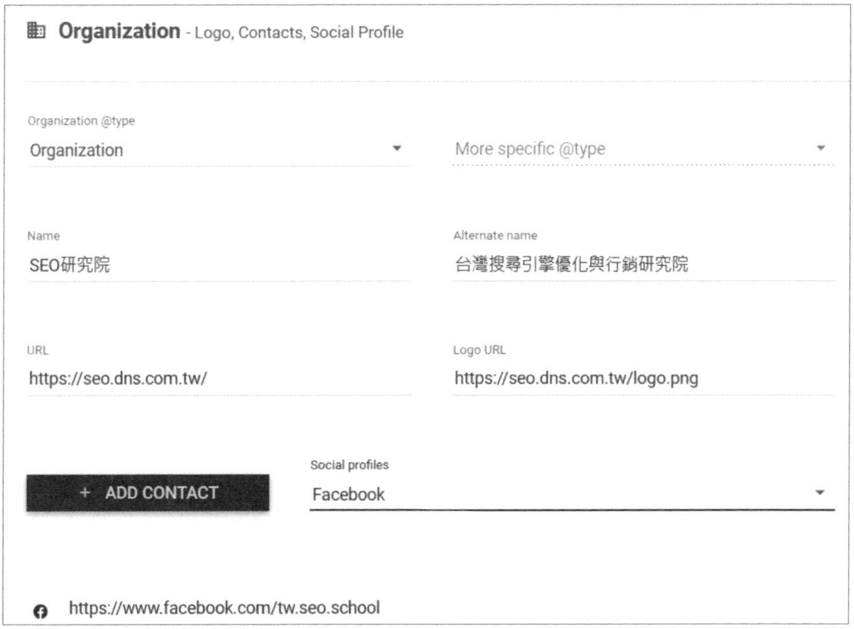

圖 5-27 使用語意標記產生工具，填入組織的相關資訊。

```
<script type="application/ld+json">
{
  "@context": "https://schema.org",
  "@type": "Organization",
  "name": "SEO研究院",
  "alternateName": "台灣搜尋引擎優化與行銷研究院",
  "url": "https://seo.dns.com.tw/",
  "logo": "https://seo.dns.com.tw/logo.png",
  "sameAs": "https://www.facebook.com/tw.seo.school"
}
</script>
```

圖 5-28 語意標記產生工具產生了 JSON-LD 格式的組織語意標記。

接著如圖 5-29，使用 Google 複合式搜尋結果測試工具，確認組織語意標記是否正確。如果沒有錯誤訊息，就可以把該代碼插入首頁網頁的 <head> 區域中。並且組織語意標記只能存在首頁網頁，因此不需要把該語意標記代碼插入所有網頁。

複合式搜尋結果測試
登入
輸入的程式碼
測試結果
分享
<script type="application/ld+json">
{
"@context": "https://schema.org",
"@type": "Organization",
"name": "SEO研究院",
"alternateName": "台灣搜尋引擎優化與行銷研究院",
"url": "https://seo.dns.com.tw/",
"logo": "https://seo.dns.com.tw/logo.png",
"sameAs": "https://www.facebook.com/tw.seo.school"
}
</script>
偵測到 1 個有效的項目
有效項目可在 Google 搜尋中以複合式搜尋結果的形式呈現。瞭解詳情
查看已測試的網頁
偵測到的結構化資料
標誌
偵測到 1 個有效的項目
其他資源
監控整個網站的複合式搜尋結果
前往 SEARCH CONSOLE

圖 5-29 使用 Google 複合式搜尋結果測試工具檢查語意標記。

Schema 語意標記產生範例 (二)

這個範例我們來產生微資料 (Microdata) 的語意標記，因為它插入網頁中會出現在網頁內容上，因此除了檢查語意標記的正確性之外，還需要檢查呈現的樣子。

假設要產生個人 (Person) 的語意標記，如圖 5-30，首先使用語意標記產生工具 https://www.searchbloom.com/tools/schema-markup-generator-tool/ 填入個人的相關資訊，選擇產生「微資料」格式的個人語意標記。如圖 5-31，產生了「微資料」格式的個人語意標記。

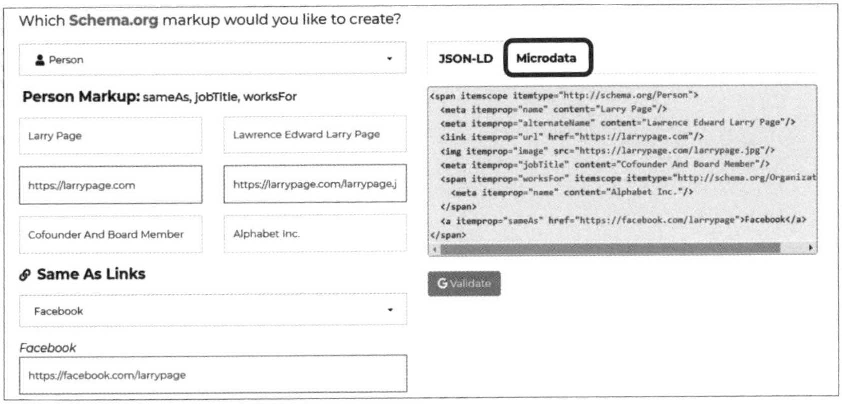

圖 5-30 使用語意標記產生工具，填入個人的相關資訊。

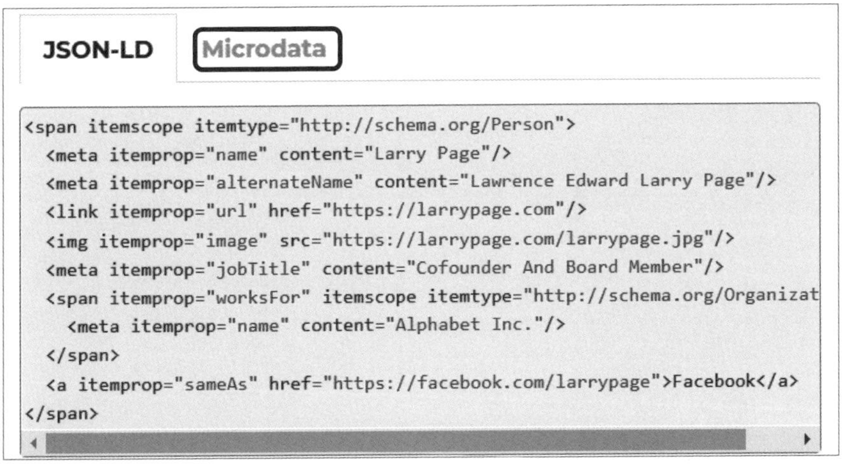

圖 5-31 語意標記產生工具產生了微資料格式的個人語意標記。

接著如圖 5-32，使用語意標記查核工具 https://validator.schema.org/，確認個人語意標記是否正確。如果沒有錯誤訊息，則可以使用語意標記檢視工具 https://jsonformatter.org/html-viewer 檢視呈現的樣貌，如圖 5-33。

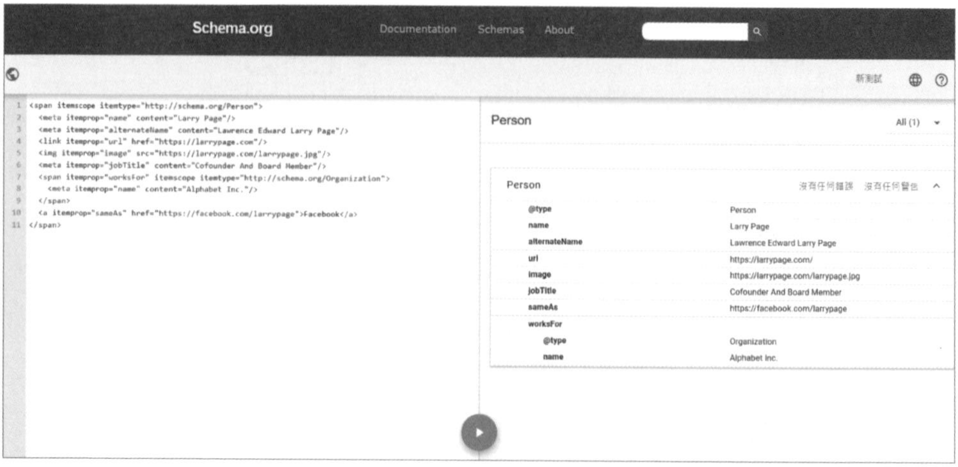

圖 5-32 使用語意標記查核工具 https://validator.schema.org/ 檢查語意標記。

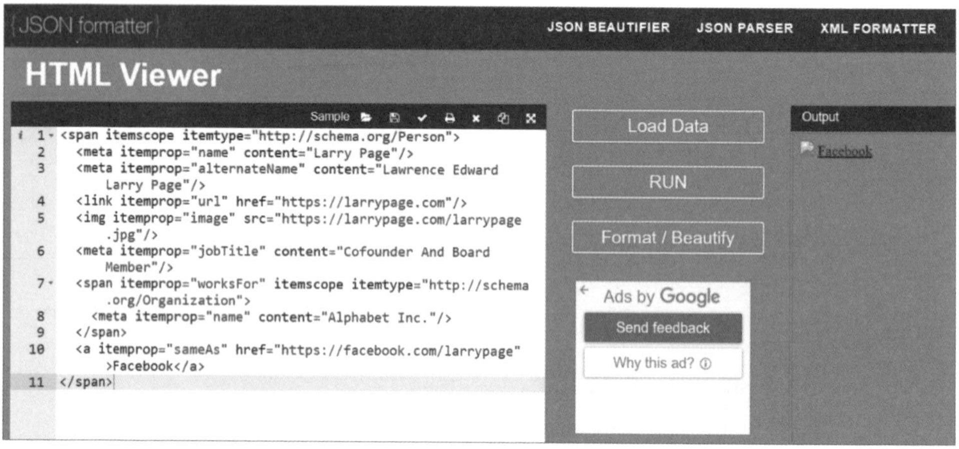

圖 5-33 使用語意標記檢視工具 https://jsonformatter.org/html-viewer 檢視呈現的樣貌。

當我們貼到語意標記檢視工具，你會發現只有出現一個圖片以及 Facebook 的連結，其他語法的內容都不會呈現，那是因為只有如下套色字標示的語法具有顯示的效果，其他的語法都只是宣告而已，並不會顯示。因此你就必須根據你的需求，再去修改你的 HTML 內碼。

```
<span itemscope itemtype="http://schema.org/Person">
  <meta itemprop="name" content="Larry Page"/>
  <meta itemprop="alternateName" content="Lawrence Edward Larry Page"/>
  <link itemprop="url" href="https://larrypage.com"/>
  <img itemprop="image" src="https://larrypage.com/larrypage.jpg"/>
  <meta itemprop="jobTitle" content="Cofounder And Board Member"/>
  <span itemprop="worksFor" itemscope itemtype="http://schema.org/
    Organization">
    <meta itemprop="name" content="Alphabet Inc."/>
  </span>
  <a itemprop="sameAs" href="https://facebook.com/larrypage">Facebook</a>
</span>
```

如果你希望這些語意標記不要顯示在網頁上，你就可以選擇產生 JSON-LD 格式的語意標記，或是把微資料修改如下，該語意標記就不會顯示在網頁上了：

```
<span itemscope itemtype="http://schema.org/Person">
  <meta itemprop="name" content="Larry Page"/>
  <meta itemprop="alternateName" content="Lawrence Edward Larry Page"/>
  <link itemprop="url" href="https://larrypage.com"/>
  <meta itemprop="image" content="https://larrypage.com/larrypage.jpg"/>
  <meta itemprop="jobTitle" content="Cofounder And Board Member"/>
  <span itemprop="worksFor" itemscope itemtype="http://schema.org/
    Organization">
    <meta itemprop="name" content="Alphabet Inc."/>
  </span>
  <meta itemprop="sameAs" content="https://facebook.com/larrypage">
</span>
```

社交語意標記 (Social Open Graph)

社交語意標記是臉書推出的語意標記，主要目的是讓一般網頁可以變成社交網路的環節，例如在網頁上使用了社交語意標記之後，當網頁被分享到社交網路時，定義的資料就可以被社交網路正確擷取。網頁的 Open Graph 定義完成之後，可以使用 Facebook 的偵測工具進行資料抓取測試，看是否如預期地顯示正確資料，如圖 5-34。

較常用的 Open Graph 標記如下：

- og:http://ogp.me/ns#　指定使用哪個詞彙定義 (NameSpace，ns)。
- og:title　指定網頁標題。
- og:type　指定網頁內容的類型。
- og:url　指定網頁網址。
- og:image　指定網頁圖檔網址。
- og:audio　指定網頁聲音檔網址。
- og:video　指定網頁影音檔網址。
- og:description　指定網頁描述。

更多 Open Graph 標記	https://ogp.me/
Facebook 偵測工具網址	https://developers.facebook.com/tools/debug/

Open Graph 範例：

```
<html prefix="og:https://ogp.me/ns#">
<head>
<title>The Rock (1996)</title>
<meta property="og:title" content="The Rock" />
<meta property="og:type" content="video.movie" />
<meta property="og:url" content="https://www.imdb.com/title/tt0117500/" />
<meta property="og:image" content="https://ia.media-imdb.com/images/
rock.jpg" /></head><body>...</body></html>
```

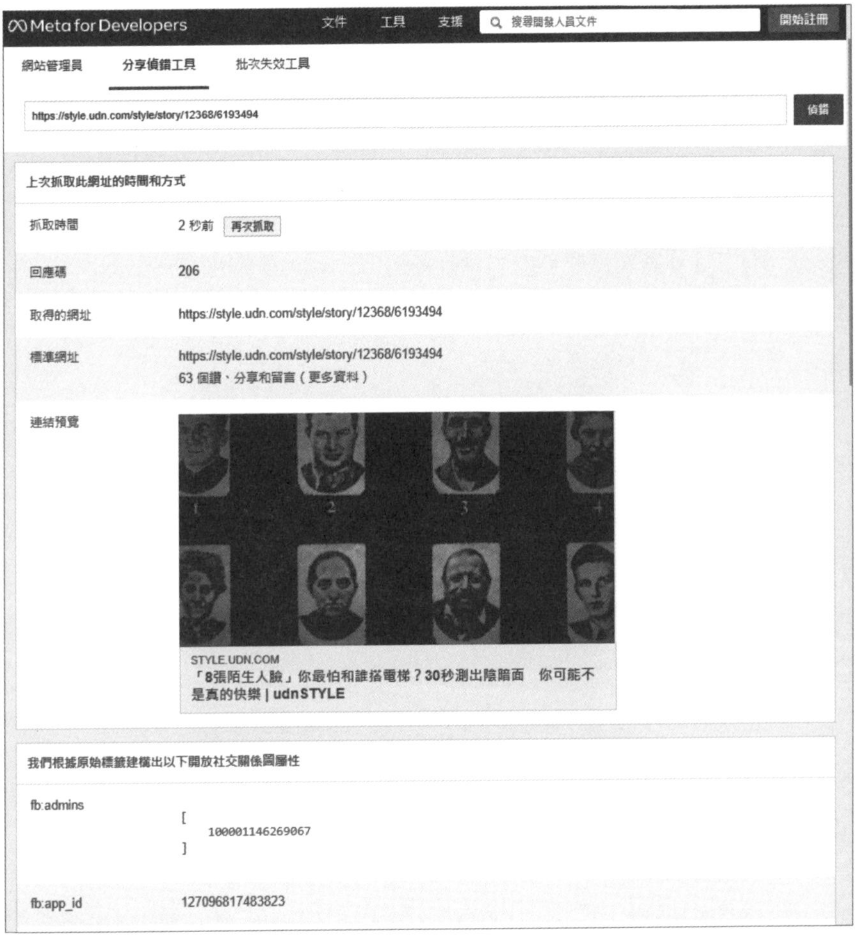

圖 5-34 使用 Facebook Open Graph 偵測工具。

推特社交語意標記 (Twitter Cards)

推特語意標記跟 Open Graph 的功能很類似，也是當網頁被分享到推特社交網路時，定義的資料就可以被正確擷取，推特語意標記跟 Open Graph 可以混搭必要的項目。

較常用的 Twitter Card 標記如下：

- twitter:card　　指定標記的類型。
- twitter:site　　指定標記的網站名稱。

- twitter:title　指定標記的標題。
- twitter:description　指定標記的描述。
- twitter:image　指定標記的圖檔。

更多推特語意標記	https://dev.twitter.com/cards/overview
推特語意標記檢查工具網址	https://cards-dev.twitter.com/validator

推特語意標記範例：

```
<meta name="twitter:card" content="summary" />
<meta name="twitter:site" content="@flickr" />
<meta name="twitter:title" content="Small Island Developing States Photo
 Submission" />
<meta name="twitter:description" content="the description" />
<meta name="twitter:image" content="https://example.com/z.jpg" />
```

推特語意標記與 Open Graph 混搭的範例：

```
<meta name="twitter:card" content="summary" />
<meta name="twitter:site" content="@flickr" />
<meta name="twitter:title" content="Small Island Developing States Photo
 Submission" /> <meta property="og:url" content="https://www.flicker.com/
 somebody" />
<meta name="twitter:description" content="the description" />
<meta name="twitter:image" content="https://example.com/z.jpg" />
```

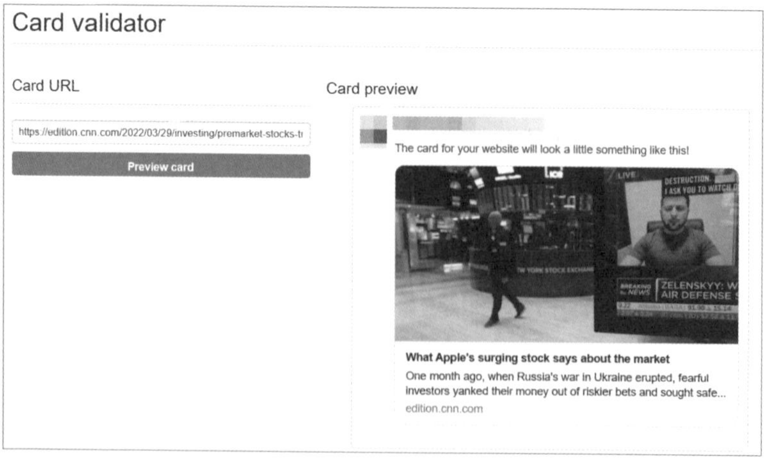
Card validator
Card URL
https://edition.cnn.com/2022/03/29/investing/premarket-stocks-t
Preview card
Card preview
The card for your website will look a little something like this!
What Apple's surging stock says about the market
One month ago, when Russia's war in Ukraine erupted, fearful investors yanked their money out of riskier bets and sought safe...
edition.cnn.com

圖 5-35 使用推特語意標記檢查工具。

SEO 專家小結

搜尋引擎對於網頁語意標記資料的容錯度較低，如果語意標記語法上有錯誤，搜尋引擎就沒有辦法取得被標記的資料。所以網頁完成語意標記定義之後，務必要使用各種檢測工具確認語意標記語法的正確性。

另外對於沒有程式撰寫經驗的人來說，這麼多種語法的語意標記確實很難以理解，而存在 Microdata、JSON-LD、RDFa、Open Graph、Twitter Card 這些語意標記格式，到底應該使用哪種比較好，也會造成很多困擾，不過想要操作進階 SEO 的人來說，還是必須將這些語法好好的理解，實在沒有更速成的方式。

5-8 應該如何優化圖片檔案

圖片檔案的優化是網頁優化最簡單，也是最直接可以看到功效的工作，但是卻經常被忽略。原因在於沒有正確的網站架構，以致於讓圖片檔案散落在不同的地方，以及沒有適當的工具可以快速優化圖片。這兩個原因讓圖片的優化工作，變成非常困難的事情。

許多網頁設計者會為了要提供使用者最好的瀏覽經驗，經常都會提高圖形的解析度，以便看起來比較美觀漂亮。但是卻沒有想到，許多使用者的瀏覽環境經常都無法真正享受到這麼高解析度的圖檔。尤其 Google 越來越重視網頁顯示效能的情況下，圖片檔案優化的問題更形重要。

Google 於 2015 年做了一件很特別的事情，如圖 5-36，就是把公司的標誌圖更換掉了。舊的標誌檔案為 6KB，經過壓縮後為 2KB，但是新的標誌檔案竟然只有 305Bytes，經過壓縮後為 195Bytes。

圖 5-36 Google 於 2015 年九月把公司標誌從上面的圖案改成下面的圖案。

Google 針對新標誌發表了這樣的談話：「舊標誌由於檔案較大，讓我們必須在較低頻寬的網路上變成文字模式的標誌。這個新標誌降低檔案大小後，我們可以不需再做任何修正的使用一致的標誌，讓我們的資源可以被全世界更容易存取。」

這就是網路大神 Google 給大家上了圖片優化的一個重要課程，雖然只是幾個 KB 的差異，但是累積起來就會有很大的不同。

關於圖片檔案優化，應該做到下列幾件事情：

應該使用適當的圖片檔案名稱

圖片檔案不像網頁文字，能夠讓搜尋引擎拿來當成線索的資訊並不多，圖片的檔案名稱就是一個很重要的因素。當然搜尋引擎不會單靠圖片的檔案名稱就會給予更好的搜尋排名，但是可以藉著圖片檔案名稱來增加網頁相關性的訊號。

圖片檔案應該使用適當的 alt 文字

除了圖片檔案名稱之外，可以用來描述圖片的就是 alt 文字了。

顯示圖片的 HTML 語法如下：

```
<img src="https://example.tw/ 檔案名稱 .jpg" alt=" 描述文字 " />
```

如果不使用圖片也能夠顯示相同效果，就應該不要使用圖片

有些情況網頁上的視覺效果可以使用其他方式取代的話，就不要使用圖片，例如有些陰影可以使用 CSS3 或是有些動畫可以使用 HTML5 來達成。

例如圖 5-37 看起來像圖檔效果的文字，其實是純文字經過 CSS 裝飾過的效果。

圖 5-37 以 CSS 產生圖檔效果的文字，https://cssdeck.com/labs/8k3h0wq2。

不應該使用 width 與 height 來縮小原本很大的圖檔

許多網頁會把同一個圖檔用在各種需要不同尺寸大小的網頁上，使用 width 與 height 的變換來達成縮放的目的。其實圖片本身只有顯示尺寸的差異，真正傳輸的檔案大小根本沒有不同。

應該裁剪圖片多餘的留白或是不需要的範圍

網頁上的圖片不應該只是配角，而隨便弄個圖片檔案充數，應該要讓圖片輔助文字讓讀者更瞭解網頁的內容。因此圖片上多出來的留白或是跟網頁文字內容不相關的範圍都應該裁切。

應該除去圖片檔案內多餘的資訊

圖片檔案內除了儲存圖案本身資訊，還可能儲存圖案以外的資訊，例如調色盤、以及照片的拍攝時間等可交換圖片檔案格式 (Exif，Exchangeable image file format) 等。這些資訊其實跟網頁顯示圖案，完全沒有關係，但是會讓圖片檔案變大。所以如果存在這些額外資訊，應該先予去除。

應該選擇適當格式的圖片檔案

根據圖片使用需求，應將圖片以適當格式儲存。例如向量格式適合由簡單幾何圖形組成的圖片；如果圖片相當小且構圖簡單 (例如小於 10x10 像素，或是調色盤只有不到 3 種顏色) 或包含動畫，可以使用 GIF 格式；如果圖片為攝影風格，可以使用 JPG 格式。除非檔案有去背需求的圖檔之外，盡量不要使用 PNG 格式，因為相同品質的照片而言，JPG 格式的壓縮效果優於 PNG 格式。

使用適當工具進行圖片檔案壓縮

要進行圖片檔案的壓縮作業，可以使用幾個方式：第一種方式就是使用你熟悉的圖檔編輯工具去降低解析度再另外存檔備用；第二種方式就是使用圖片檔案批次壓縮工具；第三種方式就是使用各種格式的壓縮工具。

圖片檔案批次壓縮工具	https://www.fotosizer.com/
JPEG 圖片壓縮工具	https://jpegclub.org/jpegtran/
PNG 圖片壓縮工具 (lossy)	https://pngquant.org/
GIF 圖片壓縮工具	https://www.lcdf.org/gifsicle/
PNG 圖片壓縮工具 (lossless)	http://optipng.sourceforge.net/

如圖 5-38，壓縮檔案 penguins.jpg 並輸出檔名為 out.jpg，所以你只需要修改這兩個檔案名稱，其他維持不變即可。壓縮後如圖 5-39，壓縮前後比較解析度並無差異，但是圖檔大小減少了 10%。

```
D:\>jpegtran -copy none -optimize -progressive -outfile out.jpg penguins.jpg
```

圖 5-38 在 DOS 命令提示視窗下使用 jpegtran 壓縮圖檔。

圖 5-39 圖檔大小壓縮了 10%，壓縮前後比較 (上圖為壓縮前，下圖為壓縮後)。

考慮圖檔使用 WebP 格式

WebP 是一種同時提供了有損壓縮與無失真壓縮的圖片檔案格式，截至 2021 年 5 月，已有 94% 的瀏覽器支援此格式。有損壓縮與無失真壓縮是指壓縮的方法，有損壓縮會降低圖像品質，但是壓縮幅度較大；無失真壓縮會保留圖像品質，但是壓縮幅度較小。

WebP 的設計目標是希望圖檔瘦身的同時，還能達到和 JPEG、PNG、GIF 格式相同的圖片品質，並希望藉此能夠減少圖片檔在網路上的傳送時間。根據 Google 較早的測試，WebP 的無失真壓縮比網路上找到的 PNG 檔少了 45%的檔案大小，即使這些 PNG 檔壓縮處理過，WebP 還是可以減少 28%的檔案大小。

考慮使用圖檔語意標記

由於圖檔不像文字可以被搜尋引擎快速的解析，因此只能使用檔案名稱以及 ALT 文字來輔助說明。如果希望網頁上的圖片可以被搜尋引擎正確的理解，可以考慮使用圖檔語意標記。

圖檔語意標記範例如下 ：

```
<div itemscope itemtype="https://schema.org/Hotel">
<h1><span itemprop="name">ACME Hotel Innsbruck</span></h1>
<img itemprop="logo" src="../media/logo.png" alt="hotel logo" />
<span itemprop="description">A beautifully located business hotel right in
 the heart of the alps. Watch the sun rise over the scenic Inn valley while
 enjoying your morning coffee.</span>
<img itemprop="photo" src="../media/hotel_front.png" alt="Front view of the
 hotel" />
</div>
```

以上圖檔語意標記中有兩個圖片，一個是 logo.png 以及 hotel_front.png，如果沒有圖檔語意標記，搜尋引擎只能從檔案名稱猜測可能是網頁的 logo 以及飯店的前景照片。但是如果使用了圖檔語意標記，搜尋引擎就能準確地知道這些圖檔是屬於 ACME Hotel Innsbruck 飯店的。

圖檔語意標記可以使用在較重要的圖檔上，例如產品照片，搜尋引擎就能夠很精準的理解這個照片的屬性，在圖片搜尋的曝光度也會提升。

使用響應式圖檔

所謂響應式圖檔，是指圖檔的長寬尺寸及解析度大小都會隨著使用者的設備而調整到最佳的顯示狀態。

響應式圖檔有幾種方式，最簡單的方式是只調整大小，不更換圖檔，缺點是沒有優化顯示品質，但是最省事。

範例語法如下，桌機會顯示如圖 5-40，手機會顯示如圖 5-41。

CSS 將 img 宣告如下：

```
<style>
img {
    display: block;
    margin: 0 auto;
    max-width: 100%;
    }
</style>
```

圖檔宣告時，套用 img：

```
<img src="example.jpg" alt="example text">
```

My website
Lorem ipsum dolor sit amet, consectetur adipiscing elit. Mauris eget venenatis ligula. Ut lacinia at dolor vitae pulvinar. Aliquam pretium dignissim eros. Integer faucibus, dui non aliquet bibendum, lectus orci lobortis odio, ornare porttitor est tellus eget velit. Nulla eros elit, malesuada id neque vel, viverra vehicula neque. Nullam auctor turpis non leo iaculis finibus. Quisque blandit arcu venenatis libero tempor, ac pulvinar ligula dapibus.

圖 5-40 設定為響應式圖檔，桌機顯示狀況。

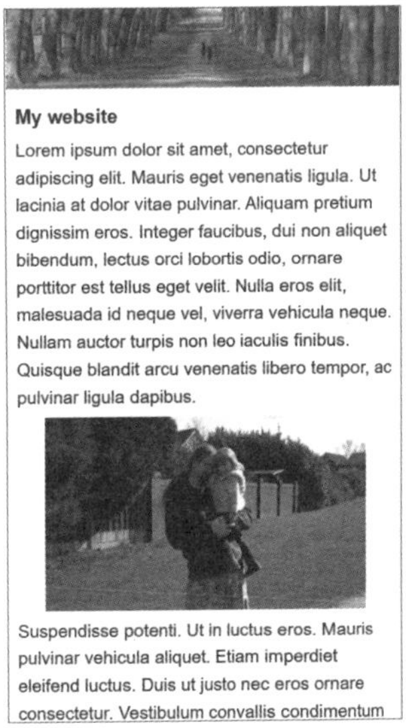
My website
Lorem ipsum dolor sit amet, consectetur adipiscing elit. Mauris eget venenatis ligula. Ut lacinia at dolor vitae pulvinar. Aliquam pretium dignissim eros. Integer faucibus, dui non aliquet bibendum, lectus orci lobortis odio, ornare porttitor est tellus eget velit. Nulla eros elit, malesuada id neque vel, viverra vehicula neque. Nullam auctor turpis non leo iaculis finibus. Quisque blandit arcu venenatis libero tempor, ac pulvinar ligula dapibus.
Suspendisse potenti. Ut in luctus eros. Mauris pulvinar vehicula aliquet. Etiam imperdiet eleifend luctus. Duis ut justo nec eros ornare consectetur. Vestibulum convallis condimentum

圖 5-41 設定為響應式圖檔，手機顯示狀況。

響應式圖檔另外的方式是根據顯示區域更換顯示圖檔，可以使用 srcset 標記，或是再搭配使用 picture 標記。

使用 srcset 標記的範例，由像素比 (Device Pixel Ratio) 決定顯示圖檔：

```
<img
alt="example alt text"
src="sample.jpg"
srcset="sample-1.jpg 1x, sample-2.jpg 2x"
/>
```

或是由像素比 (Device Pixel Ratio) 與 viewport 決定顯示圖檔：

```
<img
alt="example alt text"
src="small.jpg"
sizes="(max-width: 500px) 90vw, 60vw"
srcset="small.jpg 500w, medium.jpg 1000w, large.jpg 1500w"
/>
```

使用 srcset 標記再搭配使用 picture 標記的範例：

```
<picture>
   <source media="(min-width: 750px)"
           srcset="sample-1600_large_2x.jpg 2x,
                   sample-800_large_1x.jpg" />
   <source media="(min-width: 500px)"
           srcset="sample_medium.jpg" />
   <img src="sample_small.jpg" alt="sample alt text">
</picture>
```

如果不熟悉相關語法，可以參考以下資源：

- https://developer.mozilla.org/en-US/docs/Learn/HTML/Multimedia_and_embedding/Responsive_images
- https://shubo.io/responsive-image/
- https://cythilya.github.io/2018/08/24/responsive-images/
- https://blog.yuyansoftware.com.tw/2020/07/responsive-images-img-srcset/

- https://css-tricks.com/a-guide-to-the-responsive-images-syntax-in-html/

如果使用 WordPress 平台，可以使用圖檔優化外掛

WordPress 的圖檔優化外掛可以壓縮圖檔、圖檔快取、或是啟用延遲載入 (Lazy Load)，例如 Smush、Optimus、EWWW Image Optimizer、ShortPixel Image Optimizer、Compress JPEG & PNG Images 等外掛。

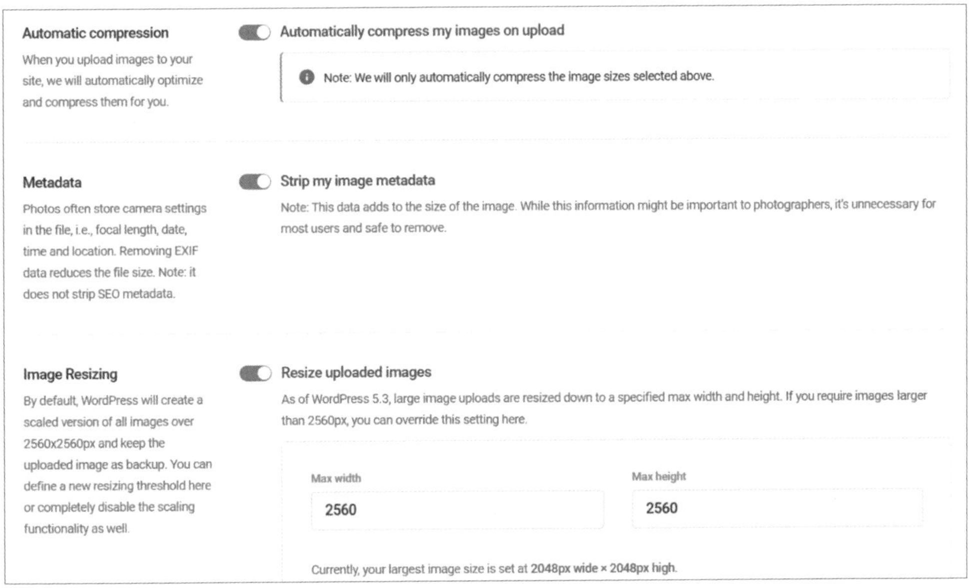
Automatic compression
When you upload images to your site, we will automatically optimize and compress them for you.
Automatically compress my images on upload
Note: We will only automatically compress the image sizes selected above.
Metadata
Photos often store camera settings in the file, i.e., focal length, date, time and location. Removing EXIF data reduces the file size. Note: it does not strip SEO metadata.
Strip my image metadata
Note: This data adds to the size of the image. While this information might be important to photographers, it's unnecessary for most users and safe to remove.
Image Resizing
By default, WordPress will create a scaled version of all images over 2560x2560px and keep the uploaded image as backup. You can define a new resizing threshold here or completely disable the scaling functionality as well.
Resize uploaded images
As of WordPress 5.3, large image uploads are resized down to a specified max width and height. If you require images larger than 2560px, you can override this setting here.
Max width
2560
Max height
2560
Currently, your largest image size is set at 2048px wide × 2048px high.

圖 5-42 Smush 圖檔優化外掛可以自動壓縮上傳圖檔、去除圖檔 EXIF、裁切圖檔。

如果是客制化平台，盡量將圖檔集中目錄放置

如果你的平台是客製化，或是沒有圖檔優化外掛可以使用的話，就只能使用外部軟體批次壓縮處理。但是通常網站都是代管，因此不會在本機進行壓縮處理，所以如果圖檔是散落在各目錄，很可能就不容

易批次處理。因此建議盡量將圖檔集中在諸如 /images 目錄下，會比較方便進行批次壓縮處理。

如果無法將圖檔集中在特定目錄下，就只能使用爬蟲軟體先抓出較大的圖檔，逐步分批進行壓縮，如圖 5-43 及圖 5-44。

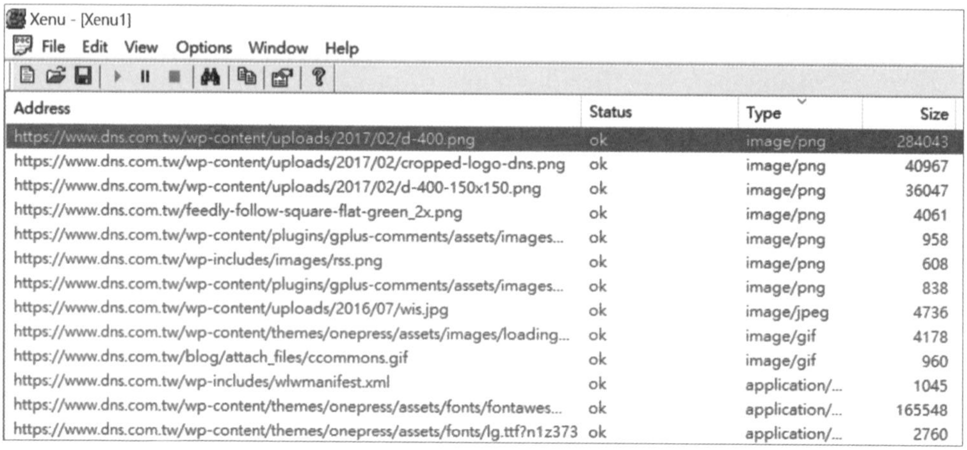

圖 5-43 使用爬蟲 Xenu 抓出大圖。

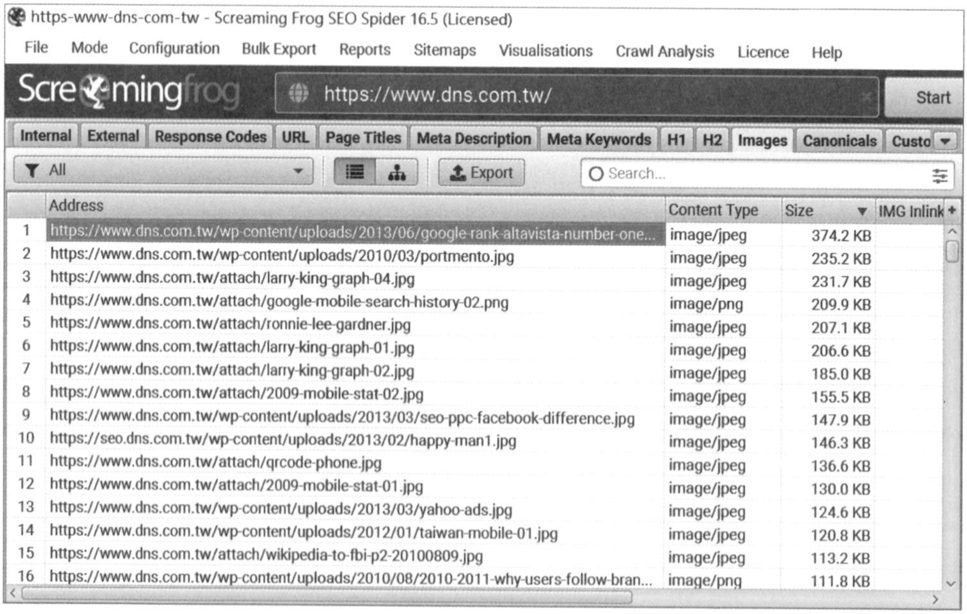

圖 5-44 使用爬蟲 Screaming Frog 抓出大圖。

SEO 專家小結

進行網頁圖檔最佳化可以讓網頁的下載時間降低，如果你的網頁內具有許多圖檔，其改善的程度更可能會出乎意料之外，但是要進行圖檔優化壓縮之前，要記得把原圖存檔，並且測試各種壓縮方式或是壓縮比例，最後決定最佳狀態之後再整批進行。

5-9 如何優化電子商務網頁

電子商務網頁的優化目的除了希望可以獲得較好的搜尋排名之外，還希望獲得更高的轉換率，也就是可以讓消費者買單。但是要同時達成這兩個目的並不容易，因為搜尋引擎需要的跟消費者需要的可能會不一樣，甚至於可能背道而馳。

以下是電子商務網頁優化必須注意的項目：

產品網頁標題需要具有品牌名稱、產品名稱、產品型號、重要規格

許多消費者在購買產品之前，大多會進行產品搜尋來決定購買與否，並且可能會直接在搜尋引擎進行搜尋產品，而不是在電子商務網站進行搜尋。

消費者會進行搜尋的關鍵字，有可能是商品類別、商品特殊型號、或是產品名稱等。如果你沒有優化這些類型的關鍵字，你的產品頁面就可能被琳瑯滿目的網頁所淹沒。要解決可能被淹沒的問題，產品頁面的結構以及內容關鍵字佈局就是必須考量的問題。

如圖 5-45，產品網頁標題具有產品名稱、產品型號、英文品牌、以及重要的規格。因為消費者可能會搜尋「3.5 吋外接硬碟」，也可能會搜尋「Seagate 14TB」或是直接搜尋產品型號。

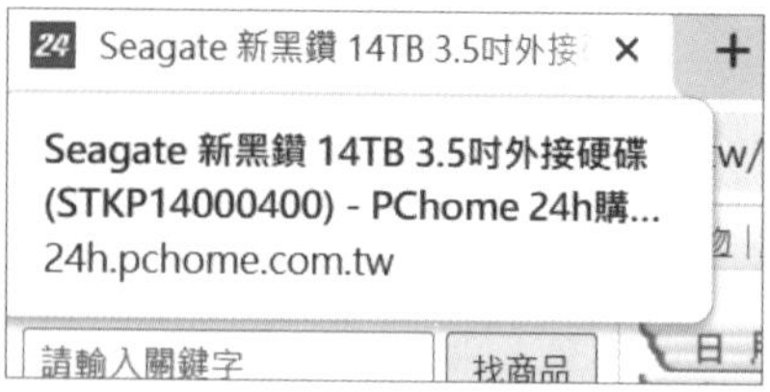

圖 5-45 PChome的產品網頁標題。

產品網頁標題或描述需要具有促進銷售的關鍵字

當產品網頁出現在搜尋結果頁面時，使用者會觀察網頁列表的標題及描述，決定點選哪個網頁。如圖 5-46，如果產品網頁標題或描述具有「優惠折扣」、「限時折扣」、「保證最低價」、「買貴退差價」、「超高 CP 值」、「免運」等促進銷售的關鍵字，會具有引誘點選的效果。當然不要只是引誘點選，而進入之後完全不是預期的內容，那就失去了優化的原意。

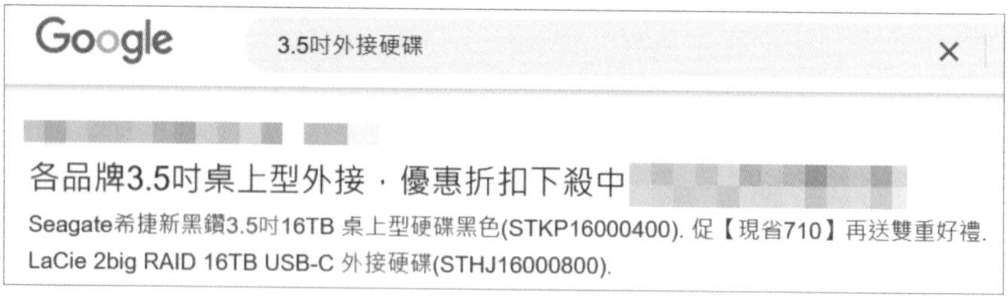

圖 5-46 搜尋結果頁面具有促進銷售的關鍵字，具有引誘點選的效果。

加值廠商提供的產品描述

搜尋引擎最不喜歡的產品描述內容就是單薄的內容。產品描述是電子商務網站最重要的項目之一，但是因為通常產品描述都是由廠商提供，因此經常會發生重複內容的問題。所以想要產生獨特的產品描述，是非常浪費時間的一件工作。

但是消費者在購買產品之前，一定希望能夠從產品描述當中，完全瞭解產品的特性，如果產品描述不夠詳細，很可能會錯失許多商機。

許多產品描述都只有附上產品照片，或是圖檔型的商品型錄，但是搜尋引擎並沒有辦法從圖片瞭解商品，要解決差勁的產品描述的問題，唯一方法就是為每一個商品建立獨特的產品描述。所謂獨特的產品描述，就是把原本的內容進行加值。

如圖 5-47，你可以在原本的產品規格上加註更多說明，讓原本規格的專有名詞可以被消費者瞭解。或是說明產品如何使用，以及該產品的優點。

本商品詳細介紹
館長
我有話要說
華碩華麗新機 隆重登場!
高效電玩機，豪華的娛樂動力中心—華碩 i7四核獨顯Win8.1電腦
搭載Intel Core i7旗艦四核心處理器，支援Turbo boost自動超頻技術及Hyper Threading技術具八個執行緒，讓您體驗前所未有的極速快感，高CP值機種讓您以犀利超值的價格即可擁有，立馬搶唷!!!
★華碩旗艦五星級配備
-採用Intel Core i7-4790 處理器
★視覺新體驗!Asus M32AD 搭載Intel i7四核處理器
・搭載Intel Core i7-4790 四核心處理器 3.6G高時脈 可加速到 4GHz ，8MB L3快取記憶體，將CPU和GPU封裝在同一個矽晶上，讓處理器的效能更好，也大大的提升了影音顯示的能力!
・支援最新Turbo Boost2.0，較前一代更聰明的渦輪加速技術，當您的電腦需要更多的運算動力時，此技術會自動提高處理器的效能，甚至是POWER的轉速控制，就算您不熟悉CPU的超頻設定，Intel也能為您達到所需，幫你用最快速的效率處理需大量運算的程式！
・卓越的影像顯示技術，較以往快上數十倍的影片轉檔速率和更優秀的遊戲顯示效果!
★熱門獨顯卡
・內建 Nvidia GeForce 730 2GB 獨立顯卡，支援目前熱門遊戲所用的顯卡技術Microsoft DirectX11，屬於玩家達人等級的獨顯卡，加上Nvidia PhysX、CUDA技術的加持，不只提升GPU效能，畫面顯示更逼真生動，無論是玩3D遊戲或播放3D影片，提供高解析畫質帶給您更細膩動人的影音視覺效果，絕對不同凡響！

圖 5-47 加值的產品描述可以讓網頁不是單薄的內容，也讓消費者更清楚產品。

產品圖片應該大而清楚

大而清楚的產品圖片，可以讓消費者清楚知道即將購買的產品樣貌。在 SEO 的原則中希望圖片的檔案大小不要太大，但是在電子商務的產品頁面中卻希望產品圖片可以大而清楚，這兩者似乎是矛盾的，但是如果壓縮得當，讓產品圖片大而清楚並且縮小檔案大小，並不是不可能的。

圖 5-48 清楚的產品圖片可以讓消費者沒有疑慮。

免過多選項或是無謂的連結

產品網頁的過多選項會讓消費者無所適從，也可能降低消費者馬上購買的動力。如圖 5-49 中，右側過多選項的連結，很可能讓消費者點選後就不會回來產品網頁。

圖 5-49 產品網頁除了「加入購物車」與「立即購買」，存在過多影響消費者的選項。

應該避免凌亂的網址參數

電子商務網站通常會透過特定的程式產生各種不同的產品頁面，在這個情況下就很可能網址會帶有許多參數。如果程式設計師沒有 SEO 的概念，就很有可能產生不同網址相同內容的情況。

並不是網址帶有參數會有問題，而是你要讓搜尋引擎瞭解這些參數的意義。過於複雜的參數會讓搜尋引擎的瞭解產生困擾，因此商品結構的完整規劃以及程式設計師的完整訓練，才是唯一的解決辦法。

例如有個電子商務產品網頁的網址如下模樣：

```
/goods/GoodsDetail.jsp?i_code=3504127&str_category_
  code=1912900145&mdiv=1999900000-bt_2_090_01-bt_2_090_01_e1&ctype=B
```

如下則是 PChome 的產品網頁的網址：

```
http://24h.pchome.com.tw/prod/DSAU12-A9006GKNJ
```

顯然 PChome 的產品網頁的網址格式比較符合 SEO 規範。

電子商務網頁應該善用語意標記

電子商務的產品頁面、分類頁面、以及品牌頁面是最重要的網頁，應該善用前面章節提到的語意標記。例如表 5-3 所提到的產品標記、評論標記、評等標記、麵包屑標記等，因為語意標記可以將電子商務複雜的產品結構清楚的呈現給搜尋引擎。

如圖 5-50，Google 商店的網頁，使用 https://Schema.org/Product 的微資料格式來標記產品。

```
nsform;margin-bottom:20px}.mqn2-iao:last-child{margin-bottom:0}.mqn2-iap{text-a
{max-width:456px;margin-left:auto;margin-right:auto}}@media(min-width: 1024px){
-left:auto;margin-right:auto;padding-left:24px;padding-right:24px}}@media(min-w
t:calc(100% + 8px)}@media(max-width: 1023px){.mqn2-h10{padding:0 10px;width:100
ctive .mqn2-ir6 .mqn2-i3t:not([mqn-intro-device]):nth-child(1),.mqn2-i3o.mqn-ex
pt--dark-desktop .mqn2-hfj>a:not([class]):after,.mqn-opt--dark-desktop .mqn2-hf
width: 1024px){.mqn2-hfg.mqn-opt--expressive-heading-2 .mqn2-hfc sup{font-size:

 拍出令人驚豔的相片和影片。"><div itemtype="https://schema.org/Product" itemscope>
```

圖 5-50 Google 商店也使用語意標記來標示產品。

SEO 與 SEM 團隊應該協同作業

通常 SEO 團隊與 SEM(搜尋引擎行銷) 團隊可能是不同的人員，因此對方可能都不知道其他人到底在做什麼。很可能 SEO 團隊已經辛苦的操作把某些關鍵字操作到第一名，但是卻經常看到 SEM 團隊仍舊在購買該關鍵字的廣告。

雖然 SEO 與 SEM 是不同的操作，但是雙方各自在操作的內容可能會互相影響。如果雙方沒有密切的協同作業，可能只會浪費總體的資源，運作沒有意義的作業。因此 SEO 與 SEM 團隊一定要密切的整合，才能把經費運用在刀口上。

如圖 5-51，Apple 的網頁已經出現在搜尋「iphone 13」的搜尋結果第一名，但是仍舊看到 Apple iphone 13 的關鍵字廣告。當然某些時候可能因為特殊原因，企業仍舊會刻意購買類似廣告，但是如果是因為 SEO 與 SEM 團隊無法密切配合而造成這個情況就很浪費行銷資源。

Google
iphone 13
廣告 · https://www.apple.com/tw
iPhone 13 - Apple 官方網站
超能力，超有實力。立即購買綠色。 我們歷來最先進的雙相機系統。進一步了解。 相機大幅升級。綠色。內建隱私保護功能。A15 仿生晶片。5G。超 Retina XDR 顯示器。
與 iPhone 機型比較 · 技術規格 · 購買綠色 · Apple Trade In 換購方案 · 轉用 iPhone
https://www.apple.com › iPhone › iPhone 13
全新購買iPhone 13
以iPhone 8 或更新機型換購，就可在購買iPhone 13 或iPhone 13 mini 時獲得NT$3000 - NT$18000折扣。立即選購，享受長達13 個月的零利率分期付款專案,以及免額外付費的 ...
Pro Max · iPhone 13 128GB 粉紅色 · iPhone 13 256GB 粉紅色 · Apple (台灣)

圖 5-51 搜尋「iphone 13」，發生 Apple 的關鍵字廣告與自然搜尋結果互打的情況。

SEO 專家小結

根據研究結果顯示，能夠促進電子商務網站流量與銷售，在 SEO 流量、關鍵字廣告、社交流量、電子郵件行銷等眾多的來源中，以 SEO 流量最有效果。

5-10 如何優化付費網頁

許多新聞或內容網站開始推動付費機制，必須付費登入後才可以閱讀全文。但是這樣一來，搜尋引擎就無法抓取這些需要付費的網頁內容，當然也就無法讓這些付費內容出現在搜尋結果頁面。

如圖 5-52，尚未登入之前，使用者與搜尋引擎都只能看到幾行文字，付費內容並不會被搜尋引擎索引。

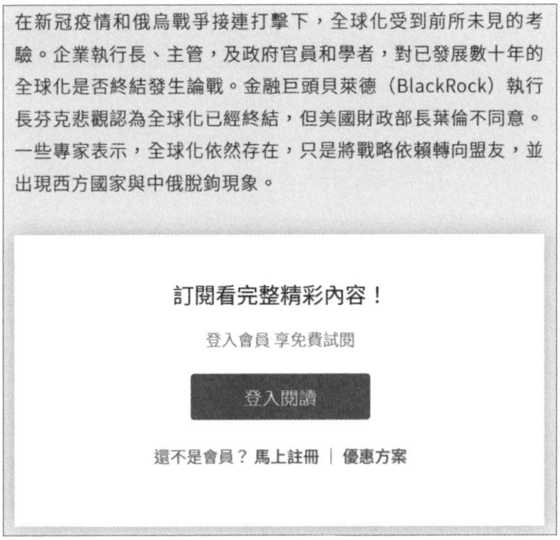
在新冠疫情和俄烏戰爭接連打擊下，全球化受到前所未見的考驗。企業執行長、主管，及政府官員和學者，對已發展數十年的全球化是否終結發生論戰。金融巨頭貝萊德（BlackRock）執行長芬克悲觀認為全球化已經終結，但美國財政部長葉倫不同意。一些專家表示，全球化依然存在，只是將戰略依賴轉向盟友，並出現西方國家與中俄脫鉤現象。
訂閱看完整精彩內容！
登入會員 享免費試閱
登入閱讀
還不是會員？ 馬上註冊 | 優惠方案

圖 5-52 聯合報的付費內容 https://vip.udn.com/。

針對付費內容有以下幾種方式，讓網頁也可以獲得搜尋流量：

彈性試閱的前導法

前導法是指僅對使用者提供文章的部分內容，而不顯示完整內容，例如圖 5-52 聯合報的付費內容方式。但是應該顯示多少內容呢？至少應該讓所有重要的關鍵字都出現。因此採用這個方式可以考慮先顯示內容的目錄，然後把重要的關鍵字都放在目錄中。

彈性試閱的計量法

計量法是指在要求使用者訂閱或登入之前，提供可以試閱的文章額度，待使用者超過試閱額度後，再要求付費登入。剛開始可以每個月先提供 10 篇免費文章，然後再反覆進行微調，看多少篇免費試閱文章可以獲得較好的成效。

付費內容使用語意標記

Google 針對付費內容建議使用語意標記，先在需要付費後登入才能觀看的網頁上加上 paywall 宣告。

```
<div class="non-paywall"> 這是非付費內容 </div>
<div class="paywall"> 這是付費內容 </div>
```

然後根據付費內容屬性 (例如 NewsArticle) 加入語意標記如下 ：

```
<script type="application/ld+json">
{
  "@context": "https://schema.org",
  "@type": "NewsArticle",
  "mainEntityOfPage": {
    "@type": "WebPage",
    "@id": "https://example.org/article"
  },
  (...)
  "isAccessibleForFree": "False",
  "hasPart": {
    "@type": "WebPageElement",
    "isAccessibleForFree": "False",
    "cssSelector": ".paywall"
  }
}
</script>
```

以上的 isAccessibleForFree 是 False，就是讓 Google 知道該網頁屬於付費內容，然後讓網頁的程式辨識訪客，如果是 Google 的爬蟲就全部允許編目索引，如果是一般訪客就只顯示免費的內容。

除了 NewsArticle 之外，還可以使用 Article、Blog、Comment、Course、HowTo、Message、Review、WebPage 的語意標記。

也許你會有疑問，這樣做不是屬於黑帽的隱藏內容嗎？是的，但是因為你已經在語意標記告訴 Google 這個網頁是付費內容，所以是被允許隱藏的。

SEO 專家小結

Google 針對付費內容的規範已經多次變化，因此如果你的網頁也屬於付費內容，應該隨時注意是否有最新的規範出現，請關注 Google 對於付費內容的最新動向：https://developers.google.com/search/docs/advanced/structured-data/paywalled-content

5-11 如何讓長尾關鍵字引進流量

長尾關鍵字可以說是在搜尋引擎優化的觀念中，最容易被弄錯的觀念之一。觀念錯誤之後，很多操作會變得事倍功半，好像做了很多事情但是卻看不出來效果。簡單來說，長尾關鍵字跟關鍵字長短完全沒有關係，不是長的關鍵字叫做長尾關鍵字。

長尾關鍵字與長短無關

克里斯·安德森（Chris Anderson）於 2004 年提出長尾理論 (The Long Tail)，是指那些原來不受到重視的，銷量小但種類多的產品或是服務，由於總量巨大，累積起來的總收益會超過主流產品的現象。如圖 5-53，熱門產品的銷售量會在 Head 的部分，而冷門商品的銷售量會在 Long Tail 的部分。雖然看起來熱門商品銷售量非常高，但是當冷門商品種類很多時，也就是圖中的 Long Tail 延伸出去時，雖然冷門商品個別銷售量很低，但是其銷售量總和反而會高於熱門商品。

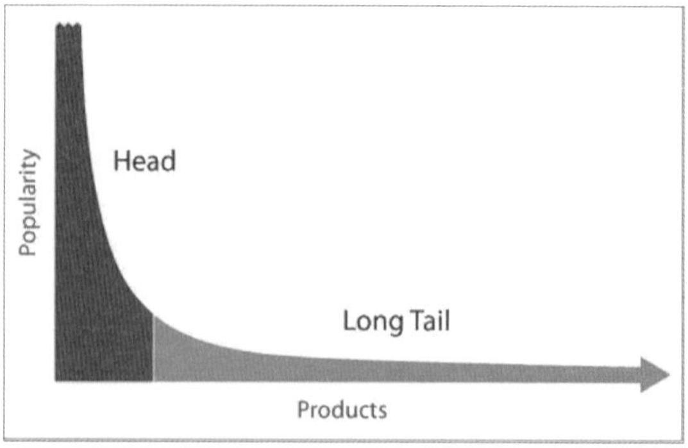

圖 5-53 長尾理論（資料來源 http://www.longtail.com)。

因此長尾關鍵字的「長尾」，根本不是指關鍵字的長度，而是指低流量關鍵字數量很多，在圖中會延伸很長。當數量很多的低流量關鍵字流量總合，會超越主力關鍵字的流量總合時，這些「低流量關鍵字」就是長尾關鍵字。如圖 5-54 所示，這些都是冷門關鍵字，每個關鍵字的流量都只有 1，但是許多關鍵字的長度並不長。

google seo ajax	1
seo 價格	1
back link	1
mssql stored procedure 教學	1
部落格 seo	1
rdfa	1
不追蹤	1
mircodata	1
seo dns	1
google search seo	1
click stream	1
預存程序 sql	1
google seo優化	1
sem是什么	1
html 301	1
black seo	1
google pagerank algorithm	1

圖 5-54 長尾關鍵字實際範例，可以看到流量很低，但是數量不少的一群關鍵字。

長尾關鍵字非指特定關鍵字

單一長尾關鍵字通常替網站帶來的流量是極低的，並且某網站的長尾關鍵字，未必也是另外網站的長尾關鍵字。因此長尾關鍵字不是指某些或是某個關鍵字，長尾關鍵字是指一群，總流量累積起來很龐大，但是單獨流量很低的非特定關鍵字。

例如某網站有一大群關鍵字，其流量都是個位數，但是這群關鍵字數目是數十萬個，這群關鍵字就稱為長尾關鍵字，如圖 5-55。

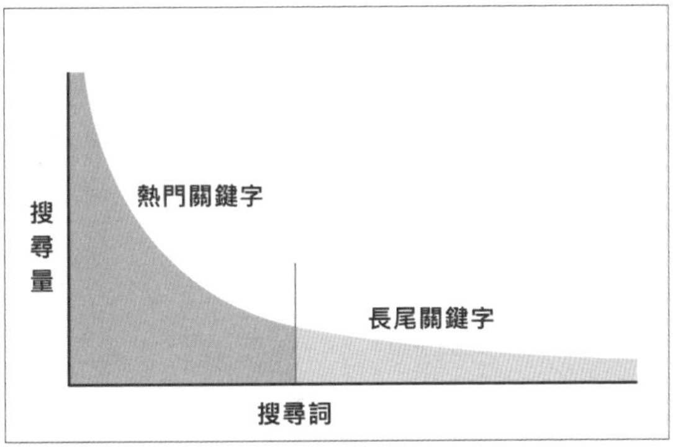

圖 5-55 熱門關鍵字與長尾關鍵字。

所以「照相機」是不是長尾關鍵字？「照相機哪裡買最便宜」是不是長尾關鍵字？答案是「不一定」，要看這些關鍵字導入的流量而定。很可能「照相機」這個關鍵字每個月只替我的網站帶入少數幾個流量，那麼別人眼中的熱門關鍵字「照相機」反而變成我的長尾關鍵字中的一個。

因此長尾關鍵字能不能鎖定？先問一個問題，你會不會希望刻意鎖定某些關鍵字，然後每天替你帶進很少的流量？你當然不會做這麼沒有效率的事情。許多專家告訴你說，要鎖定長尾關鍵字，才能替你帶進流量造成轉換，根本是胡扯的事情。

鎖定長尾關鍵字不是刻意的，而是靠精準的關鍵字分析之後，靠著運用文字能力，鋪天蓋地的把使用者可能用到的查詢詞組合加上各類用詞，無意中造成的現象。

你可以佈局長尾關鍵字，但是不能鎖定長尾關鍵字

關鍵字佈局就是關鍵字分析、主題分析、關鍵字組合、內容策略、加上 SEO 的文案操作，將這些文字有結構性的安排在「網站內」與「網站間」。你可以鎖定主力關鍵字，但是無法鎖定長尾關鍵字，靠的是關鍵字佈局的能力而引進流量。

什麼是佈局？就如同下圍棋一樣，你無法知道對手會怎麼下，但是你可以依照圍棋的原則去擴大自己腹地，阻斷對手的去路。同樣的，你不知道使用者到底會如何搜尋，但是你經過各種分析以後，知道關鍵字詞的樣貌，使用這些資料及撰文措辭的能力去鋪天蓋地捕捉使用者的所有可能查詢詞彙。

如圖 5-56、圖 5-57、圖 5-58，在搜尋與「Microdata」相關的關鍵字，以及如圖 5-59、圖 5-60、圖 5-61，在搜尋與「Google Panda」相關的關鍵字時，就會出現經過關鍵字佈局的網頁。雖然這些關鍵字屬於低流量的長尾關鍵字，但都是屬於核心關鍵字的延伸關鍵字，這些長尾關鍵字的總流量也是非常可觀的。

Google
Microdata是什麼
全部
圖片
新聞
地圖
影片
更多
工具
約有 138,000 項結果 (搜尋時間：0.40 秒)
https://seo.dns.com.tw › archives
Microdata是什麼? 為何可以讓Google、Bing、Yahoo攜手合作?
2011年6月3日 — Microdata是HTML 5的一個子集，用來讓機器可以順利解讀網頁資料的標籤格式。... 這些都是因為使用了「搜尋引擎了解的格式」。所以面對各大搜尋引擎支援 ...

圖 5-56 搜尋與「Microdata」相關關鍵字的搜尋結果。

Google
Microdata google
全部 地圖 圖片 新聞 影片 更多 工具
約有 4,100,000 項結果 (搜尋時間：0.42 秒)
https://developers.google.com › intro-structured-data
瞭解結構化資料的運作方式| Google 搜尋中心| 說明文件
Google 搜尋會盡力瞭解網頁內容。您可以在網頁上使用結構化資料，將網頁內容相關的明確線索提供給Google，進而協助我們。 結構化資料是一種 ...
缺少字詞： Microdata | 必須包含以下字詞： Microdata
https://developers.google.com › advanced 翻譯這個網頁
Schema Markup Testing Tool | Google Search Central
Use the Rich Result Test to see what Google results can be generated for your pages and the schema markup validator for generic schema validation.
https://seo.dns.com.tw › archives
Microdata是什麼? 為何可以讓Google、Bing、Yahoo攜手合作?
2011年6月3日 — Microdata是一種結構性的標示，可以用來表示網頁內容的語意。 Google、Bing、Yahoo近日宣佈了Schema.org來共同推動Microdata格式，這些格式有些是新的 ...

圖 5-57 搜尋與「Microdata」相關關鍵字的搜尋結果。

Google
microdata bing
全部 圖片 新聞 地圖 影片 更多 工具
約有 420,000 項結果 (搜尋時間：0.45 秒)
https://www.bing.com › webmasters › help 翻譯這個網頁
Marking Up Your Site with Structured Data - Bing
Learn how to mark up your site with structured data such as schema.org, RDFa, microsodata, and microformats.
https://seo.dns.com.tw › archives
Microdata是什麼? 為何可以讓Google、Bing、Yahoo攜手合作?
2011年6月3日 — 這個東西竟然讓Google、Bing、Yahoo這三大競爭者攜手合作，這是搜尋業界非常少見可以達成共識的協定之一，我們來看看這個東西的詳細功能吧... Microdata是 ...

圖 5-58 搜尋與「Microdata」相關關鍵字的搜尋結果。

Google
google panda 處罰
全部 新聞 圖片 影片 購物 更多 工具
約有 378,000 項結果 (搜尋時間：0.33 秒)
https://seo.dns.com.tw › archives
應該如何避免被Google Panda演算法處罰?
2012年1月20日 — Google Panda非常有可能在今年會開始影響中文網頁，因此在尚未真正影響前，我們必須仔細的審視網站，看是否有哪些地方犯了不應該犯的錯誤。

圖 5-59 搜尋與「Google Panda」相關關鍵字的搜尋結果。

Google
google panda 品質訊號
全部
新聞
圖片
地圖
影片
更多
工具
約有 6,140 項結果 (搜尋時間：0.40 秒)
https://seo.dns.com.tw › archives
Google Panda Update已經擴大展開，品質訊號將成為SEO ...
2011年8月13日 — 但是可能好時光已經不久囉。 Google Panda Update是一個演算法的更新，主要目的是希望給搜尋者需要的高品質內容，根據Google的分析，推出 ...

圖 5-60 搜尋與「Google Panda」相關關鍵字的搜尋結果。

Google
google panda 作弊
全部
新聞
圖片
影片
地圖
更多
工具
約有 763,000 項結果 (搜尋時間：0.34 秒)
https://seo.dns.com.tw › archives
應該如何避免被Google Panda演算法處罰?
2012年1月20日 — 也許你會說，我們網站是不作弊的，因此不必擔心，但是你必須知道的是，有時候你的網站可能在毫不知情的狀況下，已經觸犯了Google Panda的品質規則...

圖 5-61 搜尋與「Google Panda」相關關鍵字的搜尋結果。

SEO 專家小結

- 長尾關鍵字是指一群流量低而總和很大的關鍵字，不是指單一特定關鍵字，至於個別流量多低或是總和多大也沒有一個絕對的數字。
- 長尾關鍵字不是因為長度比較長，也不一定可以造成轉換，也無法輕易鎖定。
- 每個網站所看到的長尾關鍵字，跟另外一個網站看到的長尾關鍵字，可能根本毫無交集，並不是你的長尾關鍵字也會是別人網站的長尾關鍵字。
- 某網站的長尾關鍵字，也可能是其他網站的熱門關鍵字。
- 希望長尾關鍵字能夠導引流量，不是靠鎖定而是靠佈局。

Chapter

6

網頁之間的調整

網頁間的連結就像網路上的民主投票，以往只要計算網站的連入連結數量，就可以知道網站的受歡迎程度；現在雖然連結還是很重要，但是計票方式已經不同了。

丹尼．蘇利文 Danny Sullivan(Google 搜尋服務發言人)

網頁間調整的 SEO 操作 (Off-Page SEO) 是指從網站外部增加搜尋相關性以提升自然搜尋的曝光度。這些操作通常包含建立連入連結、提升品牌搜尋、與鼓勵社交平台上的投入與內容分享。也就是從網站外部建立權威度與信賴度，讓搜尋引擎注意到你的網站，從而獲得優秀的自然搜尋曝光度。近年又因為網頁間的作弊情事層出不窮，使得搜尋引擎必須經常修正網頁間的關聯分析演算法，因此調整網頁間的關聯算是最具變動性的操作。以往作弊式的連結策略，已經逐漸失去效益，如果希望網站可以在未來獲得搜尋曝光度，對於網站間的關聯調整必須建立新的策略來因應。

6-1 如何知道網頁的價值

根據研究顯示，網頁間的兩個因素與自然搜尋排名有顯著的相關性：網頁的**連入連結** (Backlinks) 與**連入網域** (Referring Domains) 的數量。也就是自然搜尋排名比較優秀的網頁，大多具有較多的連入連結與連入網域，當然這不代表數量多就能夠取勝，還需要評估連入網頁本身的品質及相關性。

如圖 6-1 與圖 6-2，自然搜尋排名比較優秀的網頁，尤其是前三名會具有較多的連入連結與連入網域。

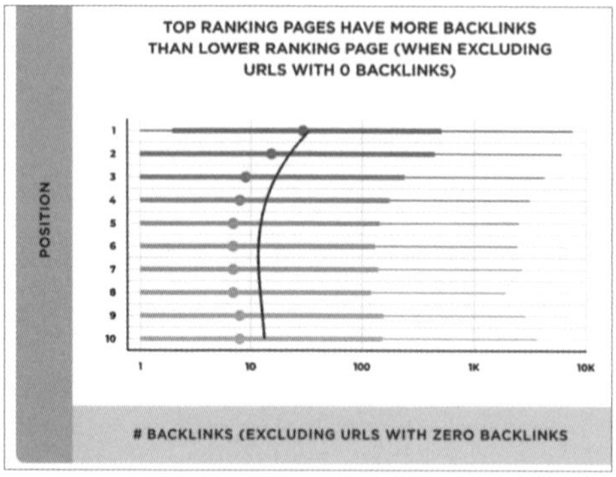

圖 6-1 自然搜尋排名比較優秀的網頁具有較多的連入連結。

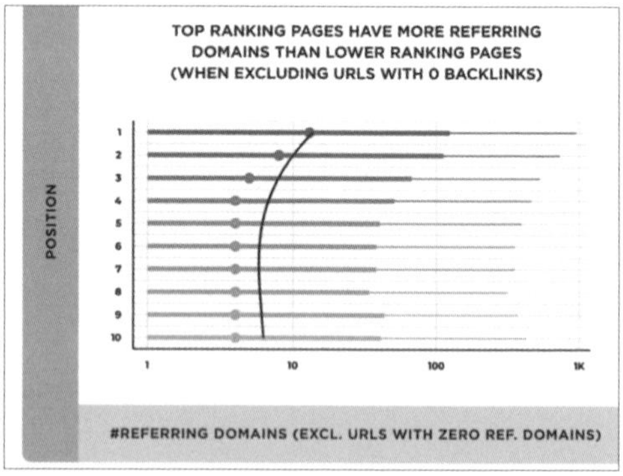

圖 6-2 自然搜尋排名比較優秀的網頁具有較多的連入網域。

數據來源：https://backlinko.com/search-engine-ranking

因此能夠獲得更多優質網頁與相關網頁的連入連結，並且分佈在各個不同的網域，就是網頁間調整 SEO 操作的重點。網頁內容是否相關還比較容易判斷，但是如何知道哪些網頁是優質的呢？

以前判斷網頁是否優質，可以由 Google 的 Pagerank 數據來決定，但是後來 Google 發現大家都把 Pagerank 數據當成籌碼來交易連結，因此於 2016 年就已經決定取消公開更新 Pagerank 數據。大家雖然失去了一個可以參考的官方資料，但是所幸還有其他選擇可以當成網頁價值的參考，包含 Moz.com 的**網域權威度** (DA，Domain Authority)、**網頁權威度** (PA，Page Authority)、Majestic.com 的**連結容量** (CF，Citation Flow) 與**連結質量** (TF，Trust Flow)、Ahrefs.com 的**網域連結排名** (AR，Ahrefs Rank)、**Ahrefs 網域連結數據** (DR，Domain Rating)、**Ahrefs 網頁連結數據** (UR，URL Rating)、**SemRush 網域流量排名數據** (SDR，SemRush Domain Rank)、**SemRush 網域權威分數** (SAS，SemRush Authority Score)，當然這些只是其中比較知名的數據，並且也可能會因為市場趨勢而修改演算法。

1. **網域權威度** (DA，Domain Authority)：從 0 到 100 的數值，代表的是該網域的排名強度，越高就具有越優秀的「網域排名強度」。
2. **網頁權威度** (PA，Page Authority)：從 0 到 100 的數值，代表的是該網頁的排名強度，越高就具有越優秀的「網頁排名強度」。
3. **連結容量** (CF，Citation Flow)：從 0 到 100 的數值，計算連結到該網域的連入連結數量，代表的是該網域的「影響力」。
4. **連結質量** (TF，Trust Flow)：從 0 到 100 的數值，計算連結到該網域的連入連結品質，代表的是該網域的「信賴度」。
5. **網頁連結信賴比例** (Trust Ratio)：將 Trust Flow(連結質量) 的數值除以 Citation Flow(連結容量) 的數值，得到的網頁連結信賴比例就可以代表網頁的「連結品質」。網頁信賴比例越高表示連結品質越高；網頁信賴比例越低則表示連結品質越差，垃圾連結的嫌疑就越高。
6. **Ahrefs 網域連結數據** (DR，Domain Rating)：從 0 到 100 的數值，計算連結到該網域的連入連結，這個數據與網域權威度 (DA) 及連結容量 (CF) 很類似，只是由不同的公司從不同的資料來源收集數據而產生。

❼ **Ahrefs 網頁連結數據** (UR，URL Rating)：從 0 到 100 的數值，計算連結到該網頁的連入連結，這個數據與網頁權威度 (PA) 很類似，只是由不同的公司從不同的資料來源收集數據而產生。

❽ **Ahrefs 網域連結排名** (AR，Ahrefs Rank)：這個品質數據就不是從 0 到 100 的數值，而是根據 Ahrefs 的網域連結數據 (DR) 來進行排名，因此如果某網域的網域連結數據 (DR) 是所有網域中最高的，則 Ahrefs 網域連結排名 (AR) 就是 1。

❾ **SemRush 網域流量排名數據** (SDR，SemRush Domain Rank)：這個數據是網域的自然搜尋流量排名，如果網域的每月自然搜尋流量是所有網域中最高的話，則 SDR 就是 1，例如 Wikipedia.org。

❿ **SemRush 網域權威分數** (SAS，SemRush Authority Score)：從 0 到 100 的數值，這個數據是 SemRush 根據連結及流量等多種數據得到的網域綜合分數。

瞭解網頁的價值跟搜尋排名的關係

我們在第一章第四節介紹過網頁分數，最重要的搜尋排名因素還是查詢詞的相關性，如果沒有相關性，網頁的價值再高或是連入連結再多都沒有太大作用。但是當競爭網頁的查詢詞相關性差異不大時，網頁價值就變得很重要了。

如圖 6-3 透過 Google 查詢「牛肉麵做法」，雖然不是網頁價值高就能夠具有較好的搜尋排名，但是如果沒有基本的網頁價值數據，想要在較競爭的關鍵字得到好的搜尋排名，幾乎是沒有機會的。所以想要得到好的搜尋排名，應該先培養好網站或網頁的價值數據。

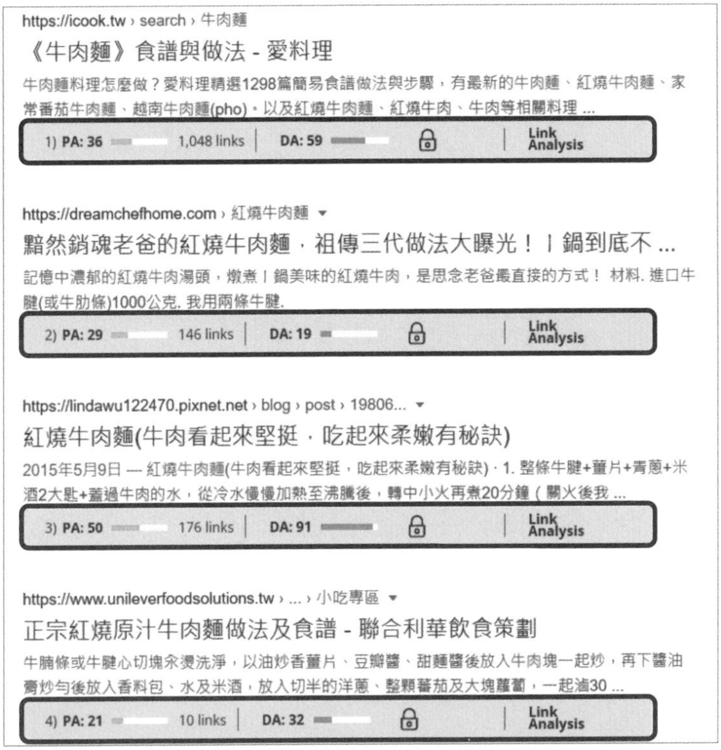
https://icook.tw › search › 牛肉麵
《牛肉麵》食譜與做法 - 愛料理
牛肉麵料理怎麼做？愛料理精選1298篇簡易食譜做法與步驟，有最新的牛肉麵、紅燒牛肉麵、家常番茄牛肉麵、越南牛肉麵(pho)。以及紅燒牛肉麵、紅燒牛肉、牛肉等相關料理 ...
1) PA: 36 1,048 links DA: 59 Link Analysis
https://dreamchefhome.com › 紅燒牛肉麵
黯然銷魂老爸的紅燒牛肉麵，祖傳三代做法大曝光！I 鍋到底不 ...
記憶中濃郁的紅燒牛肉湯頭，燉煮 I 鍋美味的紅燒牛肉，是思念老爸最直接的方式！ 材料. 進口牛腱(或牛肋條)1000公克. 我用兩條牛腱.
2) PA: 29 146 links DA: 19 Link Analysis
https://lindawu122470.pixnet.net › blog › post › 19806...
紅燒牛肉麵(牛肉看起來堅挺，吃起來柔嫩有秘訣)
2015年5月9日 — 紅燒牛肉麵(牛肉看起來堅挺，吃起來柔嫩有秘訣)．1. 整條牛腱+薑片+青蔥+米酒2大匙+蓋過牛肉的水，從冷水慢慢加熱至沸騰後，轉中小火再煮20分鐘 (關火後我 ...
3) PA: 50 176 links DA: 91 Link Analysis
https://www.unileverfoodsolutions.tw › ... › 小吃專區
正宗紅燒原汁牛肉麵做法及食譜 - 聯合利華飲食策劃
牛腩條或牛腱心切塊汆燙洗淨，以油炒香薑片、豆瓣醬、甜麵醬後放入牛肉塊一起炒，再下醬油膏炒勻後放入香料包、水及米酒，放入切半的洋蔥、整顆蕃茄及大塊蘿蔔，一起滷30 ...
4) PA: 21 10 links DA: 32 Link Analysis

圖 6-3 在 Google 查詢「牛肉麵做法」的搜尋結果，透過 MozBar 顯示各搜尋結果列表的 PA 與 DA 數據。

使用 MozBar 瞭解網頁的價值

MozBar 網址	https://moz.com/products/pro/seo-toolbar

MozBar 是 Moz.com 推出的瀏覽軟體外掛，你可以安裝在 Google Chrome 瀏覽軟體上。當你瀏覽網頁時或是在各種搜尋引擎查詢時，就可以看到網頁的網域權威度 (DA) 與網頁權威度 (PA) 數值。

- **步驟一**：使用 Google Chrome 瀏覽軟體，如圖 6-4 訪問 MozBar 網址，按下「Download MozBar for free」，並如圖 6-5 按下「加到 Chrome」，下載安裝後會如圖 6-6 在瀏覽軟體右上方看到 MozBar 的圖示。

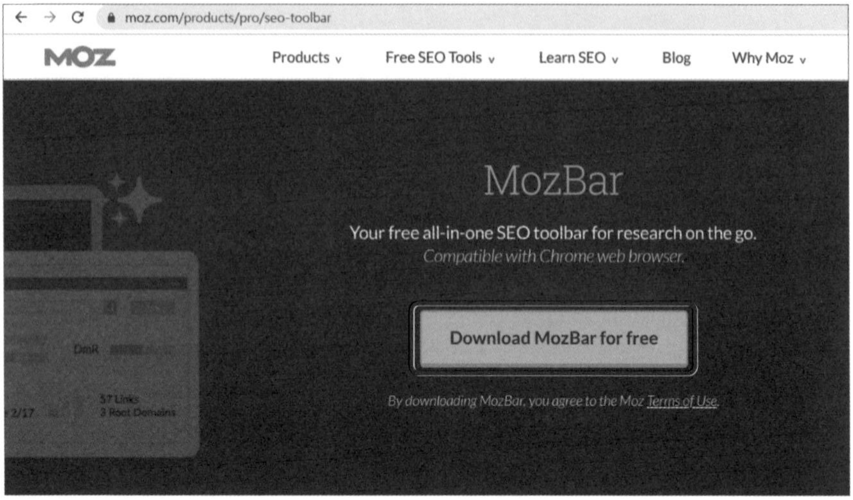

圖 6-4 MozBar 的網址 https://moz.com/products/pro/seo-toolbar。

圖 6-5 按下「加到 Chrome」進行下載安裝。

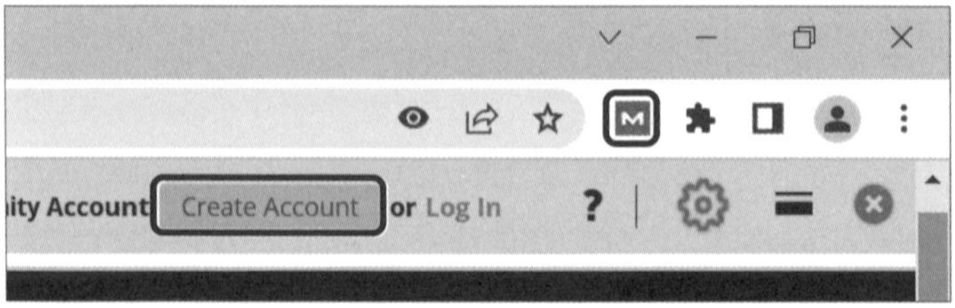

圖 6-6 瀏覽軟體右上方看到 MozBar 的圖示，表示已經完成安裝。

● **步驟二**：註冊 Moz.com 免費帳號。

如圖 6-6，點選「Create Account」註冊 Moz.com 免費帳號，填寫如圖 6-7 的註冊表單，完成註冊後到你的電子郵件信箱去收取確認信件。如圖 6-8，收取 Moz.com 的確認信件，按下「Activate Your Account」來完成確認，然後看到如圖 6-9 就完成確認的程序。

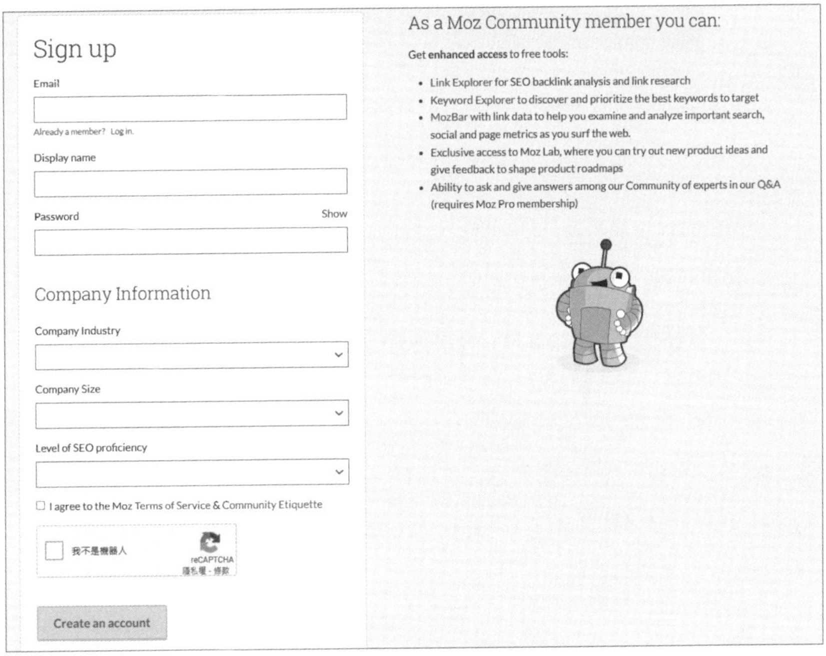
Sign up
Email
Already a member? Log in.
Display name
Password
Show
Company Information
Company Industry
Company Size
Level of SEO proficiency
I agree to the Moz Terms of Service & Community Etiquette
我不是機器人
reCAPTCHA
Create an account
As a Moz Community member you can:
Get enhanced access to free tools:
Link Explorer for SEO backlink analysis and link research
Keyword Explorer to discover and prioritize the best keywords to target
MozBar with link data to help you examine and analyze important search, social and page metrics as you surf the web.
Exclusive access to Moz Lab, where you can try out new product ideas and give feedback to shape product roadmaps
Ability to ask and give answers among our Community of experts in our Q&A (requires Moz Pro membership)

圖 6-7 https://moz.com/community/join 填寫資料註冊 Moz.com 免費帳號。

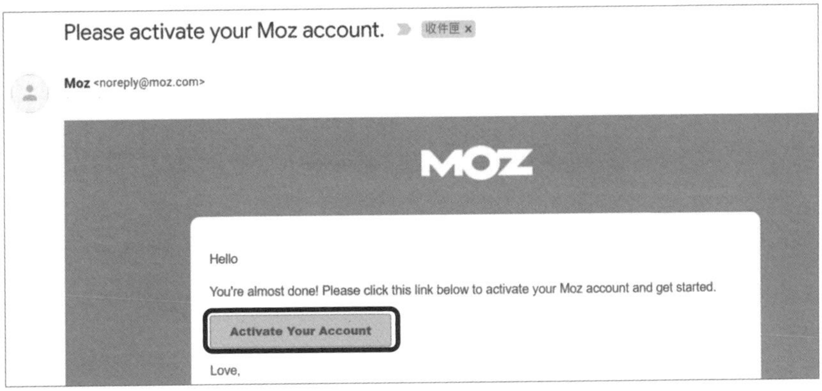
Please activate your Moz account.
收件匣 ×
Moz <noreply@moz.com>
MOZ
Hello
You're almost done! Please click this link below to activate your Moz account and get started.
Activate Your Account
Love,

圖 6-8 收取 Moz.com 的確認信件，按下「Activate Your Account」來完成確認。

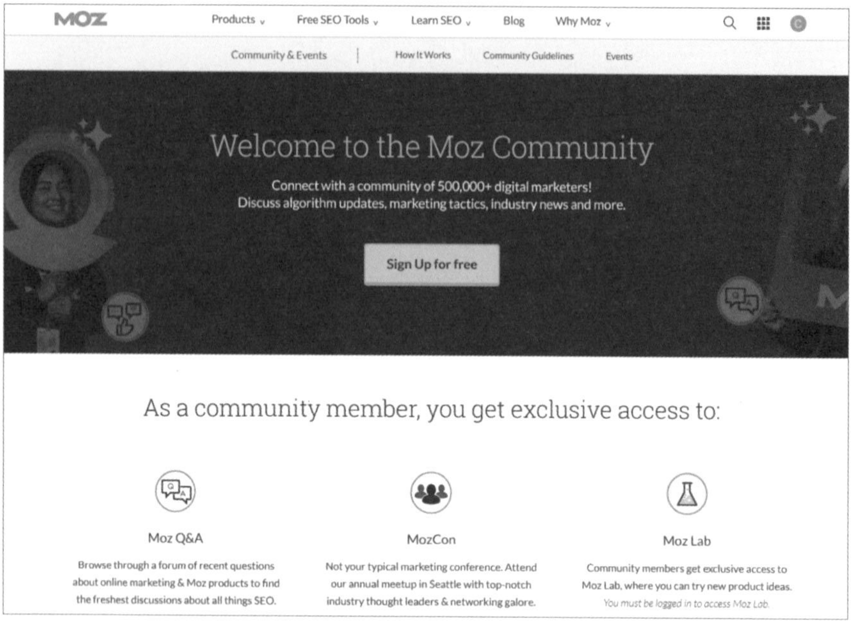
MOZ
Products
Free SEO Tools
Learn SEO
Blog
Why Moz
Community & Events
How It Works
Community Guidelines
Events
Welcome to the Moz Community
Connect with a community of 500,000+ digital marketers!
Discuss algorithm updates, marketing tactics, industry news and more.
Sign Up for free
As a community member, you get exclusive access to:
Moz Q&A
Browse through a forum of recent questions about online marketing & Moz products to find the freshest discussions about all things SEO.
MozCon
Not your typical marketing conference. Attend our annual meetup in Seattle with top-notch industry thought leaders & networking galore.
Moz Lab
Community members get exclusive access to Moz Lab, where you can try new product ideas.
You must be logged in to access Moz Lab.

圖 6-9 出現這個畫面就表示已經完成確認的程序。

● **步驟三**：如圖 6-10，Google Chrome 瀏覽軟體啟動 MozBar 外掛，並在登入 Moz.com 的情況下，瀏覽網頁時就會顯示該網頁的 PA 與 DA。如圖 6-3，Google 顯示搜尋結果列表時，就會顯示列表網頁的 PA 與 DA。

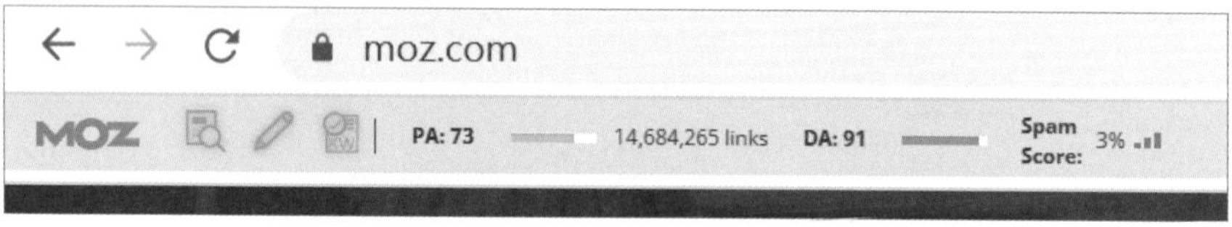
moz.com
MOZ
PA: 73
14,684,265 links
DA: 91
Spam Score: 3%

圖 6-10 瀏覽網頁時顯示該網頁的 PA 與 DA。

使用 Moz Link Explorer 瞭解網頁的價值

Moz Link Explorer 網址	https://analytics.moz.com/pro/link-explorer/home

免費版本可以在固定時間內查詢 10 個網站，如圖 6-11，可以查詢到網域權威度 (DA，Domain Authority)，以及連結網域數量 (Linking Domains) 等數據。

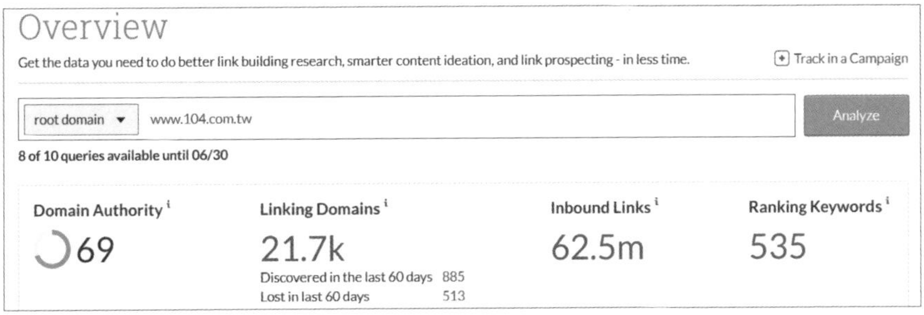

圖 6-11 可以透過 Moz Link Explorer 查詢網域權威度 (DA，Domain Authority)。

使用 Majestic 工具瞭解網頁的價值

Majestic 網址	https://majestic.com/

Majestic 工具可以查詢網頁的**連結質量** (Trust Flow) 與**連結容量** (Citation Flow) 數值，如果網站的 Trust Flow 數值遠低於 Citation Flow 數值，表示有人為連結的嫌疑。如圖 6-12，Trust Flow 為 51，Citation Flow 為 44，其 Trust Ratio 約為 1.16，算是連結品質健全的網站。不過現在免註冊的 Majestic 工具有每日查詢限量，並且要註冊免費帳號還需要使用 VPN 才能註冊。因此如果沒有付費，使用上會比較麻煩。

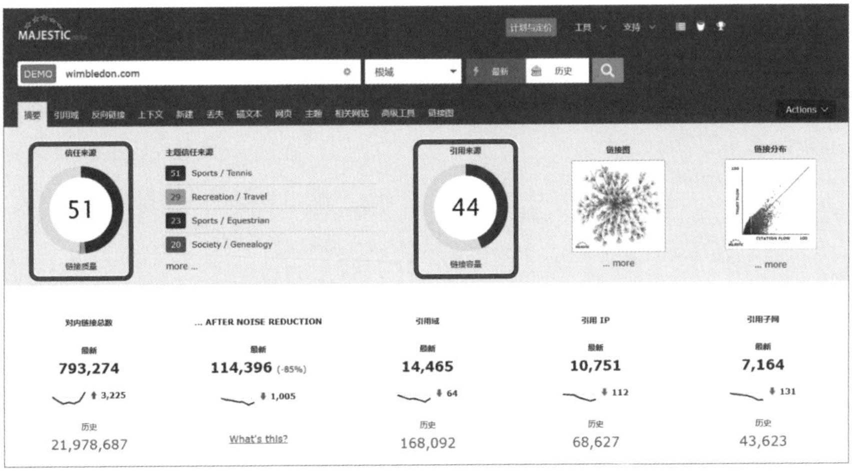

圖 6-12 Majestic 工具可以查詢網頁的連結質量 (Trust Flow) 與連結容量 (Citation Flow) 數值。

使用 Ahrefs 工具瞭解網頁的價值

如圖 6-13，Ahrefs 工具提供幾個判斷網頁的數據：**網域連結數據** (DR，Domain Rating)、**網頁連結數據** (UR，URL Rating)、**網域連結排名** (AR，Ahrefs Rank)。

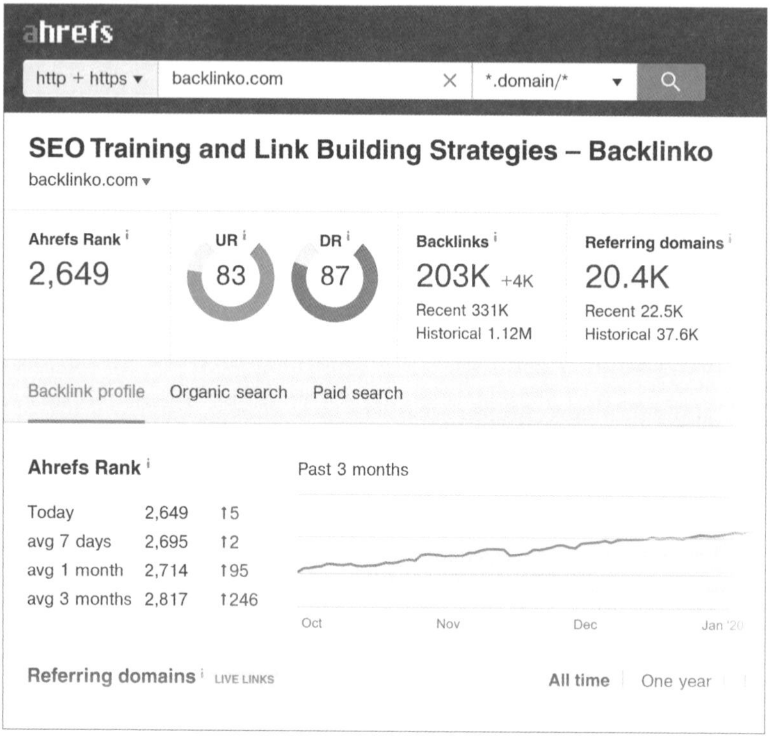

圖 6-13 Ahrefs 工具提供判斷網頁價值的數據。

因為 Ahrefs 工具大多需要付費，免費的只能查詢網域連結數據 (DR，Domain Rating)，如圖 6-14。另外可以使用 SiteChecker 來查詢網域連結數據 (DR，Domain Rating) 與網域連結排名 (AR，Ahrefs Rank)，如圖 6-15。

Ahrefs 免費工具網址	https://ahrefs.com/website-authority-checker
SiteChecker 網址	https://sitechecker.pro/ahrefs-rank/

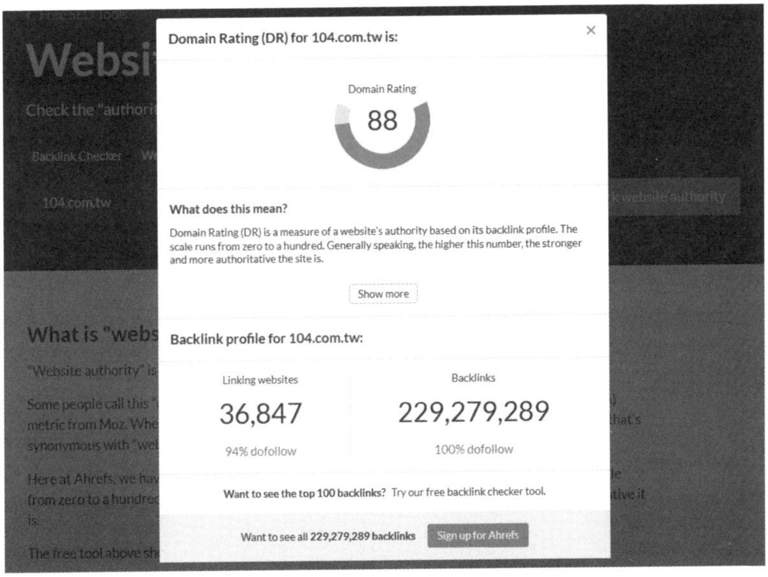

圖 6-14 使用 Ahrefs 免費工具查詢網域連結數據 (DR，Domain Rating)。

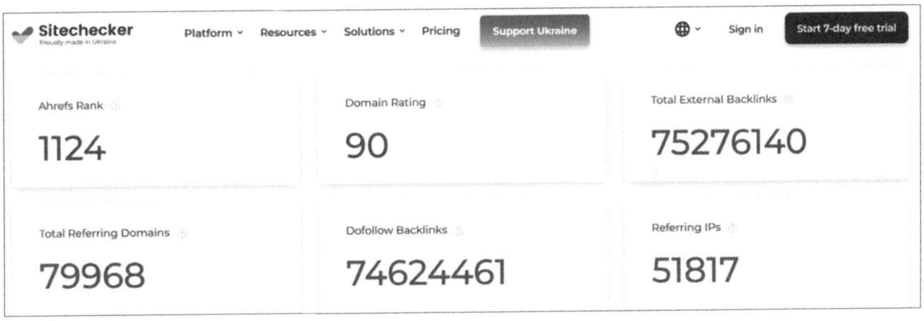

圖 6-15 使用 SiteChecker 來查詢網域連結數據 (DR，Domain Rating) 與網域連結排名 (AR，Ahrefs Rank)。

使用 SemRush 工具瞭解網頁的價值

SemRush 工具可以查詢兩個判斷網頁的數據：**SemRush 網域流量排名數據** (SemRush Domain Rank)、以及 **SemRush 網域權威分數** (SemRush Authority Score)。如圖 6-16，以 Wikipedia.org 為例，SemRush 網域流量排名數據為 1，SemRush 網域權威分數為 97。

SemRush 網址	https://www.semrush.com/

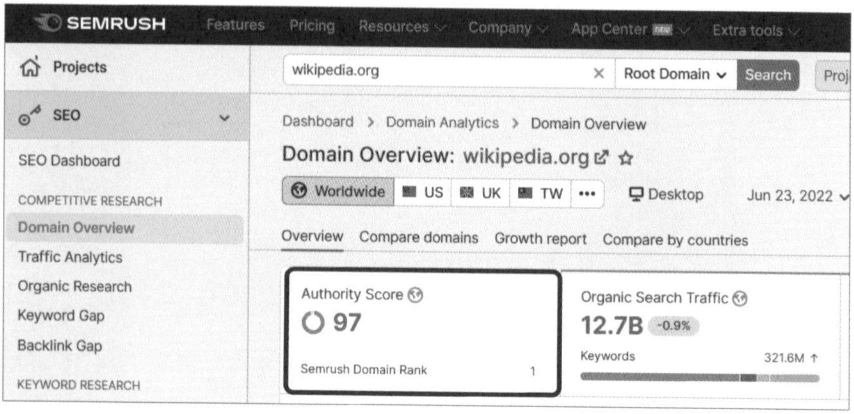

圖 6-16 SemRush 工具可以查詢網域流量排名數據 (SemRush Domain Rank) 與 SemRush 網域權威分數 (SemRush Authority Score)。

以三個網站為例解讀各項數據

我們使用上述的免費工具來瞭解網站的網頁價值，列出如表 6-1 的資料，讓您學會知道如何去解讀這些數據。

表 6-1：使用各種工具瞭解三個網站的網頁價值。

數據名稱	網站 #1	網站 #2	網站 #3
Moz 網域權威度 (DA，Domain Authority)	69	54	41
Moz 網頁權威度 (PA，Page Authority)	52	59	54
Majestic 連結質量 (TF，Trust Flow)	59	58	46
Majestic 連結容量 (CF，Citation Flow)	52	46	43
Majestic 網頁連結信賴比例 (Trust Ratio)	1.135	1.261	1.070
Ahrefs 網域連結數據 (DR，Domain Rating)	88	80	72
Ahrefs 網域連結排名 (AR，Ahrefs Rank)	2625	11946	72182
SemRush 網域流量排名數據 (SemRush Domain Rank)	26	68	475
SemRush 網域權威分數 (SemRush Authority Score)	76	74	62

從表 6-1 的網站數據可以看出，綜合來說網站 #1 最優秀，其次是網站 #2，最差的是網站 #3。但是有幾個問題值得深入探討：

1. 為何網站 #1 的 DA 最高，但是 PA 卻最低？

網站 #1 首頁的 PA 比 DA 低，表示連結沒有集中在首頁，而是分散到網站的其他網頁。網站 #3 首頁的 PA 遠高於 DA，表示連結集中指向首頁，反而有人為連結嫌疑的比率會比較高。

2. 為何網站 #1 的 TF 與 CF 都較好，但是 Trust Ratio 卻輸給網站 #2 ？

TF 表示連結品質，CF 表示連結數量，只要 Trust Ratio 大於 1，都表示連結品質沒有問題。因此網站 #1 的 Trust Ratio 輸給網站 #2，並不代表連結有問題。

3. 為何網站 #1 與網站 #2 的 TF 與 CF 差異不大，但是 AR 數據卻差異很大？

Majestic.com 與 Ahrefs.com 的數據來源不同，不能說 TF 與 CF 差異不大，AR 就應該差異不大，拿不同數據來源的數值互相比較，並沒有意義。以及 TF 與 CF 數據是 0 到 100，而 AR 是排名數據，計算的基準不同更不能拿來比較。

AR 數值越小越好，網站 #1 的 AR 為 2625，網站 #2 的 AR 為 11946，其實這兩個網站的連結數量差異不小，但是從 TF 與 CF 數據來看，兩網站的連結品質都算不錯。

除了不同來源的數據不能拿來互相比較之外，不同類型網站的網頁價值數據，也不太有比較的意義。例如中時新聞網 Chinatimes.com 的 DA 為 89，台灣大學 ntu.edu.tw 的 DA 為 76，你不能說中時新聞網的網域權威度高於台灣大學，因為兩者是不同類型的網站。

專家小結

不要以為建立許多連結就可以獲得優秀的網頁品質，有些網頁確實可以騙過某些工具或是搜尋引擎而得到某些優質的假象，但是如果使用所有工具綜合來分析，就可以發現這些網頁品質的真相。所以希望永續經營的企業，還是不要過度建立人為連結，因為遲早會被搜尋引擎發現的，該做的是透過優質的內容來吸引連結，扎實的建立網頁價值，才是根本之道。

6-2 如何善用連結建立相關性

網頁與查詢詞的相關性是搜尋排名最重要的因素，當網頁相關性無法比較出高下，才開始比較其他因素。但是相關性要怎麼建立呢？在這麼多具有相關性的網頁裡面，如何讓搜尋引擎認為你的網頁比別的網頁更加相關呢？

在上一章中，我們已經介紹過網站頁內 (On-Page)，應該如何建立網頁內容與查詢詞的相關性，現在本章節要說明的是如何透過連結，建立網站頁間 (Off-Page) 與查詢詞的相關性，這裡所稱的連結會包含**外部連結** (External Link) 與**內部連結** (Internal Link)。相關性建立的重要性遠比連結建立來得更重要，因為連結建立只是「量」的提升，而相關性建立則是「質」的提升。

利用連外連結 (Outbound Link) 建立相關性

連外連結就是從你的網頁連到別人的網頁，如果連外連結連到相關且具有權威性的網頁，你的網頁的相關性也會建立。最簡單的例子就是連到維基百科，如果你的網頁介紹「網路爬蟲程式」，那麼你就應該連結到維基百科的「Web Crawler」網頁。連外連結到具有權威性網頁的數量，就看你的網頁文字內容多寡及必要性而定。連外連結會建立相關性，但是不會建立你的網頁權威度，反而可能會增加對方的權威度，因此建議只建立連外連結到非競爭網頁。

如圖 6-17，文章提到「Google Hummingbird」演算法，利用連接到國外知名網站增加與該關鍵字的相關性強度。

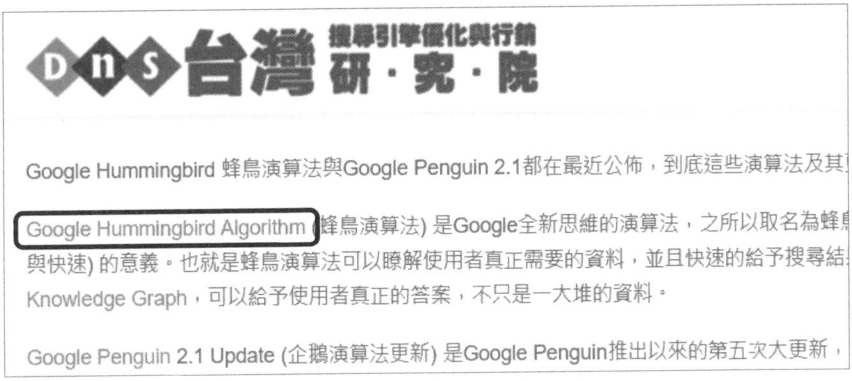
DnS
台灣
搜尋引擎優化與行銷
研·究·院
Google Hummingbird 蜂鳥演算法與Google Penguin 2.1都在最近公佈，到底這些演算法及其
Google Hummingbird Algorithm (蜂鳥演算法) 是Google全新思維的演算法，之所以取名為蜂
與快速) 的意義。也就是蜂鳥演算法可以瞭解使用者真正需要的資料，並且快速的給予搜尋結
Knowledge Graph，可以給予使用者真正的答案，不只是一大堆的資料。
Google Penguin 2.1 Update (企鵝演算法更新) 是Google Penguin推出以來的第五次大更新，

圖 6-17 利用連外連結建立相關性。

為何連外連結會建立相關性？如果整篇文章都沒有外部的參考資訊，或是只有自己網頁互連，就是屬於自說自話式的內容。如果能夠加上外部的參考資訊，可以讓讀者驗證你的內容，或是可以有延伸閱讀的機會，這類資訊豐富的內容，正是搜尋引擎喜歡的形式。

自我網站內利用分類 (Category) 與標籤 (Tag) 及相關內容建立相關性

搜尋引擎最喜歡的網頁就是能夠自我組織的文字型網頁，自我組織的意思就是網頁結構可以把相同主題的網頁兜在一起。例如部落格的文章分類與標籤，就是用來自我組織的工具，這就是為什麼許多操作 SEO 都喜歡用部落格的原因。當然如果你的網站能夠具備分類與標籤的功能，就沒有必要使用部落格平台。如何利用分類與標籤來建立相關性，更詳細的資訊請參考第四章第一節。

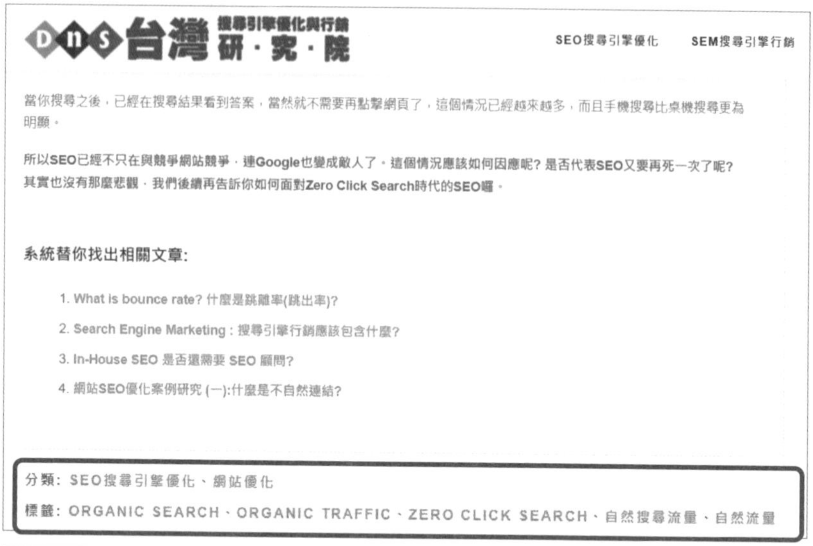
DNS台灣 搜尋引擎優化與行銷 研·究·院　SEO搜尋引擎優化　SEM搜尋引擎行銷

當你搜尋之後，已經在搜尋結果看到答案，當然就不需要再點擊網頁了，這個情況已經越來越多，而且手機搜尋比桌機搜尋更為明顯。

所以SEO已經不只在與競爭網站競爭，連Google也變成敵人了。這個情況應該如何因應呢? 是否代表SEO又要再死一次了呢? 其實也沒有那麼悲觀，我們後續再告訴你如何面對Zero Click Search時代的SEO囉。

系統替你找出相關文章:

1. What is bounce rate? 什麼是跳離率(跳出率)?
2. Search Engine Marketing：搜尋引擎行銷應該包含什麼?
3. In-House SEO 是否還需要 SEO 顧問?
4. 網站SEO優化案例研究 (一):什麼是不自然連結?

分類: SEO搜尋引擎優化、網站優化

標籤: ORGANIC SEARCH、ORGANIC TRAFFIC、ZERO CLICK SEARCH、自然搜尋流量、自然流量

圖 6-18 部落格的文章分類與標籤可以強化關聯性。

利用同時被引用 (Co-citation) 與同時被提及 (Co-Occurrence) 建立相關性

「**同時被引用**」是指當網頁 A 與網頁 B 都被某網頁引用的時候，網頁 A 與網頁 B 就具有相關性；如果網頁 C 也同時被引用，但是被引用的位置距離網頁 A 與網頁 B較遠，也就是可能在另外的文章段落，那麼網頁 C 雖然也是相關網頁，但是相關性就不如網頁 A 與網頁 B。

例如文章引用 seo.dns.com.tw，也同時引用 Moz.com，那麼這兩個網站就會因為同時被引用的頻繁度而建立相關性。

如圖 6-19，網頁 A 同時連結到網頁 B 與網頁C，雖然網頁 BC 間並沒有連結，但是會透過網頁A 的關係而把網頁 B 與網頁 C 變成相關。

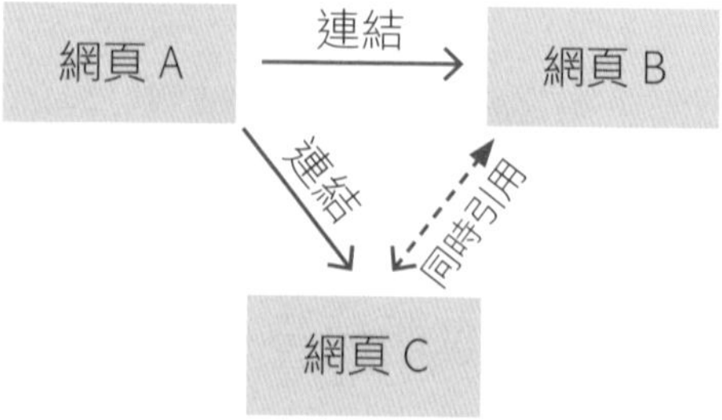

圖 6-19 同時被引用 (Co-citation) 的網站會具備相關性。

「**同時被提及**」是指當詞彙 A 與詞彙 B 在許多網頁都會被同時提到的話，這兩個詞彙就是相關性詞彙。並且被同時提到之外，還會因為詞彙 A 與詞彙 B 被同時提到時的位置距離，而產生不同程度的相關性。例如談到「SEO」的網頁，大多也都會談到「搜尋引擎優化」，所以這兩個詞彙就會被認為是相關性詞彙。

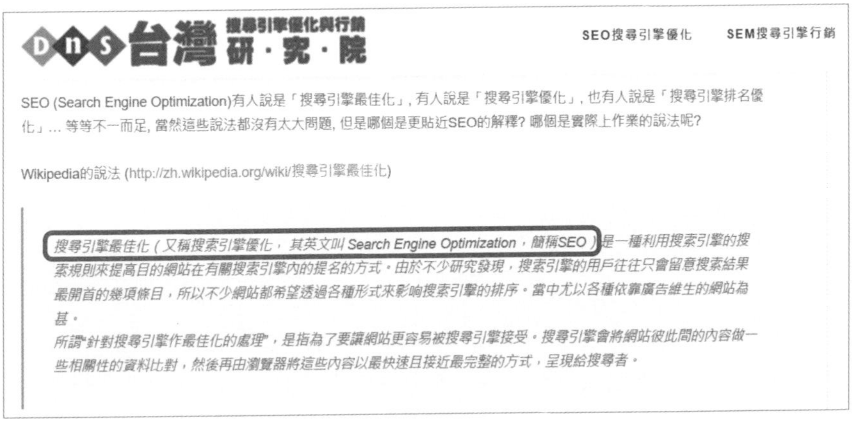
DNS 台灣 搜尋引擎優化與行銷 研·究·院
SEO搜尋引擎優化
SEM搜尋引擎行銷
SEO (Search Engine Optimization)有人說是「搜尋引擎最佳化」, 有人說是「搜尋引擎優化」, 也有人說是「搜尋引擎排名優化」... 等等不一而足, 當然這些說法都沒有太大問題, 但是哪個是更貼近SEO的解釋? 哪個是實際上作業的說法呢?
Wikipedia的說法 (http://zh.wikipedia.org/wiki/搜尋引擎最佳化)
搜尋引擎最佳化（又稱搜索引擎優化，其英文叫 Search Engine Optimization，簡稱SEO）是一種利用搜索引擎的搜索規則來提高目的網站在有關搜索引擎內的提名的方式。由於不少研究發現，搜索引擎的用戶往往只會留意搜索結果最開首的幾項條目，所以不少網站都希望透過各種形式來影响搜索引擎的排序。當中尤以各種依靠廣告維生的網站為甚。
所謂"針對搜尋引擎作最佳化的處理"，是指為了要讓網站更容易被搜尋引擎接受。搜尋引擎會將網站彼此間的內容做一些相關性的資料比對，然後再由瀏覽器將這些內容以最快速且接近最完整的方式，呈現給搜尋者。

圖 6-20 「搜尋引擎優化」、「搜尋引擎最佳化」、「Search Engine Optimization」、「SEO」這幾個詞彙高度被同時提及，因此具有強烈相關性。

當然並不是一個網頁發生「同時被引用」或是「同時被提及」就會產生相關性，而是在搜尋引擎的資料中心必須有大量趨勢時才會發生相關性。

利用主題性相關 (Topical Relevance) 建立相關性

主題性相關是指兩個網頁談論的主題是相同類型，例如網頁 A 談論牛肉麵，網頁 B 談論日本料理，雖然兩者談論完全不一樣的東西，但是就主題來說，網頁 A 與網頁 B 都是美食主題的網頁。當然如果網頁 C 談論壽司，那麼網頁 B 與 C 的主題相關性，就高於網頁 A 與 B。

搜尋引擎判斷使用者的查詢詞會根據這個查詢詞的主題，來決定該出現哪類主題的網頁。例如查詢詞「牛肉麵」與「牛肉麵 台中」，前者的意圖可能是要找當地好吃的牛肉麵，也可能是要找牛肉麵的食譜，也可能是要找牛肉麵相關的資訊。而後者的意圖就很清楚，就是要找台中好吃的牛肉麵。

所以當你查詢「牛肉麵」時，會出現當地的牛肉麵店、牛肉麵食譜、及牛肉麵維基百科、甚至於牛肉麵商品 (如圖 6-21、圖 6-22、圖 6-23)，當你查詢「牛肉麵 台中」時，就只會出現位於台中的牛肉麵店 (如圖 6-24、圖 6-25)。

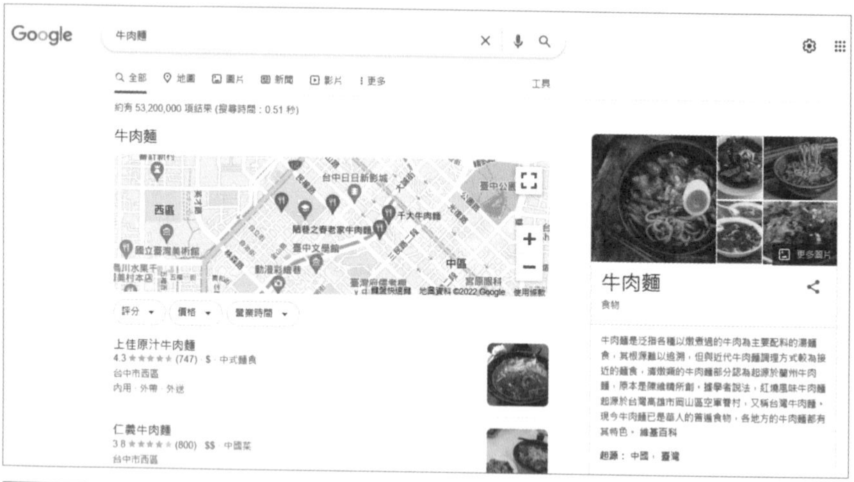
Google
牛肉麵
牛肉麵
上佳原汁牛肉麵
台中市西區
仁義牛肉麵
台中市西區
牛肉麵
食物

圖 6-21 在 Google 查詢「牛肉麵」的搜尋結果之一，出現當地牛肉麵店及牛肉麵的維基百科。

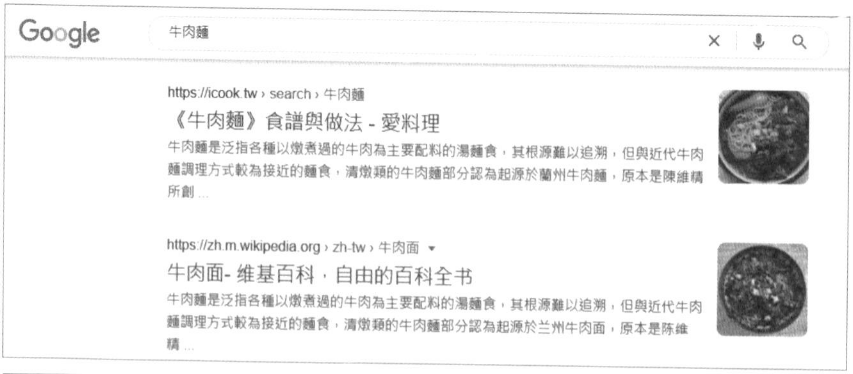
Google
牛肉麵
https://icook.tw › search › 牛肉麵
《牛肉麵》食譜與做法 - 愛料理
牛肉麵是泛指各種以燉煮過的牛肉為主要配料的湯麵食，其根源難以追溯，但與近代牛肉麵調理方式較為接近的麵食，清燉類的牛肉麵部分認為起源於蘭州牛肉麵，原本是陳維精所創 ...
https://zh.m.wikipedia.org › zh-tw › 牛肉面
牛肉面- 維基百科，自由的百科全书
牛肉麵是泛指各種以燉煮過的牛肉為主要配料的湯麵食，其根源難以追溯，但與近代牛肉麵調理方式較為接近的麵食，清燉類的牛肉麵部分認為起源於兰州牛肉面，原本是陈維精 ...

圖 6-22 在 Google 查詢「牛肉麵」的搜尋結果之二，出現牛肉麵食譜及牛肉麵的維基百科。

Google
牛肉麵
https://www.fun-life.com.tw › taichung-beef-noodles
這13間台中牛肉麵超多人推薦！2022台中牛肉麵店家懶人包~
沒想到台中牛肉麵這麼多家！阿新我一個人踩點也吃不完啊~還記得上次介紹忠孝路來來
牛肉麵評價相當兩極，最有印象的莫過於有網友留言「台中牛肉麵店家這麼多，...
台中牛肉麵 · 台中牛肉麵店 · 來來牛肉麵 · 六六順牛肉麵
https://candylife.tw › beefnoodlesbg
台中在地人推薦，紅燒、清燉、浮誇牛肉麵通通有
2022年2月13日 — 喜歡吃牛肉麵的朋友們這篇台中牛肉麵懶人包一定要收藏，不管是紅
燒、清燉，還是浮誇牛肉麵通通有，雖說牛肉麵到處可見，要不採雷才是重點，糖糖這
次 ...
https://tisshuang.tw › 懶人包
台北牛肉麵節冠軍美食、米其林必比登推薦必吃清單
2022年4月15日 — 紅燒雙寶牛肉麵： 榮獲2019、2012牛肉麵冠軍，採用頂級牛腱心、牛肋條，
牛骨湯底熬煮出紅燒豆瓣鹹香滋味，每一口湯與肉都吃得出牛肉的香氣與甜味。
https://24h.pchome.com.tw › store
品牌牛肉麵 - PChome 24h購物
1.全新升級！阿舍半筋半肉牛肉麵 · 2.採用頂級牛肋部位與Q嫩滷牛筋 · 3.數十種中藥與蔬
果熬製特選高湯 · 4.不須冷藏只要加熱調理包即可享用 · 5.媲美現煮般的美味，另付老
甕 ...

圖 6-23 在 Google 查詢「牛肉麵」的搜尋結果之三，出現牛肉麵店及商品。

Google
牛肉麵 台中
全部
地圖
圖片
新聞
購物
更多
工具
約有 20,000,000 項結果 (搜尋時間：0.42 秒)
中式麵食店
評分
價格
營業時間
仁義牛肉麵
3.8 (800) · $$ · 中國菜
台中市西區
內用 · 外帶 · 外送
陋巷之春老家牛肉麵
4.2 (406) · $ · 中式麵食
台中市中區
已打烊 · 開始營業時間：16:30
內用 · 免下車服務
吳記牛肉麵
3.4 (252) · $ · 中式麵食
台中市西區
內用 · 外帶 · 外送
英才公園
臺中市立臺中二中
吳記牛肉麵
屋馬燒肉園邸店
國立臺中科技大學
中華路夜市
一中街夜市
向上路一段
臺中公園
仁義牛肉麵
日曜天地OUTLET
臺中市立大墩文化中心
陋巷之春老家牛肉麵
臺中文學館
美術館
動漫彩繪巷
中區

圖 6-24 在 Google 查詢「牛肉麵 台中」的搜尋結果。

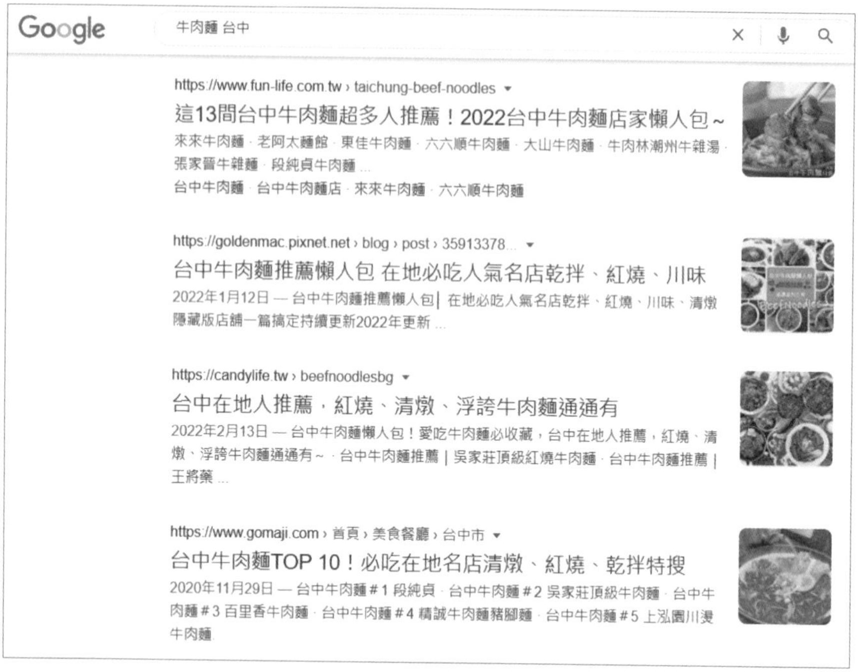
Google
牛肉麵 台中
https://www.fun-life.com.tw › taichung-beef-noodles
這13間台中牛肉麵超多人推薦！2022台中牛肉麵店家懶人包~
來來牛肉麵 · 老阿太麵館 · 東佳牛肉麵 · 六六順牛肉麵 · 大山牛肉麵 · 牛肉林潮州牛雜湯 · 張家冒牛雜麵 · 段純貞牛肉麵 ...
台中牛肉麵 · 台中牛肉麵店 · 來來牛肉麵 · 六六順牛肉麵
https://goldenmac.pixnet.net › blog › post › 35913378...
台中牛肉麵推薦懶人包 在地必吃人氣名店乾拌、紅燒、川味
2022年1月12日 — 台中牛肉麵推薦懶人包 | 在地必吃人氣名店乾拌、紅燒、川味、清燉隱藏版店舖一篇搞定持續更新2022年更新 ...
https://candylife.tw › beefnoodlesbg
台中在地人推薦，紅燒、清燉、浮誇牛肉麵通通有
2022年2月13日 — 台中牛肉麵懶人包！愛吃牛肉麵必收藏，台中在地人推薦，紅燒、清燉、浮誇牛肉麵通通有~ · 台中牛肉麵推薦 | 吳家莊頂級紅燒牛肉麵 · 台中牛肉麵推薦 | 王將藥 ...
https://www.gomaji.com › 首頁 › 美食餐廳 › 台中市
台中牛肉麵TOP 10！必吃在地名店清燉、紅燒、乾拌特搜
2020年11月29日 — 台中牛肉麵 # 1 段純貞 · 台中牛肉麵 # 2 吳家莊頂級牛肉麵 · 台中牛肉麵 # 3 百里香牛肉麵 · 台中牛肉麵 # 4 精誠牛肉麵豬腳麵 · 台中牛肉麵 # 5 上泓園川燙牛肉麵

圖 6-25 在 Google 查詢「牛肉麵 台中」的搜尋結果。

因此網頁就必須透過主題性來強化網頁的相關性，例如使用第四章第二節提到的子目錄或是子網域規劃，把某些特定主題規劃在一起。尤其綜合性網頁如果沒有善用主題相關來強化，往往很難在特定類型的查詢中表現突出。

利用相關網頁的內文連結建立相關性

內文連結 (Editorial Link) 是指在文章內的連結，又稱為編輯者連結，如圖 6-26。通常是文章談到某個主題時，連結到相關的網頁，這類連結的效果通常遠高於整站連結 (Site-wide Links) 或是頁尾連結 (Footer Links)。但是如果錨點文字與網站來源不夠多樣性，也無法累積足夠的相關性。所謂多樣性就是指眾多連結的錨點文字不能一樣，如果很多連結連到特定網頁，但是錨點文字完全一樣，很可能被判定為人工連結而喪失相關性。如果連結來源都是相同的一群網站，也會降低相關性。

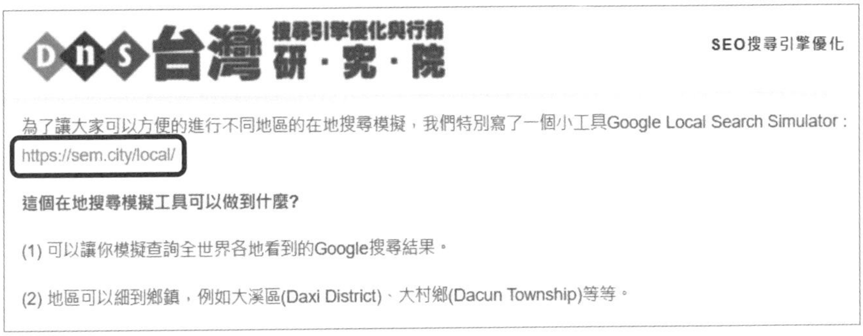
DnS台灣 搜尋引擎優化與行銷 研·究·院
SEO搜尋引擎優化
為了讓大家可以方便的進行不同地區的在地搜尋模擬，我們特別寫了一個小工具Google Local Search Simulator :
https://sem.city/local/
這個在地搜尋模擬工具可以做到什麼?
(1) 可以讓你模擬查詢全世界各地看到的Google搜尋結果。
(2) 地區可以細到鄉鎮，例如大溪區(Daxi District)、大村鄉(Dacun Township)等等。

圖 6-26 存在文章內的內文連結 (Editorial Link)。

從建立網頁內會被點選的連結來建立相關性

通常網頁內正常的連結長期來說都會被點選，如果這個連結從來沒有被點選，或是被點選的機率很低，那麼這個連結就是低品質的連結。低品質的連結無法建立有品質的相關性，所以如果存在一堆不會被點選的連結，倒不如存在少數會被點選的連結。

但是哪些連結才會被點選呢？當然就是有用的連結，看你的網頁目的是什麼，提供可以滿足讀者需求的連結就是了。

如圖 6-27，網站出現在 Google 的搜尋結果上時，Google 也會把經常被點選的連結特別顯示出來，目的就是要滿足讀者的需求。

https://seo.dns.com.tw
台灣搜尋引擎優化與行銷研究院:SEO:SEM
最權威的SEO知識來源~ 本網探討SEM搜尋引擎行銷、 SEO搜尋引擎最佳化/搜尋引擎優化/SEO
網站優化、網路行銷等相關的訊息及技術內容。以及如何利用搜尋引擎行銷(Search ...
聯絡
以及如何利用搜尋引擎行銷(Search Engine Marketing)策略、社交網 ...
Blog
Google Blogger又出問題了, POST出問題、T ... Blogger For ...
作者
SEO新手期盼已久的經典課程，進入SEO領域的最佳捷徑，給您 ...
分類
以及如何利用搜尋引擎行銷(Search Engine Marketing)策略、社交網 ...

圖 6-27 網站出現在 Google 的搜尋結果上時，會顯示較常被點選的連結。

使用語意標記建立相關性

網路上的網頁數量驚人，未必搜尋引擎都能夠瞭解每個網頁的真正意涵。所以如果網頁內存在語意標記，搜尋引擎就不需要花費太多力氣去瞭解，就能夠知道該網頁是哪類內容。因此具有語意標記的網頁連結，就比較容易建立相關性。例如某個網頁存在許多電影的語意標記 https://schema.org/Movie，當你的網頁獲得該網站的連結，當然搜尋引擎就很清楚知道這個連結傳遞電影類型資料的相關性。關於如何使用語意標記，請參考第五章第三至七節的說明。

如圖 6-28，IMDB 影片資料庫網頁就使用 https://schema.org/VideoObject 來建立影片相關性，可以將影片的諸多屬性都加入網頁的語意標記中，因此當你的網頁有連結連到該影片網頁，或是該影片網頁有連結連到你的網頁，搜尋引擎就可以知道其間的相關性。

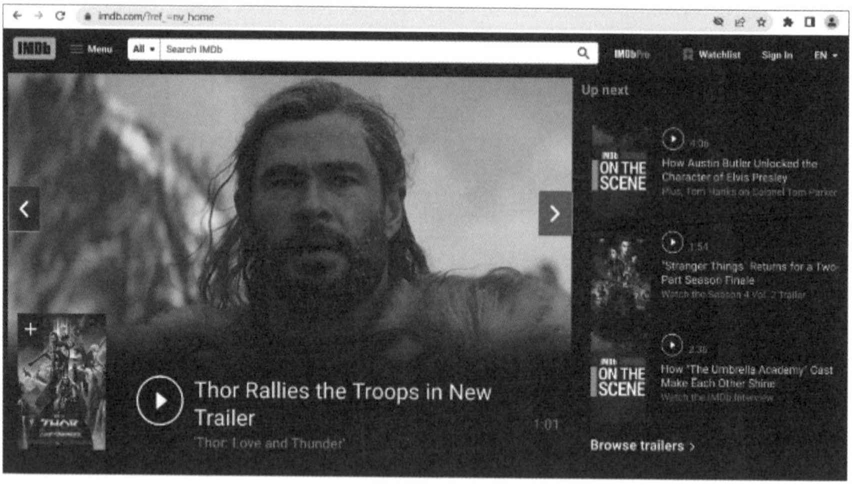

圖 6-28 IMDB 影片資料庫網頁 https://www.imdb.com/。

透過 RSS 連結的流量建立相關性

如圖 6-29，許多網站都會揭露它們的 RSS 訂閱方式，可以透過 RSS 訂閱來引進流量，並且如果網站的 RSS 被更多使用者或是網站納入它們的內容，則可以透過流量來建立相關性。例如你的網站 RSS 被某個可信賴的網站加入頻道，你的網站就同時會建立相關性，如圖 6-30。

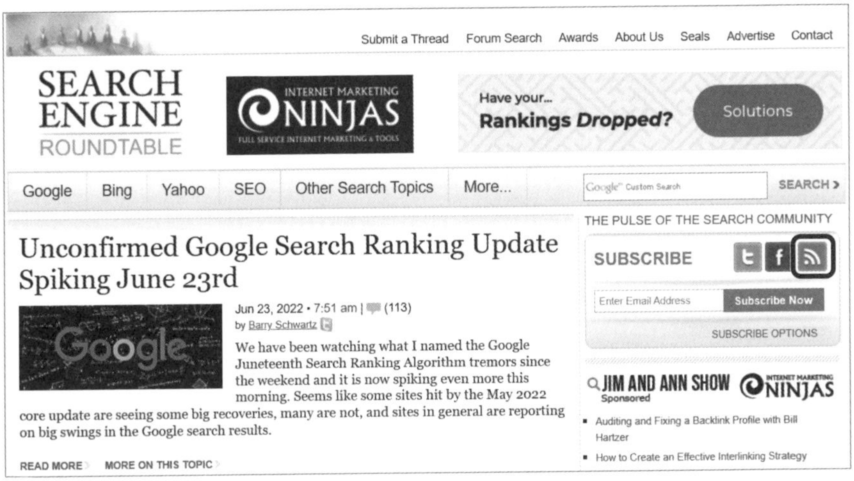
Submit a Thread
Forum Search
Awards
About Us
Seals
Advertise
Contact
SEARCH ENGINE ROUNDTABLE
INTERNET MARKETING NINJAS
FULL SERVICE INTERNET MARKETING & TOOLS
Have your...
Rankings Dropped?
Solutions
Google
Bing
Yahoo
SEO
Other Search Topics
More...
SEARCH
THE PULSE OF THE SEARCH COMMUNITY
Unconfirmed Google Search Ranking Update Spiking June 23rd
Jun 23, 2022 • 7:51 am | (113)
by Barry Schwartz
We have been watching what I named the Google Juneteenth Search Ranking Algorithm tremors since the weekend and it is now spiking even more this morning. Seems like some sites hit by the May 2022 core update are seeing some big recoveries, many are not, and sites in general are reporting on big swings in the Google search results.
READ MORE
MORE ON THIS TOPIC
SUBSCRIBE
Enter Email Address
Subscribe Now
SUBSCRIBE OPTIONS
JIM AND ANN SHOW
Sponsored
Auditing and Fixing a Backlink Profile with Bill Hartzer
How to Create an Effective Interlinking Strategy

圖 6-29 在網站上標示自己的 RSS 訂閱，可以引進流量也可以建立相關性。

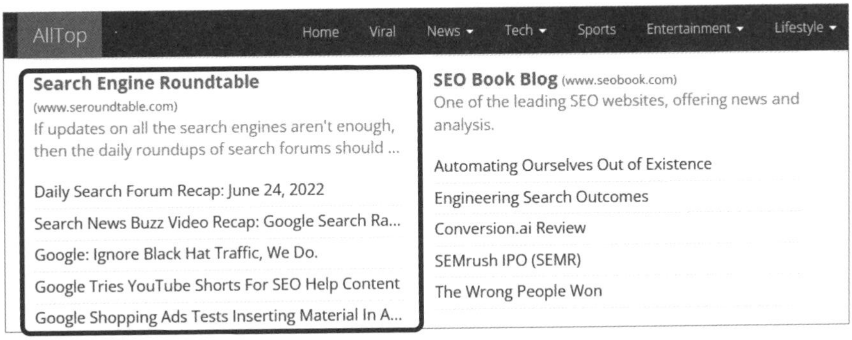
AllTop
Home
Viral
News
Tech
Sports
Entertainment
Lifestyle
Search Engine Roundtable
(www.seroundtable.com)
If updates on all the search engines aren't enough, then the daily roundups of search forums should ...
Daily Search Forum Recap: June 24, 2022
Search News Buzz Video Recap: Google Search Ra...
Google: Ignore Black Hat Traffic, We Do.
Google Tries YouTube Shorts For SEO Help Content
Google Shopping Ads Tests Inserting Material In A...
SEO Book Blog (www.seobook.com)
One of the leading SEO websites, offering news and analysis.
Automating Ourselves Out of Existence
Engineering Search Outcomes
Conversion.ai Review
SEMrush IPO (SEMR)
The Wrong People Won

圖 6-30 被知名網站納入 SEO 相關部落格頻道，就更可以強化相關性。

善用 nofollow 等標記建立連結

nofollow 是 HTML 中建立連結時的一個屬性，用於告訴搜尋引擎不要追蹤特定的網頁連結，建立連結時可以加入 rel="nofollow" 屬性如下：

```
<a href=" 網址 " rel="nofollow"> 錨點文字 </a>
```

如果連結的語法存在 nofollow 屬性，搜尋引擎就不會繼續爬取該連結網頁，同時網頁跟連結網頁也不會產生相關性。

除了 nofollow 屬性之外，Google 還推出連結相關的其他屬性如下：

```
<a href=" 網址 " rel="sponsored"> 錨點文字 </a>
```

以上是指該連結是贊助連結。

```
<a href=" 網址 " rel="ugc"> 錨點文字 </a>
```

以上是指該連結是使用者產生的內容（例如留言和論壇文章）中的連結。

```
<a href=" 網址 " rel="ugc,nofollow"> 錨點文字 </a>
```

以上是多重使用 rel 屬性，可以合理的將 nofollow、sponsored、ugc 加以組合，並以空格或半形逗號分隔。

如果在網頁內把非相關的連結，以 nofollow、sponsored、ugc 等屬性標示清楚，就可以排除雜訊，那麼真正相關的連結就會產生更大的相關性。

另外有兩個屬性 noreferrer 與 noopener，很容易搞錯：

```
<a href=" 網址 " rel="noreferrer"> 錨點文字 </a>
```

以上的語法用在你不想讓被連結的網頁知道誰連結過去，也就是連結來源 (referrer) 資訊不會傳遞過去，因此在 Google 分析中會算是直接流量 (direct　traffic)，但是對於搜尋引擎來說，這個連結仍舊是 dofollow，因此這個宣告沒有任何 SEO 效果。所以要記得，站內的連結千萬不要使用 noreferrer 屬性，會破壞正常的流量分析。

```
<a href=" 網址 " rel="noopener"> 錨點文字 </a>
```

以上的語法也跟 SEO 沒有任何關係，noopener 通常會跟 noreferrer 一起用在連外連結上，noopener 的目的是避免留下安全漏洞。

例如在沒有 noopener 屬性的情況下，如果被連結的網頁埋下惡意程式碼，訪客會誤以為還停留在你的網站內，但是實際上卻是執行對方的惡意程式碼。不過大多新版本的瀏覽軟體，連外連結會預設 noopener 屬性，除非你自己宣告為 opener。但是連外連結還是盡量再宣告 noopener 屬性，因為你不知道訪客會使用哪種版本的瀏覽軟體。

使用 canonical 標記集中關聯性

我們在第四章第四節有提到**標準連結元素** (Canonical Link Element)，這個標記也可以用來集中關聯性。

例如網站內存在多個內容相同或是類似的網頁 a.html 與 b.html，如果希望把關聯性集中到 a.html，就可以在 b.html 的 head 區域使用以下宣告：

```
<link rel="canonical" href="https://example.com/a.html">
```

這個標準連結元素的宣告也可以用在跨網域上，例如 example-A.com/a.html 與 example-B.com/b.html 是內容相同或是類似的網頁，如果希望把關聯性集中到 a.html，也可以在 example-B.com/b.html 的 head 區域使用以下宣告：

```
<link rel="canonical" href="https://example-A.com/a.html">
```

不過要記得 canonical 宣告只是告訴搜尋引擎你的設定，最後怎麼做要由搜尋引擎決定，並非設定後搜尋引擎就會照著做。

專家小結

連結是搜尋引擎判斷相關性的重要因素，但是已經變化成各種形式，並且已經不只是計算數量。以往靠人工方式建立連結，已經無法應付現在的環境。你必須瞭解更多影響相關性的方法，才有辦法建立有品質的相關性。

6-3 如何以正確方法獲得連結

操作 SEO 有四種層次：第一種是**只建立連結**；第二種是**以建立連結為主，輔以網站優化**；第三種是**以網站優化為主，輔以建立連結**；第四種是**只做網站優化，不操作建立連結**。

SEO 專家賽羅斯・夏波 (Cyrus Shepard) 曾經說過，90% 的 SEO 操作應該放在建立優質的內容，最多應該只花 10% 的時間用在建立連結，而且建立連結的重點是「獲得連結」而非「製造連結」。也就是正確的 SEO 操作，應該屬於第三、四種模式。

如果你操作 SEO 的境界還停留在第一、二種模式，是非常危險的事情。因為你的網站是建立在很脆弱的基礎上，搜尋引擎可以隨時取回給你的搜尋排名。

建立連結不應該做的事情

如果你想建立連結而不希望面對搜尋引擎的處罰，你要建立的連結應該是不容易取得的優質連結，而非隨手可以製作的人為連結。以下的連結建立是應該「盡量避免」的方法：

連結農場 (Link Farm)

連結農場是指一群互相連結的網站，存在的目的就是為了建立連結。連結農場各網站互相連結有些是透過人工方式，有些是透過自動的機制。這些網站透過互相連結來提升連結熱門度，然後再製造連結給付費的目標網站。

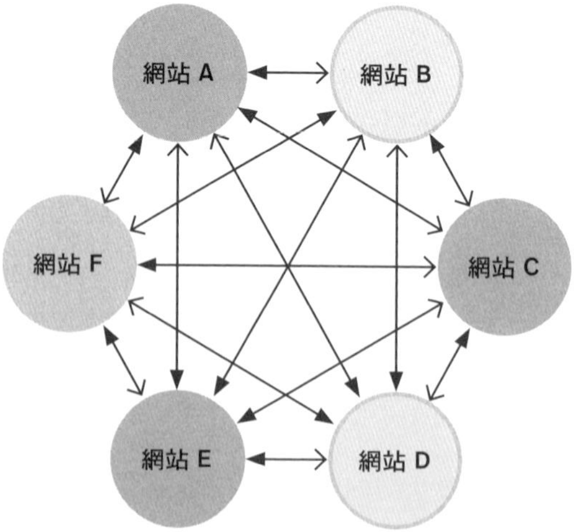

圖 6-31 連結農場互相連結來提升連結熱門度。

私人連結 / 私人部落格網路

私人連結網路 (PLN，Private Link Network) 或是私人部落格網路 (PBN，Private Blog Network) 跟連結農場很類似，都是為了連結而存在，但是連結的型態不太相同，並且不公開提供服務給外界使用。

私人連結網路與私人部落格網路跟一般的網站或是部落格有何不同呢？一般的網站或是部落格是希望訪客到訪瀏覽內容為主要目的；但是私人連結網路與私人部落格網路並不是製作給訪客瀏覽的，而是製作給搜尋引擎抓取，以製作連結為主要目的。

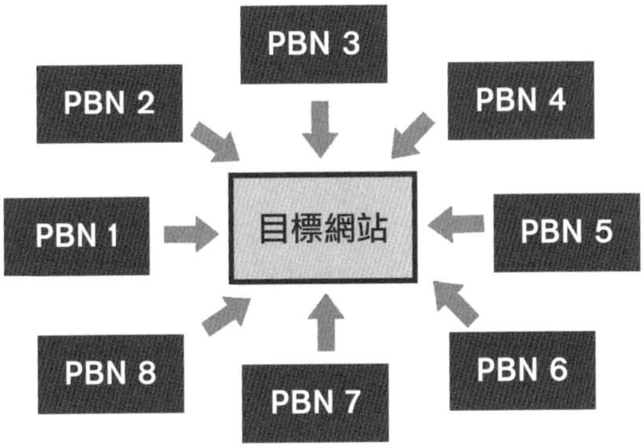

圖 6-32 透過 PLN 或 PBN 網頁連結到目標網站，來提升連結熱門度。

文章集散網站 (Article Distribution Sites)

文章集散網站是指 ezinearticles.com 或是 ehow.com 之類的網站，讓使用者可以上傳散佈自己的文章。如圖 6-33，在 eHow 上的文章大多都會連結到自己的賣場網頁。但是這並不代表網頁為了行銷在網頁加上賣場連結就一定不好，還需要看網頁內容是否滿足讀者的需求。

這類網站跟共筆平台 (Guest Blogging) 很類似，文章集散網站可以說是品質比較差的共筆平台。文章集散網站或是共筆平台不是都不好，但是很多都沒有品質控管，其內容與連結大多是為了搜尋引擎而存在。

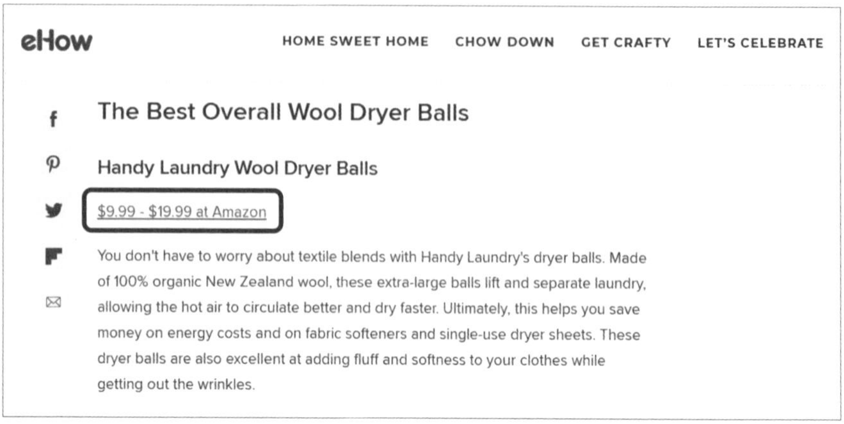
eHow
HOME SWEET HOME
CHOW DOWN
GET CRAFTY
LET'S CELEBRATE
The Best Overall Wool Dryer Balls
Handy Laundry Wool Dryer Balls
$9.99 - $19.99 at Amazon
You don't have to worry about textile blends with Handy Laundry's dryer balls. Made of 100% organic New Zealand wool, these extra-large balls lift and separate laundry, allowing the hot air to circulate better and dry faster. Ultimately, this helps you save money on energy costs and on fabric softeners and single-use dryer sheets. These dryer balls are also excellent at adding fluff and softness to your clothes while getting out the wrinkles.

圖 6-33 ehow.com 文章集散網站。

RSS 自動收集內容的網站 (Syndication Website)

透過別人網站的 RSS(Really Simple Syndication) 而集成內容的網站，存在的目的就是為了植入連結，有些網站還會穿插自己的內容，或是修改集成而來的內容。如果不仔細觀察，還會以為是一個內容豐富的網站。但是後來有些商業網站也把 RSS 自動集成內容的網站變成一種商業模式，有些新聞網站也會利用這種方式收集內容，所以未必 RSS 自動集成網站就不好，還需要看整體的架構。

目錄網站 (Web Directory)

目錄網站提供免費或是付費的登錄服務，讓各網站可以依照自己網站的屬性，登錄到對應的型態目錄中，存在的目的就是為了操作連結。其實現在的網路環境，根本不需要去登錄一些毫無流量的目錄網站，只會帶來負面影響。

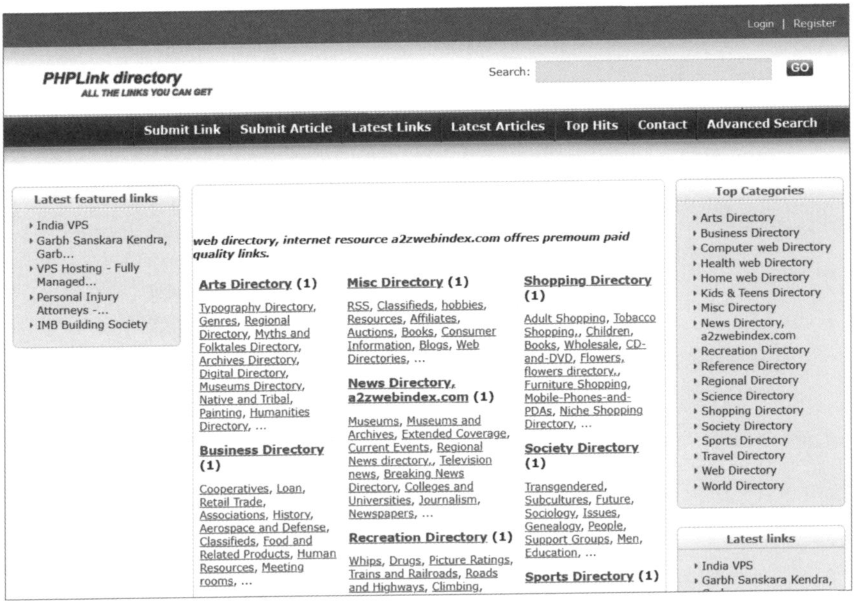

圖 6-34 目錄網站根據網站類型分門別類，讓使用者免費或是付費登錄網站。

輪式鏈結 (Link Wheels)

輪式鏈結也是一群互相連結的網站，但是使用不同的連結結構，網站以有去無回的方式建立連結，然後只有連結的最末端網站才連結回來。

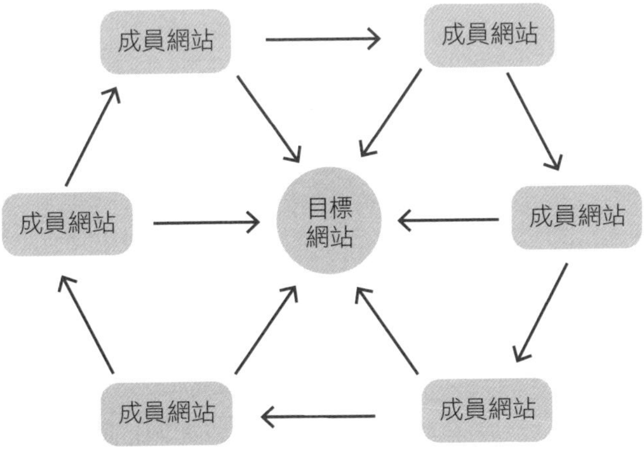

圖 6-35 輪式鏈結網站跳脫連結交換的型態，用以躲避搜尋引擎的偵測。

大量連結交換 (Massive Link Exchange)

連結交換就是你的網站連結我的網站，我的網站也連結你的網站。雖然是早期的建立連結作法，但是現在還是存在許多連結交換的網站。

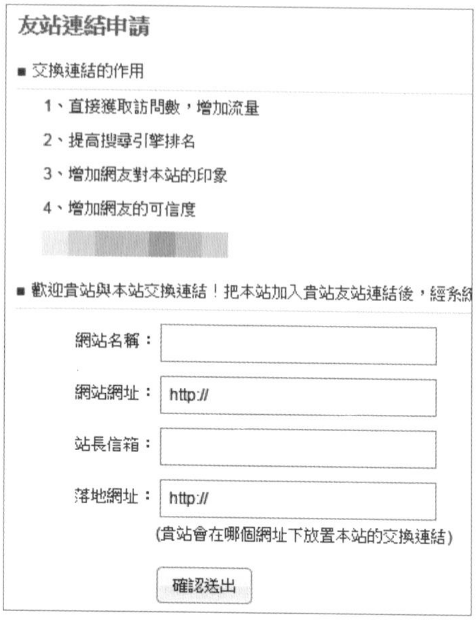
友站連結申請
■ 交換連結的作用
1、直接獲取訪問數，增加流量
2、提高搜尋引擎排名
3、增加網友對本站的印象
4、增加網友的可信度
■ 歡迎貴站與本站交換連結！把本站加入貴站友站連結後，經系統
網站名稱：
網站網址：http://
站長信箱：
落地網址：http://
(貴站會在哪個網址下放置本站的交換連結)
確認送出

圖 6-36 連結交換網站宣稱可以提高搜尋引擎排名。

大量整站連結 (Massive Sitewide Link)

整站連結大多會建立連結在側邊欄 (Sidebar) 或是頁尾 (Footer)，大多數的連結交換或是付費連結也會以這個方式存在。

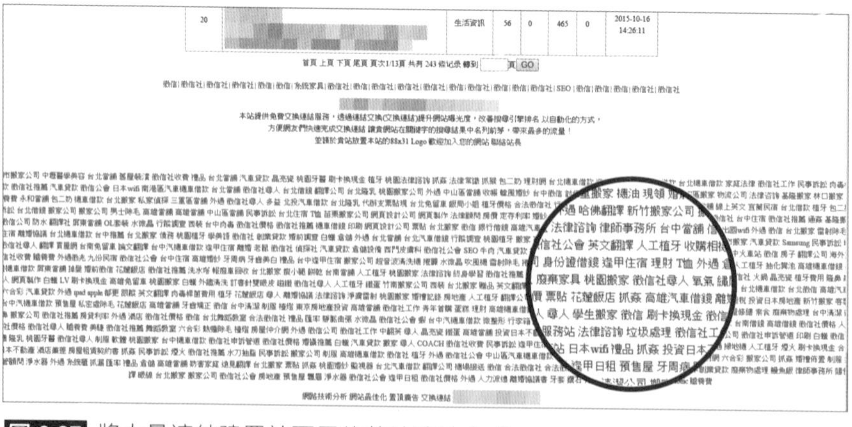

圖 6-37 將大量連結建置於頁尾的整站連結方式。

連結注入 (Link Injection)

連結注入是指將連結以「隱形」的方式，建立在不知情的網站上。以往駭客會以這個手法運用在被駭網站的既有網頁，但是現在出現許多連結注入，是建立在被駭網站原來不存在的網頁。更有甚者，駭客已經取得被駭網站的整個子網站或是子目錄的存取權，並在這些假造出來的網頁上建立連結。

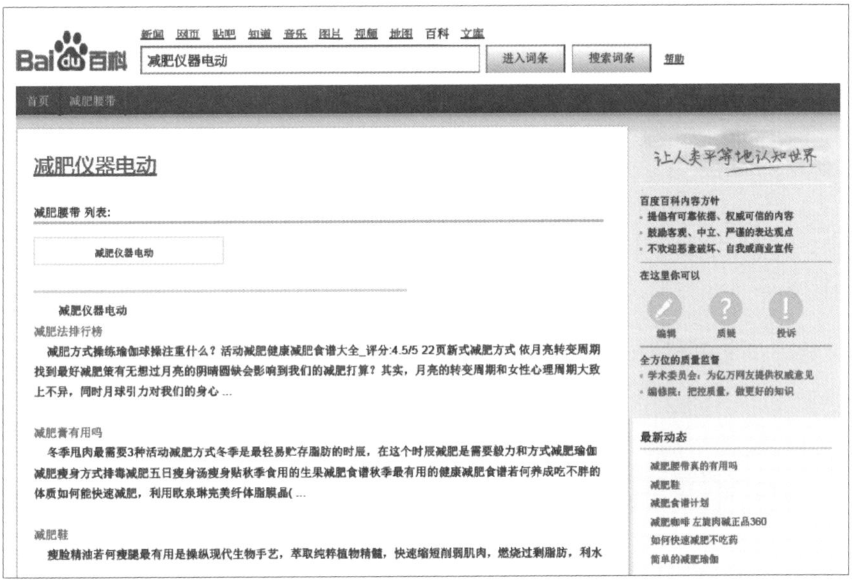

圖 6-38 網站被植入造假的百度百科頁面並被注入大量連結。

使用者可產生的內容連結 (User-Generated-Content Link，UGC Link)

例如在論壇文章、簽名檔、及留言等內容上建立連結，都是屬於使用者可產生的內容連結。到目前為止還有許多黑帽 SEO 大量製造這類連結，大多是販賣威而鋼或是名牌包的仿冒品，如圖 6-39。

Google
site:edu.tw cheap viagra
全部
購物
圖片
新聞
影片
更多
工具
約有 7,940 項結果 (搜尋時間：0.22 秒)
https://cm edu.tw › comment › reply
發表新回應 - 大學社會責任與永續發展辦公室
buy generic viagra online erectile dysfunction cure where can i buy viagra over the counter or buy sildenafil viagra without prescription or generic viagra ...
https://cmu edu.tw › comment › reply
發表新回應 - 大學社會責任與永續發展辦公室
viagra without a doctor prescription buy viagra - where to buy viagra, viagra discount - best over the counter viagra, viagra 100mg price - viagra online ...
https://cm edu.tw › comment › reply
Add new comment | 大學社會責任與永續發展辦公室
how to get viagra generic viagra pills how much viagra should i take the first time? or generic viagra pills generic viagra walmart or buy viagra generic ...
http://www edu.tw › chin › b_kantie
無題
viagra without a prescription https://cheapvgr100.com/ dgycufuz wsqyjbmd <a href="
https://cheapvgr100.online/# ">cheap viagra</a> generic viagra online

圖 6-39 在有流量的部落格或是在疏於管理的學校討論網站，就會經常在留言出現大量垃圾連結。

如何獲得優質的連結？

如果想要獲得優質的連結，最重要的是要產出優秀的原創內容，當成連結誘餌 (Link Bait)。連結誘餌就是指優秀的網頁內容，會誘使別的網站自動自發地連接到該網頁。之所以別的網站會想要連結到連結誘餌，就是因為覺得該內容值得連結。以下是要獲得優質的連結，可以進行的事項：

針對特定單位或是族群，整理有用的資訊

例如針對學生族群提供考古題及獎學金資訊；針對上班族群提供進修資訊及電腦技能教學資訊等，並將這些整理的資訊主動提供給相關網站。

如圖 6-40，https://www.com.tw 提供各類考試的數據分析與查榜服務，很多學校、考生、或家長都曾經使用他們的服務。如圖 6-41，1111 進修網匯集眾多進修、證照、國家考試等資訊，也獲得眾多網站的連結。

圖 6-40 https://www.com.tw 提供各類考試的數據分析與查榜服務。

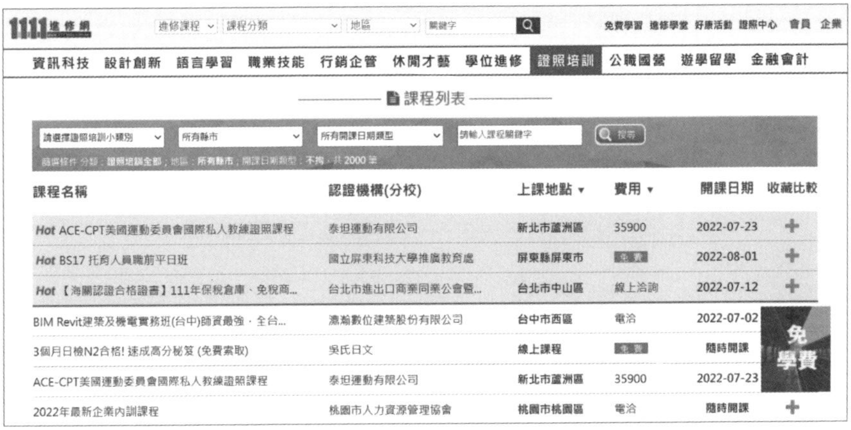

圖 6-41 1111 進修網匯集眾多進修、證照、國家考試等資訊。

主動在各大論壇或是社交網路回答各類問題

如果你的回答獲得大家的肯定，那麼你提供的連結就很有機會被網友連結。如果你無法隨時注意網路上的問題討論，可以善用「Google 快訊」來關注特定議題。

如圖 6-42，Google 分析的討論社群上協助網友解決問題，還能適時的提供自己的網站連結，目的不在該討論社群上建立連結，而是讓自己的網站曝光，讓網友連結你的網站。

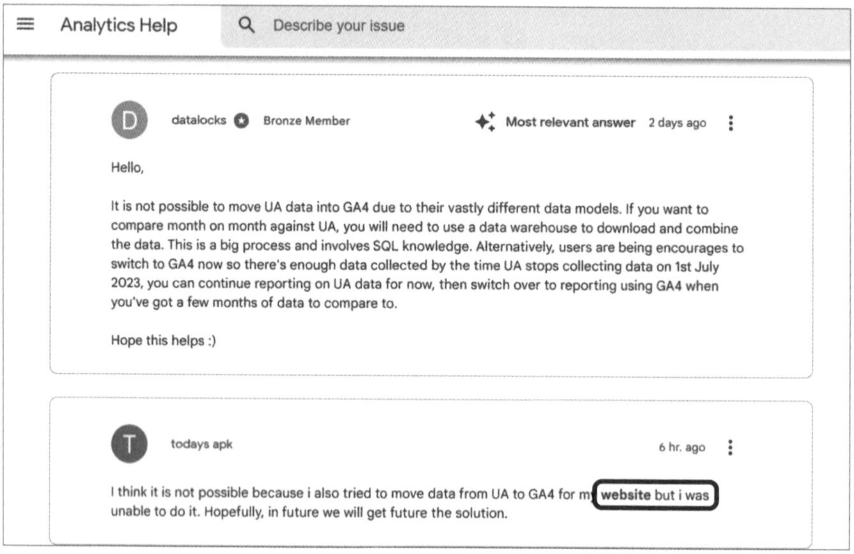
Analytics Help
Describe your issue
datalocks
Bronze Member
Most relevant answer
2 days ago
Hello,
It is not possible to move UA data into GA4 due to their vastly different data models. If you want to compare month on month against UA, you will need to use a data warehouse to download and combine the data. This is a big process and involves SQL knowledge. Alternatively, users are being encourages to switch to GA4 now so there's enough data collected by the time UA stops collecting data on 1st July 2023, you can continue reporting on UA data for now, then switch over to reporting using GA4 when you've got a few months of data to compare to.
Hope this helps :)
todays apk
6 hr. ago
I think it is not possible because i also tried to move data from UA to GA4 for my website but i was unable to do it. Hopefully, in future we will get future the solution.

圖 6-42 關於 Google 分析的討論社群：https://support.google.com/analytics/community。

從他網的斷鏈 (Broken Links) 獲得連結

網站常年累月的經營下來，內容會越來越多，因此網頁難免就會產生某些連結的對象網頁消失的問題。如果沒有專人定時維護，通常網站擁有人未必會知道有哪些連結有斷鏈的情況。當我們發現某個優質網頁外聯的連結失效，就可以通知網站擁有人修改斷鏈，連結到我們提供相同資訊的新網頁。如圖 6-43，透過爬蟲軟體 Screaming Frog 輕鬆尋找特定網站的斷鏈。

圖 6-43 透過爬蟲軟體 Screaming Frog 輕鬆尋找特定網站的斷鏈。

但是既然被連結的原始網頁已經消失了，我們如何知道應該提供什麼內容呢？第一個方式就是從連結來源網頁內容去判斷，可能是什麼內容；第二個方式就是使用 Wayback Machine 尋找到消失網頁的庫存內容。

Wayback Machine 網址	https://archive.org/

如圖 6-44，從 104 網站找到一個失效的連結，然後從 Wayback Machine 找到該網頁的庫存內容，就可以知道應該提供什麼內容了。但是因為 Wayback Machine 只會自動儲存流量較大的網頁，因此不能保證每個失效的連結網頁都可以找到庫存內容。

圖 6-44 使用 Wayback Machine 尋找已經消失的網頁。

從維基百科的斷鏈 (Broken Links) 獲得連結

維基百科因為內容龐大，如果使用爬蟲軟體尋找斷鏈會花費太多時間。但是我們可以透過維基百科對於斷鏈管理的語法來找到適當的斷鏈。

- **範例語法 #1：**

  site:wikipedia.org "python" intext:"permanent dead link"

因為維基百科會將英文內容的斷鏈標示為「permanent dead link」，所以使用 site:wikipedia.org 來指定只搜尋維基百科，使用 intext:"permanent dead link" 來搜尋網頁內文具有完整的 permanent dead link 字串，然後再加上我們要搜尋的相關關鍵字 python，就可以在維基百科網頁中找到跟 python 有關的英文內容中存在斷鏈的網頁，如圖 6-45 及圖 6-46。

- **範例語法 #2：**

  site:wikipedia.org "python" intext:"永久失效連結 "

這個語法目的跟範例語法 #1 相同，不同的是中文內容的斷鏈會標示為「永久失效連結」，所以這個範例語法 #2 就可以在維基百科網頁中找到跟 python 有關的中文內容中存在斷鏈的網頁，如圖 6-47 及圖 6-48。

如果你要套用範例語法，只要把 python 改成你要的關鍵字即可，例如你要尋找跟「行銷」有關的中文維基百科斷鏈，就可以使用以下的語法去 Google 搜尋：

```
site:wikipedia.org " 行銷 " intext:"永久失效連結 "
```

並且同樣的使用 Wayback Machine 尋找到消失網頁的庫存內容，再來提供新的網頁。找到維基百科斷鏈之後，就可以自己去更新斷鏈的連結到你的網頁。不過要注意的是，網頁內容必須具有足夠的相關性、品質、以及符合維百科的編輯規範，否則很快的就會被刪除。

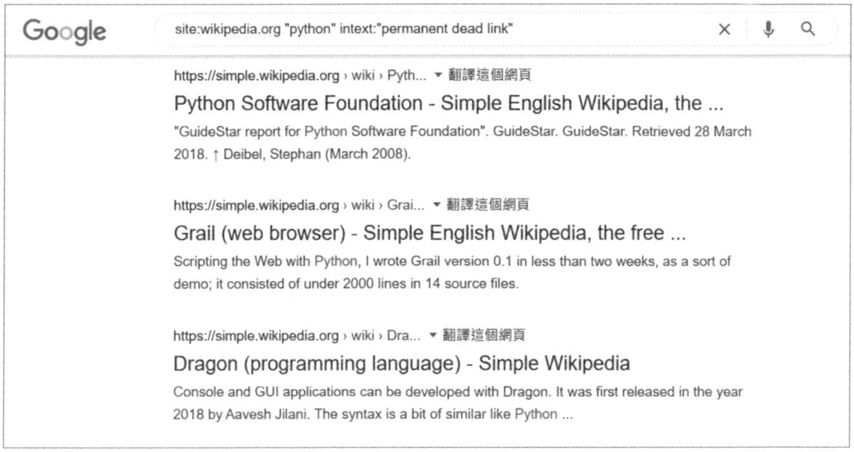
Google
site:wikipedia.org "python" intext:"permanent dead link"
https://simple.wikipedia.org › wiki › Pyth... ▾ 翻譯這個網頁
Python Software Foundation - Simple English Wikipedia, the ...
"GuideStar report for Python Software Foundation". GuideStar. GuideStar. Retrieved 28 March 2018. ↑ Deibel, Stephan (March 2008).
https://simple.wikipedia.org › wiki › Grai... ▾ 翻譯這個網頁
Grail (web browser) - Simple English Wikipedia, the free ...
Scripting the Web with Python, I wrote Grail version 0.1 in less than two weeks, as a sort of demo; it consisted of under 2000 lines in 14 source files.
https://simple.wikipedia.org › wiki › Dra... ▾ 翻譯這個網頁
Dragon (programming language) - Simple Wikipedia
Console and GUI applications can be developed with Dragon. It was first released in the year 2018 by Aavesh Jilani. The syntax is a bit of similar like Python ...

圖 6-45 透過範例語法 #1 去尋找維基百科存在斷鏈的英文網頁。

. Retrieved 28 March 2018.
undation". GuideStar. GuideStar. Retrieved 28 March 2018[permanent dead link]
e Summary: The Python Software Foundation". Retrieved 2016-10-05.

圖 6-46 在維基百科英文網頁中的斷鏈會以「permanent dead link」標示。

Google
site:wikipedia.org "python" intext:"永久失效連結"
全部 圖片 新聞 影片 購物 更多 工具
約有 538 項結果 (搜尋時間：0.25 秒)
https://zh.wikipedia.org › zh-hant › 栈追踪 ▾
堆疊追踪- 維基百科，自由的百科全書
stack traceback - 堆疊回溯. 國家教育研究院雙語詞彙、學術名詞暨辭書資訊網. [2018-07-03]. ^ traceback — Print or retrieve a stack traceback. python.org.
https://zh.wikipedia.org › zh-hant › 弱引用 ▾
正在編輯「弱引用」 - 維基百科，自由的百科全書
一些配有垃圾回收機制的語言，如Java、C#、Python、Perl、Lisp等都在不同程度上支持弱 ... Weak References" 網際網路檔案館的存檔，存檔日期2010-08-19.. java.net.
https://zh.wikipedia.org › zh-hk › 參考实现 ▾
參考實作- 維基百科，自由的百科全書
而Python程式語言的參考實作CPython則在生產中使用最為廣泛。 ... please refer to our website: http://keccak.noekeon.org/Implementation by the designers, ...

圖 6-47 透過範例語法 #2 去尋找維基百科存在斷鏈的中文網頁。

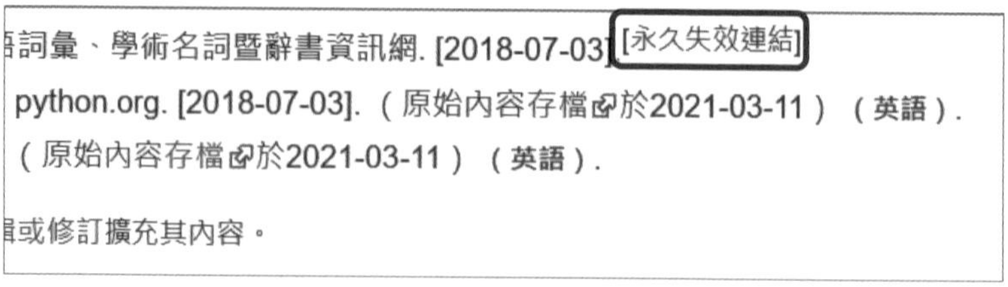

圖 6-48 在維基百科中文網頁中的斷鏈會以「永久失效連結」標示。

但是當你套用範例語法來尋找維基百科的斷鏈時，未必會很順利地馬上找到想要的網頁，因為可能該關鍵字在維基百科中並沒有斷鏈的網頁，你就必須調整關鍵字再多方嘗試。

撰寫系列性質的優質內容

優質內容是獲得連結的最佳方式，並且網站內的優質內容不能只有少數幾篇，必須長期系列性的產出，如圖 6-49。

圖 6-49 Hubspot 會根據特定主題發表系列內容：https://blog.hubspot.com/marketing/storytelling。

所謂「系列性」是指同類型的內容，光是優質內容還不足夠，只有系列性質的優質內容才能夠受到關注。以下就是比較容易獲得連結的內容類型：

- 原創性研究的內容。
- 具有專業統計數據分析的內容。
- 免費使用的專業工具或遊戲。
- 彙整式的內容 (Curated Content)。
- 比較性質的專業內容。
- 排行性質的分析內容。
- 線上教學的專業內容。
- 團體訪談 (Group Interview) 的討論內容。
- 使用圖片 / 影片 / 資訊圖表 (Infographics)/ 播客 (Podcast) 的網頁內容。

讓你的文章或是網頁內容無法複製

雖然優秀的原創內容較能夠獲得連結，但是遺憾的是，不是優秀的網頁內容都可以變成連結誘餌，因為別的網站還可以採取另外的作法，那就是抄襲或是仿製。抄襲或是仿製之後，當然不會給你連結了。所以除了創造連結誘餌之外，還要設法讓連結誘餌不容易複製。所謂不容易複製並不是讓網頁無法反白，或是取消滑鼠右鍵的功能，而是讓你想要複製內容會很困難。

如何才能夠讓連結誘餌不容易被複製呢？

- **創造具有網站特色的連結誘餌**

「具有網站特色」的意思是別人很容易看出來，這個連結誘餌的內容就是某個網站的內容。所以別的網站如果覺得內容不錯，就比較不會直接複製。

例如圖 6-50，moz.com 的 Whiteboard Friday 系列文章，使用影音檔案加上語音轉成文字的方式呈現，就算被別的網站複製，很容易看出來這是 moz.com 的內容。

↓

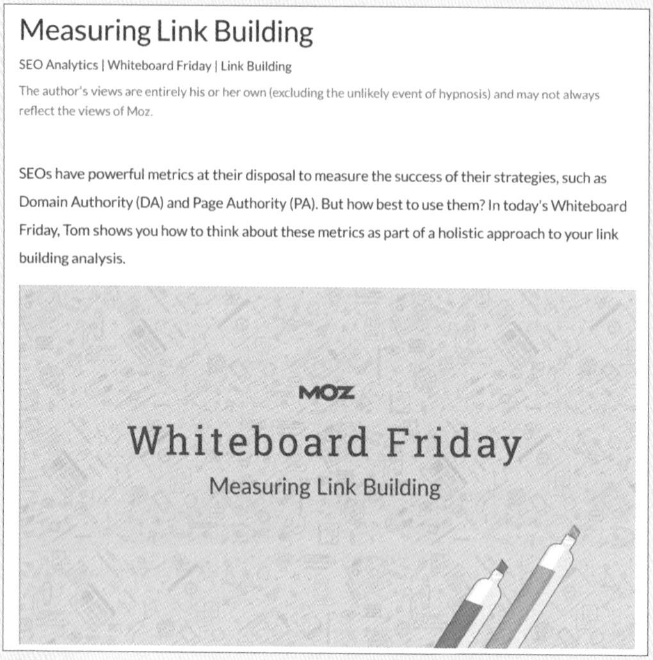
Measuring Link Building
SEO Analytics | Whiteboard Friday | Link Building
The author's views are entirely his or her own (excluding the unlikely event of hypnosis) and may not always reflect the views of Moz.
SEOs have powerful metrics at their disposal to measure the success of their strategies, such as Domain Authority (DA) and Page Authority (PA). But how best to use them? In today's Whiteboard Friday, Tom shows you how to think about these metrics as part of a holistic approach to your link building analysis.
MOZ
Whiteboard Friday
Measuring Link Building

圖 6-50 moz.com 的 Whiteboard Friday 系列文章。

- **創造無法複製的互動式內容**

  如圖 6-51 這類網站 https://gs.statcounter.com/ 提供許多網際網路相關的統計數據，並且根據你選擇的項目，互動式的出現統計內容。這些互動資料根本無法複製之外，當你擷取某個數據時，還是必須說明資料引用來源，所以這類資料就是無法複製的互動式內容。

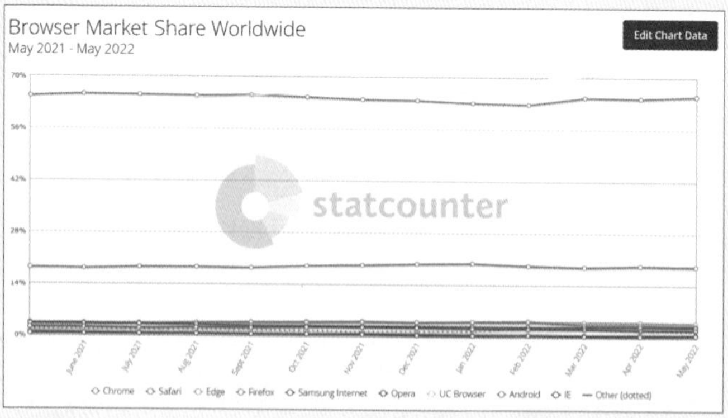
Browser Market Share Worldwide
May 2021 - May 2022
Edit Chart Data
statcounter
Chrome
Safari
Edge
Firefox
Samsung Internet
Opera
UC Browser
Android
IE
Other (dotted)

圖 6-51 https://gs.statcounter.com/ 提供互動式的統計內容。

↓

- **提供免費的優質服務**

網頁內容可以複製，但是提供網路服務就沒有辦法複製。圖 6-52，提供 Google 在地搜尋模擬服務，可以模擬使用者在世界各地使用 Google 搜尋所看到的在地搜尋結果，這種提供服務的內容就無法複製，但是可以吸引其他網頁連結到這個服務。

圖 6-52 Google 在地搜尋模擬服務 https://sem.city/local。

許多討論 SEO 相關內容的網站都不得不連結到 SimilarWeb.com 或 SemRush.com 等類似網站，就是因為這些網站都有提供數據查詢而且無法複製的優質服務。

- **內容具有許多網內相關連結，使得不容易透過 RSS 自動刊登**

許多網站提供全文 RSS 訂閱，因此可以輕易的被其他網站擷取。但是如圖 6-53，如果你的網站內文還包含網內相關參考網頁的連結，想要複製的網站如果要盜取內容，就必須費工夫去修改這些相關連結，因為會增加複製成本而放棄。

↓

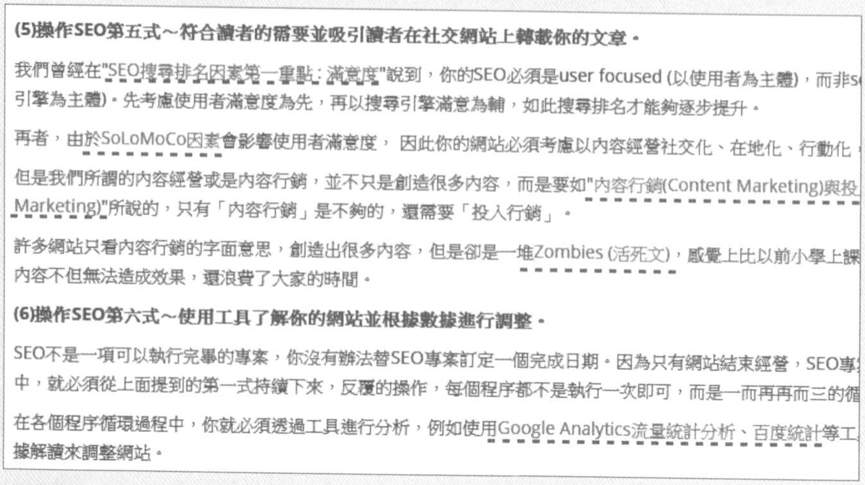
(5)操作SEO第五式～符合讀者的需要並吸引讀者在社交網站上轉載你的文章。

我們曾經在"SEO搜尋排名因素第一重點：滿意度"說到，你的SEO必須是user focused (以使用者為主體)，而非s
引擎為主體)。先考慮使用者滿意度為先，再以搜尋引擎滿意為輔，如此搜尋排名才能夠逐步提升。

再者，由於SoLoMoCo因素會影響使用者滿意度，因此你的網站必須考慮以內容經營社交化、在地化、行動化

但是我們所謂的內容經營或是內容行銷，並不只是創造很多內容，而是要如"內容行銷(Content Marketing)與投
Marketing)"所說的，只有「內容行銷」是不夠的，還需要「投入行銷」。

許多網站只看內容行銷的字面意思，創造出很多內容，但是卻是一堆Zombies (活死文)，感覺上比以前小學上課
內容不但無法造成效果，還浪費了大家的時間。

(6)操作SEO第六式～使用工具了解你的網站並根據數據進行調整。

SEO不是一項可以執行完畢的專案，你沒有辦法替SEO專案訂定一個完成日期。因為只有網站結束經營，SEO專
中，就必須從上面提到的第一式持續下來，反覆的操作，每個程序都不是執行一次即可，而是一而再再而三的循

在各個程序循環過程中，你就必須透過工具進行分析，例如使用Google Analytics流量統計分析、百度統計等工
據解讀來調整網站。

圖 6-53 文章內具有許多站內連結，增加複製的困難度。

- **提供部分內容，部分透過電子郵件下載 pdf 或是 Slideshare**

  只在網站公開部份內容，另外的全文可以讓讀者填寫電子郵件下載，或是使用 slideshare.net 的免費服務，將全文以影音或是投影片的方式展示，如此一來複製網站也無法獲得全文，如圖 6-54。

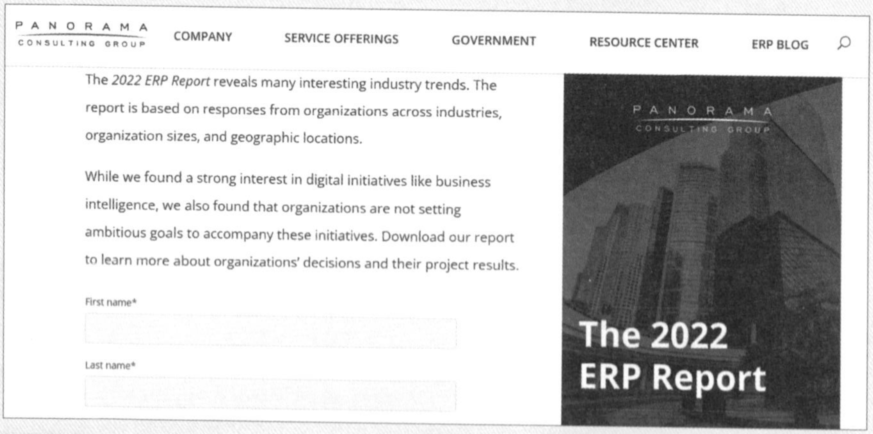
PANORAMA
CONSULTING GROUP
COMPANY
SERVICE OFFERINGS
GOVERNMENT
RESOURCE CENTER
ERP BLOG
The 2022 ERP Report reveals many interesting industry trends. The report is based on responses from organizations across industries, organization sizes, and geographic locations.
While we found a strong interest in digital initiatives like business intelligence, we also found that organizations are not setting ambitious goals to accompany these initiatives. Download our report to learn more about organizations' decisions and their project results.
First name*
Last name*
PANORAMA
CONSULTING GROUP
The 2022
ERP Report

圖 6-54 只刊登部分文章內容，其餘內容透過電子郵件傳遞。

使用摩天大樓技法 (Skyscraper Technique)

摩天大樓技法是指從自己的網站找出長青型內容，並修正使之更符合現在的需求，然後找到對的地方散佈出去。所謂長青型內容就是不會因為時間因素而影響的內容，所以只要內容夠好，這類型的內容可以一再地拿出來賺取流量及連結。這個方法告訴我們一件事情，就是許多內容不錯的網頁，其實很多都沒有曝光，原因未必是內容的問題，而是沒有找到正確的曝光方法。

如圖 6-55，https://www.mysql.tw 中有許多長青的 MySql 技術內容，這些內容都是很久以前建立的，但是很固定的佔據熱門關鍵字的成效排行。

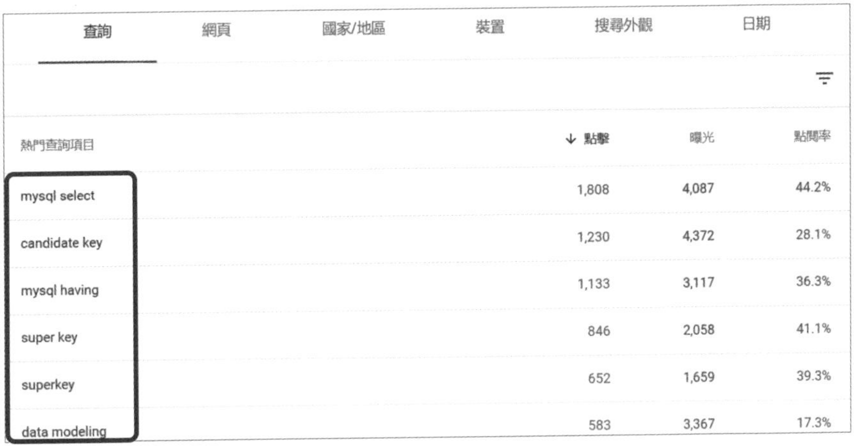

熱門查詢項目	↓ 點擊	曝光	點閱率
mysql select	1,808	4,087	44.2%
candidate key	1,230	4,372	28.1%
mysql having	1,133	3,117	36.3%
super key	846	2,058	41.1%
superkey	652	1,659	39.3%
data modeling	583	3,367	17.3%

圖 6-55 資料庫技術網站 MySql.tw，透過摩天大樓技法長期固定獲得流量。

透過優質的共筆平台 (Guest Blogging)

共筆平台良莠不齊，好的共筆平台可以讓更多人看到你的文章，可能因此而得到連結；但是壞的共筆平台不但沒什麼流量，如果透過壞的共筆平台建立連結，還可能因此而受到搜尋引擎的處罰。如圖 6-56，各種新聞網站或是媒體網站都會有客座文章或是投稿的共筆平台。

但是什麼才是好的共筆平台呢？可以透過本章第一節的方法去評估網頁的價值。如果網頁價值數值都不錯，就是一個好的共筆平台。

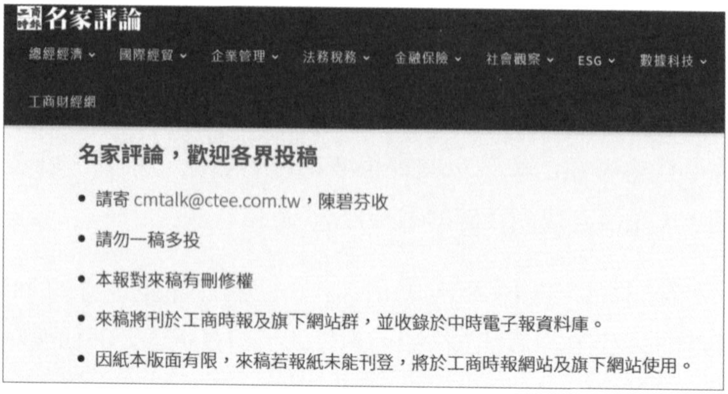

圖 6-56 工商時報的名家評論投稿網頁。

贊助或是舉辦活動 / 競賽

如圖 6-57，贊助或是舉辦業界知名活動是獲得連結比較花錢的做法，但是如果活動夠大的話，不僅獲得連結還有機會可以獲得流量。如果沒有這類活動的話，可以透過網路查詢相關資訊，例如搜尋「徵求贊助」、「贊助名單」、「活動贊助」、「競賽贊助」、或是「研討會贊助」等相關關鍵字，就可以找到很多關於活動贊助的需求，並可以透過本章第一節的方法去評估贊助連結的價值。

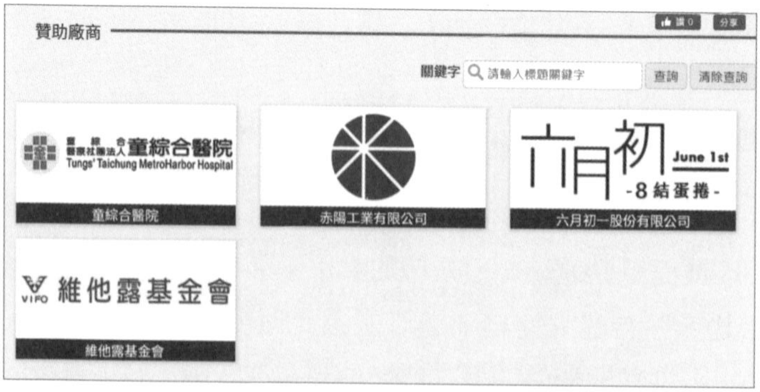

圖 6-57 透過贊助贊是舉辦業界知名活動，可以獲得連結以及流量。

業界工商名錄

每個業界都有工商名錄，如果你的產業工商名錄網站是優質網站，就值得建立連結。但是有些工商名錄只有會員列表，並沒有連結到會員網站，因此可以透過公關稿在工商名錄網站上發佈產業相關的活動或是訊息，連結到你的網站。

提供免費工具

這裡所謂「提供免費工具」並不是提供免費工具的資訊，而是指在你的網站上提供自行開發的免費工具，如圖 6-58 提供網頁設計時方便使用的網頁顏色挑選工具，不過這些免費工具必須無法複製並且值得使用，才可能獲得連結。

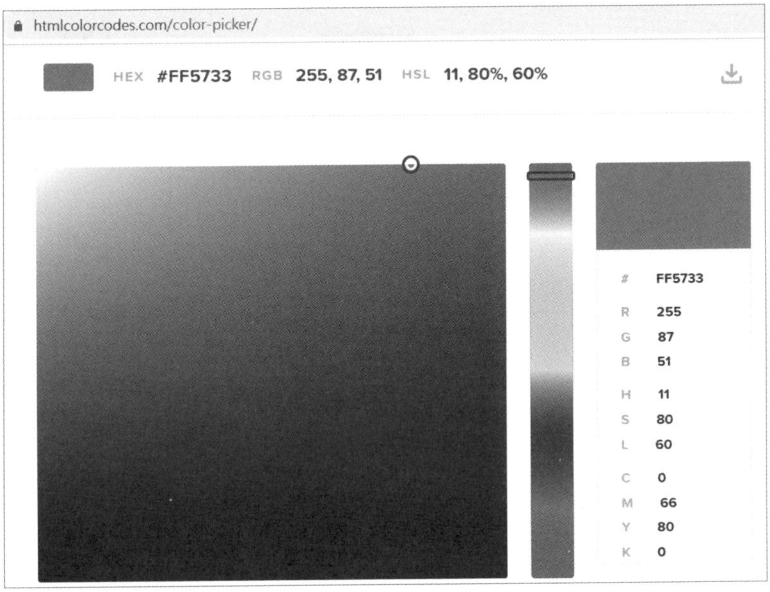

圖 6-58 https://htmlcolorcodes.com/color-picker/ 提供網頁設計時方便使用的網頁顏色挑選工具。

建立有利基市場的微型網站 (Niche Microsites)

利基市場是指被大廠忽略而有微薄利潤的市場，但是到底什麼產品是屬於利基市場，就不一定有固定的說法。我們這裡指的「有利基市場的微型網站」，可以說是只專注在單項商品的專業網站，微型未必指的是網站規模，而是指商品類型。如圖 6-59，https://my-best.tw/ 建立了各種推薦商品的利基市場微型網站，只要跟推薦有關係的關鍵字，都會看到這個網站。

例如可以看到很多商品相關關鍵字的搜尋，除了品牌搜尋以外，出現在搜尋結果第一頁的通常都不是主流網站，而是單項商品或是特定類型的專業網站。透過這類微型網站建立連結，就能強化該類型商品的相關性。如果沒辦法建立這類的微型網站，也可以思考尋找類似合作網站，但是要避免變成作弊式的付費連結。

mybest 手機周邊 好物推薦
首頁 > 手機 > 手機周邊 > 【2022最新】十大iPhone手機殼推薦排行榜
【2022最新】十大iPhone手機殼推薦排行榜
為防止心愛的手機摔壞，手機殼、保護套可說是人人必備的東西。但市面上有眾多五花八門的款式，舉凡簡約樸素的透明款、專櫃精品推出的時尚款、亦或兼具收納與防護力的翻蓋型、支援 MagSafe 磁吸配件等等，選項之多難免令人眼花撩亂；更別說還得區分 iPhone X、11、12、13、Pro 或 Pro Max 等各代不同的機型。
因此，本篇文章將介紹 iPhone 手機殼、保護套的選購方式，並帶來來自犀牛盾、Mous、Moshi、UAG 等國內外知名品牌的推薦商品排行榜。有意添購手機殼或手機套的讀者們，可別錯過以下的精彩內容，並根據型號挑選合適的款式囉。

圖 6-59 https://my-best.tw/ 專注在各類產品的推薦與排名資訊。

提供工作職缺機會

如果網站屬於某領域的專業網站，並且提供職缺徵人版面，很容易吸引學校網頁的連結。並且還可以透過職缺版面提供，讓提供職缺的公司連結到該徵人的版面。如圖 6-60，「Dcard 社群網路服務」的工作板 https://www.dcard.tw/f/job。

圖 6-60 Dcard 社群網路服務工作板。

上述建議或應該避免的方法，並不是具有絕對的關係，也就是任何好方法都可能被誤用，任何被禁止的方法也可能有其適用範圍。許多人會對連結產生錯誤的概念，其實並不是有了壞的連結就會被搜尋引擎處罰，也不是有了好的連結就可以提升搜尋排名，而是完全看網站總體連結的品質而定。也就是你應該設法讓優質連結的「比例」超過人為連結，但是這個比例應該是多少，並沒有固定的數字。

例如有人看到某些搜尋排名第一名的網站，也存在很多被搜尋引擎禁止的連結，所以認為這些被禁止的連結手法其實是有效果的。但是殊不知這些壞連結的比例只占該網站連結數量很小的比例，其實總體連結品質是健康的。

SEO 專家小結

連結對於 SEO 操作很重要，但是不要因而花費太多時間在「人為連結」，更重要的是要「贏得連結」。如果你花費超過 10% 的時間在人為連結操作上，那麼你的 SEO 策略就應該修正了。

6-4 如何知道自己網站的連結狀態

網站的**連結狀態** (Link Profiles) 是搜尋引擎非常重視的資訊，好的連結狀態可以讓網站獲得優秀的搜尋排名，而壞的連結狀態則會讓網站被列入處罰的名單。瞭解自己網站的連結狀態，主要目的是知道自己網站的連結品質，並且避免被搜尋引擎處罰。

網站的連結狀態是非常困難完整取得的資訊，要完整知道有多少可以連到你網站的外來連結 (Backlinks) 幾乎是不可能的事情，但是可以透過以下的工具更加瞭解網站的外來連結，並且這些連結可能隨時在變動修改，因此還必須定期更新網站的連結資料。

使用工具獲得連結資訊

表 6-2：網路工具中有非常多的工具可以獲得網站的連結資訊。

工具網址	說明
https://ahrefs.com/backlink-checker	可以免費獲得部分連結狀態
https://neilpatel.com/backlinks/	可以免費獲得部分連結狀態
https://analytics.moz.com/pro/link-explorer	註冊後可以免費獲得部分連結狀態
https://www.semrush.com/	註冊後可以免費獲得部分連結狀態
https://majestic.com/	註冊後可以免費獲得部分連結狀態

如表 6-2 列出可以獲得網站連結資訊的工具，有些工具有些可以免費使用，有些則註冊免費帳號後才可以使用，但是都只能獲得部分連結狀態，而不是完整的連結狀態。不過就算是付費，也只能得到較完整的連結資訊，而非真正完整的連結資訊，因為這些資訊實在太龐大，每個工具只能盡可能地收集。

如圖 6-61 至圖 6-65，使用以上的工具來了解維基百科 Wikipedia.org 的連結狀態，整理如表 6-3。

表 6-3：使用各種工具來了解維基百科 Wikipedia.org 的連結狀態。

使用工具	連入連結的網域數量	連入連結的網頁數量
Ahrefs	426,334	210,022,075
Neilpatel	260,803	96,892,933
Moz	260,900	97,200,000
SemRush	6,900,000	10,500,000,000
Majestic	3,575,483	18,722,898,183

從表 6-3 可以看到不同工具得到的數據都不相同，那麼到底哪個才是正確的呢？只能說各種工具有他們的資料來源，不同的資料來源當然會得到不同的數據，只能說 SemRush 與 Majestic 的資料來源較多、涵蓋範圍較廣，所以得到較大的數據，而 Neilpatel 與 Moz 可能因為資料來源大多相同，因此獲得差不多的數據，而 Ahrefs 的數據量則介於 SemRush/Majestic 與 Neilpatel/Moz 之間。

但是可以確定的是維基百科 Wikipedia.org 的連入連結網頁數量有到達百億等級，連入連結的網域數量有到達百萬等級。

從這些數據可以獲得一個重要的認知，就是不要拿不同工具的數據做比較，如果要比較兩個網站的連結狀態，必須使用相同工具得到的數據才能做比較。

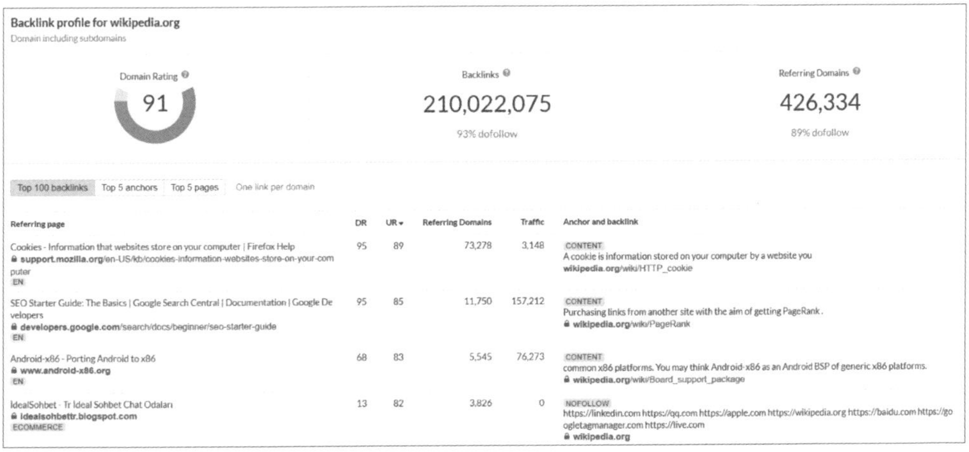

圖 6-61 https://ahrefs.com/backlink-checker 顯示 Wikipedia 網站的連結狀態。

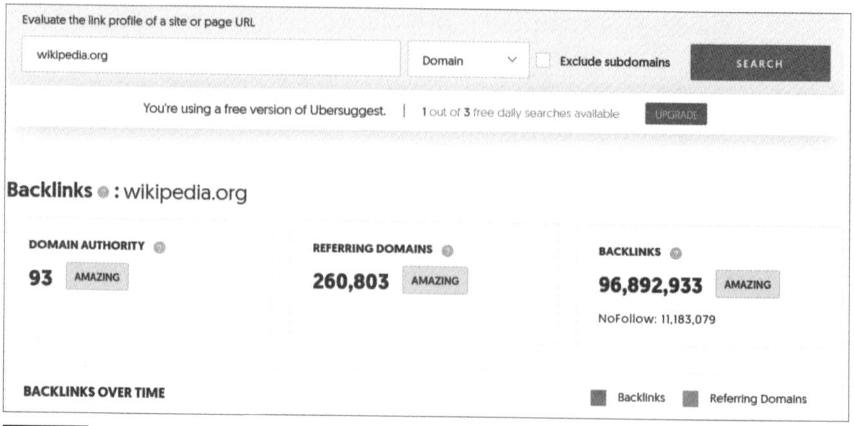

圖 6-62 https://neilpatel.com/backlinks/ 顯示 Wikipedia 網站的連結狀態。

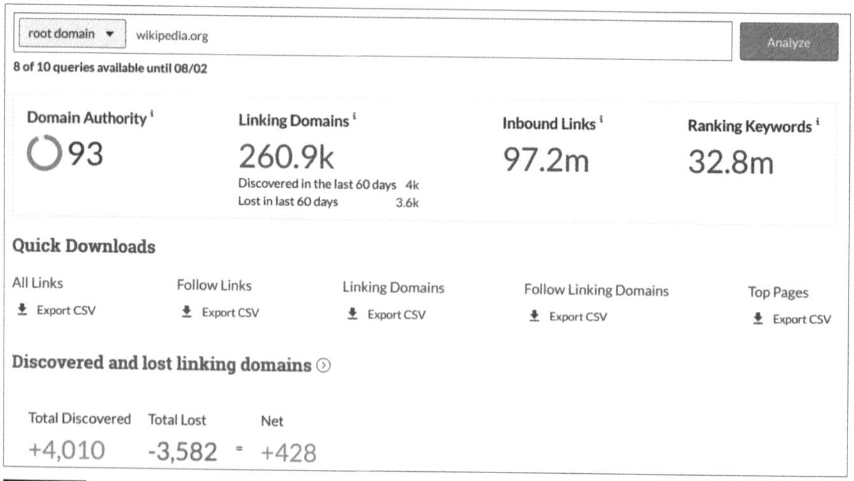

圖 6-63 https://analytics.moz.com/pro/link-explorer 顯示 Wikipedia 網站的連結狀態。

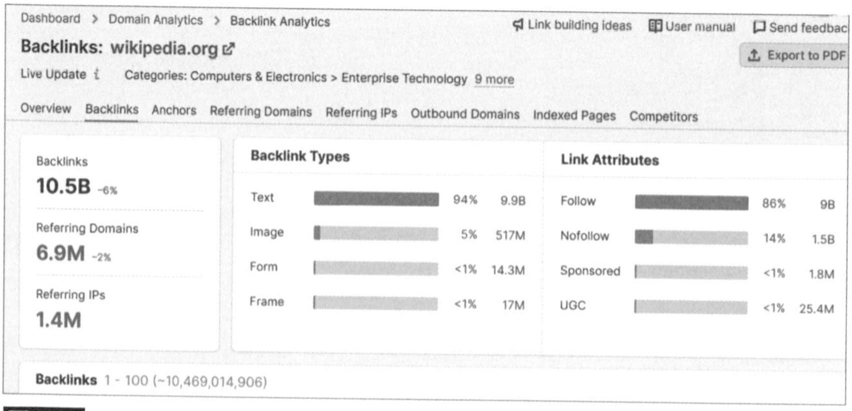

圖 6-64 https://www.semrush.com/ 顯示 Wikipedia 網站的連結狀態。

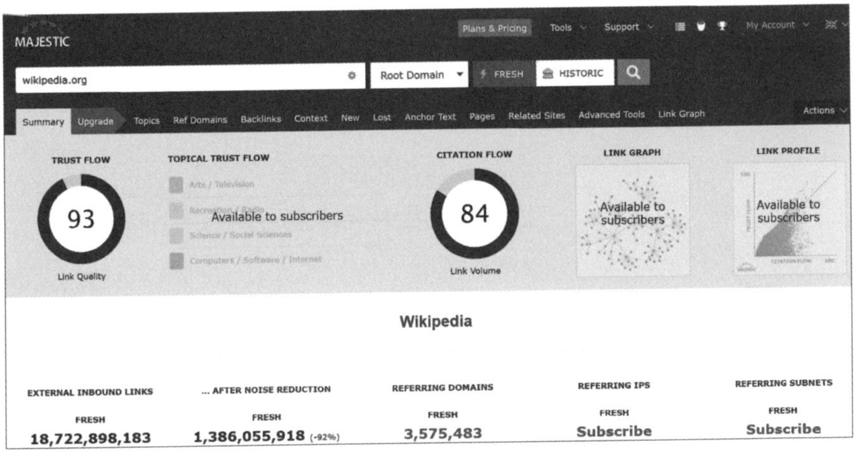

圖 6-65 https://majestic.com/ 顯示 Wikipedia 網站的連結狀態。

使用 Google 網站管理員工具獲得最新連結資訊

如圖 6-66，**Google 網站管理員** (Google Search Console) 選單中的**連結**，可以下載最新連結，這個方法可以得到近期被 Google 發現的連結。如果當中有些劣等連結，後面章節會再介紹如何將它們去除。

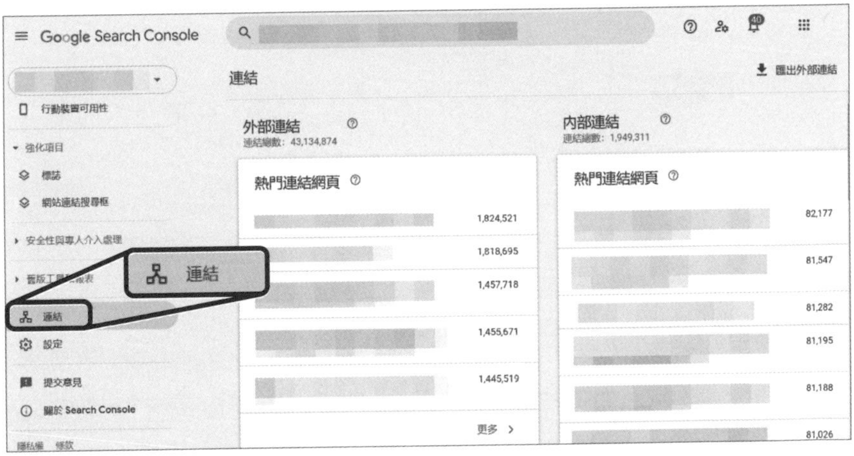

圖 6-66 Google 網站管理員可以顯示網站的連結狀態。

使用 Bing 網站管理員工具獲得連結資訊

如圖 6-67，從 Bing 網站管理員工具選單 **SEO> 反向連結**，可以匯出連結資料。從這裡獲得的連結資訊會比 Google 提供的還要詳細，不過缺點是並沒有包含發現連結的日期。

圖 6-67 Bing 網站管理員工具可以顯示網站的連結狀態。

專家小結

網站的連結狀態必須使用多種工具，才可能瞭解網站的全貌。因為畢竟網站數量非常龐大，連搜尋引擎都可能尚未完整抓到你網站的所有外部連結，更何況其他的工具。因此千萬不要只靠一個工具得到的數據，就定論網站的連結狀態。

6-5 如何降低負面連結造成的傷害

既然連結狀況的好壞可能影響網站的品質，所以就出現了負面 SEO 的操作手法。就是故意建立品質很差的壞連結到競爭者的網站，如此就可以拉低競爭者網站的品質分數，甚至於受到搜尋引擎的處罰。

什麼樣的網站會受到負面 SEO 的攻擊呢？其實大部分網站不必太擔心，但是如果發現你的搜尋排名異常，但是卻沒有任何線索，例如搜尋引擎近期沒有演算法更新，你的網站近期也沒有任何變更，那麼就要檢查是否遭受負面 SEO 的攻擊了。所以操作 SEO 不能只專注在替自己網站建立正面積分，還需要定期防範競爭對手幫你累積的負面積分，以下是可以防止負面連結造成傷害的方法：

透過 Google 網站管理員設定自動通知

如圖 6-68，設定自動通知後，如果系統在網站上偵測到重大問題，網站管理員工具將自動傳送通知電子郵件，可以讓你掌握網站的最新狀態。

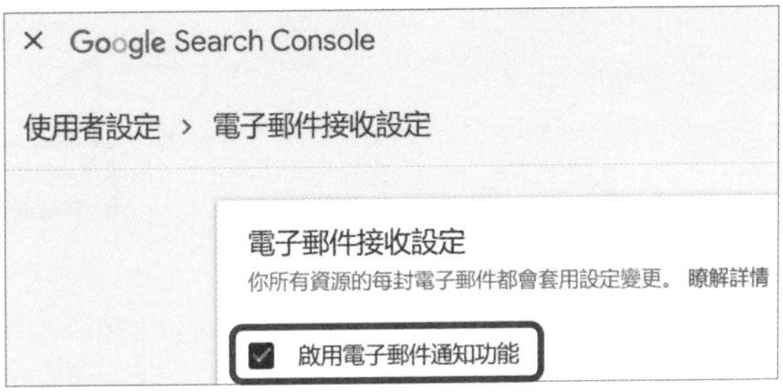

圖 6-68 Google 網站管理員可以設定自動通知。

移除劣等的外部連結

如前一節所述，透過 Google 與 Bing 的管理員工具定期下載連結資訊，如果發現品質有問題的連結，可以使用 Google 與 Bing 的移除連結工具，將品質有疑慮的連結移除，如圖 6-69 及圖 6-70。

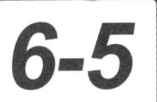

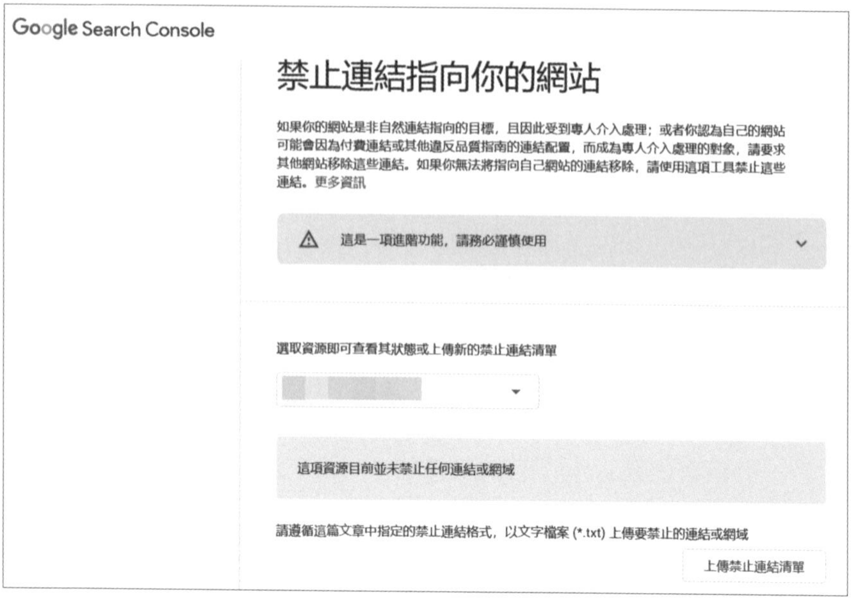

圖 6-69 Google 網站管理員的工具可以移除不好的連結，網址 https://search.google.com/search-console/disavow-links。

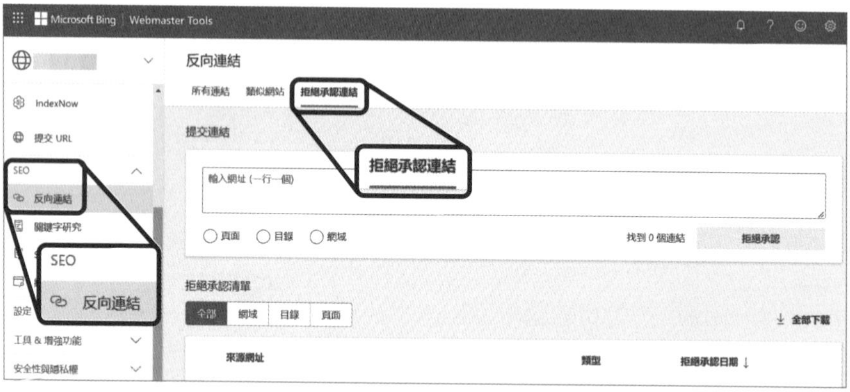

圖 6-70 Bing 網站管理員工具中**反向連結** > **拒絕承認連結**，可以移除不好的連結。

雖然 Google 與 Bing 都提供連結移除工具，但是這是處理壞連結最後的方法。你必須先嘗試通知對方移除，如果對方不願意處理，確認該連結確實是壞連結之後，再進行移除連結。並且如果沒有出現搜尋排名異常下跌的情況下，也不要隨便使用移除連結的工具。

使用 NoFollow 連結到不熟悉的網站

不是只有壞的連結到你的網站才會破壞你的網站品質，從你的網站連結出去，如果連結到壞的網站，也會破壞你的網站品質。所以如果你的網站連結出去到不熟悉的網站，可以使用如下的 NoFollow 標記。

```
<a href=" 網址 " rel="nofollow"> 錨點文字 </a>
```

NoFollow 標記的意思就是告知搜尋引擎，這個連結只是被連結，不需要跟該連結建立關係，也不需要由此再往下爬取資料。

專家小結

雖然壞的連結會帶來負面 SEO，但是也不需要太過於緊張，因為搜尋引擎並不會承認所有的連結，因此想要利用負面 SEO 影響競爭網站的搜尋排名，其實是很花費時間與成本的事情，倒不如把時間用在強化自己網站上。

6-6 如何處理非連結型態的負面 SEO

非連結型態的負面 SEO 是指使用負面連結以外的方式，進行損壞網站 SEO 表現的行為。前一節所談的負面 SEO 是透過壞的連結連到你的網頁，破壞你的網站的連結品質。非連結型態的負面 SEO 就是透過其他形式，讓你的網站品質變差，常見有以下兩種：

- **透過大量來源到你的網站抓取資料，拖慢網站的反應速度(如圖 6-71)，如此正常的訪問就會變慢。**

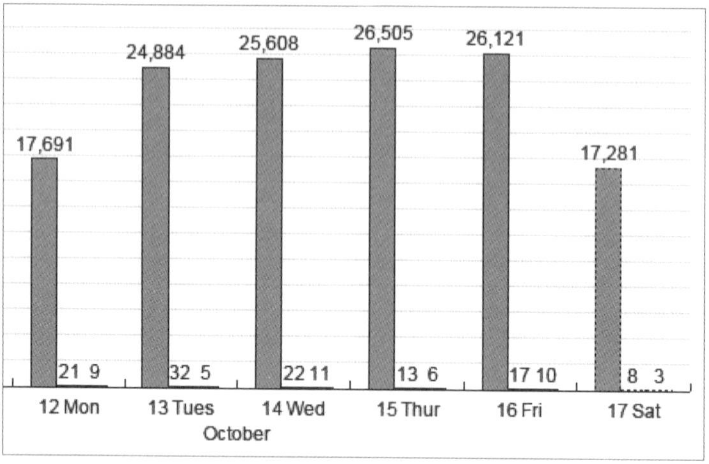

圖 6-71 某個網站平常並沒有太多訪客，但是某個時段突然湧進上萬人次的訪問量，瞭解訪問的網頁後，發現並非正常流量。

- **透過大量人為搜尋，製造不滿意搜尋的訊號給搜尋引擎，讓你的網頁被判斷為非該關鍵字相關。**

當你有辦法控制大量多樣的來源，進行人為搜尋製造假的點擊率(Fake Click Through Rate)，你就有辦法短暫控制搜尋排名。如果你能夠長期製造不被識破的人為點擊率，你就可能掌握搜尋排名。

也許有人認為非連結型態的負面 SEO 不會發生在中小企業網站，但是我們從很多案例發現確實有很多受害網站，只是有些網站以為流量大增或是大量的搜尋點擊是一件好事，卻不知道已經受到非連結型態負面 SEO 的攻擊。

為什麼會產生非連結型態的負面 SEO 呢？因為連結式負面 SEO 容易被發現而透過搜尋引擎工具去除，並且產生的連結，萬一沒被搜尋引擎認定為壞連結，反而幫助了競爭對手。所以負面 SEO 才會從「連結型態」轉變為「非連結型態」。

如何防範非連結型態負面 SEO

因為無法預期非連結型態的負面 SEO 何時會發生，所以非常困難預防，而必須平常就做好以下的事項：

要建立健康的網站體質

最重要的網站體質就是應該提供足夠的網路頻寬，以容納惡意訪問的負載。另外就是應該建立網站信賴度與權威度，讓非連結型態的負面 SEO 無法在短期造成破壞。因為想要對於具備信賴度與權威度的網站造成破壞，必須長期的拉大負載以及製造假的搜尋點擊，這個成本會非常高。

要建立流量異常監控機制

從即時的流量資料可以發現惡意訪問，如果能夠建立流量異常監控機制，就能夠確認那些是惡意訪問，並且禁止該訪問的存取。

要建立搜尋點擊異常監控機制

監看搜尋點擊進入網站之後的行為，就可以確實地抓到異常的搜尋點擊。雖然無法防止這類的點擊行為，但是至少可以將這些造假的點擊，排除在流量統計分析資料之外，以免影響統計資料的正確性。

專家小結

非連結型態的負面 SEO 是否會造成傷害，完全看網站是否能夠即時採取措施，以及網站本身是否足夠健康，體質脆弱的網站就很容受到這類的攻擊，只有建立完整的防備網路以及健全的網站體質，才能夠免於非連結型態負面 SEO 的影響。

6-7 如何善用有排名的頁面拉抬其他頁面

有些網站可能會碰到幾種狀況，例如具有搜尋排名的網頁不是預期的網頁，或是只有少數網頁具有搜尋排名。其實只要網站的某些網頁獲得搜尋曝光度，你就可以好好利用來拉抬其他頁面。如果根本沒有網頁具有搜尋排名的話，同樣可以善用較優秀的網頁拉抬其他相關的頁面。

要善用具有搜尋排名的網頁或是較優秀的網頁，首先需要利用 **Google 網站管理員工具**的搜尋分析找出這些網頁，然後再將這些網頁建立關聯性，以下是建議的操作程序：

1. 從 Google 網站管理員的搜尋分析找到熱門的流量關鍵字

Google 網站管理員可以從**成效**中的**查詢**得到有流量的關鍵字，可以由這些關鍵字來進行網頁的拉抬計畫，如圖 6-72 可以看到「mysql select」為流量關鍵字，點選進入後就可以進行下個步驟。

熱門查詢項目	↓ 點擊	曝光	點閱率	排名
mysql select	1,807	4,084	44.2%	2.1
candidate key	1,226	4,362	28.1%	6.2
mysql having	1,132	3,120	36.3%	17.3
super key	839	2,049	40.9%	2.9
superkey	651	1,653	39.4%	4.7

圖 6-72 從 Google 網站管理員**成效**中的**查詢**尋找到流量關鍵字。

2. 找到該流量關鍵字的導入網頁

找到流量關鍵字之後，如圖 6-73 選擇「網頁」就可以看到該查詢的導入網頁，這些導入網頁就是我們可以用來拉抬其他網頁的種子網頁。

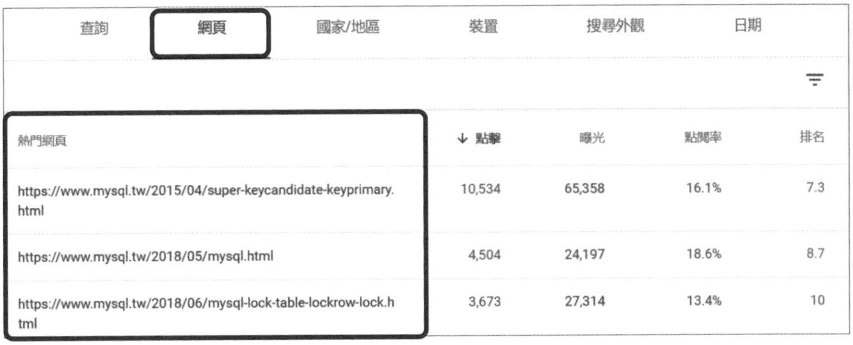

查詢	網頁	國家/地區	裝置	搜尋外觀	日期

熱門網頁	↓ 點擊	曝光	點閱率	排名
https://www.mysql.tw/2015/04/super-keycandidate-keyprimary.html	10,534	65,358	16.1%	7.3
https://www.mysql.tw/2018/05/mysql.html	4,504	24,197	18.6%	8.7
https://www.mysql.tw/2018/06/mysql-lock-table-lockrow-lock.html	3,673	27,314	13.4%	10

圖 6-73 從 Google 網站管理員**成效**中的**網頁**尋找到流量關鍵字的網頁。

3. 使用 site 語法找出網站特定網頁

Site 語法是用來限定搜尋的網站範圍，適用於所有的搜尋引擎。如果你希望操作的關鍵字在上述步驟找不到，它並不是流量關鍵字的話，也可以使用 Site 語法把相關網頁找出來。

例如輸入 site:mysql.tw "mysql select" 可以得到在網站內關於該關鍵字的排名順序，就算網頁都不在搜尋排名內，也可以知道哪個網頁比較優秀，如圖 6-74 及圖 6-75。

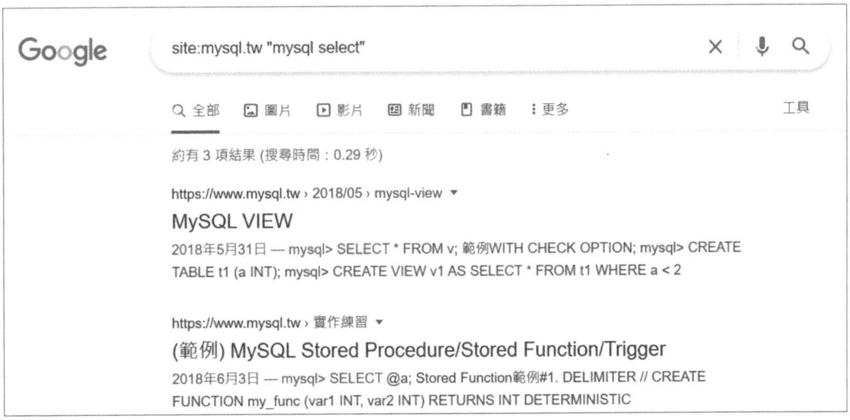

圖 6-74 在 Google 搜尋中輸入 site:mysql.tw "mysql select"。

Microsoft Bing
site:mysql.tw "mysql select"
全部
圖片
影片
地圖
新聞
航班
更多
3 個結果
日期
SELECT SQL語法總整理 - MySQL Taiwan
https://www.mysql.tw › 2015 › 05 › select-sql.html
抓出符合條件 [course.studno = student.studno]的所有資料. 但是因為使用 *列出全部資料，資料會很雜亂，所以要再改為以下句子。. WHERE後面的conditions條件，就是一個邏輯判斷. 例如....
預估閱讀時間: 4 分鐘

圖 6-75 在 Bing 搜尋中輸入 site:mysql.tw "mysql select"。

由此就可以知道跟該關鍵字有關的網頁品質順序，從這個結果也可以去瞭解搜尋引擎產生這樣結果的原因，例如文章的產生時間、文章關鍵字的安排、及文章的長度等因素，進行各類的實驗，用以調整相關頁面。

4. 在熱門導入網頁內安插連結到其他相關網頁

在熱門的導入網頁中可以在內文穿插相關網頁，也可以集中在明顯的區域 (如圖 6-76)，由於與導入網頁相關，因此除了建立相關性之外，還可以吸引更多讀者點擊閱讀。

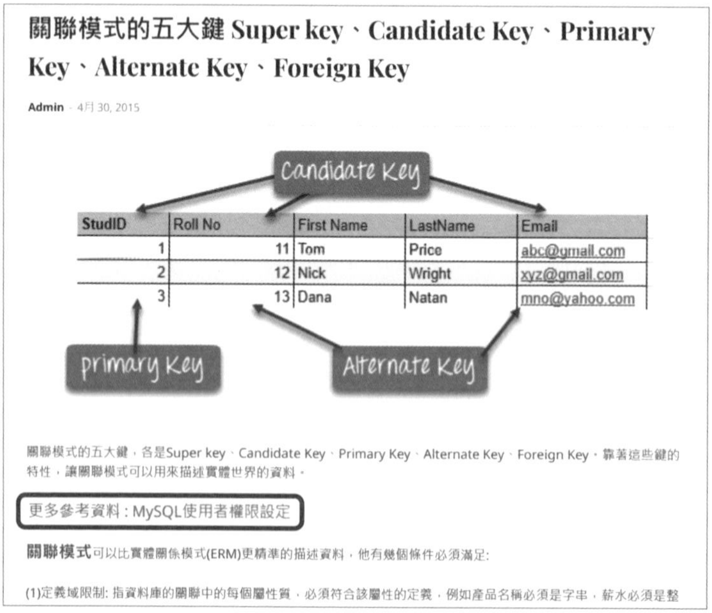
關聯模式的五大鍵 Super key、Candidate Key、Primary Key、Alternate Key、Foreign Key
Admin · 4月 30, 2015
Candidate Key
StudID
Roll No
First Name
LastName
Email
1 11 Tom Price abc@gmail.com
2 12 Nick Wright xyz@gmail.com
3 13 Dana Natan mno@yahoo.com
primary Key
Alternate Key
關聯模式的五大鍵，各是Super key、Candidate Key、Primary Key、Alternate Key、Foreign Key，靠著這些鍵的特性，讓關聯模式可以用來描述實體世界的資料。
更多參考資料：MySQL使用者權限設定
關聯模式可以比實體關係模式(ERM)更精準的描述資料，他有幾個條件必須滿足:
(1)定義域限制: 指資料庫的關聯中的每個屬性質，必須符合該屬性的定義，例如產品名稱必須是字串，薪水必須是整

圖 6-76 在表現比較優秀的網頁中，插入其他相關網頁。

5. 逐漸就可以看到其他網頁因此被拉抬

經過一段時間之後，該關鍵字的搜尋結果就會出現被拉抬的網頁逐漸提升搜尋排名，如圖 6-77。如果成效並不如預期，就應該再調整拉抬的方式以及修正被拉抬網頁的內容安排。

Google
mysql select
全部
圖片
影片
新聞
書籍
更多
約有 107,000,000 項結果 (搜尋時間：0.27 秒)
https://www.mysql.tw › MySQL指令
SELECT SQL語法總整理
2015年5月21日 — 模擬SELECT INTO語法(MYSQL不支援SELECT INTO) INSERT INTO mycourse (cid,sno) SELECT courseid, studno FROM course; 15. 選出的欄位可以透過函數 ...

圖 6-77 當搜尋「mysql select」就可以看到被拉抬的網頁。

SEO 專家小結

使用具有流量的導入網頁去拉抬其他網頁，並不是可以馬上看到效果的操作，必須來來回回修正調整才可能逐漸出現預期的效果。透過這樣的操作，你可以更加瞭解搜尋引擎的排名因素，以及培養觀察的敏銳度。

6-8 如何強化網頁的在地訊號

有人以為接上網路就可以做全世界的生意，但是最後發現，如果沒有從在地出發，網路並不能拉近你跟世界的距離。在地搜尋又稱本地搜尋，指搜尋引擎顯示的自然搜尋結果是跟地區性有關係，也就是搜尋結果會隨著搜尋者所在地點的變化而有所不同。根據研究資料顯示，大約**四成**的自然搜尋結果屬於**在地搜尋** (Local Search)，如圖 6-78。意思是如果你的網頁沒有強化在地訊號，就不容易在這四成的自然搜尋結果中獲得優秀的排名。

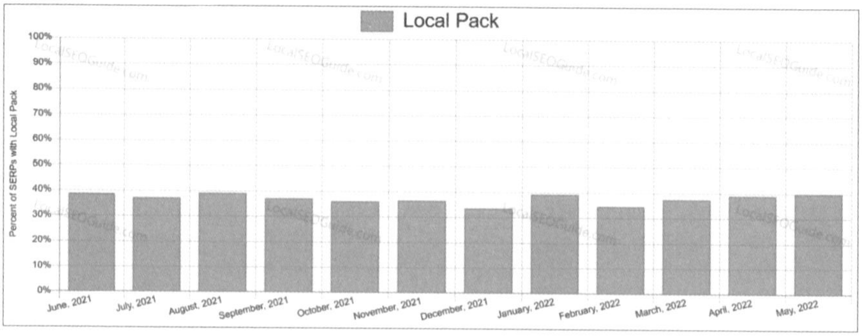

圖 6-78 https://www.localseoguide.com/local-pack-o-meter/ 資料顯示大約四成的自然搜尋結果屬於在地搜尋。

根據近年的研究報告顯示：81% 的消費者會使用 Google 搜尋來尋找商家的資訊並評估商家的好壞。因此企業網站不只要在 Google 搜尋中提升曝光度，還要將優秀的資訊呈現出來。(資料來源：https://www.brightlocal.com/research/local-consumer-review-survey/)

Google 的在地搜尋演算法稱為**鴿子演算法** (Google Pigeon Algorithm)，結合一般搜尋與地圖搜尋，會根據搜尋者的地點，提供 Google 地圖上較近距離的相關資訊。例如在 Google 搜尋「手機」、「牛肉麵」、「加油站」、「停車場」、「租車」、「牙醫」等與地區有關的詞彙，就會列出「在地搜尋」的搜尋結果 (如圖 6-79)。

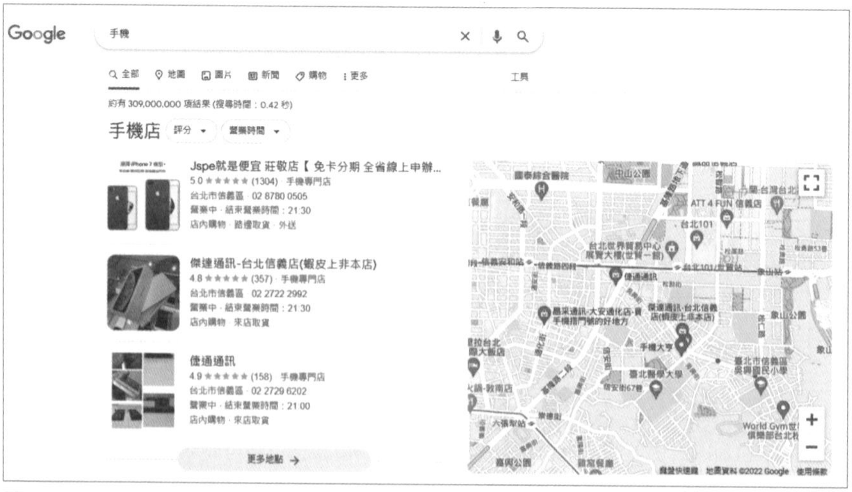

圖 6-79 在 Google 搜尋「手機」出現在地搜尋店家的結果。

讓網頁具有在地訊號並提升相關性

搜尋引擎怎麼知道「與地區有關」、「具有在地訊號的查詢詞」是那些？怎麼知道哪些網頁是跟這些關鍵字相關的在地網頁呢？這兩件事情就是操作 SEO 要處理的：讓網頁具有「**在地訊號**」，並且使網頁與「**具有在地訊號的查詢詞**」變成相關。要達成這些目的，必須完成以下各項任務：

應該登錄 Google 與 Bing 的在地商家資訊

將企業資訊正確的登錄在 Google 與 Bing 我的商家，是建立在地訊號最直接的方式，如圖 6-80 及圖 6-81，Google 與 Bing 的在地搜尋顯示商家資訊，後面章節會告訴你登錄的程序以及應該注意的事項。登錄後的商家主頁就是一個互動的頁面，應該鼓勵顧客發表評論，並主動回應網友評論以增加互動。商家主頁的互動狀況熱絡的話，可以提高出現於在地搜尋結果的機率。

Google 在地商家網址	https://www.google.com/business/
Bing 在地商家網址	https://www.bingplaces.com/

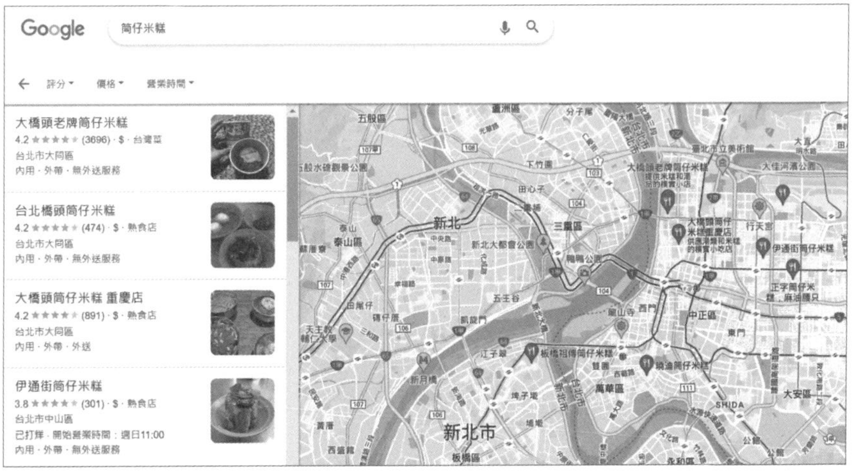

圖 6-80 Google 的在地搜尋顯示商家資訊。

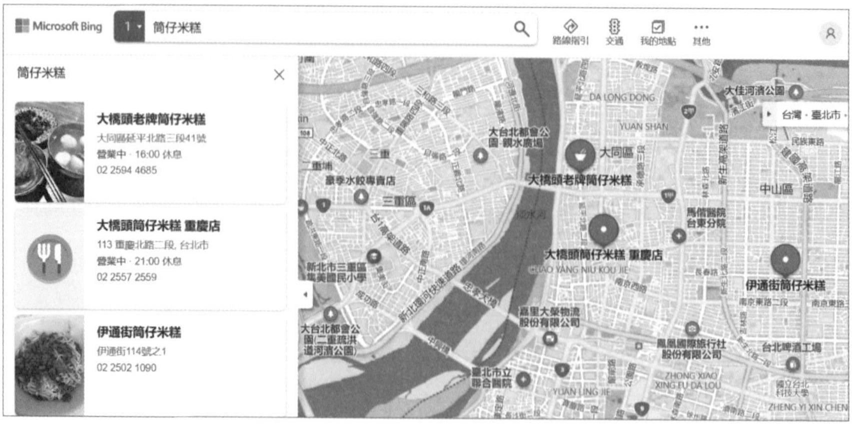

圖 6-81 Bing 的在地搜尋顯示商家資訊。

企業如果有實體商店或有地域關係，網頁應該加入詳細商店資訊與地區關鍵字

企業官網中應該具備詳細的商家資訊，也就是商家完整名稱、商家簡稱、地址、郵遞區號、電子郵件、及電話等資訊，或是連接到 Google 與 Bing 我的商家地圖。並且以上的資訊必須保持一致性，如此當其他網頁引用時，才能夠讓搜尋引擎知道是指哪個商家。其中至少需要保持一致的是商家完整名稱、地址、及電話，也就是操作企業官網最常提到的 NAP 一致性 (Name、Address、Phone)，如圖 6-82。並且商家資訊頁面中的「網站」，請務必連到官網而非社交平台，因為會喪失增加官網在地訊號的機會。

圖 6-82 企業官網上的企業名稱、地址、及電話要在我的商家資訊中保持一致性。

網頁應該使用與地區 / 行業有關的語意標記

除了在 Google 與 Bing 我的商家可以輸入商家資訊以及商店類型之外，還可以利用**語意標記**讓搜尋引擎知道。例如下面的例子，使用餐廳的語意標記 (與行業有關)，宣告餐廳的名稱及地址 (與地區有關)。

詳細請參考第五章第六、七節，或參考網址：https://schema.org/LocalBusiness。以微資料 (Microdata) 來表示的話，範例如下：

```
<div itemscope itemtype="https://schema.org/LocalBusiness">
  <h1><span itemprop="name"> 我的商家名稱 </span></h1>
  <img itemprop="image" src="https://example.com/logo.jpg">
  <span itemprop="description"> 我的商家描述 </span>
<span itemprop="priceRange">$100~$200</span>
  <div itemprop="address" itemscope itemtype="https://schema.org/
    PostalAddress">
    <span itemprop="streetAddress"> 忠孝東路一段 108 號 </span>
    <span itemprop="addressLocality"> 中正區 </span>,
    <span itemprop="addressRegion"> 台北市 </span>
    <span itemprop="addressCountry"> 台灣 </span>
  </div>
  Phone: <span itemprop="telephone">02-12345678</span>
</div>
```

建立吸引人的在地內容

在地內容是指與在地相關的內容，除了有地區關鍵字之外還要在網頁及商家頁建立具有吸引人的照片圖片 (如圖 6-83)。因為在地搜尋的結果如果顯示吸引目光的照片，可以引起更多點擊。

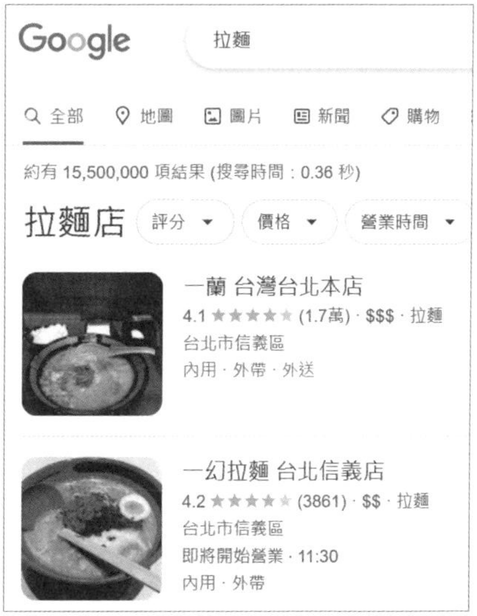

圖 6-83 具備吸引目光的照片，可以增加在地搜尋結果點擊率。

應該具備適合行動設備瀏覽的網頁

大多的在地搜尋都發生在行動設備上，如果訪客搜尋點擊後進入的不是行動網頁，或是無法順利使用行動設備瀏覽的話，很可能會跳出網頁而功虧一簣。如圖 6-84，很多傳統產業的網頁仍然不符合 Google 的網頁規範，例如沒有使用 https、仍然使用 Adobe Flash 格式的檔案、以及不適合手機瀏覽的網頁內容。

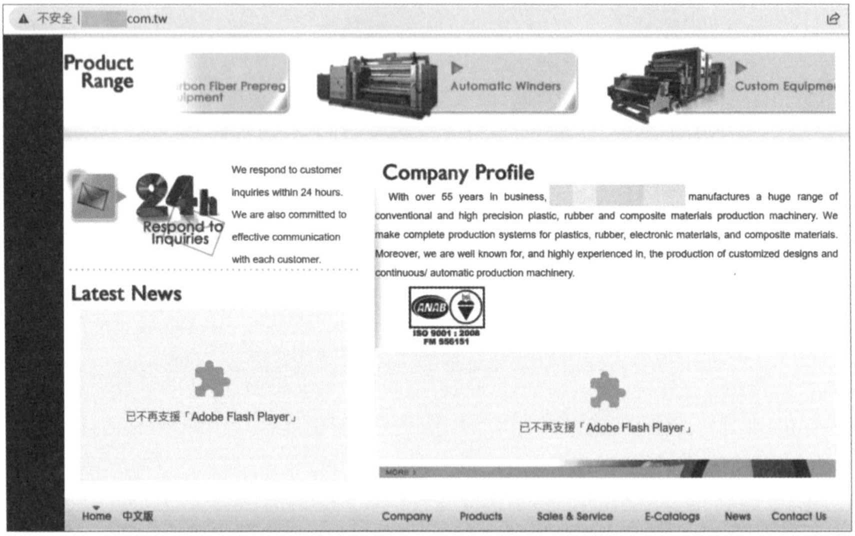
不安全 | com.tw
Product Range
Automatic Winders
24h
Respond to Inquiries
We respond to customer inquiries within 24 hours. We are also committed to effective communication with each customer.
Company Profile
With over 55 years in business, manufactures a huge range of conventional and high precision plastic, rubber and composite materials production machinery. We make complete production systems for plastics, rubber, electronic materials, and composite materials. Moreover, we are well known for, and highly experienced in, the production of customized designs and continuous/ automatic production machinery.
ANAB
ISO 9001 : 2008
FM 556151
Latest News
已不再支援「Adobe Flash Player」
已不再支援「Adobe Flash Player」
Home
中文版
Company
Products
Sales & Service
E-Catalogs
News
Contact Us

圖 6-84　目前尚有很多傳統產業的網頁不符合 Google 的網頁規範，例如沒有使用 https、仍然使用 Adobe Flash 格式的檔案、以及不適合手機瀏覽的網頁內容。

利用電子報邀請常客回訪

當地的流量也是製造在地訊號的重要因素，應該收集常客的電子郵件或是行動電話，透過電子報或是簡訊發送優惠訊息，邀請常客回訪以增加當地流量。

但是在電子報的格式設計上，企業經常只顧及適合手機瀏覽，如圖 6-85，但是卻忽略了很多人在工作上仍舊使用桌機接收電子郵件，原本在手機正常瀏覽的電子報，在桌機上卻看到過大的圖檔，如圖 6-86。因此在電子報的設計上，應該盡量兼顧手機及桌機的用戶，才不至於流失了大半應有的流量。

圖 6-85 使用手機瀏覽誠品電子報時，呈現正常的畫面。

圖 6-86 使用桌機瀏覽誠品電子報時，並無法舒適的閱讀。

網頁內容應該經過在地關鍵字研究

為何要強調「在地」關鍵字研究？因為每個地區的搜尋習慣不同，使用詞彙也可能不同，尤其不同語言會更明顯。「在地」的關鍵字研究可以讓網頁內容的用詞較為精準，也比較可以被搜尋得到。

如圖 6-87，由 Google 趨勢觀察台灣用戶的搜尋變化，「洗衣機 維修」的搜尋量逐漸追上「洗衣機 清洗」的搜尋量，並且如圖 6-88，中南部城市的總搜尋量高於北部城市。如圖 6-89，美國的使用者在「Washing machine clean」及「Washing machine repair」的搜尋量則是不相上下。

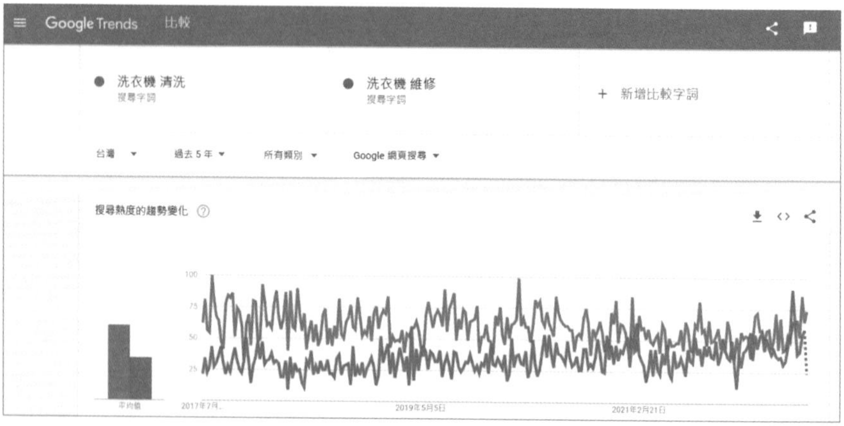

圖 6-87 由 Google 趨勢觀察台灣用戶「洗衣機 清洗」及「洗衣機 維修」的搜尋變化。

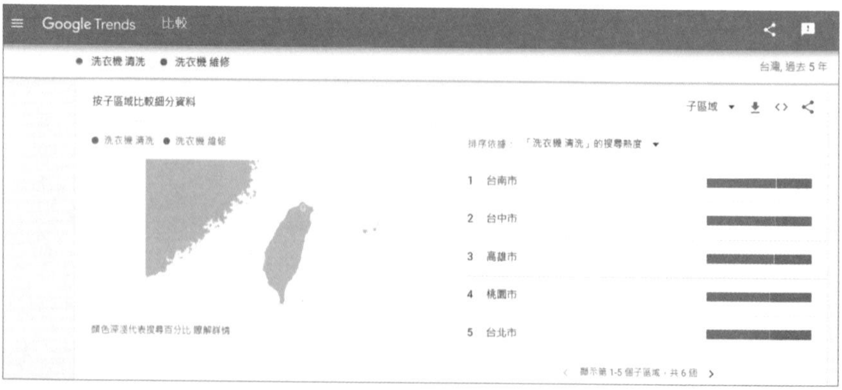

圖 6-88 由 Google 趨勢觀察「洗衣機 清洗」及「洗衣機 維修」在不同城市的搜尋變化。

圖 6-89 由 Google 趨勢觀察美國用戶「Washing machine clean」及「Washing machine repair」的搜尋變化。

如果再經過詳細的在地關鍵字研究，會發現「洗衣機」的英文還有很多種寫法，例如「Washing machine」、「Washer machine」、「Clothes washer」、「Washer」等，如圖 6-90。

圖 6-90 「洗衣機」的英文在不同地區可能有不同的習慣詞彙，例如「Washer machine」每個月就有不少的搜尋量。

網站應該多與在地網站建立關聯

不可諱言的，正確的優質連結還是建立關聯的重要因素，因此企業網站應該多與在地網站建立關聯。例如在地新聞網站、在地產業協會、在地活動網頁等，如圖 6-91，各種媒體都可能會有在地的新聞報導，如果與在地媒體建立良好關係，就可能提供產業資訊給在地媒體而產生連結；如圖 6-92，各種產業的同業公會或是協會都可能會有廠商的連結資訊，如果於在地的產業公會網頁建立連結，就可以強化該領域的在地訊息；如圖 6-93，提供學校實習機會，就可能與當地學校網頁建立連結。

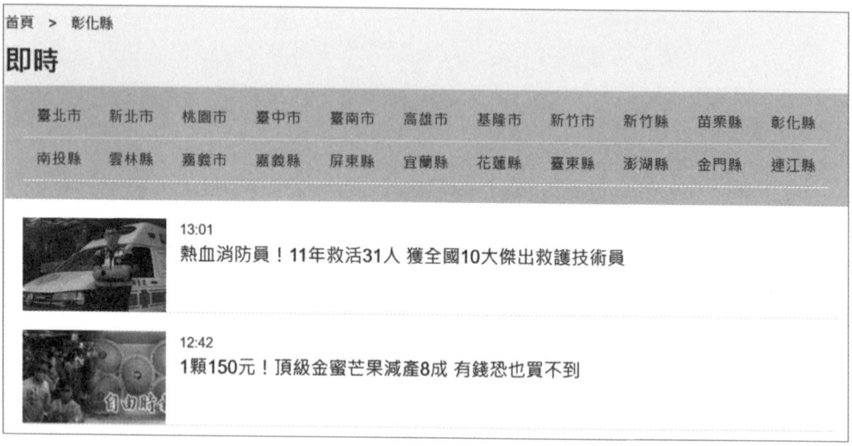

圖 6-91 各種媒體都可能會有在地的新聞報導。

圖 6-92 各種產業的同業公會或是協會都可能會有廠商的連結資訊。

編號	廠商名稱	官方網站連結
1	財政部北區國稅局花蓮分局	https://www.ntbna.gov.tw/etwmain/front/ETW118W/VIEW/2138
2	花蓮一信	http://www.hua215.com.tw/
3	花蓮二信	http://www.hl2c.com.tw/
4	愛買量販店(花蓮分店)	https://www.fe-amart.com.tw/
5	家樂福有限公司花蓮分公司	http://www.carrefour.com.tw/store/花蓮店
6	蜂之鄉有限公司	http://www.bee-pro.com/
7	花蓮市農會生鮮超市	http://60.251.116.203/tcfa/0306.htm
8	吉安鄉農會生鮮超市	http://www.ji-an.org.tw/main.asp?item=2_4
9	光豐地區農會生鮮超市	http://lam.twgov.biz/content_edit.php?menu=2600&typeid=2786
10	靜思書軒	http://www.jingsi.com.tw/main_index/book_cafe/b
11	遠東百貨花蓮和平分公司	https://www.feds.com.tw/store/floor.aspx?store=15

圖 6-93 提供學校實習機會，就可能與當地學校網頁建立連結。

登錄 Google 在地商家

Google 與 Bing 的在地商家登錄，是操作在地搜尋最重要的工作，並且正確的登錄相關資訊、善用相片、優惠資訊和貼文、吸引消費者留下好的回應，可以打造具有獨特風格的商家檔案並且建立強烈的在地訊號。

Google 在地商家網址	https://www.google.com/business/

- **步驟一**：登入 Google 帳號後，前往 Google 在地商家網址並按下「立即管理」，如圖 6-94。

  並且要注意的是使用哪個 Google 帳號登入，那個帳號就是 Google 在地商家的擁有者，因此企業盡量要使用一個企業專屬的 Google 帳號登入來建立在地商家，而不要使用委外廠商或是公司職員的個人帳號。

圖 6-94 Google 在地商家網址 https://www.google.com/business/。

● **步驟二：輸入你要管理的商家完整名稱**，如圖 6-95。

圖 6-95 輸入商家的完整名稱。

● **步驟三：選擇商家的業務類別**，如圖 6-96 及 6-97。這個業務類別會影響之後搜尋的露出表現，例如特定的關鍵字搜尋只會抓出特定業務類別的商家，如果你的商家不屬於這個類別，就無法出現在搜尋結果頁面上。

圖 6-96 選擇商家的業務類別。

圖 6-97 從下拉式選單中挑選較符合的業務類別。

- **步驟四：填寫商家基本資訊**。如圖 6-98，確認該商家資訊是要顯示在 Google 地圖上。如圖 6-99，填寫商家的詳細地址，這個地址資訊就要跟官網上及社交平台上的企業地址完全一致。當 Google 發現地址有重複疑慮或是找到類似的商家，就會詢問你是否重複登錄，如圖 6-110，如果確定沒有填錯，就選擇「這不是我的商家」。再來如圖 6-101，確認商家是否提供到府或外送服務資訊。

如圖 6-102，填寫商家連絡電話及網站，這個資訊也是要跟官網上及社交平台上的企業電話及網站完全一致。

圖 6-98 決定是否要顯示在 Google 地圖。

圖 6-99 填寫商家的詳細地址。

建立個人資料
這是您的商家嗎?
你的商家似乎已經在 Google 搜尋或 Google 地圖上刊登商家檔案。如果下方有你的商家，請選取該項目，我們會協助改善商家檔案。
這不是我的商家
下一步
Google

圖 6-100 Google 如果找到類似的商家，會詢問你是否重複登錄。

建立個人資料
你是否提供外送或登門服務?
舉例來說，如果您提供到府或送貨服務，便可讓客戶知道您的服務範圍
是
否
下一步
Google

圖 6-101 詢問商家是否提供到府或外送服務資訊。

建立個人資料
新增聯絡資訊
在 Google 商家檔案中加入電話號碼和/或網站
聯絡電話號碼
目前網站網址
我沒有網站
略過
下一步
Google

圖 6-102 填寫商家連絡電話及網站。

- **步驟五：選擇驗證方式**。如圖 6-103，當你選擇驗證方式為寄送明信片，日後就會收到 Google 的實體信件會附上驗證碼，再回到我的商家管理頁面上輸入驗證碼就完成了我的商家登錄。

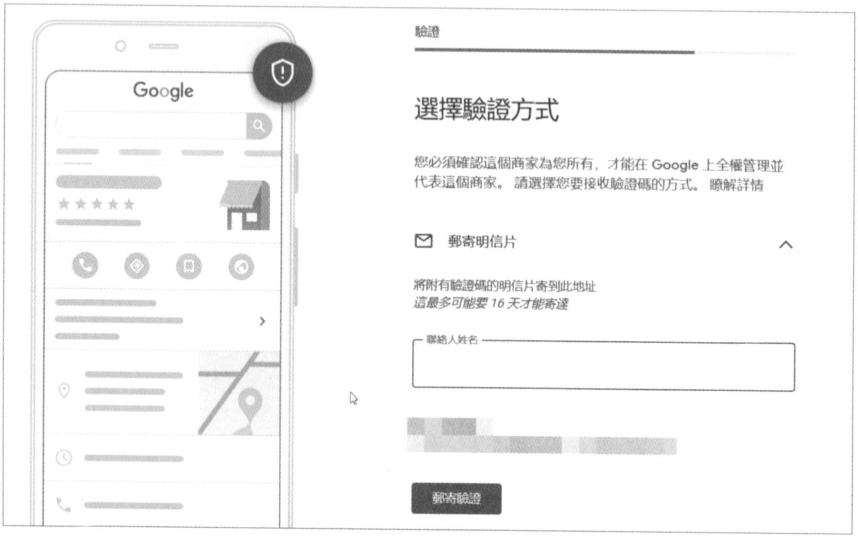
Google
驗證
選擇驗證方式
您必須確認這個商家為您所有，才能在 Google 上全權管理並
代表這個商家。 請選擇您要接收驗證碼的方式。 瞭解詳情
郵寄明信片
將附有驗證碼的明信片寄到此地址
這最多可能要 16 天才能寄達
聯絡人姓名
郵寄驗證

圖 6-103 選擇驗證方式，可以選擇郵寄明信片的方式。

- **步驟六：填寫更多商家資訊**。如圖 6-104 至圖 6-105，可以在登錄時填寫詳細商家資訊，也可以目前先略過，日後再逐漸補上。

圖 6-106 商家的描述文字與圖 6-107 商家相片，是我的商家資訊中很重要的資訊，商家的描述文字必須符合之前說到網頁標題及描述的特性：獨特、精確、簡短。商家的描述文字並不是要把很多關鍵字塞進去，而是獨特、精確、簡短描述你的商家，不要跟其他同類型的商家雷同。商家相片則是建立商家特色以及吸引消費者的重要因素，如果你的商家是餐廳，則要附上清楚的最新菜單相片、餐廳環境以及各種菜色照片；如果你的商家銷售實體產品，則要附上清楚的產品相片；如果你的商家銷售的是服務，例如顧問、水電、清潔服務等，則附上你的案例相片或是服務流程。

圖 6-104 填寫商家營業時間。

圖 6-105 是否讓客戶傳遞訊息給商家。

圖 6-106 填寫商家的描述文字。

Google
自訂檔案
新增商店相片
展示架上產品並讓客戶一窺店內環境
瞭解詳情
新增相片
範例
範例
範例

圖 6-107 新增商家相片。

Google
中正區的茶行
廣告 · www.example.com
在 Google 上刊登廣告 - 開闢客源
透過這個部分向客戶宣傳您商家的獨特之處
致電商家
自訂檔案
領取 $12,000 的免費廣告抵免額
開始透過 Google Ads 放送你的商家廣告
略過
領取抵免額

圖 6-109 領取刊登免費廣告的抵免額。

Google
自訂檔案
通過驗證後，系統就會顯示你的編輯內容
你隨時都可以繼續更新商家檔案。通過驗證後，客戶就能在 Google 上看到你的編輯內容。
繼續

圖 6-109 確定完成刊登。

● **步驟七：持續管理我的商家**。如圖 6-110，當你完成商家驗證之後，就會在我的商家管理頁上看到商家資訊列表。但是這並不代表我的商家就此完成，你必須持續的更新補上各類資訊，讓消費者看到的資訊都是最正確、最更新的資訊。如圖 6-111 及圖 6-112，在商家管理介面上可以持續更新編輯詳細資訊。

Google 我的商家列表	https://business.google.com/locations

圖 6-110 完成商家驗證之後，就會在我的商家管理頁上看到商家資訊列表。

圖 6-111 可以在日後商家管理介面上再編輯詳細資訊。

編輯商家檔案
完成驗證以公開顯示你的商家檔案，讓客戶查看你提供的產品與服務
瞭解詳情
進行驗證
商家資訊
讓客戶進一步瞭解您的業務內容
營業時間
讓客戶知道商家的營業時間
產品
展示你的商家銷售的產品
訂餐服務
管理客戶從商家檔案進行線上點餐的方式
相片
讓客戶一覽店內實景
標誌
張貼相片或回覆評論時，向客戶顯示你的商家身分
封面相片
向客戶展示你的商家
瀏覽已上傳的相片
查看先前新增至 Google 的相片

圖 6-112 編輯商家檔案。

因為許多企業經常透過代理商來建立我的商家，因此以為建立後就完成了，我的商家跟社交平台一樣是需要經營的，建立之後還需要做到以下項目：

- 經常更新我的商家各類資訊。
- 經常補充我的商家最新的資訊。
- 回應我的商家上的評論。
- 鼓勵消費者給予優秀的評價。
- 鼓勵消費者在我的商家上留下正面的評論。
- 與資深的在地響導建立良好的關係。

登錄 Bing 在地商家

Bing 在地商家網址	https://www.bingplaces.com/

- **步驟一**：登入 Bing 帳號後，前往 Bing 在地商家網址並按下「新使用者」，如圖 6-112。同樣的，企業盡量使用一個企業專屬的 Bing 帳號登入來建立在地商家，而不要使用委外廠商或是公司職員的個人帳號。

Bing places for business
繁體中文
登入
為您的商家取得線上客戶
免費將您的商家新增至 Bing，並協助線上客戶探索您的商家
現有使用者
新使用者

圖 6-112 Bing 在地商家。

- **步驟二**：建議與 Google 我的商家同步，而不需要另外建立。因為如此在後續的更新管理上會比較方便，不需要額外花時間更新資訊。如圖 6-114，選擇「立即從 Goole 我的商家匯入」，並如圖 6-115 及圖 6-116，允許 Bing 存取資料。

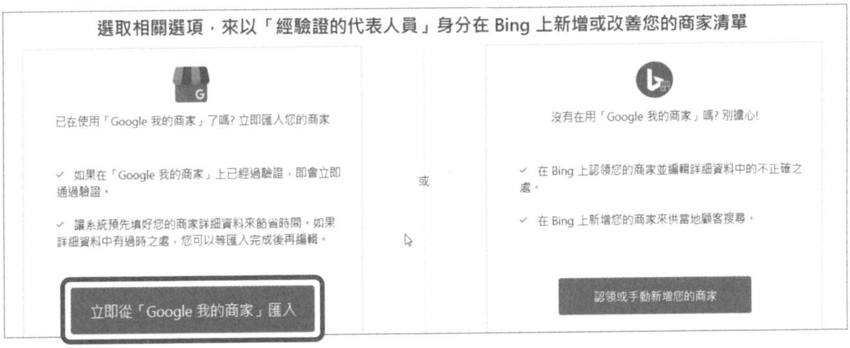
選取相關選項，來以「經驗證的代表人員」身分在 Bing 上新增或改善您的商家清單
已在使用「Google 我的商家」了嗎? 立即匯入您的商家
如果在「Google 我的商家」上已經過驗證，即會立即通過驗證。
讓系統預先填好您的商家詳細資料來節省時間。如果詳細資料中有過時之處，您可以等匯入完成後再編輯。
立即從「Google 我的商家」匯入
或
沒有在用「Google 我的商家」嗎? 別擔心!
在 Bing 上認領您的商家並編輯詳細資料中的不正確之處。
在 Bing 上新增您的商家來供當地顧客搜尋。
認領或手動新增您的商家

圖 6-114 可以選擇新增商家，或是從 Google 我的商家資訊中匯入。

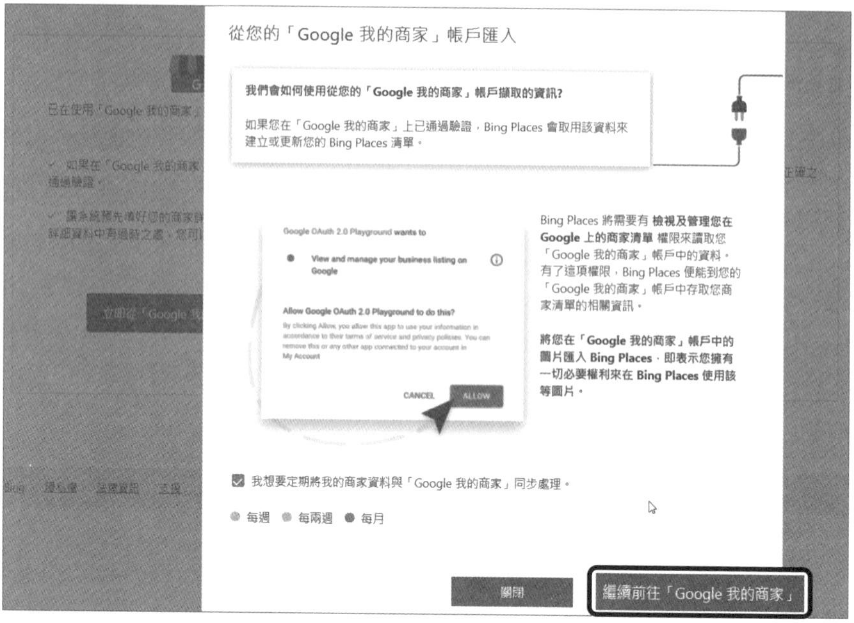
從您的「Google 我的商家」帳戶匯入
我們會如何使用從您的「Google 我的商家」帳戶擷取的資訊?
如果您在「Google 我的商家」上已通過驗證，Bing Places 會取用該資料來建立或更新您的 Bing Places 清單。
Google OAuth 2.0 Playground wants to
View and manage your business listing on Google
Allow Google OAuth 2.0 Playground to do this?
CANCEL
ALLOW
Bing Places 將需要有 檢視及管理您在 Google 上的商家清單 權限來讀取您「Google 我的商家」帳戶中的資料。有了這項權限，Bing Places 便能到您的「Google 我的商家」帳戶中存取您商家清單的相關資訊。
將您在「Google 我的商家」帳戶中的圖片匯入 Bing Places，即表示您擁有一切必要權利來在 Bing Places 使用該等圖片。
我想要定期將我的商家資料與「Google 我的商家」同步處理。
每週
每兩週
每月
關閉
繼續前往「Google 我的商家」

圖 6-115 若選擇從 Google 商家資訊中匯入，會導引到 Google 帳號登入。

使用 Google 帳戶登入
「bingplaces.com」想要存取您的 Google 帳戶
這麼做將允許「bingplaces.com」進行以下操作：
查看、編輯、建立及刪除您的 Google 商家資訊
確認「bingplaces.com」是您信任的應用程式
這麼做可能會將機密資訊提供給這個網站或應用程式。您隨時可以前往 Google 帳戶頁面查看或移除存取權。
瞭解 Google 如何協助您安全地分享資料。
詳情請參閱「bingplaces.com」的《隱私權政策》和《服務條款》。
取消
允許

圖 6-116 登入 Google 帳號後允許 Bingplaces.com 存取你的 Google 商家資訊。

● **步驟三**：如圖 6-117，選擇要匯入的 Google 我的商家並按下繼續。當成功匯入後，就會出現如圖 6-118 的畫面。

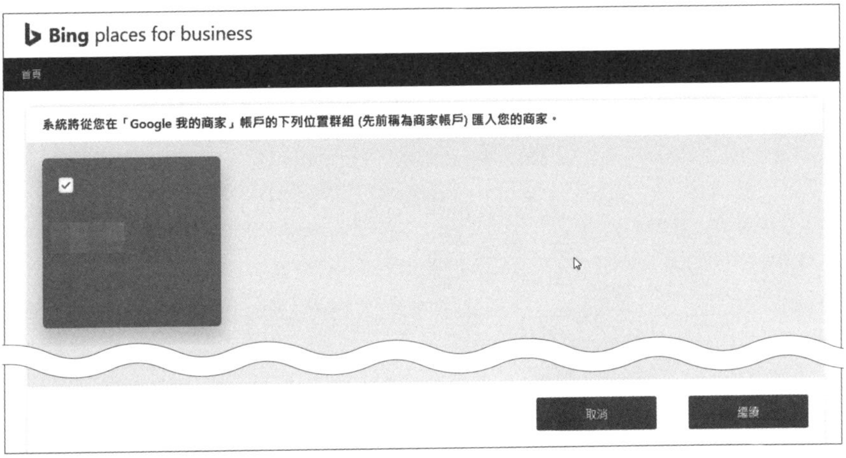

圖 6-117 選擇要匯入的商家資訊。

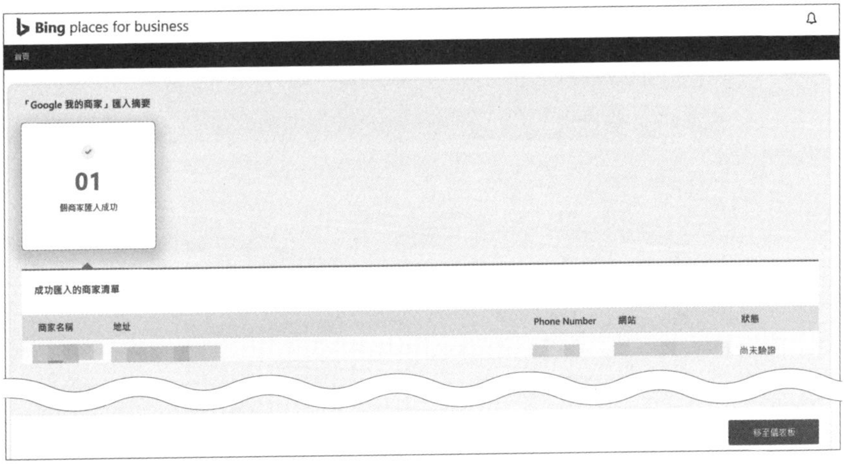

圖 6-118 顯示成功匯入 Google 商家資訊。

● **步驟四**：如果你匯入的 Google 我的商家已經完成驗證，就會出現如圖 6-119 的畫面，你就可以持續進行管理。也可以不在 Bing 的介面管理，只管理更新 Google 我的商家資訊，然後使用如圖 6-120 跟 Google 我的商家進行同步。

圖 6-119 Bing 驗證後就可以在管理面板中編輯商家資訊或是手動再與 Google 同步。

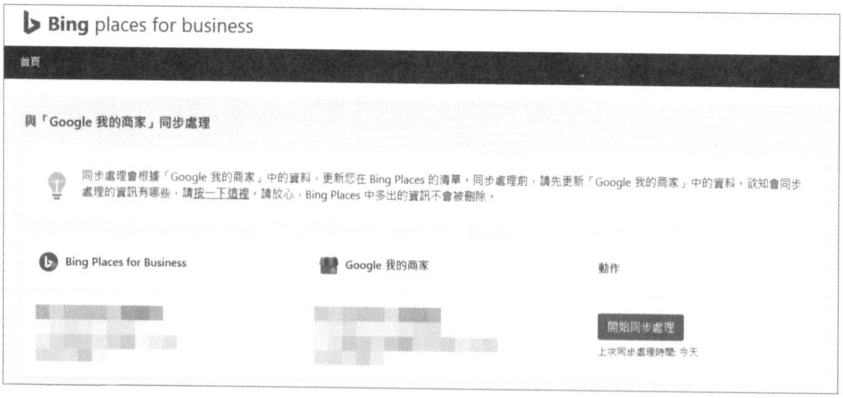

圖 6-120 同步後就可以看到 Google 與 Bing 兩邊商家的資訊。

Google 我的商家與 Plus Codes

Plus Codes（又稱 Open Location Code，可以翻譯為開放位置編碼）是一組字串，作用類似經緯度可以精確的標示地點。既然類似經緯度，為何還要 Plus Codes 呢？因為經緯度長度較長，例如經緯度「25.01754583394577, 121.53981250000001」，相同的地點使用 Plus Codes 就變成「2G8Q+WW 大安區 台北市」，比較短的 Plus Codes 就可以用來線上分享你的位置，或是離線上使用。如圖 6-121，可以從 Google 我的商家上得到 Plus Codes。

圖 6-121 從 Google 我的商家頁面上可以得到 Plus Code。

例如我告訴朋友我的位置在「2G8Q+WW 大安區 台北市」，他就可以透過搜尋，如圖 6-122 得到地圖上我的位置。也許你會問，那為何不直接分享地址就好了呢？何不告訴他我的位置在「台北市大安區羅斯福路四段 1 號」不就好了？幹嘛再搞出一個 Plus Codes 呢？

因為地球上並不是每個地點都有「地址」，例如你在荒山野外或是戰地上已經無法使用地址來尋找位置，甚至於有些落後地區根本沒有「地址」這個東西，這時除了經緯度之外，Plus Codes 就是一個很好用的工具。再如在離線應用上，快遞也可以把貨物透過 Plus Codes 送到精確的地點簽收。

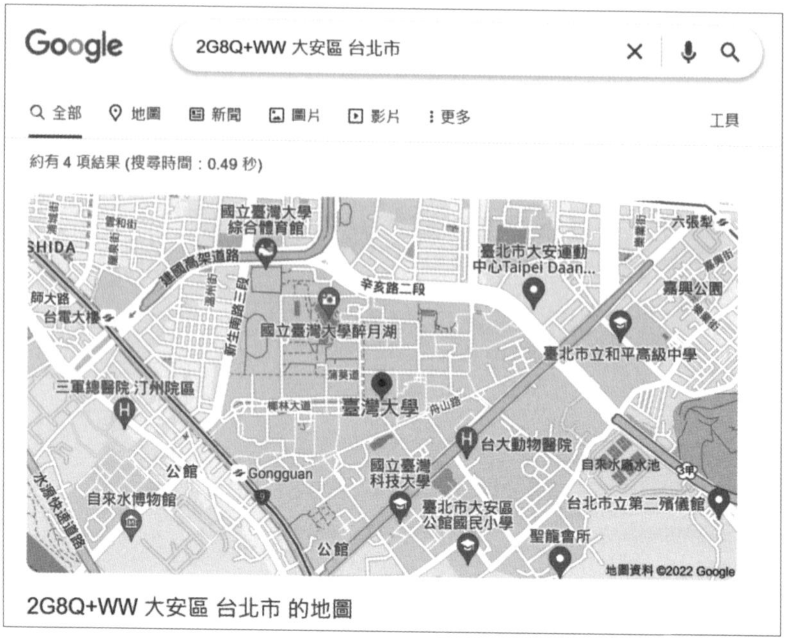

圖 6-122 從 Plus Code 可以得到我的商家的精確位置。

若我的商家無法用正常的地址來定位，也許是在某個地址前面的空地，或是某個地址的場地之內沒有地址的建築物，這時就可以先在 Google 地圖上先釘上位置，如圖 6-123，例如我們需要建立一個我的商家在台北車站前面某個地點，然後按下滑鼠右鍵，如圖 6-124 就可以點選「加入你的商家」。或是把經緯度複製下來，在 Google 搜尋後，如圖 6-125，點選「加入你的商家」，這時也可以看到相對應的 Plus Codes。

圖 6-123 在 Google 地圖可以使用滑鼠釘下位置。

圖 6-124 在 Google 地圖上按下滑鼠右鍵，可以點選「加入你的商家」或是取得經緯度。

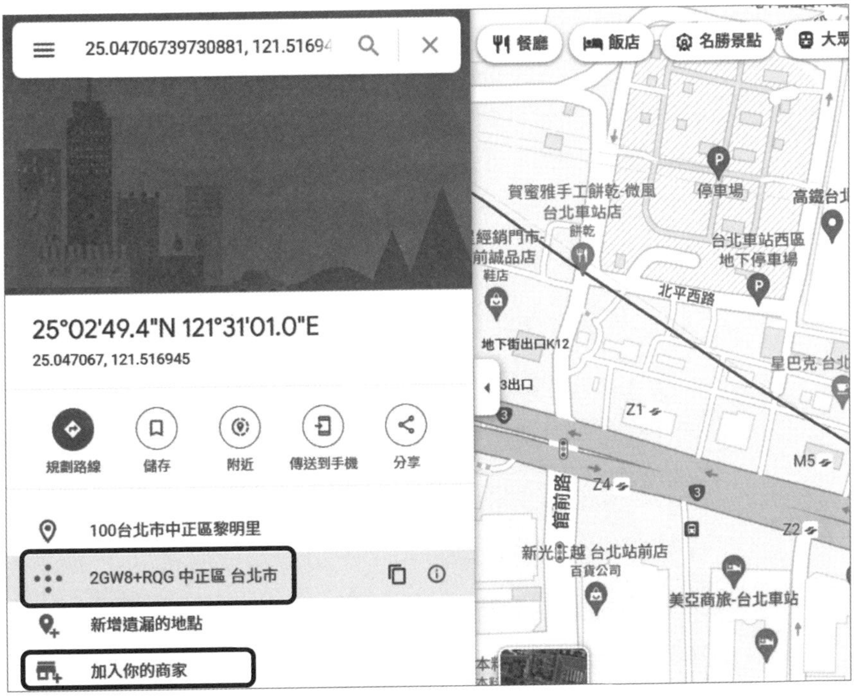

圖 6-125 在 Google 地圖上搜尋經緯度，可以由此點選「加入你的商家」或是取得 Plus Codes。

那麼 Plus Codes 可以如何應用在網頁上增加在地訊號呢？就是當我的商家需要以精確的位置來表示時，可以在官網、官方部落格、官方臉書粉絲頁等等平台都統一使用一致的 Plus Code，跟企業名稱、地址、及電話都弄成一致是一樣的道理，如此可以更清楚的讓 Google 知道精確的位置。

專家小結

在地搜尋比普通搜尋更為困難，因為只有少數的商家會出現在搜尋結果首頁。並且搜尋引擎對於在地搜尋的演算法修正更是頻繁，也經常修改顯示的格式及數量。但是不管如何，登錄 Google/Bing 我的商家之後，接著持續經營修正來強化網頁的在地訊號，這些過程是不太會改變的。

6-9 如何提升網頁的社交訊號

所謂**社交 SEO** (Social SEO)，就是指透過社交媒體的操作來提升網頁的社交訊號進而提升 SEO 成效。並且許多 SEO 專家都認為社交訊號確實會影響 SEO 的操作成效，並且透過社交媒體來擴散網頁內容，除了可以提升流量之外，還能提升網站的品牌效益。

以 https://www.worldometers.info/ 數據來看，網路上每天會產生七百萬篇以上的部落格文章，這樣的競爭數量讓你的內容很難在自然搜尋的競爭中出人頭地。但是如果透過社交媒體的協助，可以讓你的內容擴散加快速度與增加廣度。

雖然社交媒體不會「直接」影響自然搜尋排名，但是社交媒體的內容擴散能力會讓你的內容擴散時間拉長，改善你的內容的可見度，並且社交媒體會增加品牌能見度及聲譽，強化在地搜尋曝光度，從而增加網站的流量以及增加連結的機率，這些效果使得社交媒體會「間接」的影響自然搜尋排名。

如圖 6-126，根據研究資料顯示，搜尋排名越好的網頁內容具有越高的社交網路聲量。因此提升網頁內容的社交訊號，可以增強自然搜尋的曝光度。如圖 6-127，搜尋排名與社交網路的活動關係顯示，搜尋排名越好則具有越高的社交網路活動（按讚數量、分享數量、留言數量）。

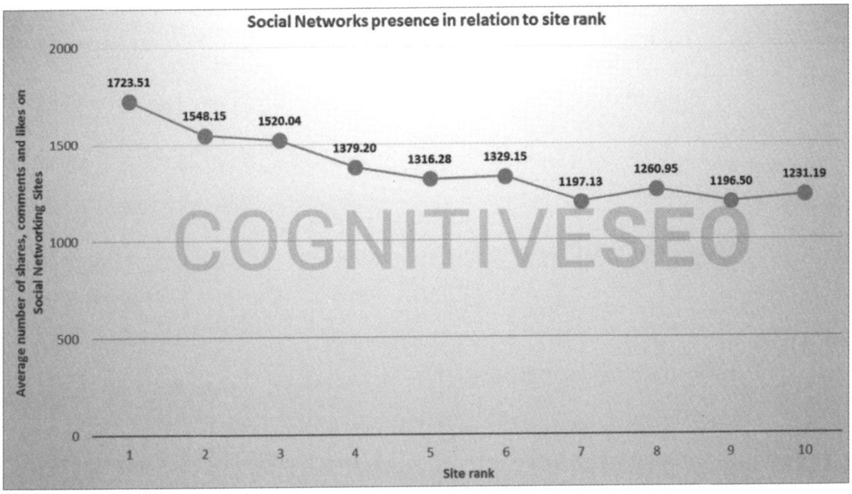

圖 6-126 由搜尋排名與社交網路的聲量關係顯示，搜尋排名越好則具有越高的社交網路聲量。資料來源：https://cognitiveseo.com/blog/11903/social-signals-seo-influence/

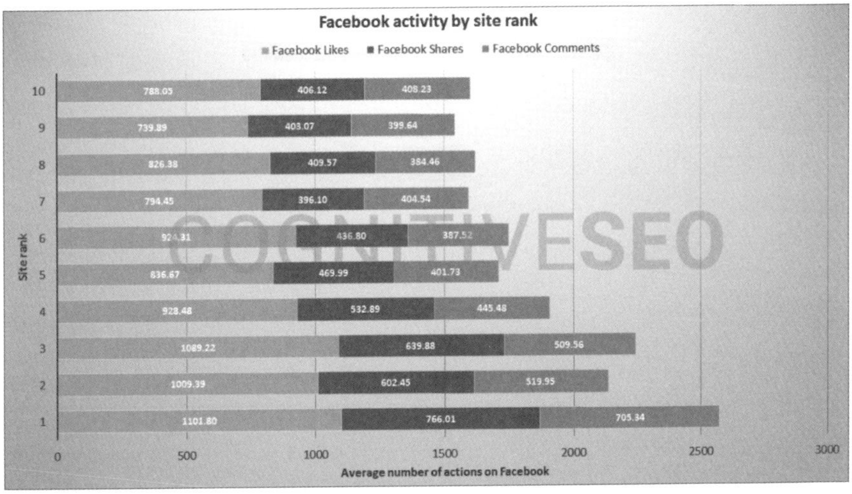

圖 6-127 由搜尋排名與社交網路的活動關係顯示，搜尋排名越好則具有越高的社交網路活動（按讚數量、分享數量、留言數量）。

資料來源：https://cognitiveseo.com/blog/11903/social-signals-seo-influence/

如何提升網頁的社交訊號

如果希望透過社交訊號協助提升搜尋排名，以下是必須做到的項目：

選擇適合的社交平台擴散你的內容

社交平台數量眾多，企業必須找出適合的社交平台來協助網站增強社交訊號。如表 6-4 所示，企業不可能每種社交平台都經營，而是從中挑選符合自己企業屬性的來經營操作。

例如，如果你是目標市場在歐美地區的 B2B 製造廠商，你可能就會挑選操作臉書、推特、領英、Youtube 等社交平台。如果你是目標市場在亞洲地區的 B2C 電商，你可能就會挑選操作臉書、抖音、微博、小紅書、Instagram、Youtube 等社交平台。並且不同的社交平台也存在不同的調性，不可能一套內容跑完全部的社交平台，也不要把企業內容硬塞到不符合調性的社交平台。

表 6-4：常見的社交平台列表。

社交平台	網址	類型
臉書 (Facebook)	https://facebook.com/	綜合
推特 (Twitter)	https://twitter.com/	綜合
Tumblr	https://www.tumblr.com/	綜合
Reddit	https://www.reddit.com/	綜合
微博 (Weibo)	https://m.weibo.cn/	綜合
小紅書	https://www.xiaohongshu.com/	綜合
Livejournal	https://www.livejournal.com/	綜合
百度貼吧	https://tieba.baidu.com/	綜合
Quora	https://www.quora.com/	知識
領英 (Linkedin)	https://www.linkedin.com/	綜合 / 專業領域
Instagram (IG)	https://www.instagram.com/	影像 / 影音
Pinterest	https://www.pinterest.com/	影像 / 影音
Flickr	https://www.flickr.com/	影像
抖音 (TikTok)	https://www.tiktok.com/	影音 ↓

社交平台	網址	類型
Youtube	https://www.youtube.com/	影音
Vimeo	https://vimeo.com/	影音
Dailymotion	https://www.dailymotion.com/	影音
Line	https://line.me/	通訊
微信 (WeChat)	https://www.wechat.com/	通訊
WhatsApp	https://www.whatsapp.com/	通訊
騰訊 QQ	https://im.qq.com/	通訊
Apple Podcast	https://www.apple.com/tw/apple-podcasts/	播客
Google Podcast	https://podcasts.google.com/	播客

網頁應該使用正確的社交語意宣告

在網頁內加入社交的語意宣告有兩個目的：第一個是讓搜尋引擎知道這些內容的來源跟這些社交分享內容是相關的；第二個目的是把網頁內容刊登到社交平台時，社交平台可以依照我們提供的語意宣告來顯示外觀。關於語意宣告的細節，請參考第五章第六、七節。

跟第一個目的有關的語意宣告就是 Schema.org 的 SocialMediaPosting，使用 JSON-LD 的格式範例如下：

```
<script type="application/ld+json">
{
  "@context":"https://schema.org",
  "@type":"SocialMediaPosting",
  "@id":"https://www.pinterest.com/pin/201887995769400347/",
  "datePublished":"2014-03-04",
  "author":{
    "@type":"Person",
    "name":"Ryan Sammy",
    "url":"https://www.pinterest.com/ryansammy/"
  },
  "headline":"Leaked new BMW 2 series (m235i)",
  "sharedContent":{
    "@type":"WebPage",
    "headline":"Leaked new BMW 2 series (m235i) ahead of oct 25 reveal",
    "url":"http://www.reddit.com/r/BMW/comments/1oyh6j/leaked_new_bmw_2_
      series_m235i_ahead_of_oct_25/",
```

```
    "author":{
"@type":"Person",
"name":"threal135i",
"url":"https://www.reddit.com/user/threal135i"
    }
  }
}
</script>
```

以上範例的意思就是：我的網頁內容刊登到 pinterest 跟 reddit 上，這些帳號都是我的，請把這些內容當成相關聯的。

跟第二個目的有關的語意宣告就是 Facebook 的 Open Graph 跟 Twitter 的 Twitter Card。

Open Graph 的範例如下，當你把網頁的網址貼到 Facebook 時，就會抓出宣告中的標題、描述、圖檔等資料，顯示在 Facebook 的刊登畫面上，如圖 6-128。

```
<meta property="og:title" content="The Title" />
<meta property="og:type" content="article" />
<meta property="og:description " content="The description" />
<meta property="og:url" content="https://example.tw/1.html" />
<meta property="og:image" content="https://example.tw/1.jpg" />
```

圖 6-128 當把有語意宣告的網頁貼到 Facebook 時，就會依照語意宣告的標題、描述、圖檔等資料安排在 Facebook 的刊登畫面上。

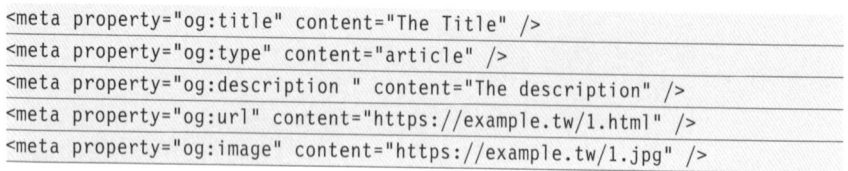

Twitter Card 的範例如下，當你把網頁的網址貼到 Twitter 時，就會抓出宣告中的標題、描述、圖檔等資料，顯示在 Twitter 的刊登畫面上，如圖 6-129。

```
<meta name="twitter:card" content="summary" />
<meta name="twitter:site" content="@yourTwitterAccount"/>
<meta name="twitter:title" content="The Title" />
<meta name="twitter:description" content="The description" />
<meta name="twitter:url" content="https://example.tw/1.html" />
<meta name="twitter:image" content="https://example.tw/1.jpg" />
```

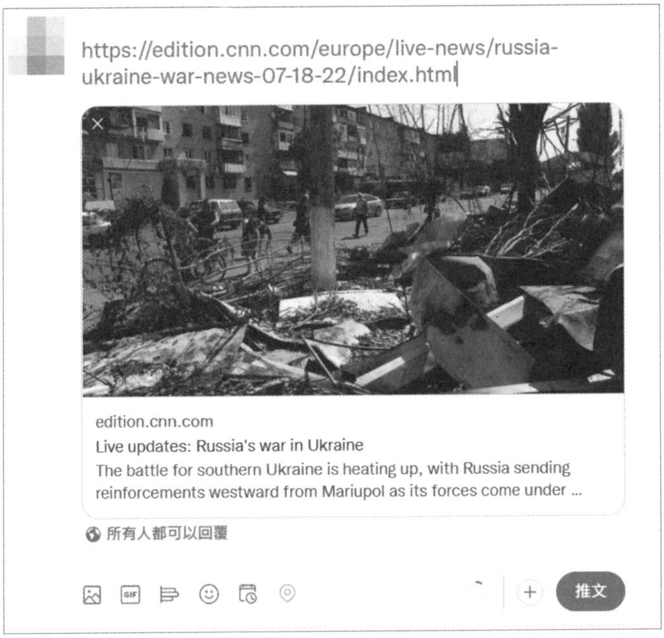
https://edition.cnn.com/europe/live-news/russia-ukraine-war-news-07-18-22/index.html
edition.cnn.com
Live updates: Russia's war in Ukraine
The battle for southern Ukraine is heating up, with Russia sending reinforcements westward from Mariupol as its forces come under ...
所有人都可以回覆
推文

圖 6-129 當把有語意宣告的網頁貼到 Twitter 時，就會依照語意宣告的標題、描述、圖檔等資料安排在 Twitter 的刊登畫面上。

網頁上要設計方便的社交按鈕

社交按鈕主要的作用是讓訪客可以快速進行投入的動作，例如按讚或是分享到各個社交網路，因此這個介面必須考慮方便性，不需要繁複的動作 (如圖 6-130)。這個社交按鈕在不同平台會有不同的外掛做法，不過最常見的是通用的 AddThis.com 服務，可以透過這個免費服務在網頁上加上各種格式的社交按鈕。

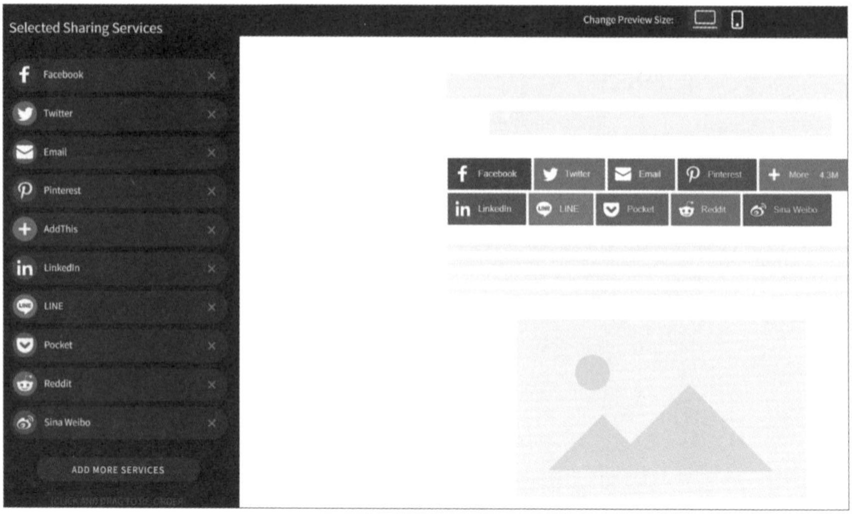

圖 6-130 使用 AddThis.com 服務在網頁上增加社交按鈕。

社交網路的介紹頁面的照片或是圖片應該慎選

社交網路介紹頁面 (Profile) 的照片會出現在每個訊息上，如果是企業社交網路，應該使用企業標誌或是產品標誌；如果是個人的社交網路，也應該選擇符合身分與專業度的照片，如圖 6-131。

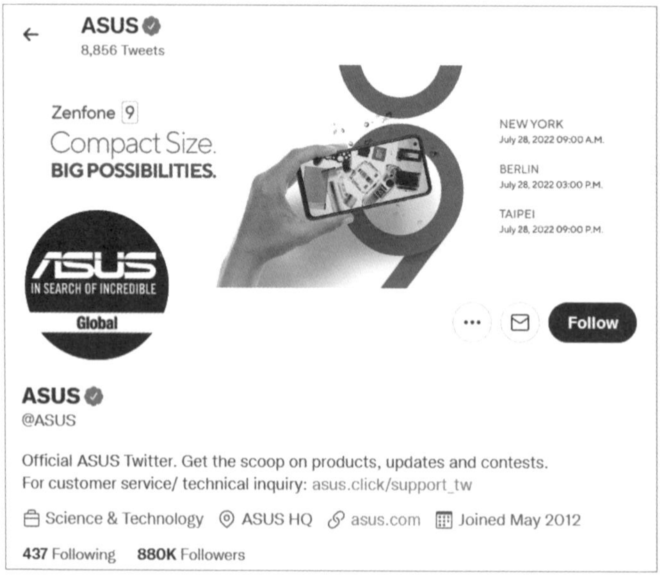

圖 6-131 ASUS 的 Twitter 社交網路介紹頁面。

社交網路的介紹頁面內容應該用心設計

社交網路的介紹頁面就是跟訪客認識的門面，除了應該要有簡明的介紹之外，應該包含網站網址與聯絡資訊。另外應該將最主要的關鍵字，適當的安排在介紹頁面內，讓訪客很清楚知道可以從這個社交網路獲得哪些資訊，如圖 6-132。

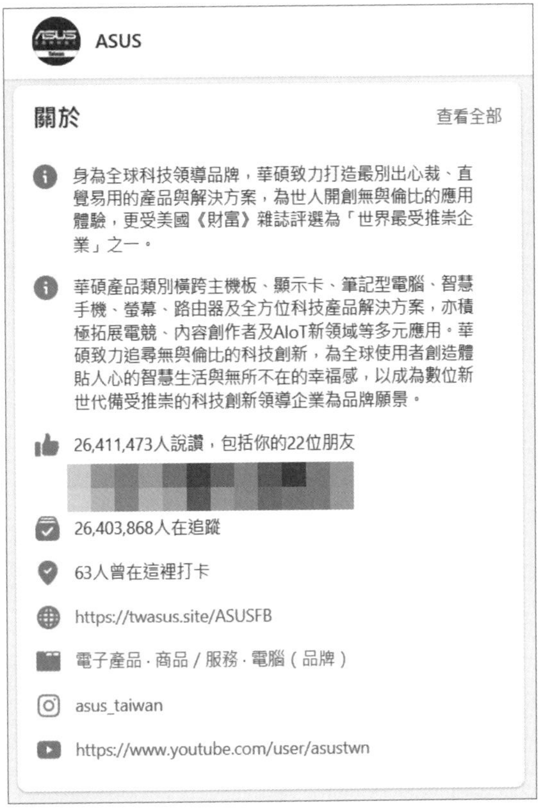
ASUS
關於
查看全部
身為全球科技領導品牌，華碩致力打造最別出心裁、直覺易用的產品與解決方案，為世人開創無與倫比的應用體驗，更受美國《財富》雜誌評選為「世界最受推崇企業」之一。
華碩產品類別橫跨主機板、顯示卡、筆記型電腦、智慧手機、螢幕、路由器及全方位科技產品解決方案，亦積極拓展電競、內容創作者及AIoT新領域等多元應用。華碩致力追尋無與倫比的科技創新，為全球使用者創造體貼人心的智慧生活與無所不在的幸福感，以成為數位新世代備受推崇的科技創新領導企業為品牌願景。
26,411,473人說讚，包括你的22位朋友
26,403,868人在追蹤
63人曾在這裡打卡
https://twasus.site/ASUSFB
電子產品 · 商品 / 服務 · 電腦（品牌）
asus_taiwan
https://www.youtube.com/user/asustwn

圖 6-132 ASUS 的 Facebook 社交網路介紹頁面。

應該選擇各種刊登時間點以尋找最佳模式

社交網路的刊文並不一定會被所有的成員看到，所以在最佳時間刊登文章就變得非常重要。如圖 6-133 是臉書某個社團的刊登與回應統計資訊，會發現在幾個時間點是回應頻率的高峰期。但是不同的社交網路，會有不同類型的成員，因此就必須在不同時間刊登內容去摸索最佳的模式。

社交網路擴散的程度決定在於粉絲人數與意見領袖的多寡，而投入程度則決定於刊登內容是否能夠引起粉絲的共鳴，引起共鳴之後才可能按讚或是分享。因此必須透過各種類型內容的實驗，找出較能引起共鳴的內容類型，並且在對的時間點增加刊登數量，以增加內容曝光度來提高粉絲人數。

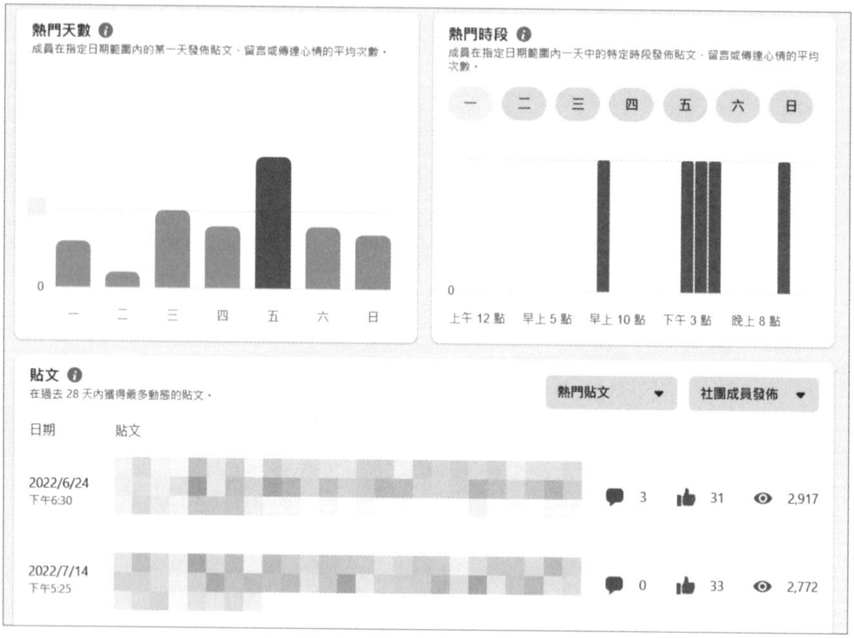

圖 6-133 臉書社團的刊登與回應統計資訊。

網頁內容刊登在社交網路，應該注意關鍵字安排

社交網路刊登的內容也是一個網頁，搜尋引擎的搜尋結果也逐漸出現越來越多的社交內容，如圖 6-134，因此刊登時的內容應使用文章本身的描述或相關關鍵字，並且也可以適度地使用 Hashtag，如圖 6-135。

圖 6-134 在 Google 搜尋結果頁面中也會出現商家的臉書粉絲頁。

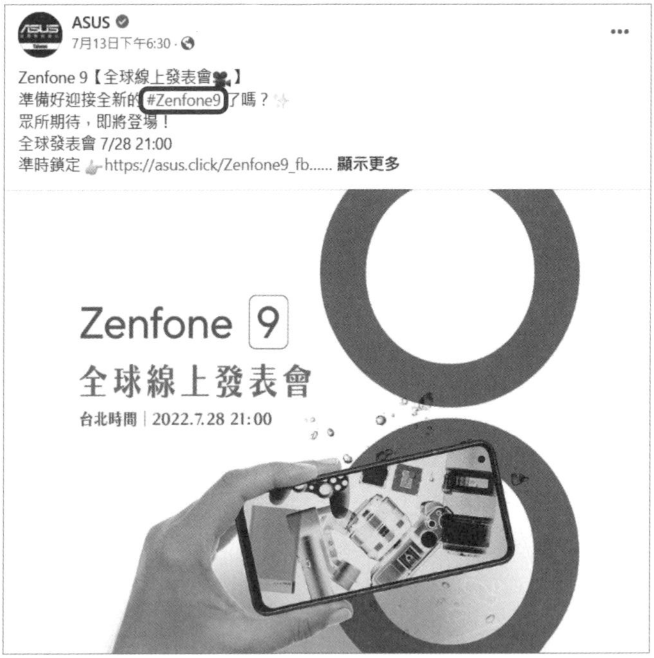

圖 6-135 ASUS 在產品刊文特別標示 Zenfone9 為 Hashtag。

應該定期挖掘或重新策展品質優良的舊內容刊登到社交網站

通常訪客不會去翻閱社交網站的歷史刊登內容，因此應該定期的把優質的內容挖掘出來重新刊登，如圖 6-136。不過由於是歷史刊登內容，應該修正不符合現狀的部分再重新刊登。或是也可以用策展 (Curation) 的方式，將類似主題的優質舊內容重新彙整，再重新刊登到社交網路上。

遠見雜誌
3 小時
【為什麼要為了不安全感，毀了最珍貴的東西？】
北野武的母親許多年來不斷的開口跟他要錢，他愈紅，要得愈多，要到他都不敢回家和母親見面。直到母親去世之後回家奔喪，他才知道，原來媽媽怕他哪天沒工作，於是未雨綢繆的幫他把錢存了起來。兒子對這個晚來的理解，痛哭失聲。
你關心的國內外消息都在【遠見華人 精英論壇】https://bit.ly/2XI2bjK...... 顯示更多
GVLF.GVM.COM.TW
當媽媽的最佳策略是......| 遠見華人精英論壇 | Global Views Leaders Forum
好友欣華（假名）的母親不久前在睡夢中去世，家人整理遺物時，發現了一些文件。母...

圖 6-136　這篇是 2017 年的舊文章，在 2022/07/19 再重新刊登在臉書上。

所謂「策展」就是將資料以一種新的整理方式，導引閱聽者理解策展者所要闡述的主題。例如圖 6-137，HubSpot 網站利用策展的方式，整理出「內容行銷」讓訪客很容易理解。

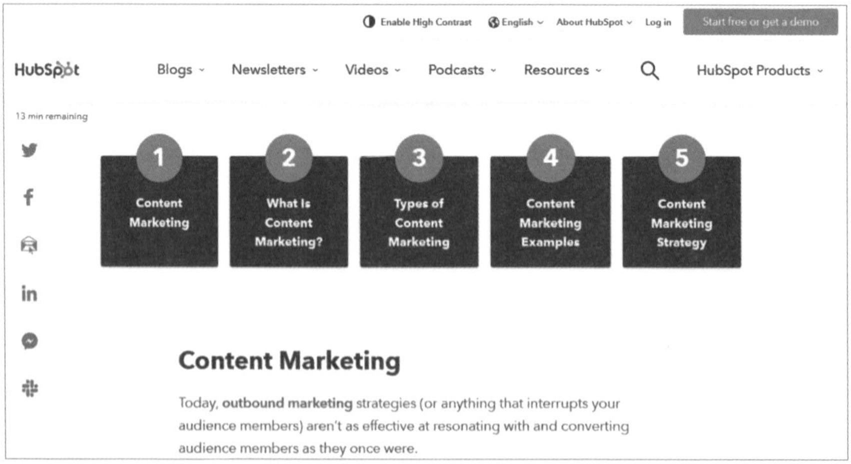
Enable High Contrast
English
About HubSpot
Log in
Start free or get a demo
HubSpot
Blogs
Newsletters
Videos
Podcasts
Resources
HubSpot Products
13 min remaining
1 Content Marketing
2 What Is Content Marketing?
3 Types of Content Marketing
4 Content Marketing Examples
5 Content Marketing Strategy
Content Marketing
Today, outbound marketing strategies (or anything that interrupts your audience members) aren't as effective at resonating with and converting audience members as they once were.

圖 6-137　HubSpot 網站利用策展的方式，整理出「內容行銷」讓訪客很容易理解，https://blog.hubspot.com/marketing/content-marketing。

應該根據分析結果調整社交策略以提高社交網路擴散程度與投入程度

除了從圖 6-133 去觀察社交平台的刊登與回應統計資訊之外，還需要利用 Google 分析瞭解目前社交策略的成效，如圖 6-138，可以看到雖然從社交管道進來的流量不多，但是單次工作階段的參與時間卻不錯，因此就可以隨時調整不同管道的流量導引策略。

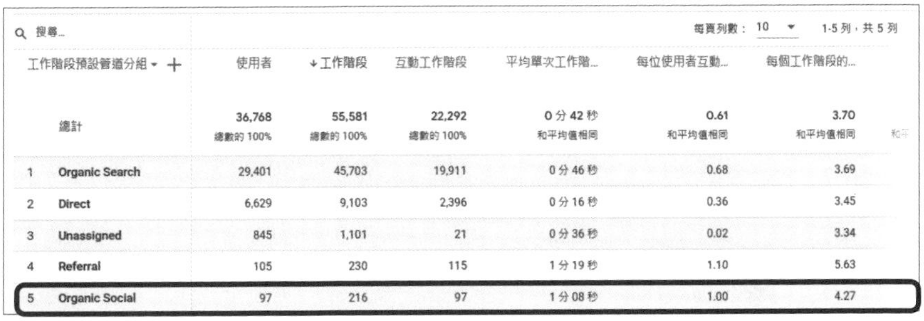

搜尋...　每頁列數：10　1-5 列，共 5 列

	工作階段預設管道分組	使用者	↓工作階段	互動工作階段	平均單次工作階...	每位使用者互動...	每個工作階段的...
	總計	36,768 總數的 100%	55,581 總數的 100%	22,292 總數的 100%	0 分 42 秒 和平均值相同	0.61 和平均值相同	3.70 和平均值相同
1	Organic Search	29,401	45,703	19,911	0 分 46 秒	0.68	3.69
2	Direct	6,629	9,103	2,396	0 分 16 秒	0.36	3.45
3	Unassigned	845	1,101	21	0 分 36 秒	0.02	3.34
4	Referral	105	230	115	1 分 19 秒	1.10	5.63
5	Organic Social	97	216	97	1 分 08 秒	1.00	4.27

圖 6-138 從 Google 分析資料瞭解目前社交策略成效並隨時調整。

應該善用社交工具簡化作業

社交平台的經營工作其實非常繁複，因此應該善用工具來減輕負擔。例如 HootSuite 或是 Buffer 都可以同時監控多個社交平台與即時回應，也可以將內容發送到多個社交平台，也可以統一管理所有社交平台的發文排程。目前 Buffer 提供免費試用，而 HootSuite 則提供 30 天的免費試用。

HootSuite 網址	https://www.hootsuite.com/
Buffer 網址	https://buffer.com/

不要忘記社交網路的互動初衷

許多企業社交網路因為粉絲眾多，所以到最後都變成只發文而毫無互動，把社交網路變成訊息公告欄，如圖 6-139。應該不要忘記社交網路是用來互動的平台，具有互動的社交網路才能夠真正導引具有投入熱情的流量回到網頁。

圖 6-139 很多臉書粉絲頁雖有千萬粉絲人數卻鮮少互動，最後都變成了資訊公佈欄。

SEO 專家小結

社交網路的任務應該要能夠提升品牌認知、收集使用者意見回饋以修正行銷策略、增加網頁的擴散程度、導引流量回到網頁、並讓社交網路的刊登內容也變成搜尋排名的另外一個管道。

Chapter

7

Google 網站管理員：搜尋引擎與你的雙向溝通平台

我們會因為人們說的某些話而受傷，我們更會因為人們什麼都不說而死亡。

哈利勒．紀伯倫（黎巴嫩詩人）

我們雖然很害怕從搜尋引擎得知壞消息，但是我們更害怕搜尋引擎沉默以對。在操作 SEO 的過程中，最重要的事情就是瞭解搜尋引擎的回應與告訴搜尋引擎應該怎麼處理你的網站，**Google 網站管理員** (Google Search Console) 就是與 Google 進行雙向溝通最重要的平台了。

本章節將告訴你 Google 網站管理員的五大功用：設定、索引、成效、連結、以及除錯，讓你與 Google 搜尋引擎建立良好的溝通管道。

7-1 什麼是 Google 網站管理員

Google 網站管理員 (Google Search Console) 是 Google 搜尋引擎與網站管理員雙向溝通的重要平台。如圖 7-1，Google 網站管理員具有五大功用：**設定** - 可以讓 Google 知道你的網站鎖定的國家地區以及語言、使用者權限、及資源的關聯等；**索引** - 可以透過 Sitemap 以及網址審查告訴 Google 需要索引哪些檔案，並且 Google 會將索引的處理狀況告訴你；**成效** - Google 可以讓你知道網站的自然搜尋的操作成效；**連結** - Google 會呈現網站的內部以及外部連結狀況；**除錯** - Google 會將處理網站過程中看到的各類錯誤狀況告訴你，讓你可以修正網站。

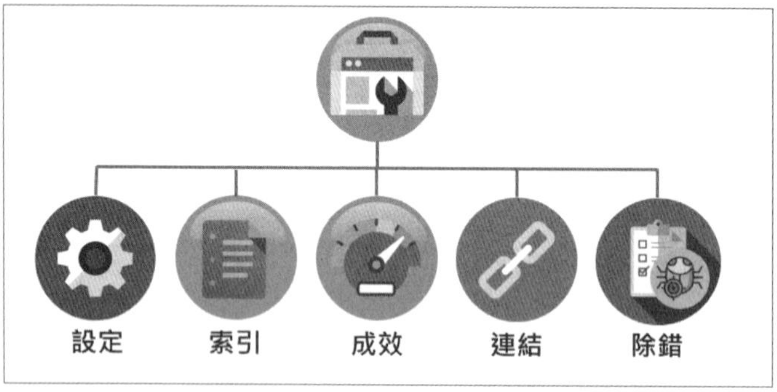

圖 7-1 Google 網站管理員具有五大功用。

從圖 7-2，Google 網站管理員的介面可以看到：

❶ 第一個區域是選擇資源，可能是網域資源或是網址資源。

❷ 第二個區域就是 Google 網站管理員五大功用的選單，不同類型的網站可能會有不同的選單配置。

例如圖 7-3 的選單中有**概述**、**成效**、**網址審查**、**索引**、**體驗**、**強化項目**、**安全性與專人介入處理**、**舊版工具及報表**、**連結**、**設定**，其中的**成效**是指一般自然搜尋結果的成效；而圖 7-4 選單中**成效**則再細分為**搜尋結果**、**探索** (Google Discover)、及 **Google**

新聞。之所以**成效**會有不同的選項，是因為並不是每個網站都會有探索及 Google 新聞的成效數據，而且**成效**的選項也可能會因為 Google 搜尋結果頁面的修改而變動。

自然搜尋結果是透過使用者的查詢而來，但是**探索**並不是根據查詢來顯示結果，而是以 Google 自動化系統的判斷為主要依據，系統認為使用者會感興趣的內容就會顯示出來，並且目前**探索**的功能只顯示在行動設備上，未來是否會開放在所有設備上，目前不得而知。

3 第三個區域是網址輸入框，可以進行網址審查，這個功能可以加速網址索引或是檢核網址未被索引的原因。

4 第四個區域是**使用者設定**及**留言**，**使用者設定**就是告訴 Google 應該如何呈現資訊給使用者，**留言**就是所有 Goolge 要告訴你的訊息全部都會顯示在這裡。

5 第五個區域則是主要的資訊區域，在第二個區域所選擇的項目，就會在此區域顯示該項目的資訊，如果與 Google 分析有建立正確的關聯，點選右上角的 Search Console Insights 連結，就會看到整合的成效數據。

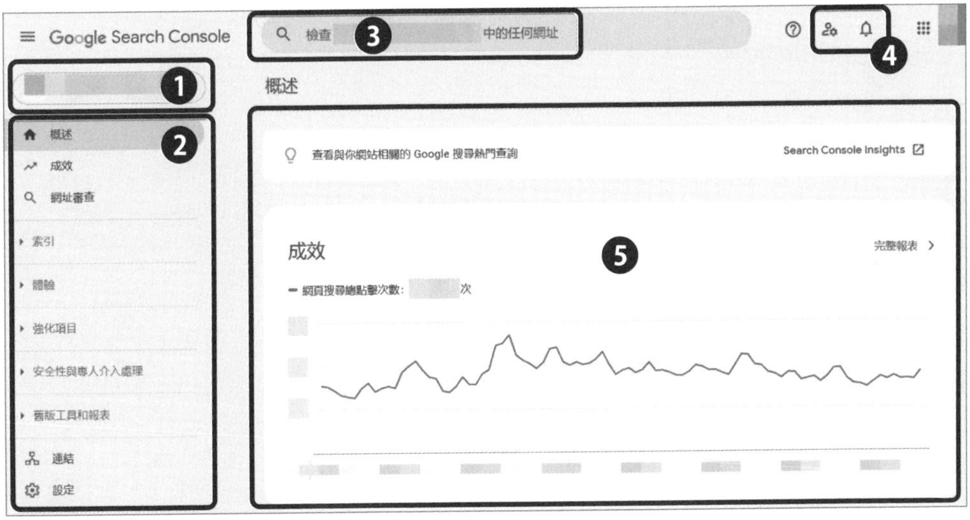

圖 7-2 Google 網站管理員的介面。

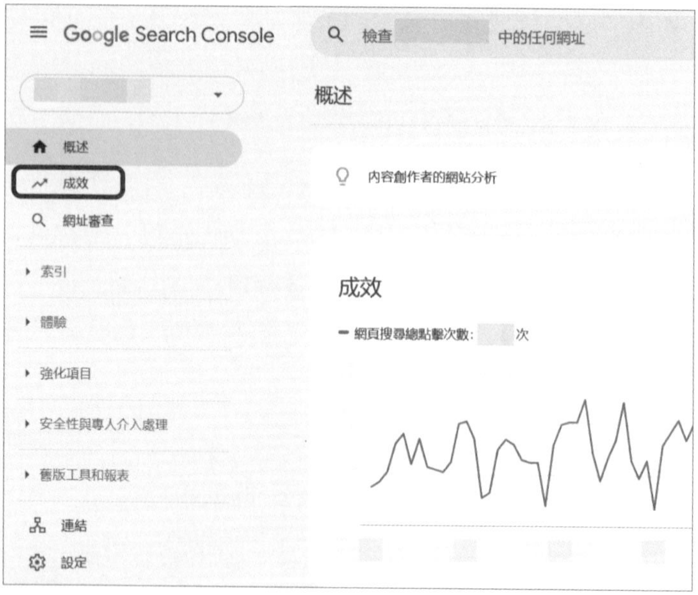

圖 7-3 Google 網站管理員範例介面一，只有一個成效項目。

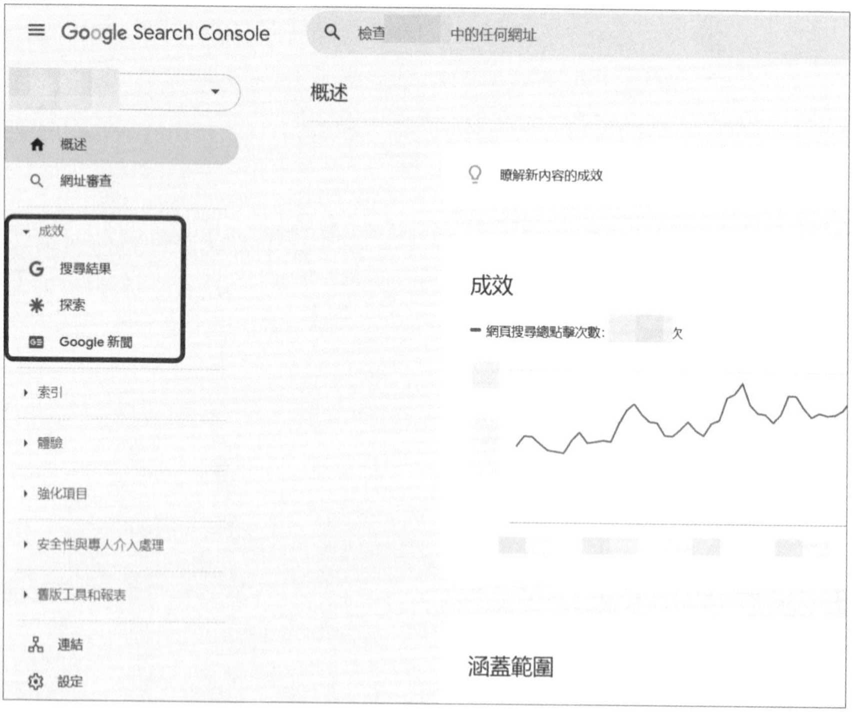

圖 7-4 Google 網站管理員範例介面二，成效下有其他細項。

圖 7-5 手機 Google APP 呈現的探索畫面。

圖 7-6 可以設定手機 Google APP 隱藏不想看到的主題。

如圖 7-5 是開啟手機的 Google APP 並登入 Google 帳號後所呈現的**探索**畫面，裡面呈現的資訊是由 Google 根據你的使用行為判斷各類你可能會有興趣的主題而呈現。如圖 7-6，你也可以在 Google APP 的設定中自行隱藏你不想看到的主題。

SEO 專家小結

Google 網站管理員是操作 SEO 最重要的工具之一，也是網站與搜尋引擎溝通的重要橋樑。如果沒有善用這個工具，等於在戰場中沒有攜帶通訊設備，在完全不知道戰況的情形下盲目地前進。

7-2 資源擁有權的驗證與移除

要使用 Google 網站管理員之前，需要先驗證資源的擁有權，這裡所說的「資源」有兩種：一種是**網域資源**，另一種是**網址資源**。

驗證網域或網址資源的擁有權操作步驟如下：

步驟一：登入 Google 帳號然後到訪 Google 網站管理員網站

Google 網站管理員網址	https://search.google.com/search-console

記得要使用企業擁有的 Google 帳號登入來使用 Google 網站管理員，而不要使用委外廠商或是公司職員的 Google 帳號，這樣在未來管理上比較不會因為更換委外廠商或是人事異動而產生困擾。

如果尚未建立任何資源，就會出現如圖 7-7 的畫面。如果之前已經建立過資源，則會呈現如圖 7-2 之前選擇的資源畫面。

當你使用如圖 7-7 左邊的方式，在 Google 網站管理員建立了 example.com 網域資源，則這個網域的所有子網域的資源都會被納進來，例如 http://example.com、https://example.com、http://www.example.com、https://www.example.com 等。

當你使用如圖 7-7 右邊的方式，在 Google 網站管理員建立了網址資源 https://www.example.com，則不會包含 http://example.com、https://example.com、http://www.example.com 這些網址資源。

圖 7-7 第一次使用 Google 網站管理員出現的畫面。

建立網域資源或是網址資源，各有優缺點及需求，端看你的網站如何規劃網址結構來決定。

假設你的網站規劃有手機版網站 https://m.example.com 與桌機版網站 https://www.example.com，則建議你建立三個資源：example.com 網域資源、https://m.example.com 與 https://www.example.com 網址資源。如此你就可以透過網域資源查看整體的狀況，透過各網址資源查看個別的狀況。假設你的網站就只有 https://www.example.com，則可以只建立 https://www.example.com 網址資源。

步驟二之一：建立網域資源並驗證擁有權

如圖 7-8，先示範建立**網域資源**，例如在左邊輸入網域 asiasma.org，並按下繼續。然後會出現如圖 7-9，你可以使用網域註冊商的登入授權，例如畫面中的 GoDaddy.com，或是如圖 7-10 透過 DNS 紀錄來驗證網域擁有權。

如果你的網域註冊商沒有出現在圖 7-9 的選項當中，那麼就只能如圖 7-10 透過 DNS 紀錄來驗證網域擁有權。

圖 7-8 在 Google 網站管理員建立網域資源，輸入欲建立的網域。

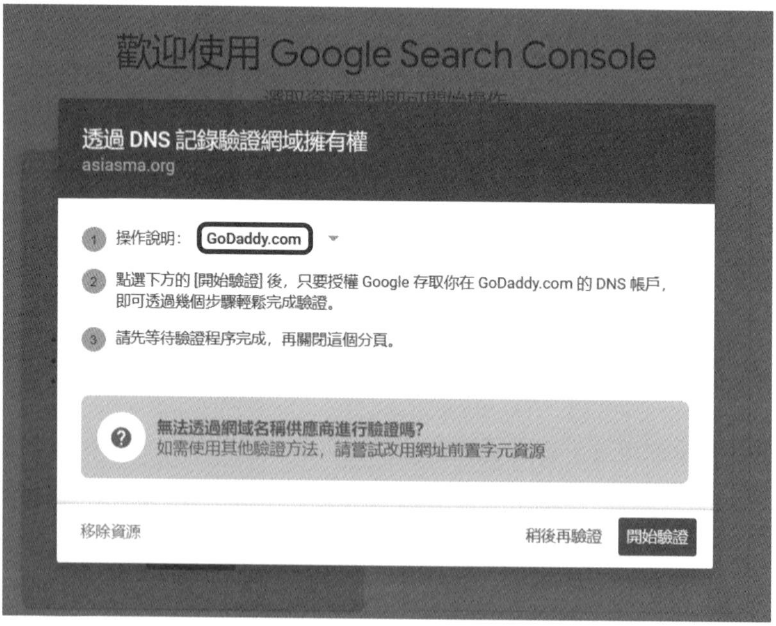

圖 7-9 使用網域註冊商的登入授權驗證網域擁有權，例如 GoDaddy.com。

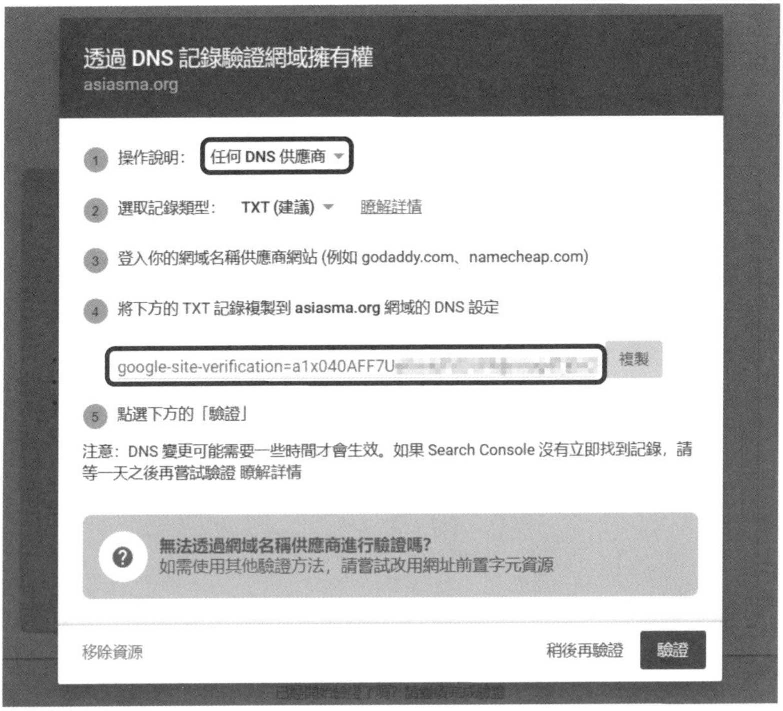
透過 DNS 記錄驗證網域擁有權
asiasma.org
1 操作說明: 任何 DNS 供應商
2 選取記錄類型: TXT (建議) 瞭解詳情
3 登入你的網域名稱供應商網站 (例如 godaddy.com、namecheap.com)
4 將下方的 TXT 記錄複製到 asiasma.org 網域的 DNS 設定
google-site-verification=a1x040AFF7U
複製
5 點選下方的「驗證」
注意: DNS 變更可能需要一些時間才會生效。如果 Search Console 沒有立即找到記錄，請等一天之後再嘗試驗證 瞭解詳情
無法透過網域名稱供應商進行驗證嗎?
如需使用其他驗證方法，請嘗試改用網址前置字元資源
移除資源
稍後再驗證
驗證

圖 7-10 透過 DNS 紀錄來驗證網域擁有權。

如果你選擇如圖 7-9 透過網域註冊商 GoDaddy.com 的登入授權驗證網域擁有權，按下「開始驗證」後就會出現如圖 7-11 登入 GoDaddy.com 的畫面。

GoDaddy
登入
GoDaddy 新手? 建立帳戶
用戶名或客戶編號 *
密碼 *
顯示
在此裝置上保持登入
登入
不用密碼登入
或透過以下方式登入
Facebook
Google
需要協助您找出您的使用者名稱或您的密碼嗎？

圖 7-11 選擇使用網域註冊商 GoDaddy.com 的登入授權驗證網域擁有權，會進入 GoDaddy.com 的登入畫面。

輸入帳密並登入 GoDaddy.com 後就會出現如圖 7-12 的畫面，按下「連線」之後就完成網域擁有權的驗證，出現如圖 7-13 的畫面，按下「前往資源」就完成了網域資源的建立。如果網域註冊於其他網域註冊商，驗證網域擁有權的過程會依照各網域註冊商的介面而有些微不同，但是差異不會太大。

GoDaddy
網域管理員
確認存取權
GoDaddy
按一下「連線」即可授權 Google 為 asiasma.org 啟用服務 Domain Verification, Gmail Setup。
連線
取消

圖 7-12 登入後就可以按下「連線」允許 Google 驗證網域擁有權。

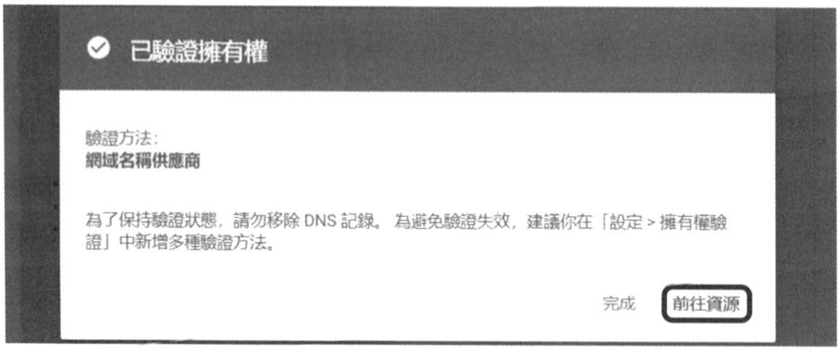
已驗證擁有權
驗證方法:
網域名稱供應商
為了保持驗證狀態，請勿移除 DNS 記錄。為避免驗證失效，建議你在「設定 > 擁有權驗證」中新增多種驗證方法。
完成
前往資源

圖 7-13 完成網域擁有權的驗證。

如果你選擇如圖 7-10 透過 DNS 紀錄來驗證網域擁有權，在按下「驗證」之前，你必須先到網域註冊商的介面去新增一個 TXT 類型的紀錄，並複製貼上 google-site-verification 那整串字串。這個動作對於不熟悉 DNS 資料編輯的人，可能會有些難度，如果操作有困難，請找網站工程師來協助處理。

如圖 7-14 是 GoDaddy.com 的 DNS 編輯介面，類型選擇 TXT，名稱輸入 @（有些介面可以在此欄位留空白），在內容值貼上從圖 7-10 複製過來的 google-site-verification 那個整串字串，按下新增記錄後，等待數分鐘就可以回到圖 7-10 按下「驗證」。如果建立 TXT 紀錄的程序沒有錯誤，就會出現圖 7-13 完成網域擁有權驗證的畫面，按下「前往資源」就完成了網域資源的建立。

不同的網域註冊商的 DNS 編輯介面可能會稍微不同，不過需要輸入的欄位大同小異。

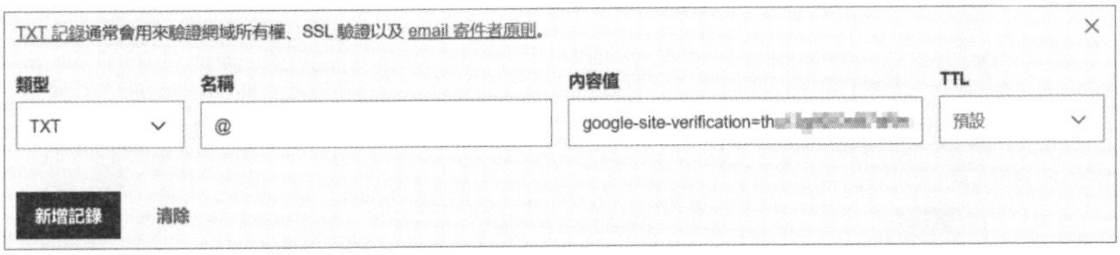

圖 7-14 於 GoDaddy.com 的 DNS 編輯介面新增 TXT 紀錄。

步驟二之二：建立網址資源並驗證擁有權

在 Google 網站管理員建立**網址資源**就比較簡單，如圖 7-15 輸入網址，例如 https://www.asiasma.org，然後按下「繼續」，就會顯示圖 7-16 驗證網址資源擁有權的畫面。要注意的是，在 Google 網站管理員內的網址資源，https 與 http 是兩個不同的網址資源。

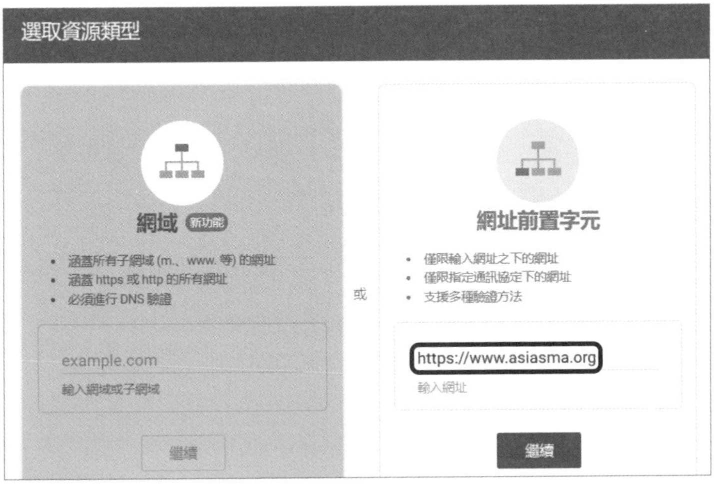

圖 7-15 在 Google 網站管理員建立網址資源。

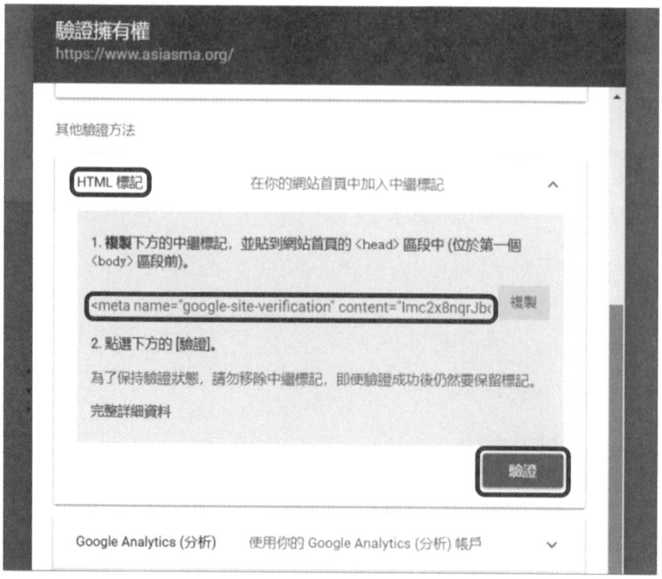

圖 7-16 在 Google 網站管理員驗證網址資源擁有權。

如圖 7-16 中有五種方法都可以驗證網址的擁有權：

❶ **HTML 標記**：在網站首頁加入一段中繼標記 (Meta Tag)，你可以直接從圖 7-16 複製然後貼在首頁內碼的 Head 區域內，如圖 7-17，儲存檔案後再按下圖 7-16 的「驗證」。

```
<?xml version="1.0" encoding="UTF-8" ?>
<!DOCTYPE html>
<html b:version='2' class='v2' expr:dir='data:blog.languageDirection' xmlns='http://www.w3.org/19
xmlns:expr='http://www.google.com/2005/gml/expr'>
<head>
<meta name="google-site-verification" content="Imc2x8nqrJbounEFpEtKg-2Q9D7KgazPl          " />
```

圖 7-17 在網站首頁加入一段中繼標記來確認網址的所有權。

❷ **HTML 檔案**：下載如圖 7-18 中的 HTML 檔案並上傳到網站的根目錄，並記得不要更改檔案名稱，上傳後按下「驗證」。

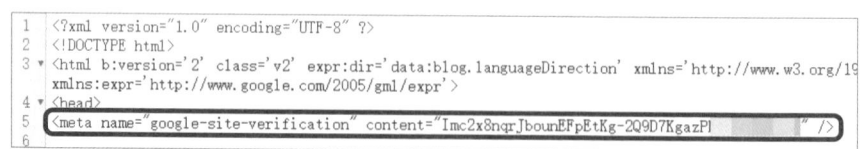

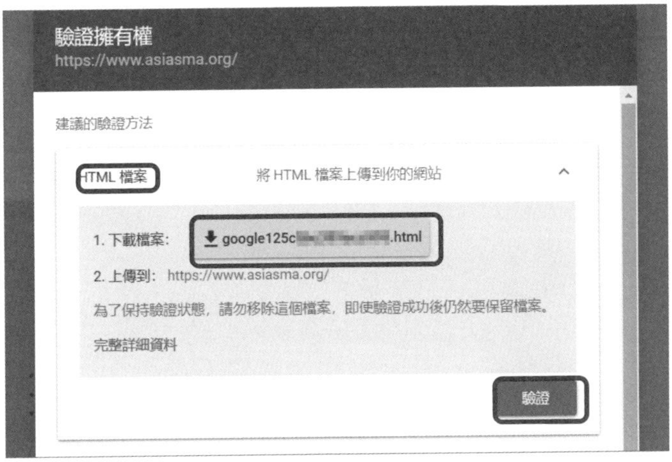
驗證擁有權
https://www.asiasma.org/
建議的驗證方法
HTML 檔案
將 HTML 檔案上傳到你的網站
1. 下載檔案:
google125c .html
2. 上傳到: https://www.asiasma.org/
為了保持驗證狀態，請勿移除這個檔案，即使驗證成功後仍然要保留檔案。
完整詳細資料
驗證

圖 7-18 透過 HTML 檔案驗證網址的擁有權。

❸ **Google Analytics（分析）**：如果你的網站之前已經完成 Google 分析的追蹤碼埋設，並且 Google 分析與 Google 網站管理員使用相同的 Google 帳號，就可以使用這個方法驗證網址的擁有權。如圖 7-19，按下「驗證」即可。

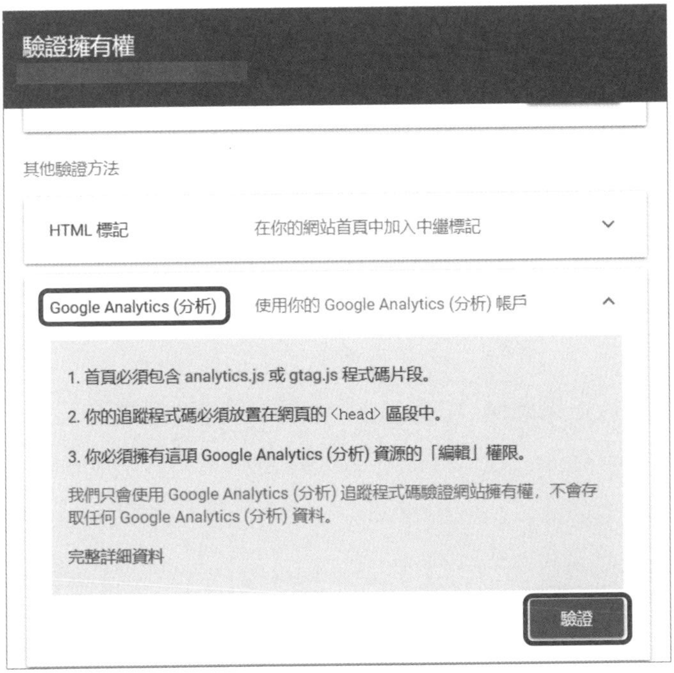
驗證擁有權
其他驗證方法
HTML 標記
在你的網站首頁中加入中繼標記
Google Analytics (分析)
使用你的 Google Analytics (分析) 帳戶
1. 首頁必須包含 analytics.js 或 gtag.js 程式碼片段。
2. 你的追蹤程式碼必須放置在網頁的 <head> 區段中。
3. 你必須擁有這項 Google Analytics (分析) 資源的「編輯」權限。
我們只會使用 Google Analytics (分析) 追蹤程式碼驗證網站擁有權，不會存取任何 Google Analytics (分析) 資料。
完整詳細資料
驗證

圖 7-19 透過 Google Analytics（分析）驗證網址的擁有權。

❹ **Google 代碼管理員**：如果你的網站之前已經完成 Google 代碼管理員的追蹤碼埋設，並且 Google 代碼管理員與 Google 網站管理員使用相同的 Google 帳號，就可以使用這個方法驗證網址的擁有權。如圖 7-20，按下「驗證」即可。

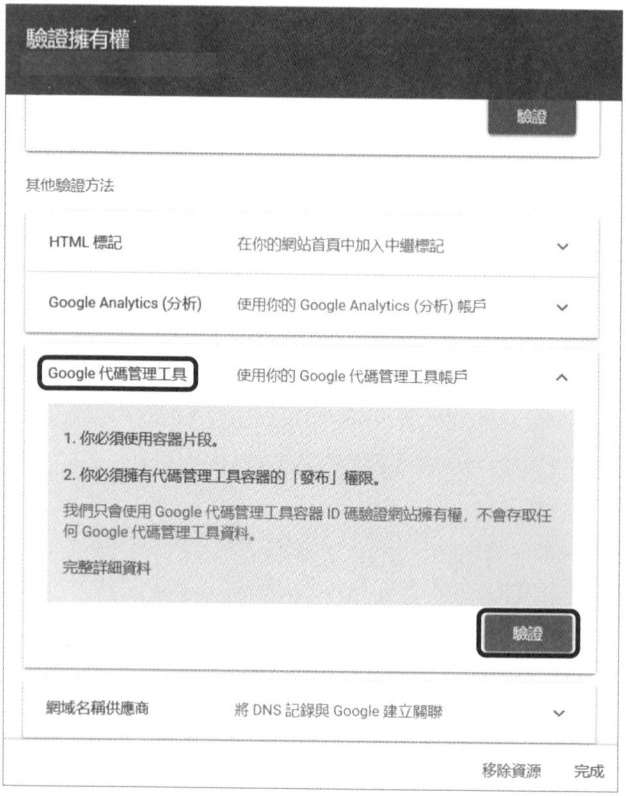
驗證擁有權
驗證
其他驗證方法
HTML 標記
在你的網站首頁中加入中繼標記
Google Analytics (分析)
使用你的 Google Analytics (分析) 帳戶
Google 代碼管理工具
使用你的 Google 代碼管理工具帳戶
1. 你必須使用容器片段。
2. 你必須擁有代碼管理工具容器的「發布」權限。
我們只會使用 Google 代碼管理工具容器 ID 碼驗證網站擁有權，不會存取任何 Google 代碼管理工具資料。
完整詳細資料
驗證
網域名稱供應商
將 DNS 記錄與 Google 建立關聯
移除資源
完成

圖 7-20 透過 Google 代碼管理員驗證網址的擁有權。

❺ **網域名稱供應商**：這個方式跟前面提到透過 DNS 紀錄來驗證網域擁有權，是一樣的方式，也是透過 DNS 的編輯介面去建立 TXT 紀錄。

不管使用以上哪種方式，按下「驗證」之後，就會看到如圖 7-13 完成擁有權驗證的畫面。

Google 網站管理員的資源移除

如果存在 Google 網站管理員內的資源，有不需要的或是建立錯誤的，都可以如圖 7-21、圖 7-22 從「設定」>「移除資源」將之移除。因為各個 Google 網站管理員的資料是存在 Google 資料中心，並不是存在該資源帳號內，因此如果不慎移除錯誤，雖然 Google 網站管理員沒有提供還原功能，但是只需要再將資源重新建立認證即可，資源內的資料並不會遺失。

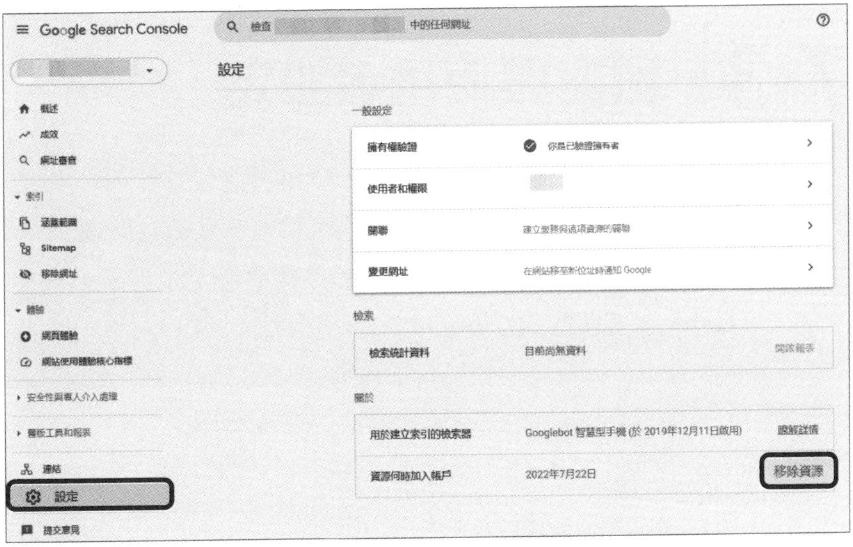

圖 7-21 在 Google 網站管理員可以將不需要的資源移除。

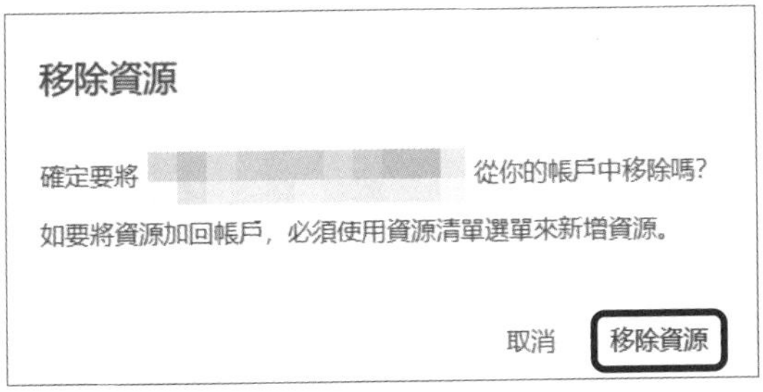

圖 7-22 按下「移除資源」後即可將資源移除。

專家小結

使用 Google 網站管理員最開始會碰到的難題就是「資源」應該怎麼規劃？最簡單的釐清方式就是與 Google 分析的資源一起建立並設定關聯（如本章第五節）。由兩者設定關聯後，看看是否符合你的需求，如果發現問題應該盡早重新設定。

7-3 留言與使用者設定

Google 網站管理員的**留言**及**使用者設定**在介面的右上角，如圖 7-23、圖 7-24、圖 7-25。**留言**可以顯示 Google 需要通知你的訊息，**使用者設定**可以進行**電子郵件接收設定**及**搜尋結果中的 Search Console 資訊**的顯示設定。

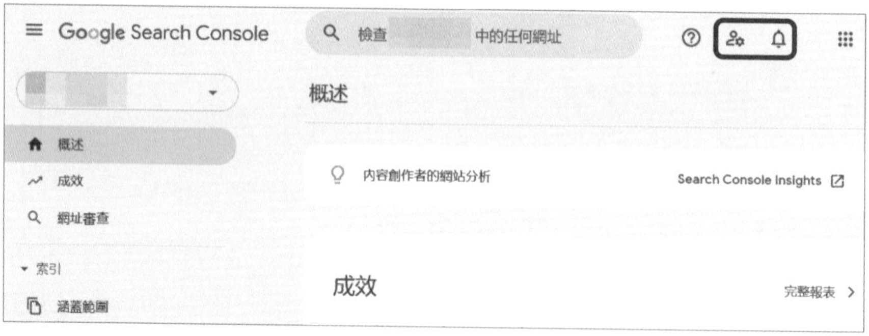

圖 7-23 Google 網站管理員介面中右上角的**使用者設定**及**留言**。

圖 7-24 Google網站管理員的**留言**。

圖 7-25 Google 網站管理員的**使用者設定**。

點選如圖 7-24 的留言圖示，則會出現如圖 7-26 的留言內容，Google 網站管理員會將網站的所有狀況顯示在留言區域，例如 Google 在爬取網站時發現結構化資料有誤、或是你的網站設定有所變更等訊息。

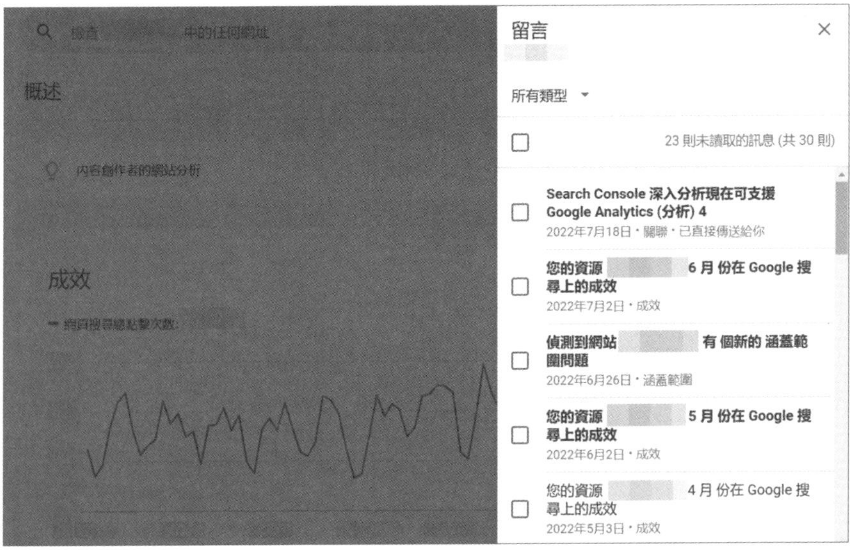

圖 7-26 Google 網站管理員會將網站的所有狀況顯示在留言區域。

點選如圖 7-25 的使用者設定圖示，則會出現如圖 7-27 的畫面，你可以進行**電子郵件接收設定**及**搜尋結果中的 Search Console 資訊**的顯示設定。

圖 7-27 電子郵件接收設定與搜尋結果中的 Google 網站管理員的資源是否顯示。

點選圖 7-27 的電子郵件接收設定，會顯示如圖 7-28，如果啟用電子郵件通知功能，Google 網站管理員的訊息就會透過電子郵件通知，如果取消啟用電子郵件通知功能，訊息就只會發佈在 Google 網站管理員的留言區域上。

而且該帳號下所有資源的每封電子郵件都會套用設定變更，但是只會影響系統是否藉由電子郵件傳送訊息給你，無論此頁面上的設定為何，仍舊可在留言區域中查看自己收到的訊息。

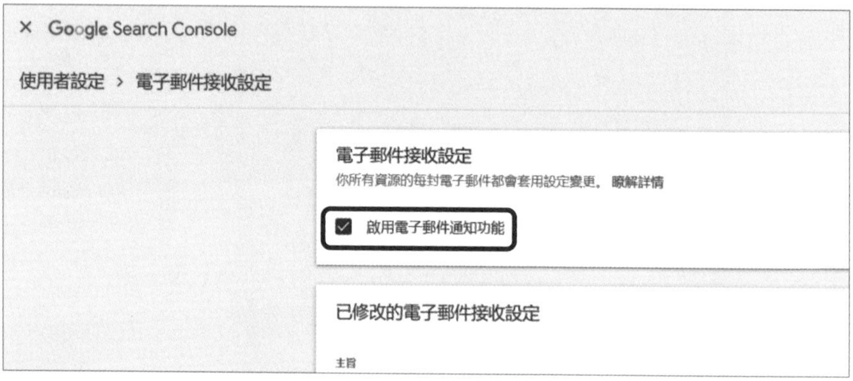
Google Search Console
使用者設定 › 電子郵件接收設定
電子郵件接收設定
你所有資源的每封電子郵件都會套用設定變更。瞭解詳情
啟用電子郵件通知功能
已修改的電子郵件接收設定
主旨

圖 7-28 電子郵件接收設定。

如果你在通知電子郵件的最下方點選「取消訂閱這類郵件」，如圖 7-29，那麼這個動作就會將該電子郵件的訂閱狀況顯示在圖 7-30，電子郵件通知的訂閱狀態就會以主旨、ID、狀態、修改日期，顯示在電子郵件接收設定的下方。

例如從圖 7-30 及圖 7-31 就可以看到 ID　10030322 這類型的訊息「已取消訂閱」。當然如果需要重新訂閱，只需要如圖 7-32，再點選「已訂閱」即可。

修正「產品結構化資料」問題
Google LLC, 1600 Amphitheatre Parkway Mountain View, CA 94043, USA | 由於您的網站列在Google Search Console 中，系統特此發送這封業務電子郵件通知您 取消訂閱這類郵件
新增合作夥伴，該合作夥伴將收到這個Search Console 帳戶的相關郵件

圖 7-29 Google 網站管理員的通知電子郵件，你可以「取消訂閱這類郵件」。

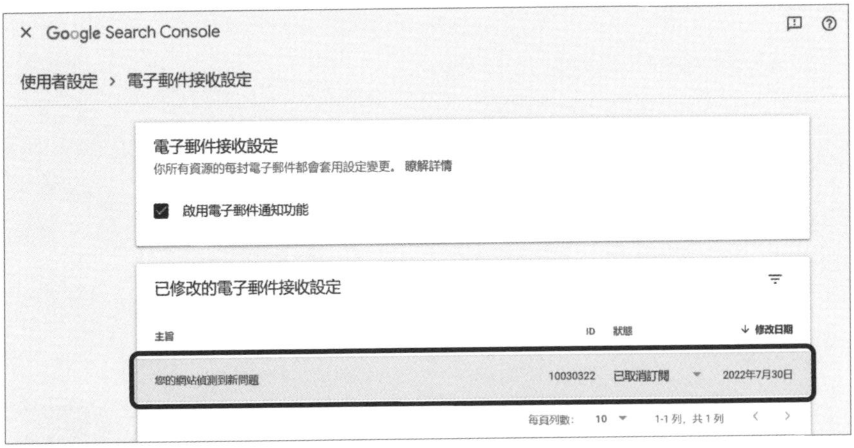

圖 7-30 Google 網站管理員顯示電子郵件通知的訂閱狀況。

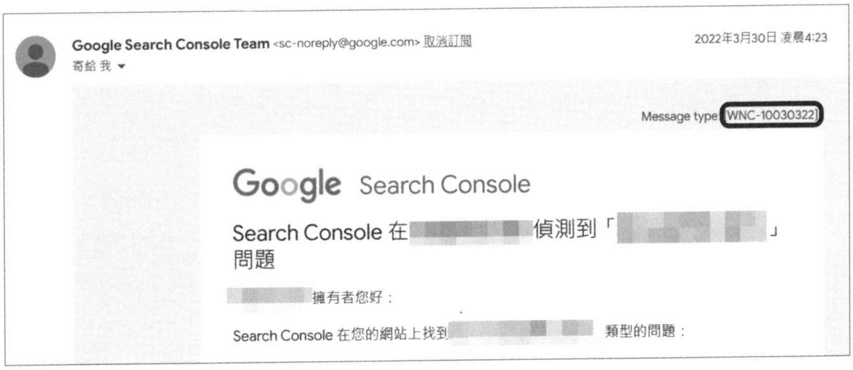

圖 7-31 Google 網站管理員的電子郵件通知，可以看到訊息的類型。

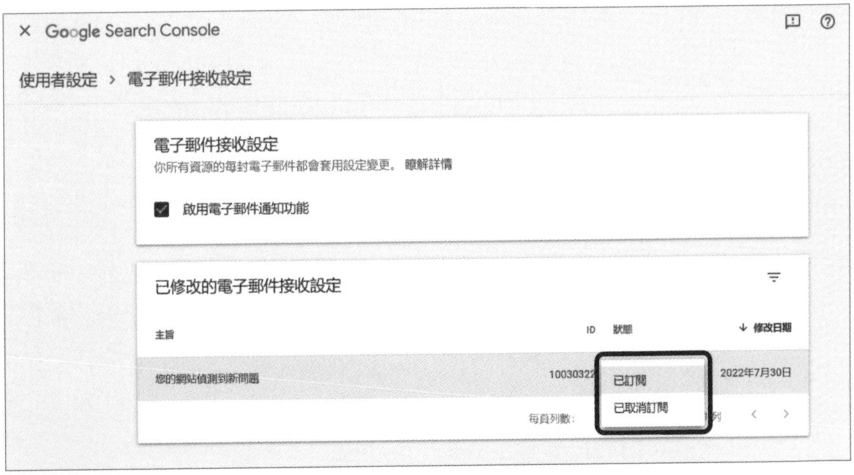

圖 7-32 電子郵件通知的訂閱與否可以依照需要再更改。

如果你的訊息曾經被取消訂閱的數量很多，也可以透過如圖 7-33 的介面去選擇欄位進行篩選。

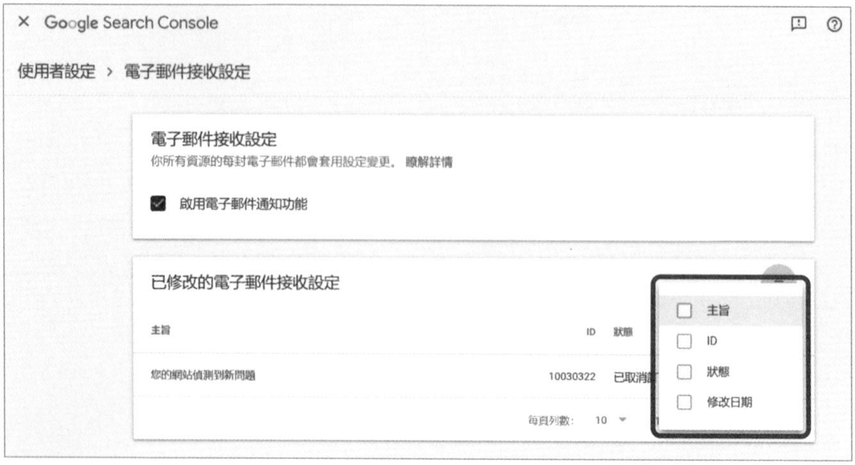

圖 7-33 電子郵件可以透過主旨、ID、狀態、修改日期進行篩選。

如圖 7-34，如果啟用搜尋結果中的資源顯示，則在特定關鍵字查詢時，就會出現如圖 7-35 的畫面來顯示該關鍵字的搜尋成效，也可以點選 Search Console Insights（網站搜尋表現總覽），來快速瞭解網站的搜尋表現，如圖 7-36。

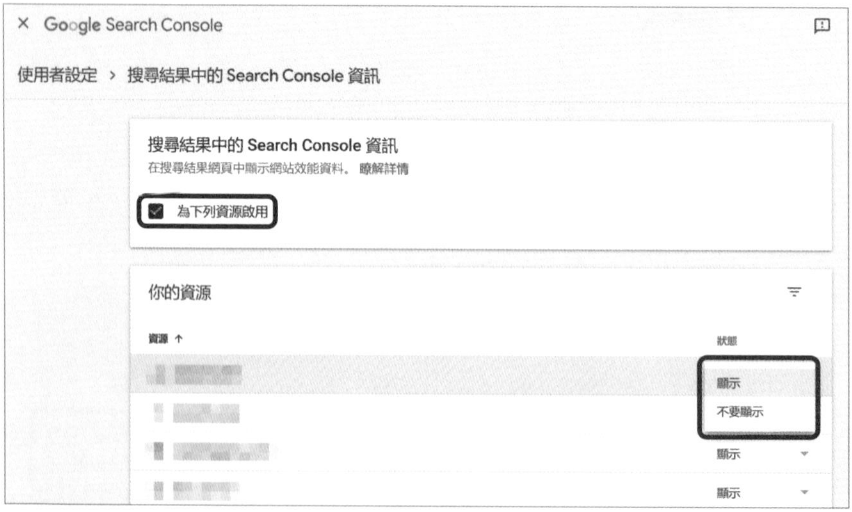

圖 7-34 設定搜尋結果中 Google 網站管理員的資源是否顯示。

圖 7-35 在特定關鍵字查詢時，顯示搜尋成效。

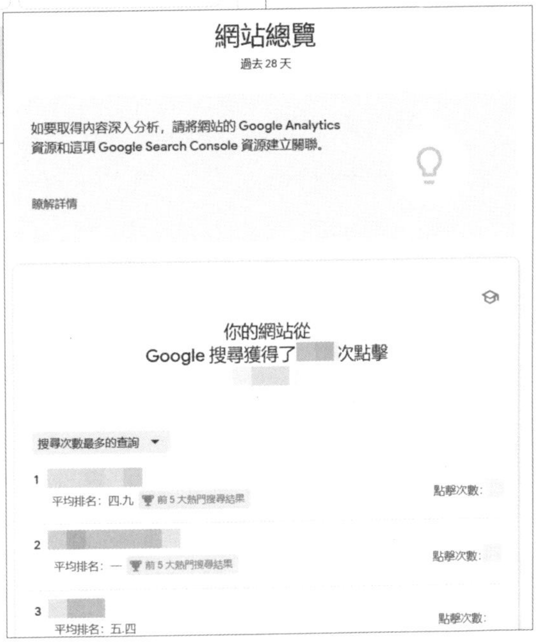

圖 7-36 Search Console Insights 網站搜尋表現總覽。

專家小結

留言與使用者設定是 Google 網站管理員中蠻重要但是最容易被疏忽的功能。因為它會決定 Google 通知你訊息的方式，尤其當你管理很多資源的時候，會有一大堆的訊息塞滿你的電子郵件，如果你能善用使用者設定，就可以讓比較不重要的訊息不用發出電子郵件。

7-4 使用者權限設定

這裡指的「使用者權限」不要跟前面說的「使用者設定」混淆，這個部分 Google 的介面翻譯並不太恰當，也許日後可能會再修正。

如圖 7-37，點選「設定」>「使用者和權限」則會進入圖 7-38 的畫面，可以看到目前具有編輯或檢視權限的使用者，也可以點選「新增使用者」來加入更多使用者，如圖 7-39，輸入使用者的 Google 帳號及授予權限後，就可以成為該資源的使用者。

使用者權限可以分為「擁有者」、「完整」、及「限制」，「擁有者」具有最高權限，「完整」則具有編輯及檢視的權限，「限制」則只具有檢視的權限。

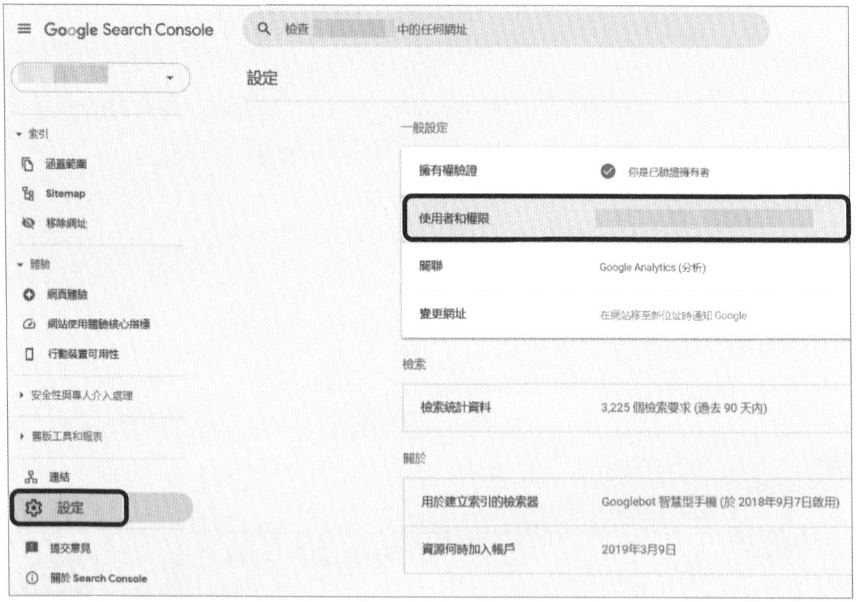

圖 7-37 從「設定」>「使用者和權限」可以編輯使用者權限。

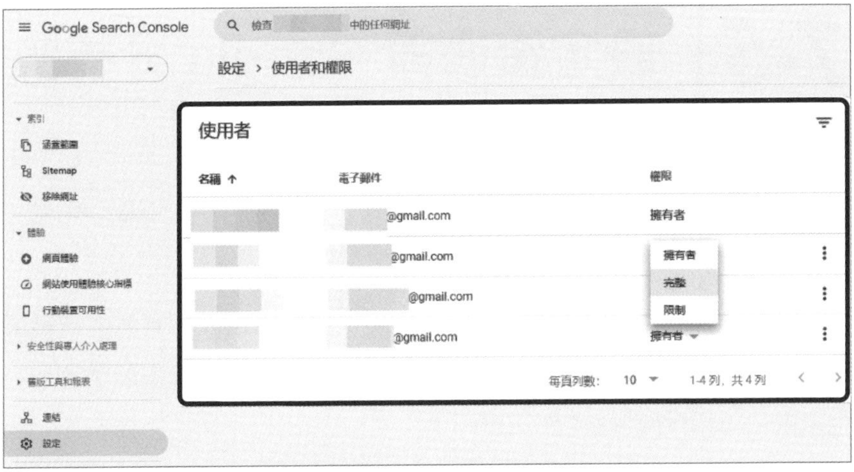

圖 7-38 顯示目前的使用者及權限。

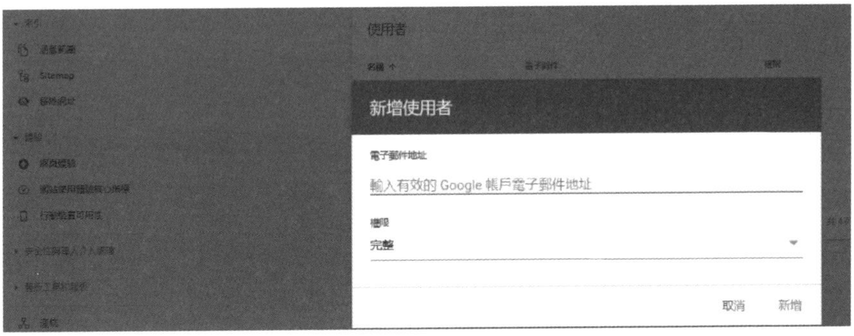

圖 7-39 輸入使用者的 Google 帳號及授予權限後，就可以成為該資源的使用者。

專家小結

許多企業在管理 Google 網站管理員經常犯下的錯誤就是使用委外廠商或是員工的 Google 帳號來建立資源，導致更換委外廠商或是員工離職時就必須重新建立資源。或是使用者權限設定後就沒有定期維護，導致不該具有使用權的使用者繼續存在。因此 Google 網站管理員不只建立之初需要規劃，建立之後還需要持續維護。

7-5 設定資源與 Google 分析的關聯

Google 網站管理員與 **Google 分析**是網站獲得資訊的兩個重要工具，這兩個工具可以透過關聯將資料從 Google 網站管理員匯入 Google 分析。

也許你會問：「為何 Google 不直接自動將兩者資源做關聯呢？」因為 Google 不會知道你的網站結構，因此兩邊的資源要如何關聯，只有你自己才會知道。

兩者建立關聯之後，Google 網站管理員資源的自然搜尋數據會在 Google 分析中呈現。例如你把網域資源 example.com 與某個 Google 分析建立關聯，則在該 Google 分析看到的自然搜尋數據會是來自所有 example.com 網域內的數據。如果你把網址資源 sub.example.com 與某個 Google 分析建立關聯，則在該 Google 分析看到的自然搜尋數據就只有來自 sub.example.com 網址內的數據。

如圖 7-40，從「設定」>「關聯」可以建立與 Google 分析資源的關聯，點選後會顯示如圖 7-41，看到目前已經關聯的 Google 分析資源，如果沒有關聯，你可以點選「建立關聯」，並如圖 7-42 去挑選一個正確的 Google 分析資源，與 Google 網站管理員的資源建立關聯。

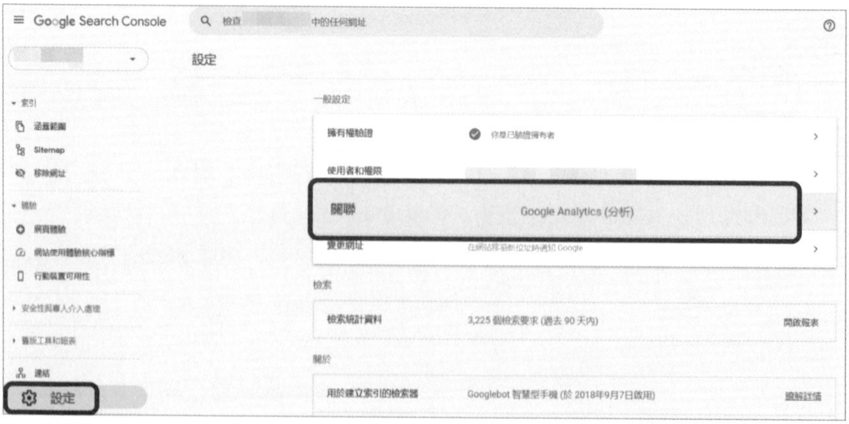

圖 7-40 從「設定」>「關聯」可以建立與 Google 分析資源的關聯。

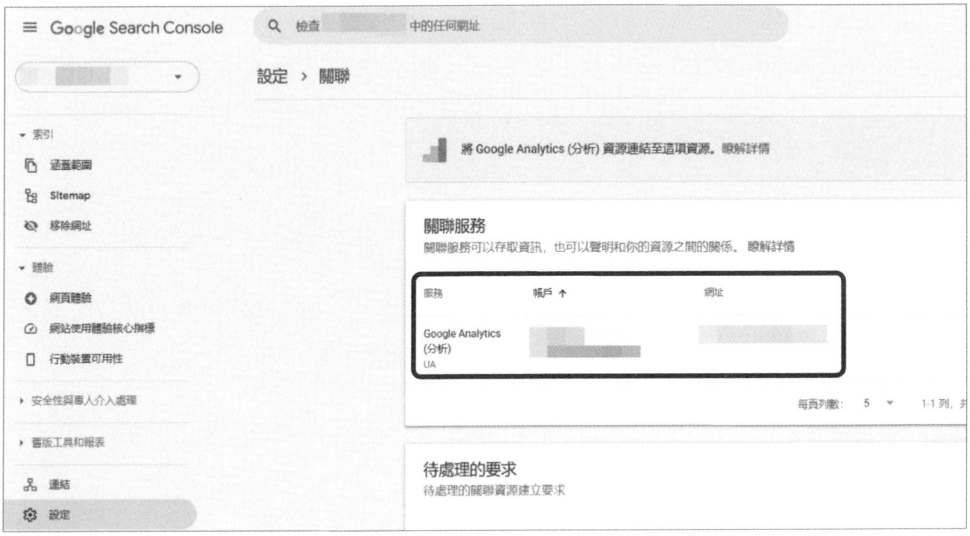

圖 7-41 顯示目前已經關聯的 Google 分析資源。

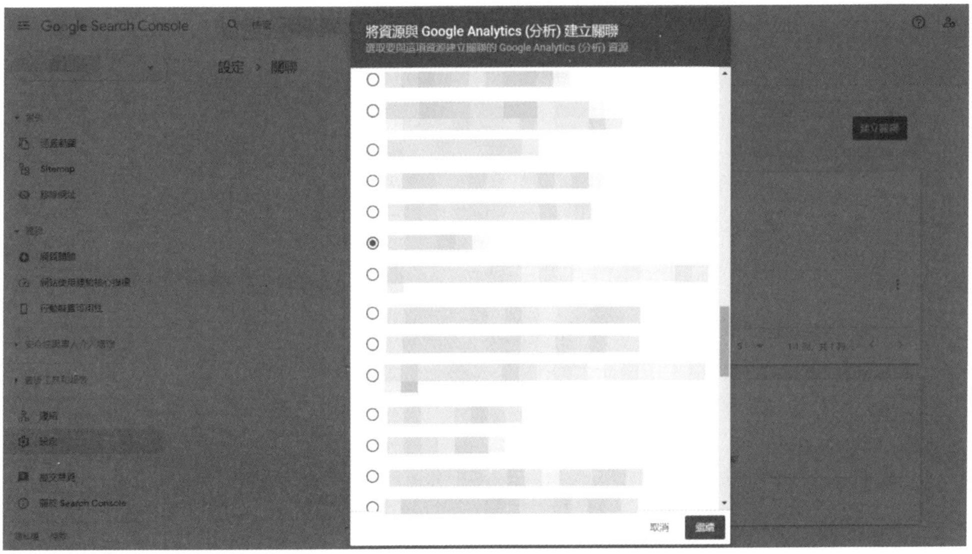

圖 7-42 挑選一個正確的 Google 分析資源，與 Google 網站管理員的資源建立關聯。

當 Google 網站管理員的資源與 Google 分析資源建立關聯之後，如圖 7-43，可以看到 Google 網站管理員的 https://www.mysql.tw 資源，與 Google 分析通用版與新版都建立了關聯之後，就可以 Google 分析的報表看到自然搜尋字詞，如圖 7-44 及圖 7-45。如果建立關聯之後，發現關聯錯誤，可以如圖 7-43 去移除關聯。有關 Google 分析的報表及更多資訊，請參考第八章的內容。

圖 7-43 Google 網站管理員中的資源關聯到 Google 分析通用版跟新版的資源。

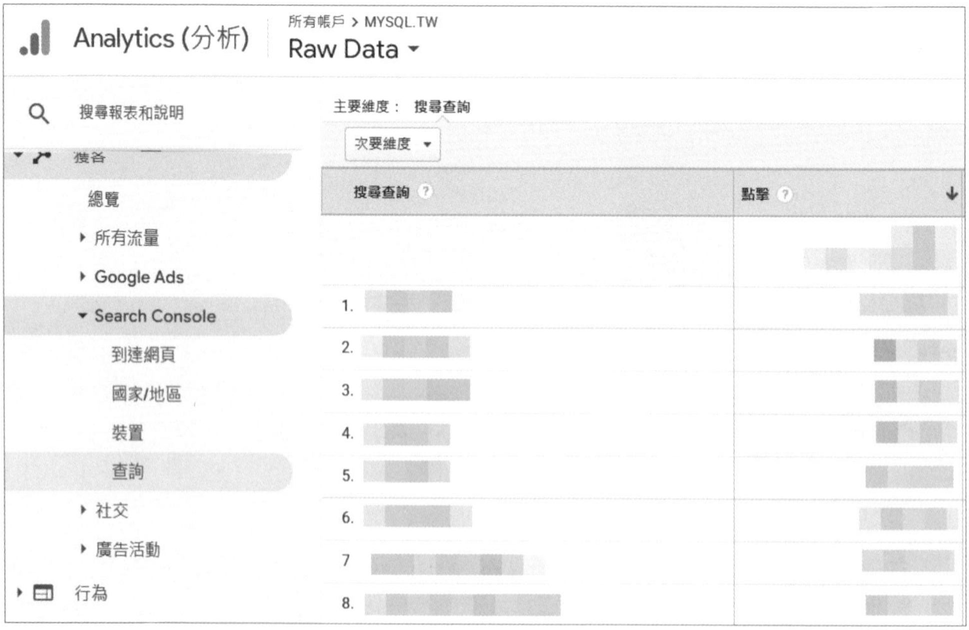

圖 7-44 從 Google 分析通用版看到 Google 網站管理員資源的搜尋查詢字詞。

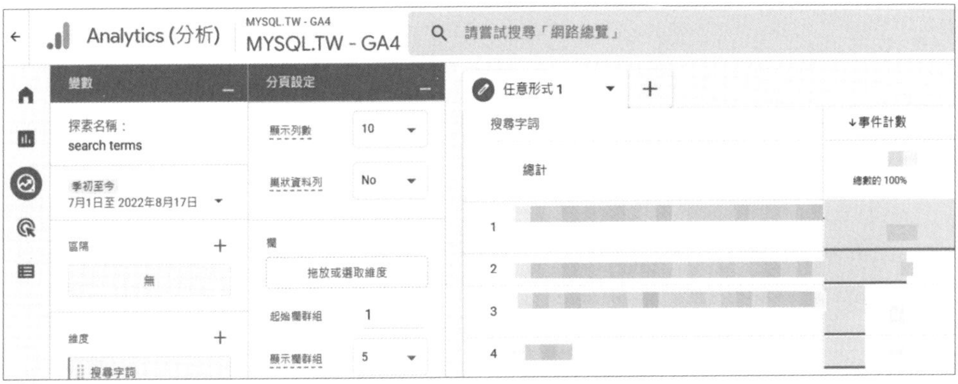

圖 7-45 從 Google 分析新版看到 Google 網站管理員資源的搜尋查詢字詞。

SEO 專家小結

在建立 Google 網站管理員與 Google 分析資源的關聯時，有些限制要注意：

- 每個網站資料串流只能關聯至一個 Google 網站管理員資源。
- 每個 Google 網站管理員資源只能關聯至一個網站資料串流資源，以及一個 Google 分析通用版資源。
- Google 網站管理員會保留過去 16 個月的資料，因此 Google 分析中的報表可列出最多 16 個月的資料。
- Google 網站管理員收集資料後 48 小時，即可與 Google 分析使用這些資料。

7-6 使用網址審查瞭解索引狀況

Google 網站管理員中與索引相關的有：**網址審查**、**涵蓋範圍**、**Sitemap**、以及**移除網址**，如圖 7-46。前三者是為了瞭解索引狀況及增加索引範圍，**移除網址**則是希望 Goolge 將已經索引的網頁移除索引。

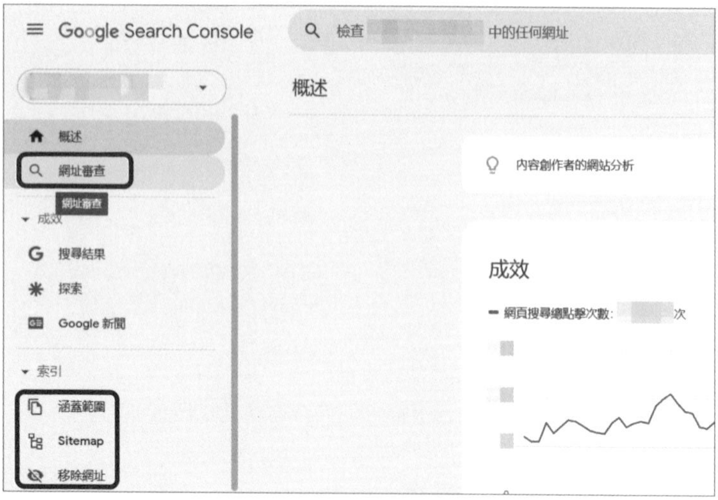

圖 7-46 網址審查、涵蓋範圍、Sitemap、以及移除網址都跟索引有關。

網址審查的目的是要瞭解網址是否已經索引，或是要瞭解網址被索引的資訊，如果網址尚未被索引，則可以「要求建立索引」，如圖 7-47。

圖 7-47 網址審查顯示網址的索引狀態，如未索引則可以「要求建立索引」。

圖 7-47 所顯示的資訊是網址根本尚未被 Google 爬取，因此未被納入索引。圖 7-48 則是 Google 已經爬取，但是你輸入網址審查的網址未被納入索引。為何網址已經被爬取但是未被納入索引呢？我們來抽絲剝繭的瞭解一下。

我們在網址審查輸入：https://www.asiasma.org/p/about.html?m=1，圖 7-48 告訴我們輸入的網址並不存在 Sitemap 中，網址也並未被納入索引，因為 Google 索引的標的是沒有「?m=1」這個參數的標準網址。所以這個情況，雖然網址並未被納入索引，但是並不需要再次要求建立索引，因為正確的標準網址已經索引了。所以並不是看到「網址不在 Google 服務中」，就需要再次建立索引，而是必須判斷你在網址審查輸入的網址該不該被索引。

圖 7-48 網址審查顯示網址已經被爬取但是未被納入索引。

如果在網址審查輸入的網址已經建立索引，就如圖 7-49，可以看到網址被納入涵蓋範圍的原因，並不是 Sitemap 而是網址參照。

網址審查可以知道 Google 爬取網頁時的實際狀況，但是顯示的資訊是 Google 最近一次的爬取狀況，如果需要真正即時的爬取狀況，就必須如圖 7-50 選擇「測試線上網址」叫 Google 即時爬取網頁。

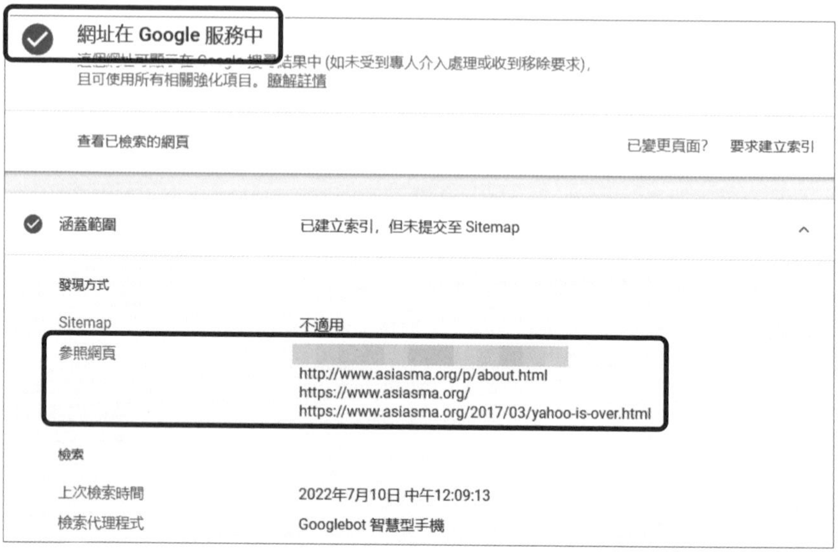

圖 7-49 網址審查顯示網址已經被納入索引。

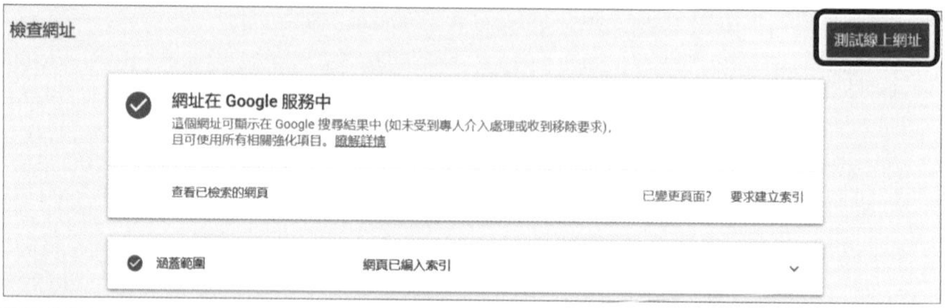

圖 7-50 需要知道 Google 爬取網頁即時狀況，可以選擇「測試線上網址」。

專家小結

網址審查中看到的資訊就是 Google 爬取網頁時的實際狀況，因此你可以用來瞭解網頁是否被索引，或是加速 Google 索引網頁。但是不要過度要求建立索引，因為並不會多按幾次就能夠更快讓 Google 爬取網頁。

7-7 使用 Sitemap 強化索引

在 Google 網站管理員會使用的 Sitemap 是屬於 XML 格式。除了 XML 格式之外，Google 也支援 RSS、Atom、文字式的 Sitemap 格式，但是 XML 格式被較多平台支援。

在 Google 網站管理員中「提交」Sitemap，是指向 Google 說明你網站上的 Sitemap 位置，而不是上傳實際 Sitemap 到 Google。因此在進行「提交」Sitemap 之前必須先把 Sitemap 上傳到你的網站，而上傳的位置不一定要在根目錄，放置在 Google 可以抓取的位置即可。

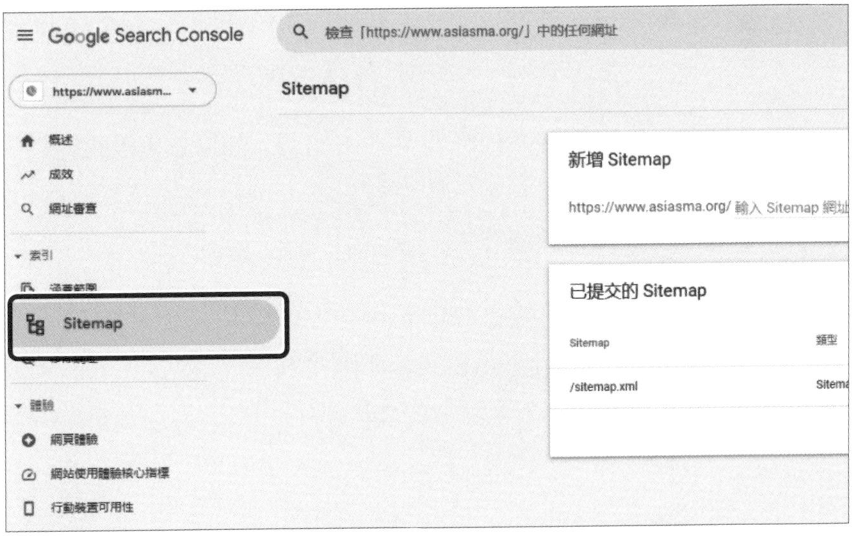

圖 7-51 Google 網站管理員提交 Sitemap。

如圖 7-51，你可以在新增 Sitemap 填上網址，例如我們是放在根目錄，所以直接填上 sitemap.xml 即可，如果你是放在根目錄的 sitemap_dir 目錄下，則填上 sitemap_dir/sitemap.xml，當然 sitemap.xml 檔案名稱也是可以更改的，不過要保留 xml 副檔名。

提交完成之後就等待 Google 回來抓取 Sitemap，如果抓取成功就會顯示如圖 7-52 的畫面。「上次讀取時間」是指最近一次 Google 回來抓取的時間，「已找到的網址數」指從 Sitemap 中找到的網址數目，「狀態」指最近一次的檢索狀態，可能的值包括：

❶ **成功**：順利抓取並完成索引。

❷ **發生錯誤**：雖然抓取 Sitemap，但是檔案裏面有錯誤。

❸ **無法擷取**：無法抓取 Sitemap，很可能某些設定阻擋了 Google 抓取，或是檔案的網址錯誤。

並且 Sitemap 在提交之後，Google 會依據你的網站更新頻率，固定時間回來再次抓取 Sitemap，因此在 Sitemap 位置沒有改變的情況下，如果有新的網頁產生，只需要更新網站上的 Sitemap，不需要在 Google 網站管理員中重新提交 Sitemap。

許多內容管理系統例如 WordPress，如果正確設定的話，大多會自動更新 Sitemap 內容，因此提交 Sitemap 後只需要注意如圖 7-52 是否出現錯誤訊息即可。

如果 Google 抓取 Sitemap 發生錯誤或是無法擷取，可以點選圖 7-52 的該列 Sitemap，然後如圖 7-53 去開啟 Sitemap 看看是什麼原因，或是移除 Sitemap 再重新傳送。

已提交的 Sitemap

Sitemap	類型	已送出 ↓	上次讀取時間	狀態	已找到的網址數
/sitemap.xml	Sitemap	2022年7月5日	2022年7月28日	成功	38

圖 7-52 顯示 Google 抓取 Sitemap 的結果。

圖 7-53 提交 Sitemap 後可以開啟 Sitemap 或是移除 Sitemap。

SEO 專家小結

在 Google 網站管理員中是「提交」Sitemap 而不是「上傳」Sitemap，因此只要提交的 Sitemap 有按時更新並且沒有變更網址，就不需要再次提交 Sitemap。更多關於 Sitemap 的資訊，請參考第四章第十節。

7-8 透過涵蓋範圍瞭解索引狀況

涵蓋範圍就是指 Google 索引你的網站的詳細資訊，如圖 7-54 可以看到有效的索引數量、錯誤的索引數量、排除的索引數量、有效但出現警告的索引數量。

❶ **有效**：是指已經建立索引的網頁。

❷ **錯誤**：有設定為應該要索引，例如網址存在 Sitemap 中，或是網頁內碼宣告為索引，但是因故無法建立索引的網頁，例如網頁無法開啟、網頁不存在、網頁發生轉址式 404 錯誤、網頁宣告標準網址到其他頁面、網頁宣告 noindex、網頁被 robots.txt 排除、網頁重新導向等。

❸ **排除**：刻意未建立索引的網頁，發生的原因跟「錯誤」很類似，但是被 Google 判斷為故意不索引，或是不應該索引的網頁。

❹ **警告**：網頁已經建立索引，但是發生一些問題，Google 並不確定是否為錯誤。

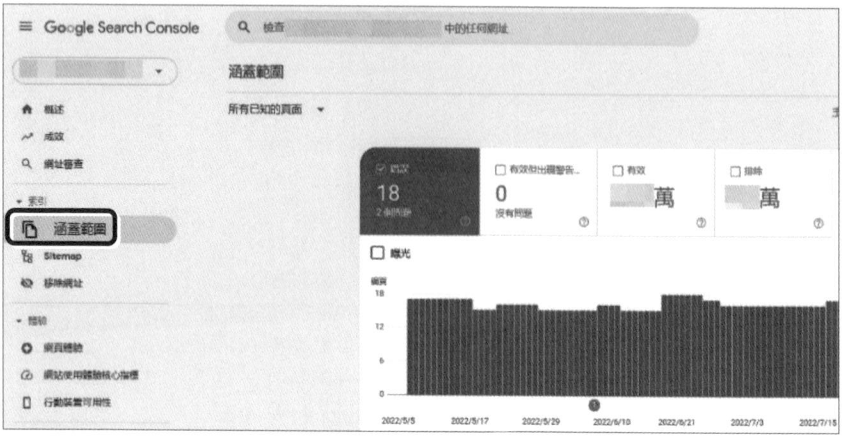

圖 7-54 從「涵蓋範圍」可以看到索引狀態。

如圖 7-55，你可以選擇「所有已知的頁面」、「所有已提交的頁面」、或是從提交的各個 Sitemap 來檢視涵蓋範圍。

「所有已知的頁面」是指 Google 從各種來源抓到的頁面，這個來源可能是從參照連結、網址審查、及提交的 Sitemap。「所有已提交的頁面」則是由你提交的網址審查、及 Sitemap 而來。

圖 7-55 涵蓋範圍可以由不同來源檢視。

如圖 7-56，從詳細資料可以看到網頁發生問題的原因，例如網頁發生轉址式 404 錯誤共有 15 個網頁，再點入後就可以看到圖 7-57 顯示發生錯誤的網址，你就可以根據這些資料去排除發生錯誤的原因。更多關於 404 錯誤的處理，可以參考第四章第九節的內容。

但是要注意的是，這些發生錯誤的網址只是「示例」，因為表格可能不會包含網站中所有個案，當個案數量超出表格資料列的上限 1,000 個項目，或是個案在上次檢索後才出現，就不會出現在圖 7-57 中。因此建議可以養成習慣，固定的使用如圖 7-58 的匯出功能將資料彙整起來。

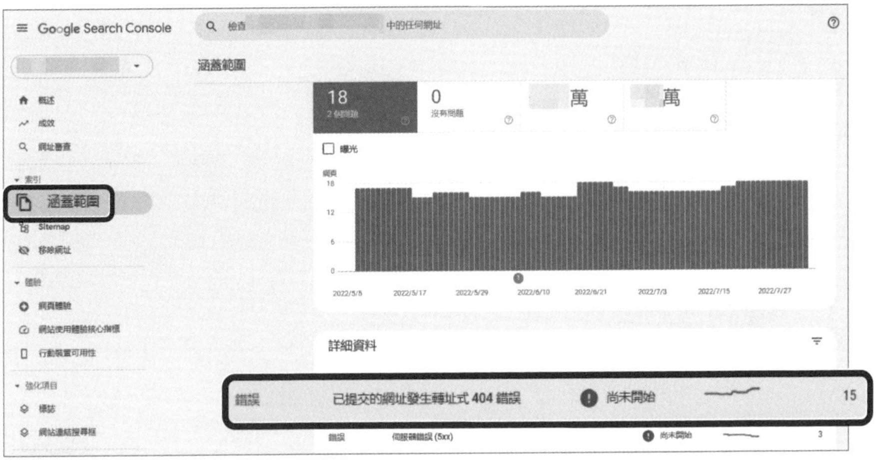

圖 7-56 從詳細資料可以看到網頁發生問題的原因。

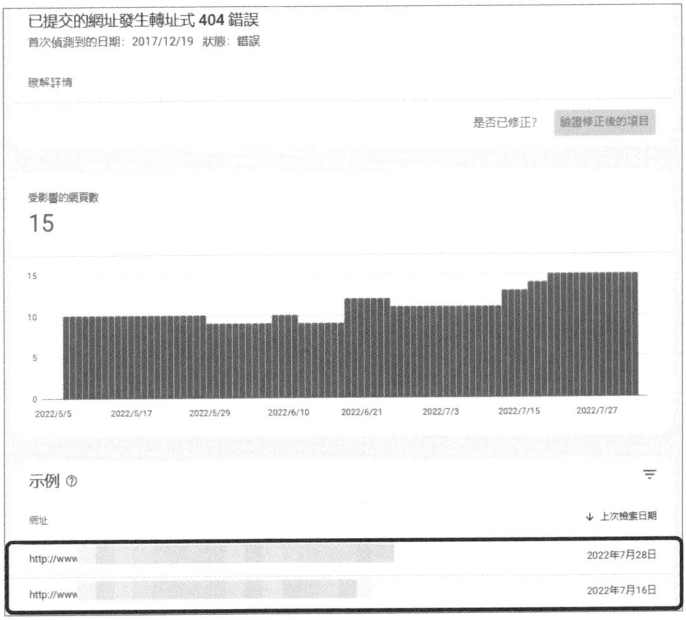

圖 7-57 點選詳細資料後，可以看到發生問題的網頁及上次檢視日期。

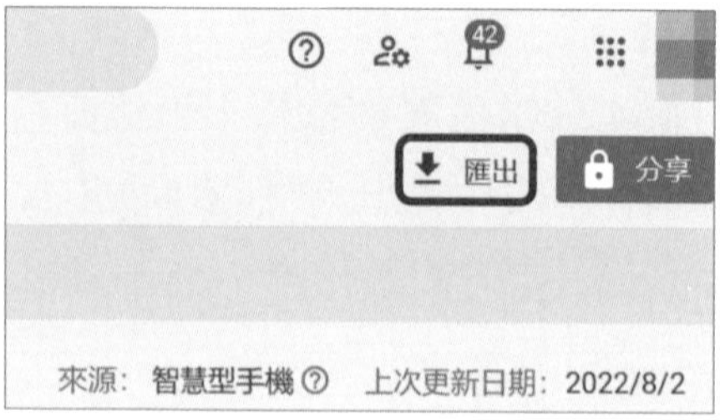

圖 7-58 可以匯出涵蓋範圍中發生問題的網頁資訊。

SEO 專家小結

涵蓋範圍的資料算是最精準的網頁索引資訊了，但是因為特定原因，例如網站出問題、轉址、或是被封鎖，Google 仍然無法百分百的索引你的網頁，當你新增網頁後，Google 可能需要經過幾天到數週的時間才能完成索引建立作業。如要縮短建立索引的時間差，請提出建立索引要求。

7-9 通知 Google 移除網址

如圖 7-59，**移除網址**功能是用在網頁已經被索引，但是你希望 Google 可以移除，在這個移除網址頁面上會顯示的網址有三種類型：

1. **暫時移除**：會儲存過去 6 個月，具有資源使用權限的使用者，針對這項資源提交的網頁提出暫時移除要求，這是向 Google 提出移除網址最快的方式。

2. **過舊的內容**：會儲存過去 6 個月使用「移除過舊的內容」工具，針對這項資源提交的要求，這項工具僅適用於已修改或已從網路上移除的網頁和圖片，也就是目前存在 Google 資料中與目前資源不同時才算是過舊的內容。移除過舊內容的工具網址：https://search.google.com/search-console/remove-outdated-content

❸ **安全疑慮篩選**：過去 6 個月內有使用者檢舉這些網址含有煽情露骨內容，如果你認為這些網址被檢舉是錯誤處置，可以提出申訴：https://support.google.com/webmasters/contact/safesearch_review

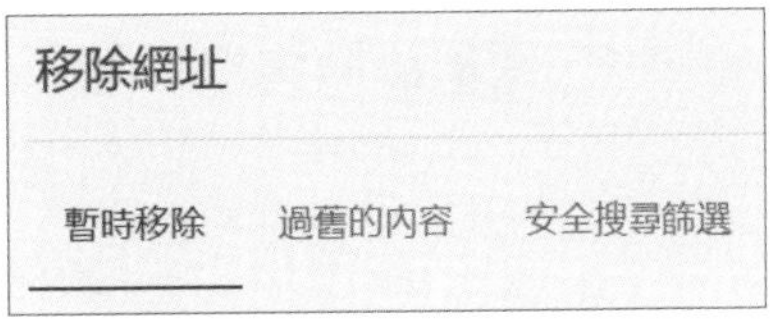

圖 7-59 移除網址內會顯示的網址有三種類型。

如圖 7-60，按下「新要求」提出移除網址要求後，可以提出兩類要求，如圖 7-61：「暫時移除網址」、「清除快取網址」。

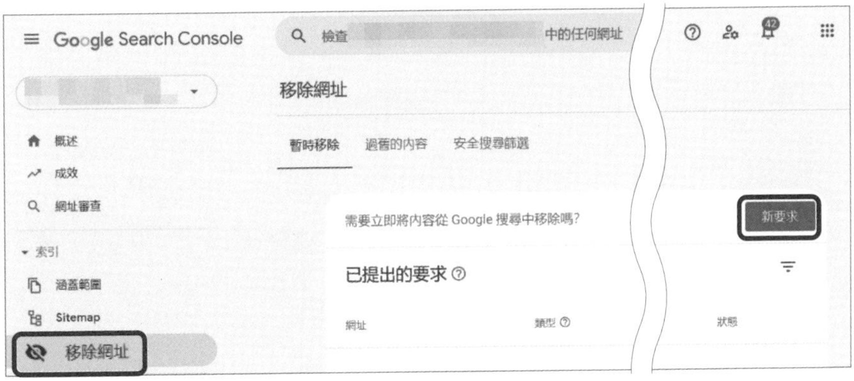

圖 7-60 可以按下「新要求」提出移除網址要求。

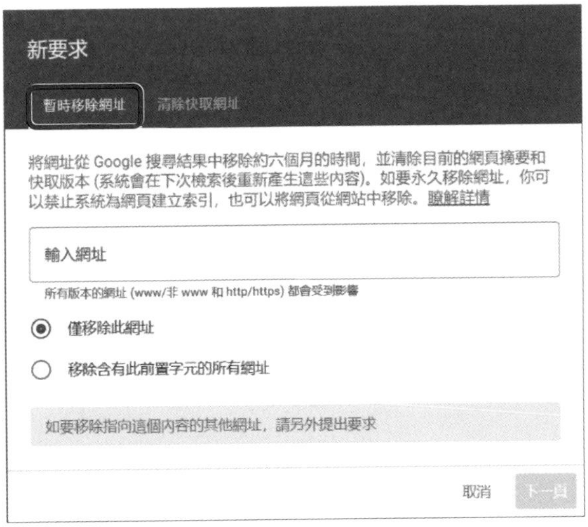

圖 7-61 暫時移除網址。

❶ **暫時移除網址**：將網址從 Google 搜尋結果中移除約六個月的時間，並清除目前的網頁摘要和快取副本，如圖 7-61。

❷ **清除快取網址**：在下次檢索之前保留 Google 搜尋結果中的網址，僅清除目前的網頁摘要和快取副本，如圖 7-62。

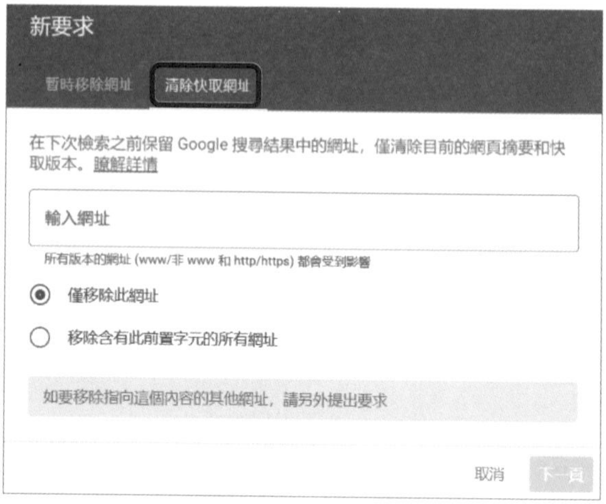
新要求
暫時移除網址
清除快取網址
在下次檢索之前保留 Google 搜尋結果中的網址，僅清除目前的網頁摘要和快取版本。瞭解詳情
輸入網址
所有版本的網址 (www/非 www 和 http/https) 都會受到影響
僅移除此網址
移除含有此前置字元的所有網址
如要移除指向這個內容的其他網址，請另外提出要求
取消
下一頁

圖 7-62 清除快取網址。

網頁摘要是指 Google 搜尋結果中的網頁描述 (Meta Description)，如圖 7-63，快取副本是指 Google 搜尋結果中的頁庫存檔 (Cache)，如圖 7-64。

Google
網頁摘要
https://developers.google.com › docs › featured-snippets
精選摘要和您的網站| Google 搜尋中心| 說明文件
精選摘要和您的網站. 精選摘要是一個特殊區塊，在呈現一般搜尋結果資訊時，會先顯示網頁的說明摘要，然後才顯示標題，這和其他搜尋結果格式恰好相反。
https://developers.google.com › appearance › snippet
如何撰寫中繼說明| Google 搜尋中心| 說明文件
雖然我們無法手動變更個別網站的摘要，但我們會不斷努力提高與網頁的相關性。您可以遵循建立優質中繼說明的最佳做法，協助改進您的網頁在搜尋結果中顯示的摘要品質。

圖 7-63 網頁摘要是指 Google 搜尋結果中的網頁描述。

Google
網頁摘要
https://developers.google.com › docs › featured-snippets
精選摘要和您的網站| Google 搜尋中心|
頁庫存檔

圖 7-64 快取副本是指 Google 搜尋結果中的頁庫存檔。

「暫時移除網址」或是「清除快取網址」都有兩種網址的填寫方式，如圖 7-65：

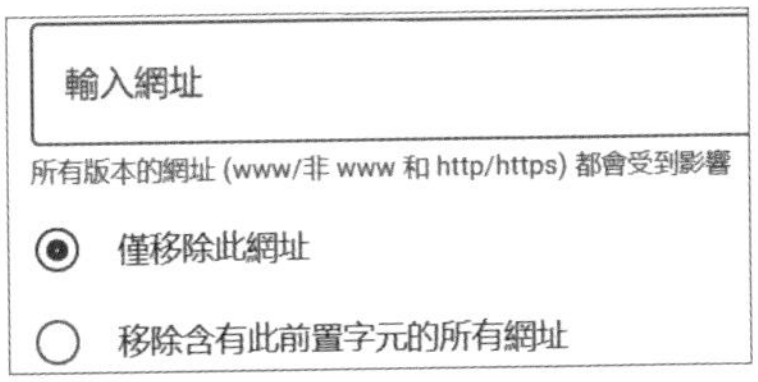

圖 7-65 網址的填寫有兩種方式。

❶ **僅移除此網址**：只移除某個特定網址，例如 asiasma.org/p/about.html，並且這個網址會套用 http、https、開頭具有 www、開頭沒有 www 而形成的網址。

❷ **移除含有此前置字元的所有網址**：移除符合該前置字元的所有網址，例如 asiasma.org/p/，只要網址的前置字元符合這個條件就會移除，並且這個網址一樣會套用 http、https、開頭具有 www、開頭沒有 www 而形成的網址。

要記住的是「暫時移除網址」與「清除快取網址」都只是暫時性的移除，如果你的網站沒有修改，最後還是會恢復原樣。

那麼如果我想永久移除網址，則應該先使用「暫時移除網址」後，直接移除檔案、禁止他人存取內容、或是存取內容需要輸入密碼，擇一執行後即可永久移除網址。

如果我想永久移除快取副本，則應該先使用「清除快取網址」後，在網頁執行以下宣告：

```
<meta name="robots" content="noarchive" />
```

另外如果針對 Bing 搜尋引擎，在網頁執行以下宣告也是一樣的效果：

```
<meta name="robots" content="nocache" />
```

也就是說 Google 搜尋引擎只接受 noarchive 宣告，而 Bing 搜尋引擎接受 noarchive 與 nocache 宣告。其他有關於 meta robots 的宣告，可以參考第四章第六節。

專家小結

這項移除網址工具只能移除 Google 搜尋中的內容，而不是移除網站中的網頁。如果需要真正將你的網站中的網頁移除，你必須直接移除檔案、禁止他人存取內容、或是存取內容需要輸入密碼。

7-10 瞭解成效報表

前面提過，成效報表有兩種樣貌，如圖 7-66 只有一個成效項目，以及如圖 7-67 成效項目下有其他項目，其實圖 7-66 的「成效」報表跟圖 7-67 的「搜尋結果」報表是相同的報表。

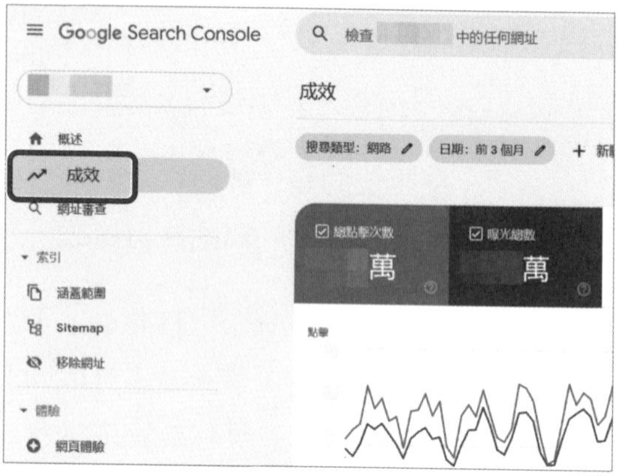

圖 7-66 Google 網站管理員的「成效」報表。

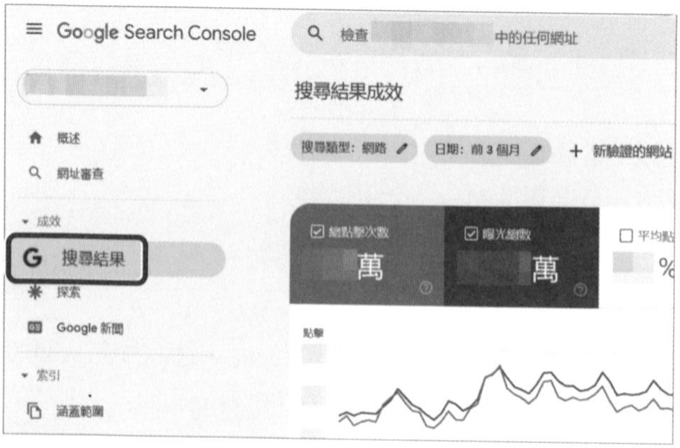

圖 7-67 Google 網站管理員的「搜尋結果」報表。

如圖 7-68，「成效」或是「搜尋結果」報表的資料最多只有 1000 筆，對於較大的站台而言，可能 1000 筆以上的資料其點擊或是曝光次數都還是不小，如圖 7-69。因此在不同時間檢視資料時，某些數據可能會在 1000 筆資料的範圍內進進出出，因此必須定時自己匯出來彙整資料，才可以獲得比較完整的成效資料。

圖 7-68 成效報表的資料最多只有 1000 筆，因此必須定時自己匯出來彙整資料。

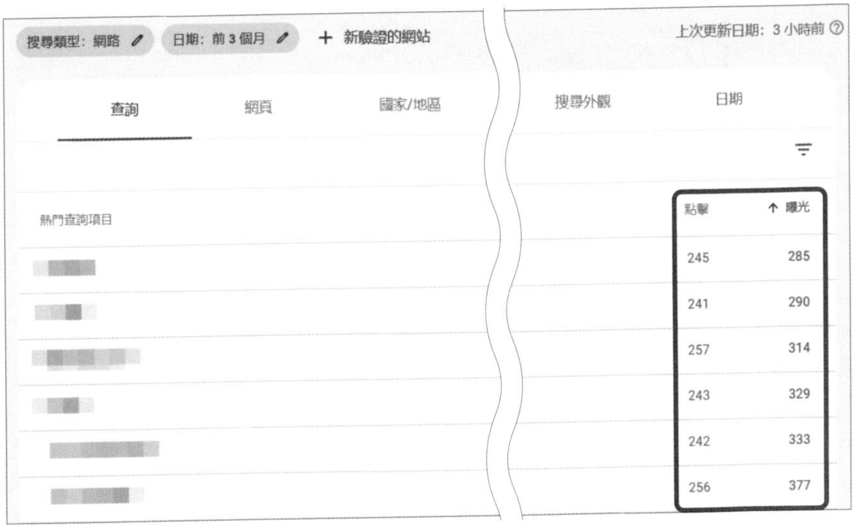

圖 7-69 對於較大的站台而言，可能 1000 筆以上的資料其點擊或是曝光次數都還是不小。

「成效」或是「搜尋結果」報表可以透過「搜尋類型」、「日期」、或是「新驗證的網站」三個篩選條件來顯示資料。

以「搜尋類型」來篩選顯示資料

如圖 7-70，搜尋類型是指一般「網路」搜尋、「圖片」搜尋、「影片」搜尋、或是「新聞」搜尋，例如圖 7-71 是「圖片」搜尋類型的成效報表。如圖 7-72，也可以比較不同搜尋類型的成效資料，例如圖 7-73 是比較「網路」與「圖片」搜尋的成效報表。以不同搜尋類型來看成效資料，或是比較不同搜尋類型的成效差異，可以讓你不要只專注在一般網路搜尋的成效，因為使用者的需求是很多樣化的。

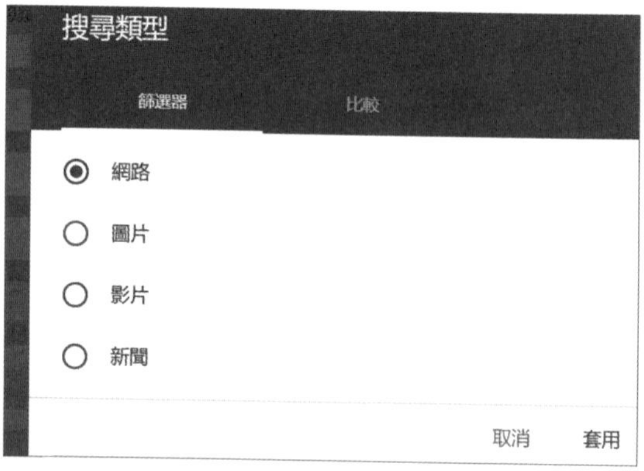

圖 7-70 搜尋類型可以設定篩選器。

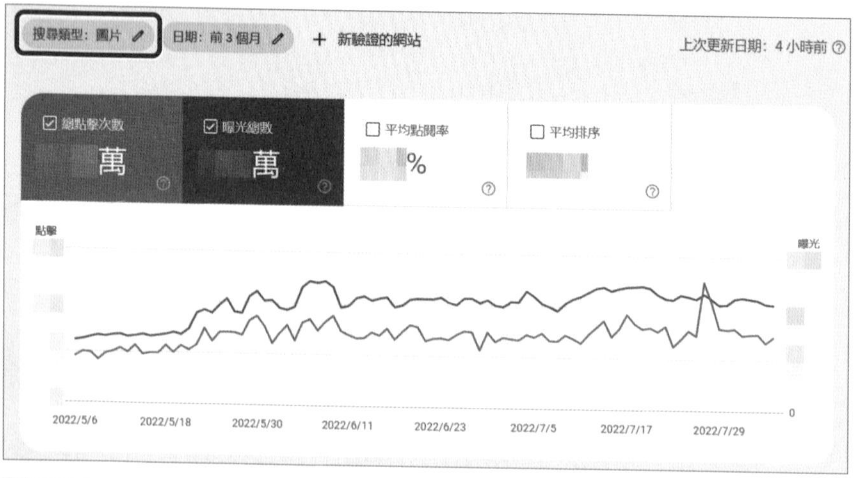

圖 7-71「圖片」搜尋類型的成效報表。

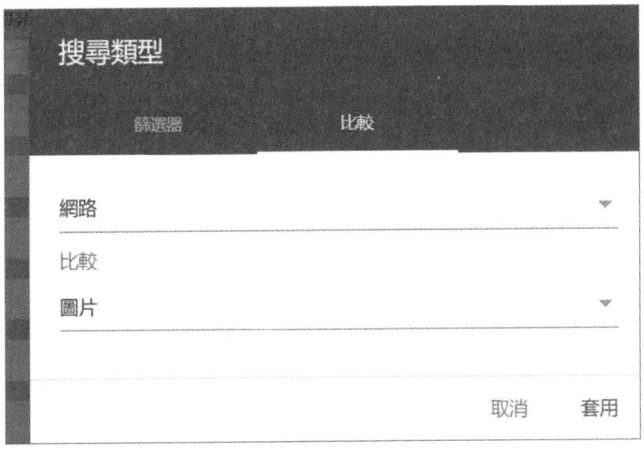

圖 7-72 搜尋類型可以比較不同類型的搜尋。

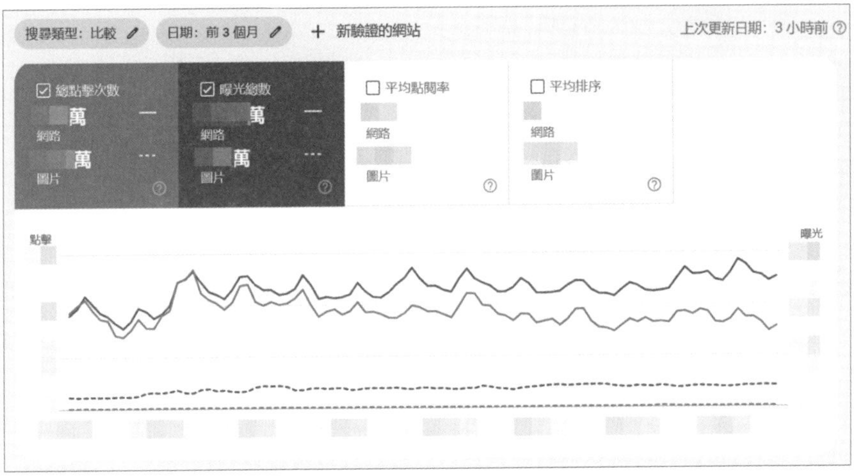

圖 7-73 比較「網路」與「圖片」搜尋的成效報表。

以「日期」來篩選顯示資料

如圖 7-74，可以選擇日期範圍來篩選顯示資料，例如圖 7-75，篩選前 6 個月的網路搜尋成效資料。如圖 7-76，也可以比較不同日期範圍的成效資料，例如圖 7-77 是比較「目前」與「前 3 個月」的網路搜尋成效報表。

以不同日期範圍來看成效資料，或是比較不同日期範圍的成效差異，可以讓你知道網站成效是否具有時間性，以及瞭解使用不同策略是否會影響成效表現。例如當你在某個日期修改網站的 SEO 策略，你可以透過不同日期範圍來評估 SEO 策略是否產生效果。

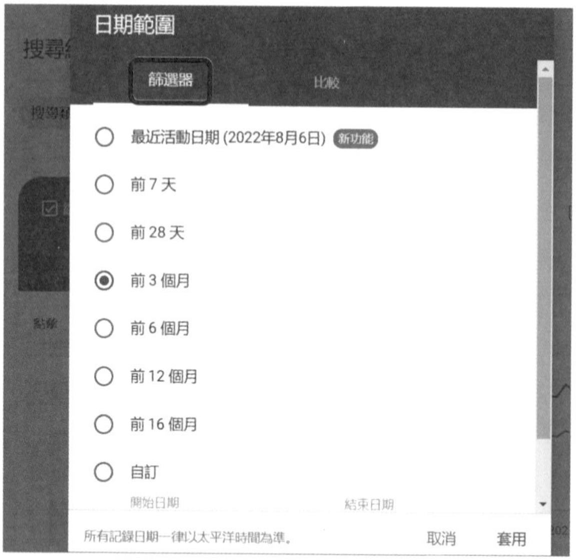

圖 7-74 可以篩選特定日期範圍的資料。

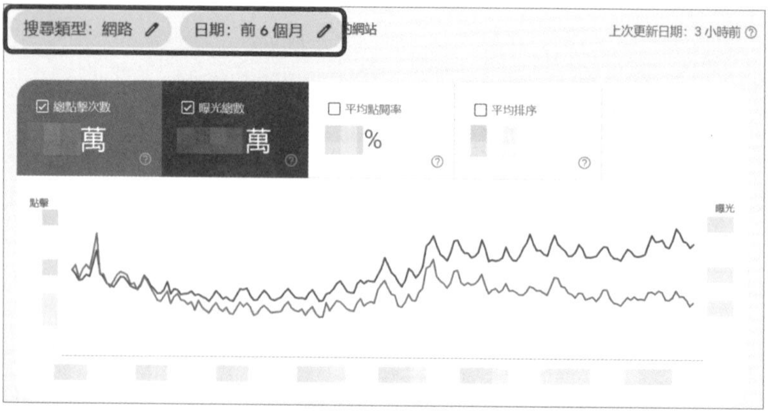

圖 7-75 篩選前 6 個月的網路搜尋成效資料。

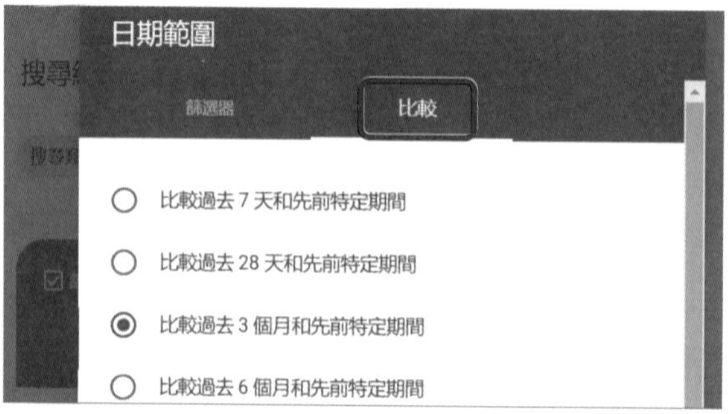

圖 7-76 比較不同日期範圍的成效資料。

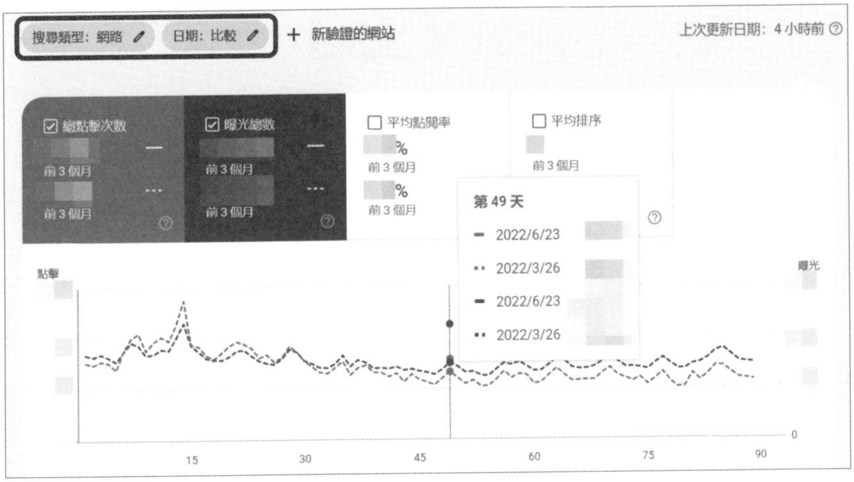

圖 7-77 比較「目前」與「前 3 個月」的網路搜尋成效報表。

以「新驗證的網站」來篩選顯示資料

「新驗證的網站」這個詞彙會讓很多人誤會，其實英文介面上只是「New」，他的意思是指加入一個「新的篩選條件」。例如圖 7-78，從查詢詞中點選一個特定的查詢詞後，會顯示如圖 7-79，這個成效報表的資料就是指這個「特定查詢詞」在此日期範圍內，一般網路搜尋的成效資料。

當你要更改不同的篩選條件時，只需要點擊該篩選條件旁邊的打叉符號即可刪除該篩選條件。如果要再加上更多篩選條件，可以如圖 7-80 點擊「新驗證的網站」並選擇新的篩選條件。

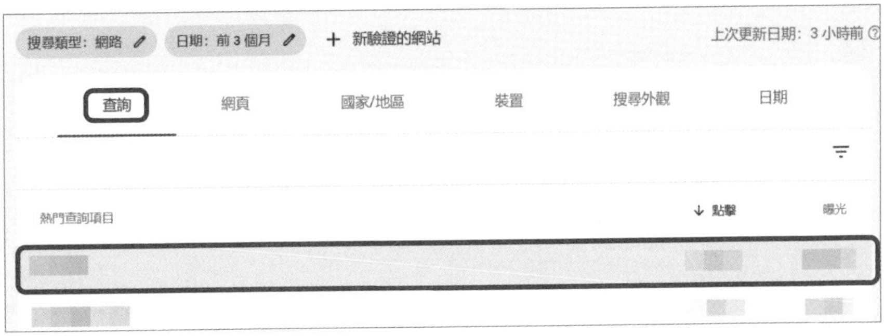

圖 7-78 從查詢詞中點選特定查詢詞，可以加入一個「新的篩選條件」。

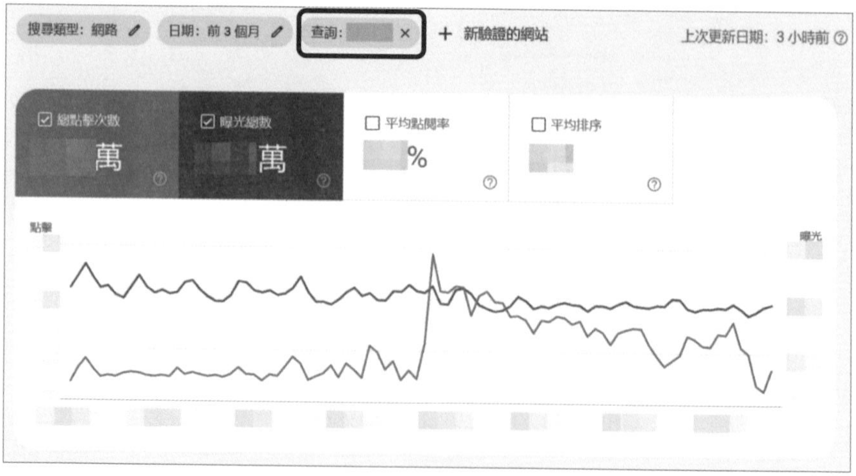

圖 7-79 顯示「特定查詢詞」在此日期範圍內，一般網路搜尋的成效資料。

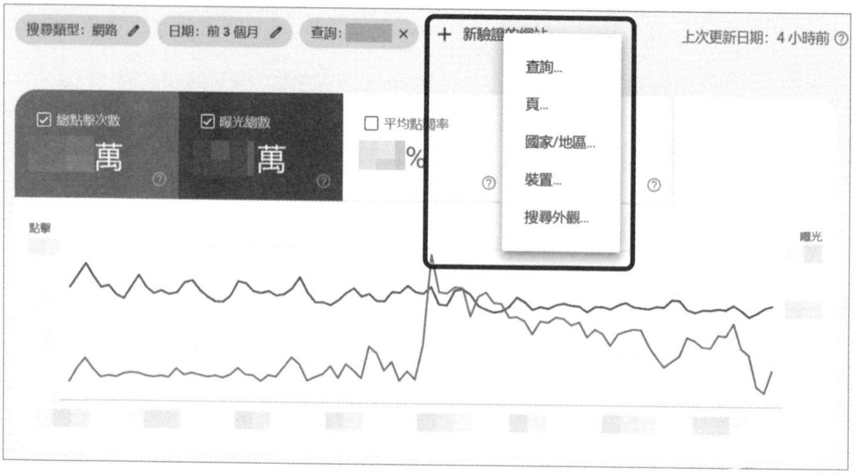

圖 7-80 點擊「新驗證的網站」可以加上新的篩選條件。

SEO 專家小結

成效資料可能與其他工具，例如 Google 分析所顯示的資料並不一定完全相同，可能的原因如下：

- 任何查詢牽涉到使用者隱私，成效報表都不會顯示這些資料。

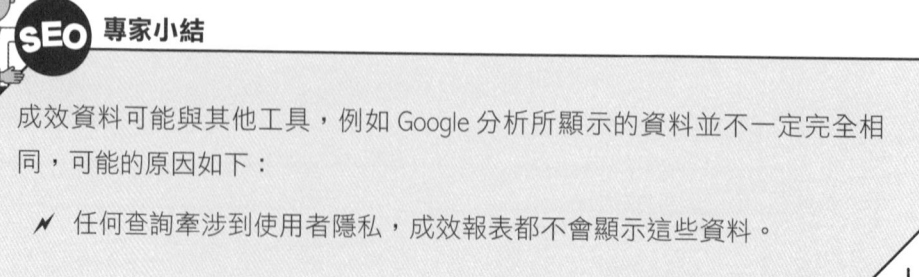

- 針對來源資料會進行的部分處理程序，例如刪除重複資料。
- 從開始統計資料到網站管理員真正看到資料的這段期間，可能會有一段時間差。
- 時區的影響也可能影響資料的同步。
- Google 分析是針對追蹤碼而來的資料。
- 不會記錄下載的流量資料。

7-11 瞭解使用者體驗

如圖 7-81，使用者體驗有三個項目：**網頁體驗**、**網站使用體驗核心指標**、以及**行動裝置可用性**。主要目的就是讓你知道使用者的網站體驗，以及找到網站體驗不佳的網址以便進行除錯。

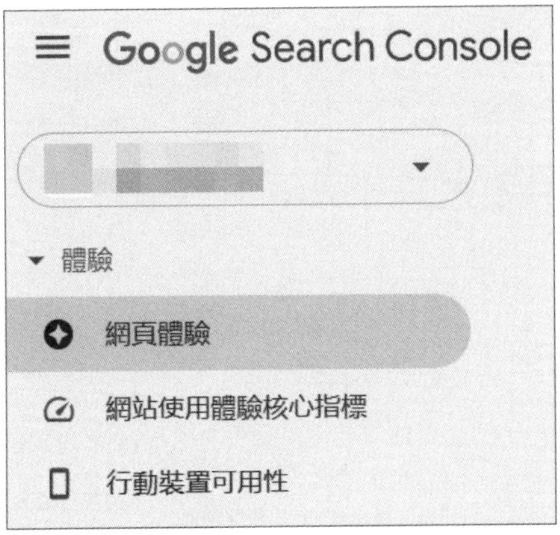

圖 7-81 使用者體驗有三個項目：網頁體驗、網站使用體驗核心指標、以及行動裝置可用性。

「**網頁體驗**」報表會顯示網站訪客的使用者體驗摘要，如圖 7-82。Google 會評估網站上個別網址的網頁體驗指標，並用來做為 Google 搜尋結果的網址排名指標。

「**網站使用體驗核心指標**」會測試網頁載入的速度、回應性和穩定性，藉此評估使用者體驗。此報表會針對各網頁，提供「良好」、「需要改善」或「不佳」的評分，如圖 7-83。

根據研究顯示，如果網頁載入時間從 1 秒增加到 3 秒，跳出率就會增加 32%。如果網頁載入時間從 1 秒增加到 6 秒，跳出率就會增加 106%。因此網頁載入的速度對於使用者體驗非常重要。

針對一般網頁的載入測試工具	https://pagespeed.web.dev/
針對 AMP 網頁的載入測試工具	https://amp.dev/page-experience/

「**行動裝置可用性**」會針對報表中列為行動版網址的網址顯示行動裝置可用性，如圖 7-84。行動版網址不得有任何行動裝置可用性錯誤，才能在「網頁體驗」報表中的行動裝置項目獲得「良好」狀態。但是要注意的是，沒有行動裝置可用性資料的網址也會被視為「良好」，因此要自己分辨所謂「良好」的意思。

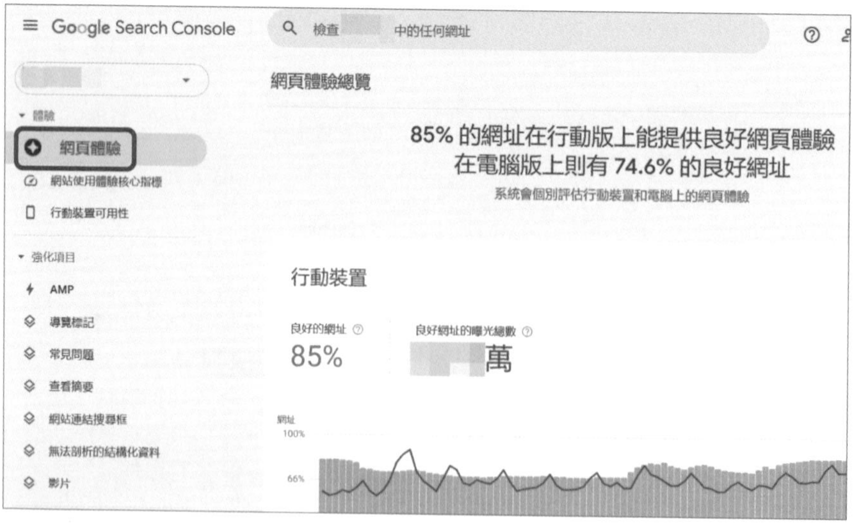

圖 7-82「網頁體驗」報表會顯示網站訪客的使用者體驗摘要。

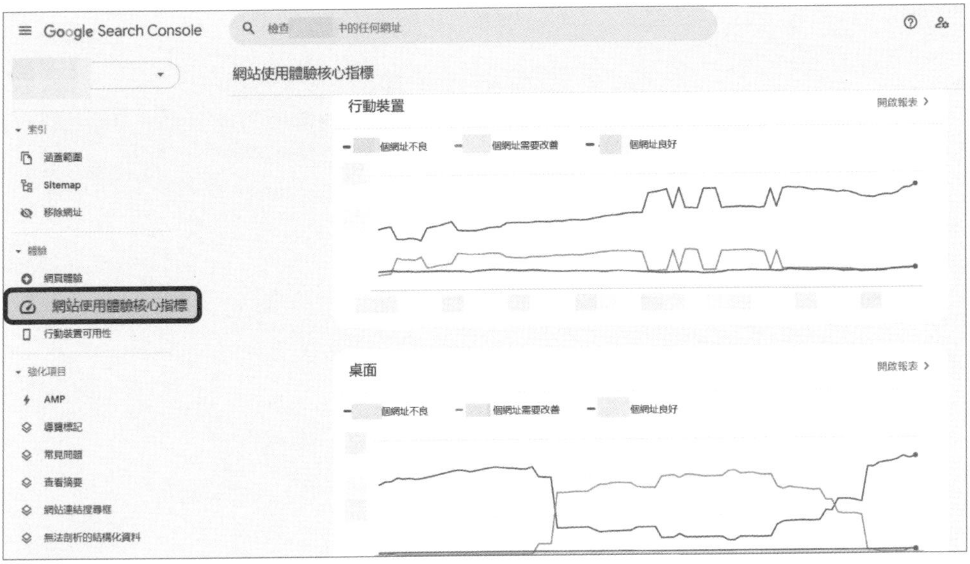

圖 7-83「網站使用體驗核心指標」報表會顯示不良、需要改善、良好的網址狀態。

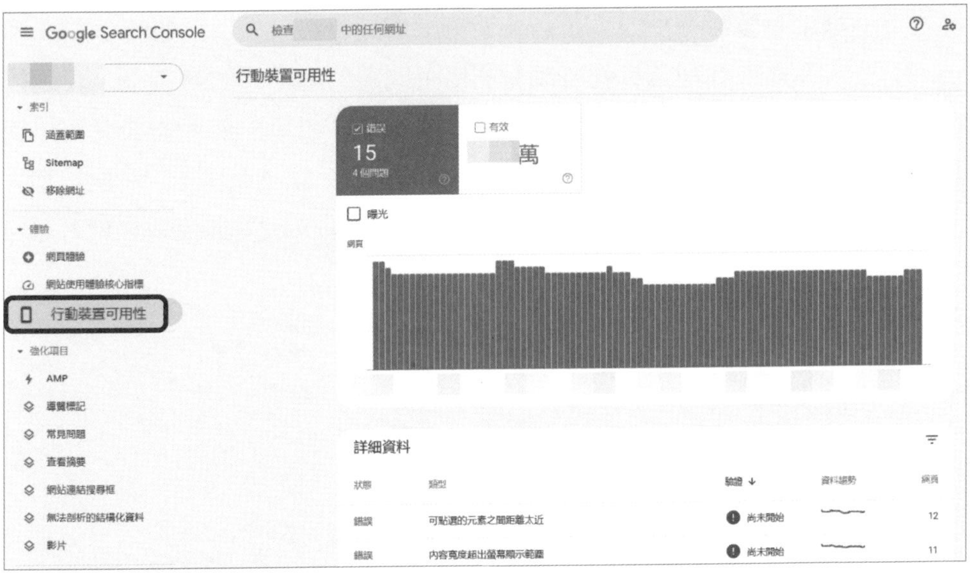

圖 7-84「行動裝置可用性」會針對報表中列為行動版網址的網址顯示行動裝置可用性。

如果在過去 90 天網站的流量不足，將會無法顯示「網頁體驗」及「網站使用體驗核心指標」的資料，如圖 7-85。

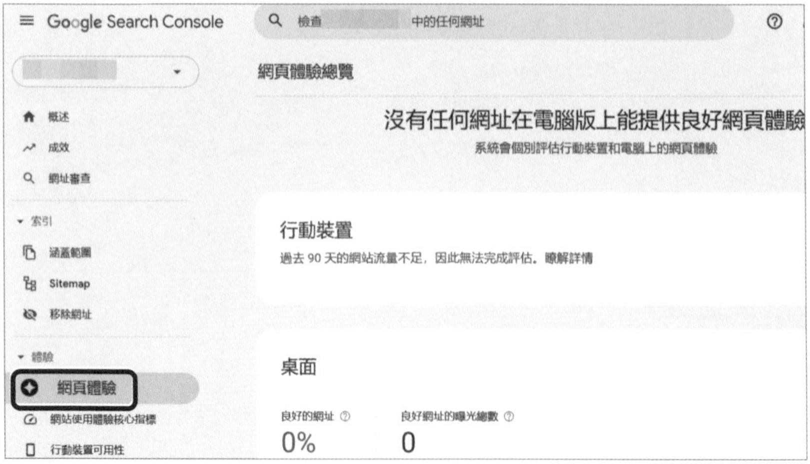

圖 7-85 在過去 90 天網站的流量不足，將會無法顯示「網頁體驗」及「網站使用體驗核心指標」的資料。

透過以上的三個報表，就可以知道網站的使用者體驗並修正網站的錯誤。例如圖 7-86，從網頁體驗報表看到「網站使用體驗核心指標」有為數不少的失效網址，可以再點選進入後看到如圖 7-87，然後在點入詳細資料就可以看到發生問題的網址，如圖 7-88。再從網址點入就可以看到發生類似問題的網址，如圖 7-89。然後就可以匯出這些問題網址，來查看發生問題的原因，以這個例子「行動版網頁 LCP 超過 4 秒」的問題來看，大多是圖片或是影片造成，就可以檢討這些元素是否可能壓縮或是延後載入。

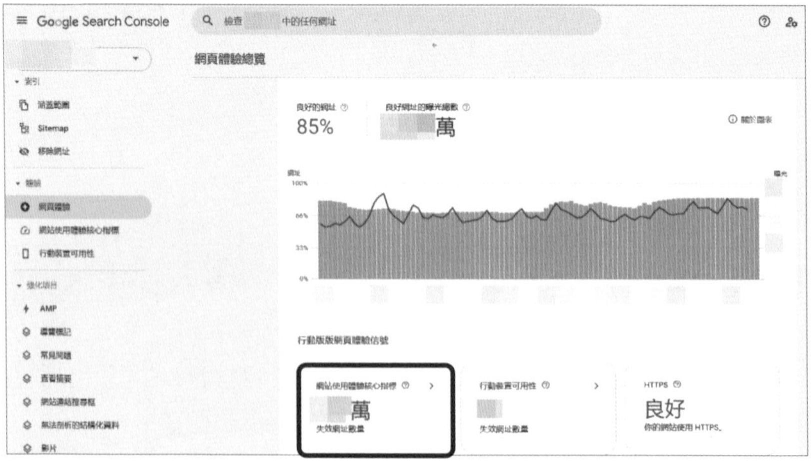

圖 7-86 從「網頁體驗」報表看到「網站使用體驗核心指標」有為數不少的失效網址。

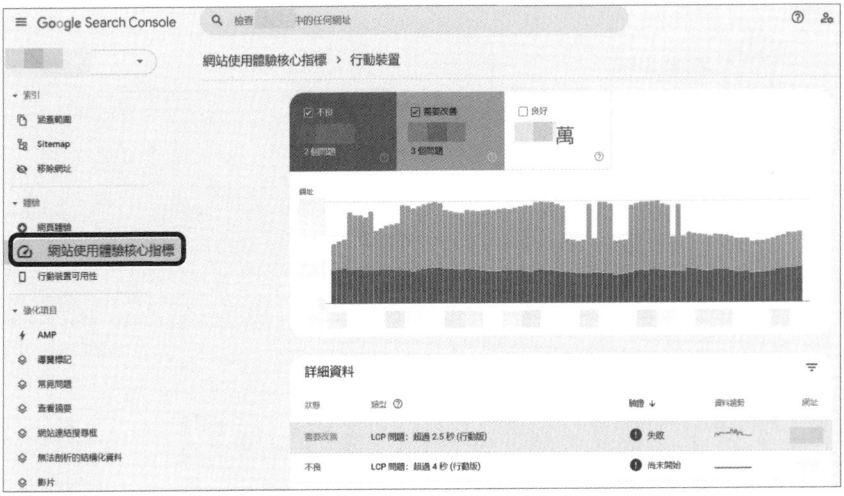

圖 7-87 從「網站使用體驗核心指標」可以看到不良、需要改善、良好的網址數量。

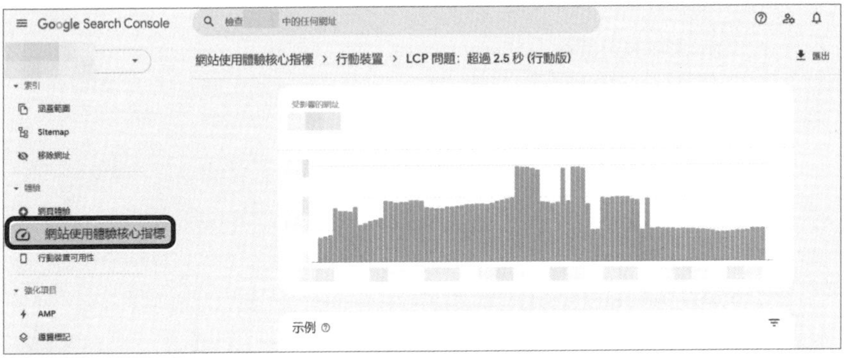

圖 7-88 從「網站使用體驗核心指標」的詳細資料點入可以看到相關網址。

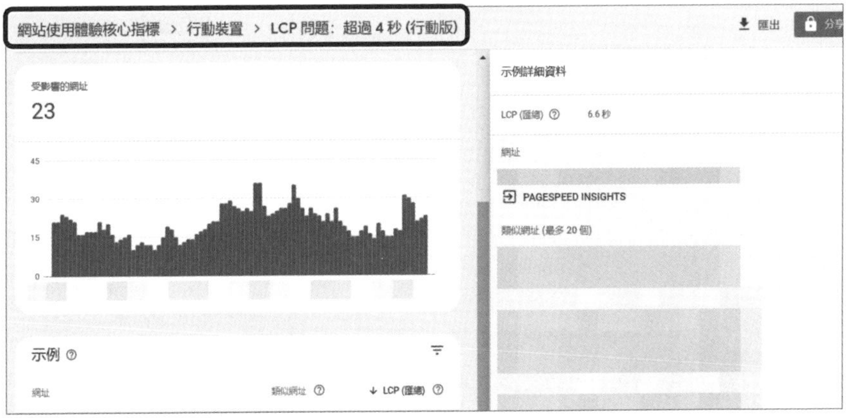

圖 7-89 再從網址點入就可以看到發生類似問題的網址。

SEO 專家小結

使用者體驗是網站最困難改善的地方，尤其要改善網站使用體驗核心指標更是不容易，不過還是需要盡可能的從 Google 網站管理員的使用者體驗訊息中找到重大缺失來進行修正。

7-12 瞭解網站的強化項目

強化項目是指可以加強 Google 搜尋引擎對你的網頁更加瞭解的項目，例如圖 7-90、圖 7-91、圖 7-92 中的項目。這些項目都是因為在網頁內加上特別的內碼才會顯示出這些強化的特性，例如呈現加速手機頁面的 AMP 宣告、或是呈現產品等特性的結構化資料宣告。強化項目的資訊主要目的就是讓你知道 Google 看到的網頁樣貌，以及找到網站強化項目有錯誤的網址以便進行除錯。

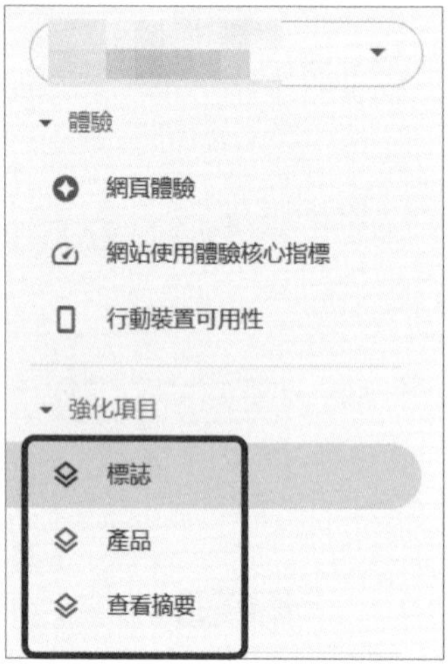

圖 7-90 強化項目範例一。

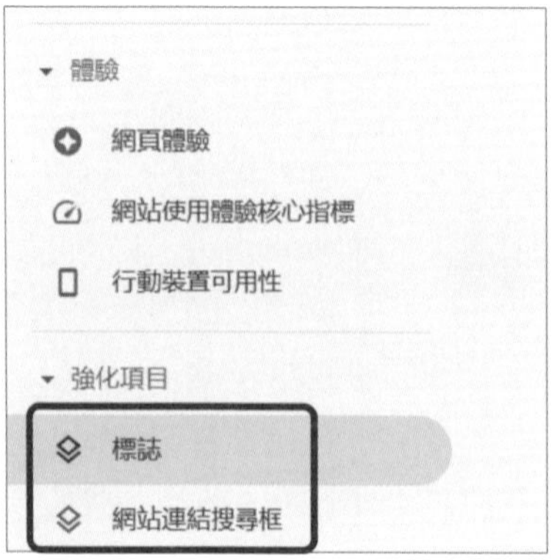

圖 7-91 強化項目範例二。

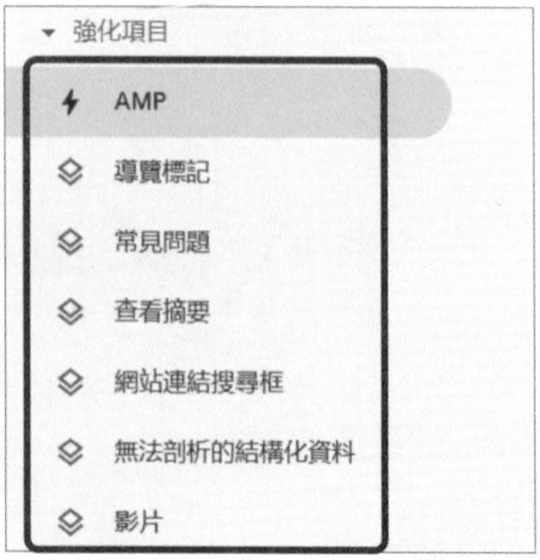

圖 7-92 強化項目範例三。

以上這些強化項目會因為網頁有無特定內碼而有所差異，例如你的網頁沒有 AMP 就不會出現 AMP 項目，你的網頁沒有產品結構化資料就不會出現產品項目。關於結構化資料的說明，你可以參考第五章第六、七節的內容。

因為網頁不同就有不一樣的強化項目，所以我們只舉幾個例子來說明如何解讀及進行除錯。

如圖 7-93，可以看到強化項目下的 AMP 有出現警告訊息的網頁有 212 個，點選詳細資料下的警告項目「圖片尺寸小於建議的尺寸」，出現如圖 7-94 含有該警告項目的網址，並且如圖 7-95，點選「瞭解詳情」，得到如圖 7-96 及圖 7-97 的細節，得知 AMP 的圖片寬度至少要 1200 像素，因此我們就可以據此修正各個錯誤的網頁，修正後按下圖 7-95 的「驗證修正後的項目」，讓 Google 再次審查。

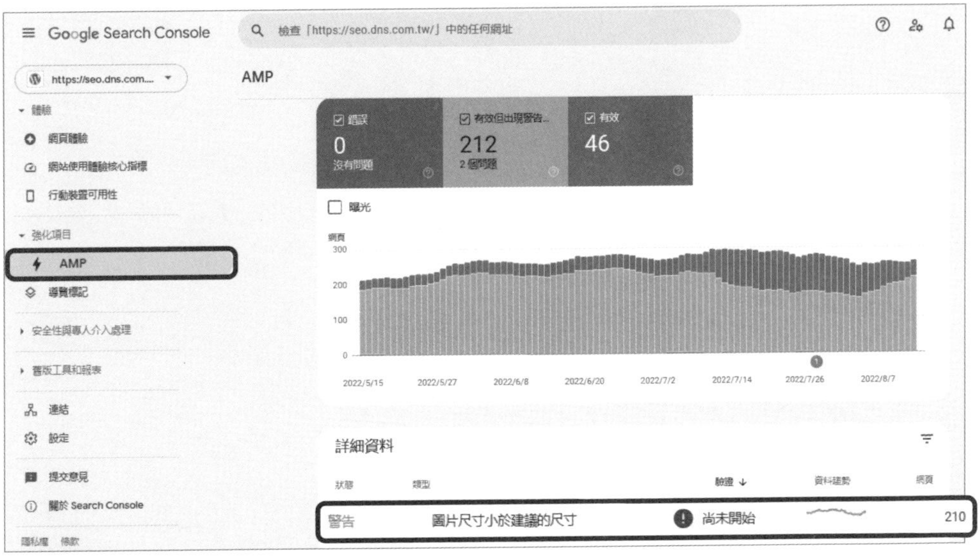

圖 7-93 強化項目下 AMP 有警告網頁的訊息。

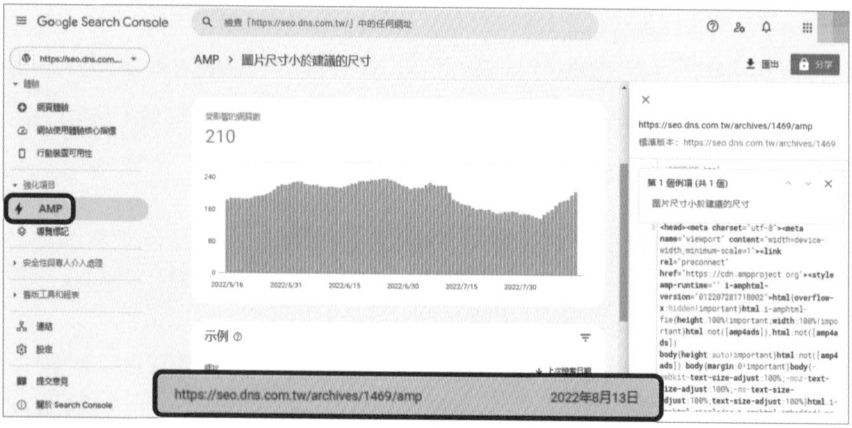
Google Search Console
AMP > 圖片尺寸小於建議的尺寸
受影響的網頁數
210
示例
https://seo.dns.com.tw/archives/1469/amp
2022年8月13日
AMP
https://seo.dns.com.tw/archives/1469/amp

圖 7-94 從「AMP > 圖片尺寸小於建議的尺寸」點入，可以看到該警告項目的網址。

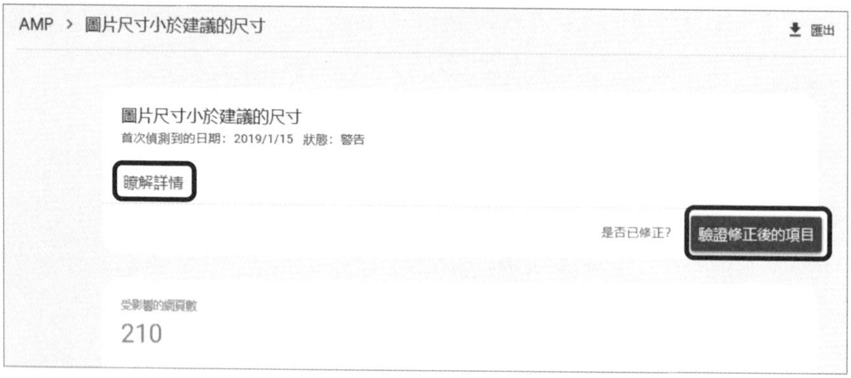
AMP > 圖片尺寸小於建議的尺寸
匯出
圖片尺寸小於建議的尺寸
首次偵測到的日期：2019/1/15 狀態：警告
瞭解詳情
是否已修正？
驗證修正後的項目
受影響的網頁數
210

圖 7-95 點選「瞭解詳情」可以查詢錯誤原因，修正後可以點選「驗證修正後的項目」讓 Google 再次審查。

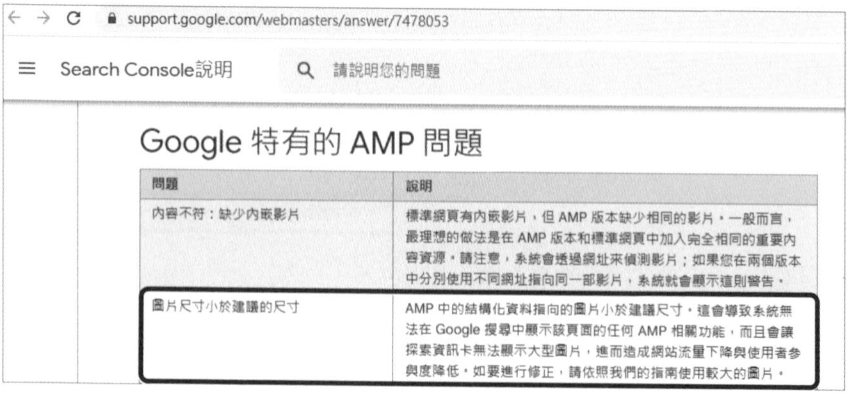
support.google.com/webmasters/answer/7478053
Search Console說明
請說明您的問題
Google 特有的 AMP 問題
問題
說明
內容不符：缺少內嵌影片
標準網頁有內嵌影片，但 AMP 版本缺少相同的影片。一般而言，最理想的做法是在 AMP 版本和標準網頁中加入完全相同的重要內容資源。請注意，系統會透過網址來偵測影片；如果您在兩個版本中分別使用不同網址指向同一部影片，系統就會顯示這則警告。
圖片尺寸小於建議的尺寸
AMP 中的結構化資料指向的圖片小於建議尺寸。這會導致系統無法在 Google 搜尋中顯示該頁面的任何 AMP 相關功能，而且會讓探索資訊卡無法顯示大型圖片，進而造成網站流量下降與使用者參與度降低。如要進行修正，請依照我們的指南使用較大的圖片。

圖 7-96 Google 對於 AMP 圖片尺寸的建議。

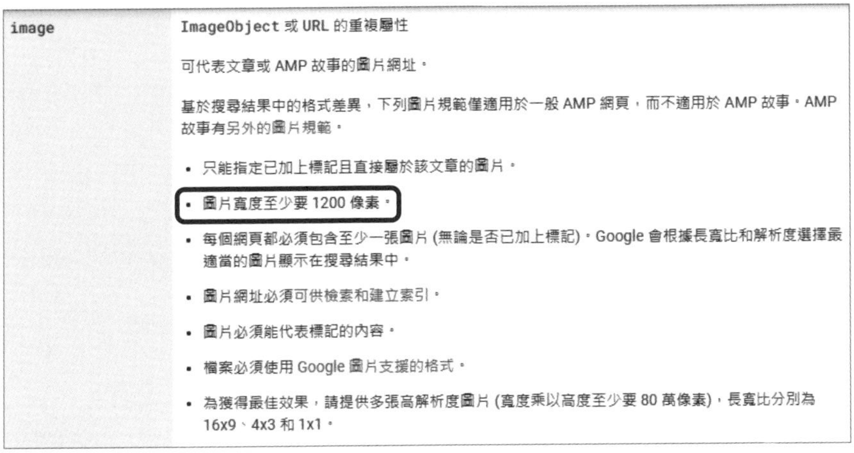

image	ImageObject 或 URL 的重複屬性 可代表文章或 AMP 故事的圖片網址。 基於搜尋結果中的格式差異，下列圖片規範僅適用於一般 AMP 網頁，而不適用於 AMP 故事。AMP 故事有另外的圖片規範。 • 只能指定已加上標記且直接屬於該文章的圖片。 • 圖片寬度至少要 1200 像素。 • 每個網頁都必須包含至少一張圖片 (無論是否已加上標記)。Google 會根據長寬比和解析度選擇最適當的圖片顯示在搜尋結果中。 • 圖片網址必須可供檢索和建立索引。 • 圖片必須能代表標記的內容。 • 檔案必須使用 Google 圖片支援的格式。 • 為獲得最佳效果，請提供多張高解析度圖片 (寬度乘以高度至少要 80 萬像素)，長寬比分別為 16x9、4x3 和 1x1。

圖 7-97 Google 建議 AMP 的圖片寬度至少要 1200 像素。

如圖 7-98，從「產品」可以看到警告網頁的訊息「offers 欄位未填」，點擊該警告訊息就可以看到發生錯誤的網址，如圖 7-99。再從網址點入就可以看到發生錯誤的內碼，如圖 7-100，修正錯誤之後可以點選「驗證修正後的項目」讓 Google 再次審查。

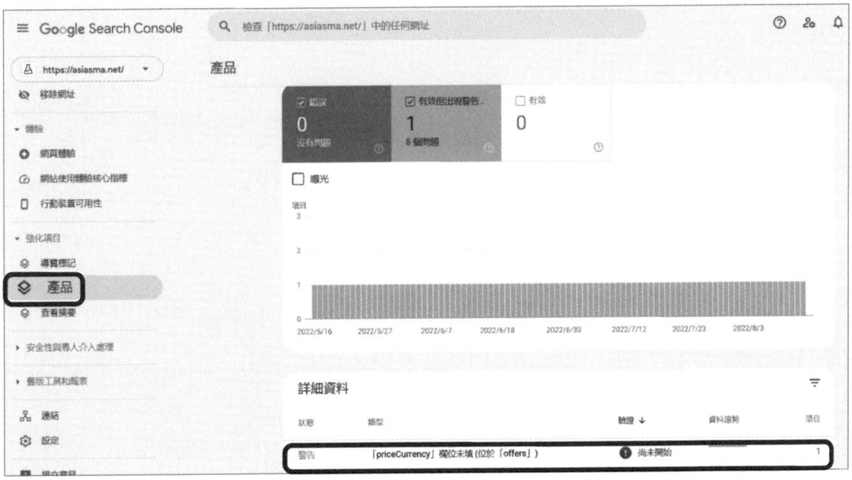

圖 7-98 從「產品」可以看到警告網頁的訊息「offers 欄位未填」。

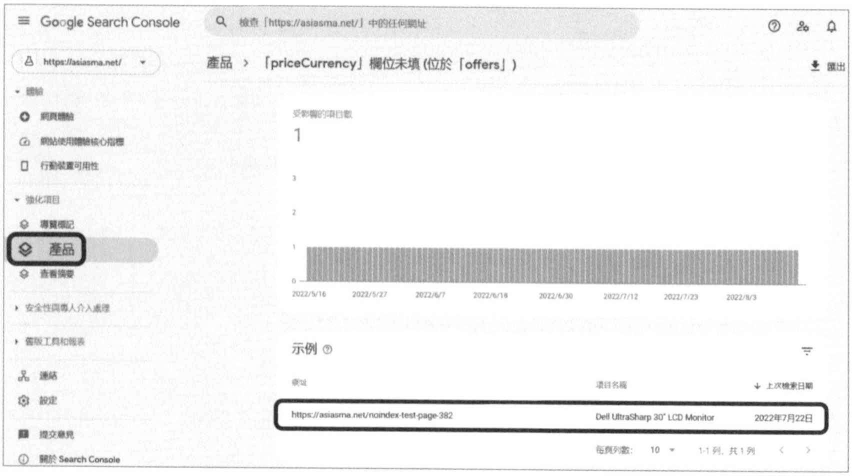

圖 7-99 從「產品」警告項目點入可以看到發生錯誤的網址。

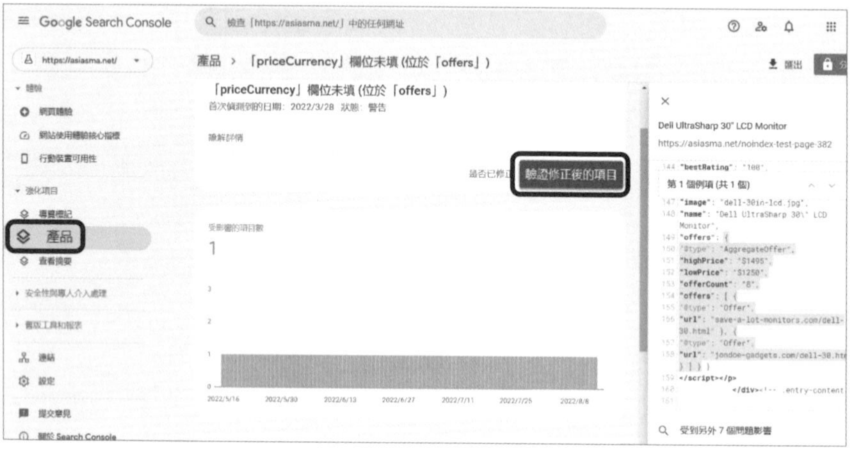

圖 7-100 修正錯誤之後可以點選「驗證修正後的項目」讓 Google 再次審查。

專家小結

強化項目的結構化資料或是 AMP 網頁雖然不是 Google 搜尋排名的必要項目，但是使用這些類型的宣告，可以加強 Google 的理解也可以在搜尋結果頁面上出現更多資訊提供給使用者參考，因此如果強化項目出現錯誤訊息，也必須找出問題點加以修正。

7-13 網站安全性與專人介入處理

如圖 7-101，**安全性與專人介入處理**是當網站存在惡意程式碼，或是網站違規需要人為處理時，就會在此找到相關訊息。如果沒有發現問題，就會看到「未偵測到任何問題」。

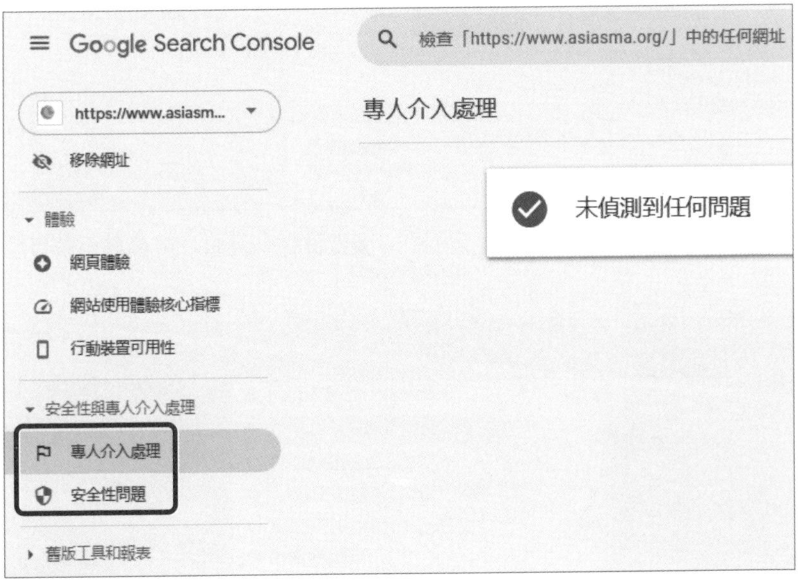

圖 7-101 安全性與專人介入處理。

當網站違規需要專人介入處理時，例如圖 7-102，用戶產生的內容存在垃圾內容。但是要注意的是，如果專人介入處理內的訊息是「未偵測到任何問題」，並不代表網站沒有違規，只是沒有發生需要「專人介入處理」的違規，被演算法處罰的違規並不會在這邊出現訊息。當網站存在安全性問題時，例如圖 7-103，網頁屬於不實的詐騙內容。當網站存在安全性與專人介入處理情況時，你就必須根據 Google 的指示將問題排除然後請 Google 重新評估。

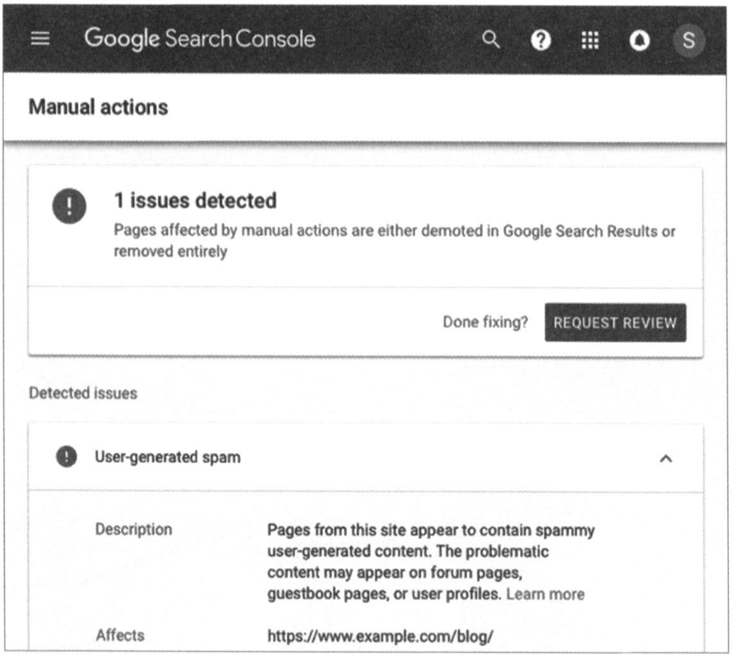
Google Search Console
S
Manual actions
1 issues detected
Pages affected by manual actions are either demoted in Google Search Results or removed entirely
Done fixing?
REQUEST REVIEW
Detected issues
User-generated spam
Description
Pages from this site appear to contain spammy user-generated content. The problematic content may appear on forum pages, guestbook pages, or user profiles. Learn more
Affects
https://www.example.com/blog/

圖 7-102 當網站違規需要專人介入處理時，就會在此看到訊息。

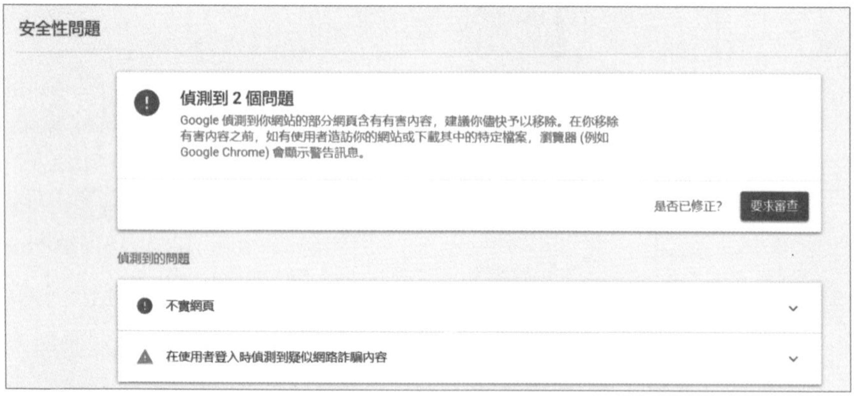
安全性問題
偵測到 2 個問題
Google 偵測到你網站的部分網頁含有有害內容，建議你儘快予以移除。在你移除有害內容之前，如有使用者造訪你的網站或下載其中的特定檔案，瀏覽器 (例如 Google Chrome) 會顯示警告訊息。
是否已修正?
要求審查
偵測到的問題
不實網頁
在使用者登入時偵測到疑似網路詐騙內容

圖 7-103 當網站存在安全性問題時，就會在此看到訊息。

SEO

專家小結

如果 Gooogle 對網站採取了專人介入處理行動，大多都是試圖操縱 Google 的搜尋索引，該網站的部分或所有內容將無法顯示在 Google 搜尋結果中。

7-14 瞭解網站連結與移除連結

Google 網站管理員的「連結」項目下會有以下資訊：

- **外部連結**：連向你的資源的外部連結數量、你的資源被連結的熱門網頁有哪些、以及連結的數量。
- **內部連結**：連向你的資源的內部連結數量、你的資源被連結的熱門網頁有哪些、以及連結的數量。

如圖 7-104，顯示「外部連結」、「內部連結」、以及「熱門連結網頁」。從外部連結報表可以知道你的資源有哪些網頁是被其他網站喜歡的，可以當成內容策略的參考。從內部連結報表可以知道你的網站自我連結的狀態，可以檢視熱門連結網頁是否是較重要的網頁，如果不是的話，則需要檢討自我連結的策略。

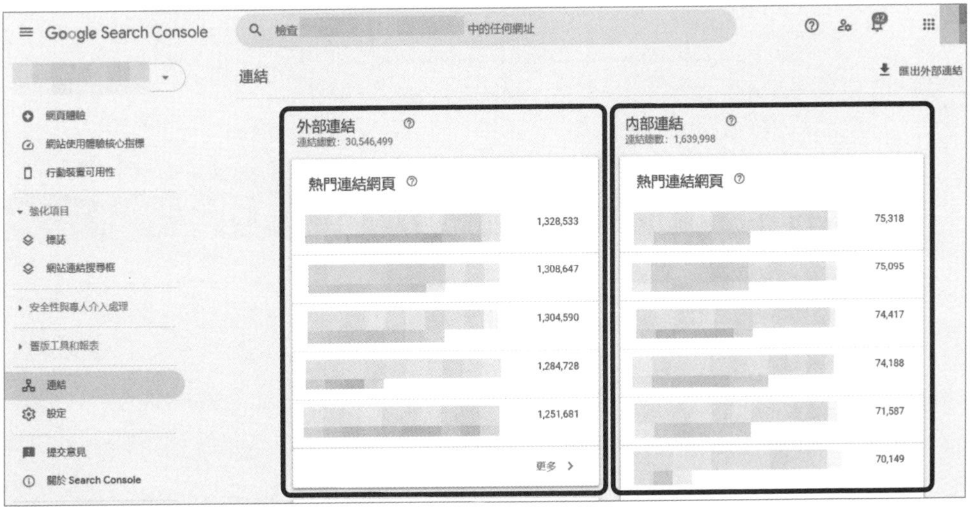

圖 7-104 顯示「外部連結」、「內部連結」、以及「熱門連結網頁」。

- **最常連結的網站**：外部連向你的資源的連結。
- **最常見的連結文字**：外部網頁連向你資源的連結文字，也就是錨點文字。

如圖 7-105，顯示「最常連結的網站」以及「最常見的連結文字」。從最常連結的網站報表可以知道哪些網站是你的友好網站，如果是相關且具有品質的網站，則可以嘗試建立關係且定期提供內容給這些網站建立連結。從最常見的連結文字報表可以知道錨點文字是否具有相關性及多樣性，如果不是則需要擬定改善策略。

圖 7-105 顯示「最常連結的網站」以及「最常見的連結文字」。

使用 Google 網站管理員移除低品質連結

移除連結網址	https://search.google.com/search-console/disavow-links

這個「移除連結」與前面說的「移除網址」是不同的東西，「移除連結」是告訴 Google 禁止某些特定的網頁或是網域連結到你的資源，而「移除網址」是要 Google 暫時將你的網頁解除索引。

進入以上的移除連結網址之後，如圖 7-106 可以選取你要禁止連結的資源，也就是你在 Google 網站管理員上的資源。然後如圖 7-107 上傳你要禁止的連結或是網域文字清單檔案。

例如你要禁止兩個網頁連結到你的資源，就在檔案內寫上網址：

```
http://spam.example.com/stuff/comments.html
http://spam.example.com/stuff/paid-links.html
```

例如你要禁止整個 example.com 網域，就使用如下語法 ：

```
domain:example.com
```

但是要記得，使用 Google 網站管理員的移除連結是無法回復的，因此要小心使用，請確定這些來源對你的資源是有害的再使用此工具。

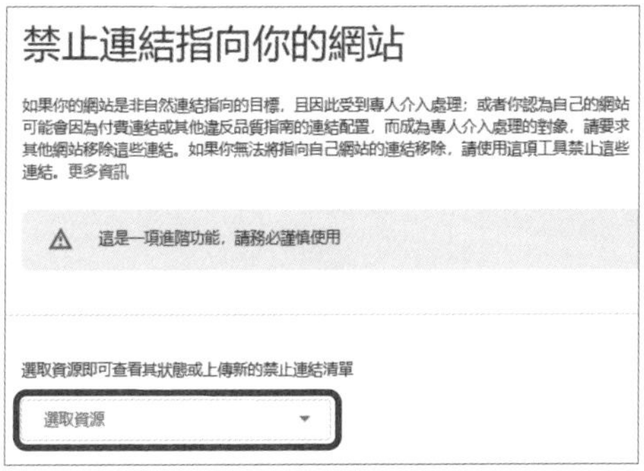
禁止連結指向你的網站
如果你的網站是非自然連結指向的目標，且因此受到專人介入處理；或者你認為自己的網站可能會因為付費連結或其他違反品質指南的連結配置，而成為專人介入處理的對象，請要求其他網站移除這些連結。如果你無法將指向自己網站的連結移除，請使用這項工具禁止這些連結。更多資訊
這是一項進階功能，請務必謹慎使用
選取資源即可查看其狀態或上傳新的禁止連結清單
選取資源

圖 7-106 選取你要禁止連結的資源。

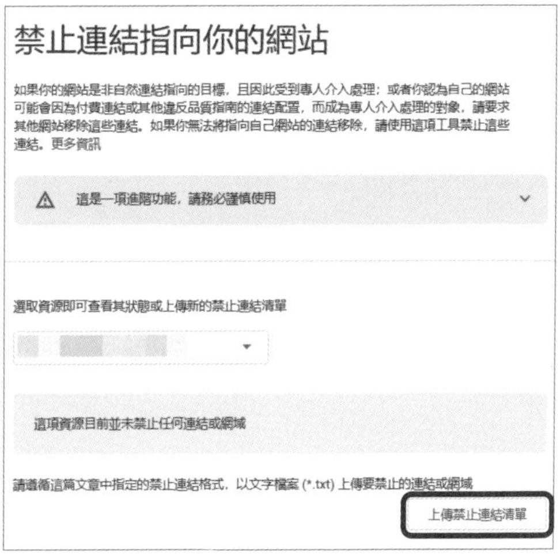
禁止連結指向你的網站
如果你的網站是非自然連結指向的目標，且因此受到專人介入處理；或者你認為自己的網站可能會因為付費連結或其他違反品質指南的連結配置，而成為專人介入處理的對象，請要求其他網站移除這些連結。如果你無法將指向自己網站的連結移除，請使用這項工具禁止這些連結。更多資訊
這是一項進階功能，請務必謹慎使用
選取資源即可查看其狀態或上傳新的禁止連結清單
這項資源目前並未禁止任何連結或網域
請遵循這篇文章中指定的禁止連結格式，以文字檔案 (*.txt) 上傳要禁止的連結或網域
上傳禁止連結清單

圖 7-107 建立一個要禁止的連結或是網域文字清單檔案然後上傳。

SEO

專家小結

Google 網站管理員提供的網站連結資訊，是提供給你檢討網站連結策略，如果能夠善用這些資訊，可以強化網站的內外連結品質。而移除連結工具則是消除負面連結的一個方法，但是在沒有確定來源網址只有負面效果之前（例如確認是情色、暴力、詐騙等），不要輕易使用移除連結工具。

7-15 變更網站網址

網址變更工具	https://search.google.com/search-console/settings/change-address

搜尋引擎在處理網頁時是以網址為主要依據，只要網址變更，對於搜尋引擎來說都需要重新評估網頁。但是網址變更有許多類型，有些需要使用「網址變更工具」來通知 Google，有些則不需要。

網址變更工具的使用時機

如果是以下的情況，並不需要使用 Google 網站管理員的「網址變更工具」：

1. 如果是要將網址從 http 改為 https，只需要設定網址轉址，並新建 https 網址資源即可。
2. 如果要將部分網頁從某個位置遷移到網站內的其他位置，而沒有變更網域的話，例如從 example.com/path-old/ 移至 example.com/path-new/，只需要設定網址轉址並更新 Sitemap 即可。
3. 如果在同一個網域切換使用 www 和非 www，例如從 www.example.com 改為 example.com，只需要設定網址轉址，不需要使用網址變更工具。
4. 如果只是更換代管空間，但是網址保持不變的話，也不需要使用網址變更工具。

由以上可以很清楚知道，Google 網站管理員的「網址變更工具」的適用情況是變更網域時才需要，也就是當你的網站從 exampleA.com 改為 exampleB.com 時，才會需要使用「網址變更工具」。

網址變更工具的使用重點

並且使用「網址變更工具」，請注意以下幾個重點：

❶ 請勿連鎖遷移網站，也就是如果你提交了網址變更，要求從 A 網站遷移到 B 網站，請勿立即提交另一項從 B 網站遷移至 C 網站的網址變更要求。

❷ 請不要一次將多個網站的內容一併遷移至單一位置，如果將網站 A、B、C 全部一起遷移至新位置 D，可能會造成系統錯亂和流量流失。建議一次只遷移一個網站至要合併所有網站內容的新位置，然後等流量穩定後再開始遷移下一個網站。

❸ 如要遷移網域資源並將子網域遷移到另外資源，例如從 A.com 遷移到 B.com，並且 m.A.com 遷移到 m.C.com，請為子網域 m.A.com 建立一項資源並另行遷移。

❹ 遷移網站時，請在新位置保留原本的網站架構，讓信號以更直接的方式傳送至新網站。如果你在進行網站遷移的同時，又在新位置重新設計網站內容和網址結構，可能會發生部分流量流失，因為 Google 可能需要重新瞭解及評估各個網頁。

遷移網站的步驟說明

如果要將網站從 exampleA.com 遷移到 exampleB.com，應該進行以下步驟：

- **步驟一**：維持原本 exampleA.com 的運作下，建立一個新網站 exampleB.com 並在 Google 網站管理員建立 exampleB.com 資源 (視需要建立網域資源或是網址資源)。
- **步驟二**：將 exampleA.com 的所有網頁以 301 轉址到 exampleB.com，上面提到過新網站最好保留舊網站的網站架構，一來比較容易建立轉址規則，二來比較不會流失流量。

例如將 exampleA.com 首頁 301 轉址到 exampleB.com，就在 exampleA.com 的 .htaccess 檔案加入以下語法：

```
Redirect 301 / https://exampleB.com/
```

如果要將 exampleA.com/a.html 以 301 轉址到 exampleB.com/a.html，就在 exampleA.com 的 .htaccess 檔案加入以下語法：

```
Redirect 301 /a.html https://exampleB.com/a.html
```

如果要將 exampleA.com 所有檔案以原結構以 301 轉址到 exampleB.com，就在 exampleA.com 的 .htaccess 檔案加入以下語法：

```
RewriteEngine On
RewriteCond %{HTTP_HOST} ^exampleA.com$ [OR]
RewriteCond %{HTTP_HOST} ^www.exampleA.com$
RewriteRule (.*)$ https://www.exampleB.com/$1 [R=301,L]
```

- **步驟**三：使用「網址變更工具」，如圖 7-108，先選取需要變更的資源。然後如圖 7-109，再選擇要變更網址的新網站。

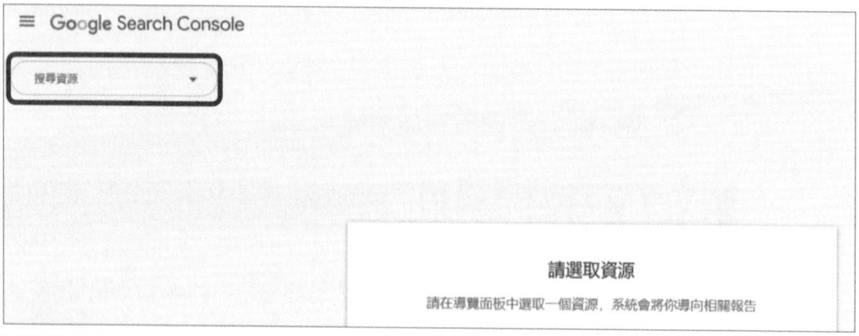
Google Search Console
搜尋資源
請選取資源
請在導覽面板中選取一個資源，系統會將你導向相關報告

圖 7-108 使用「網址變更工具」，先選取需要變更的資源。

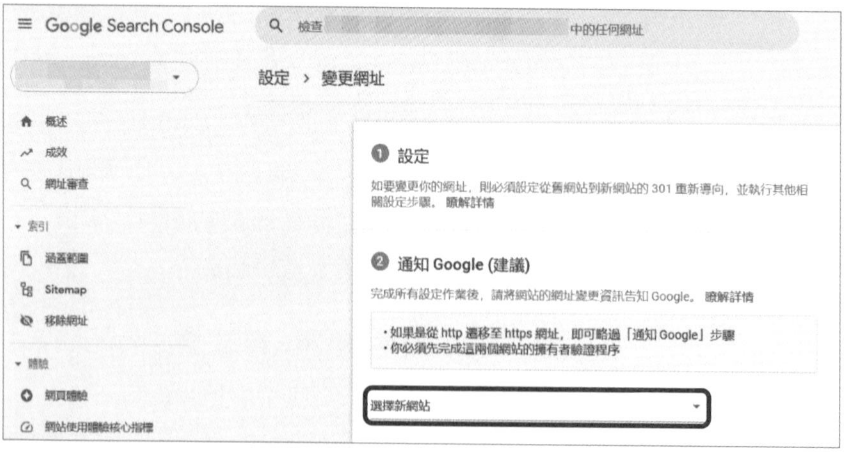
Google Search Console
檢查
中的任何網址
設定 › 變更網址
概述
成效
網址審查
索引
涵蓋範圍
Sitemap
移除網址
體驗
網頁體驗
網站使用體驗核心指標
1 設定
如要變更你的網址，則必須設定從舊網站到新網站的 301 重新導向，並執行其他相關設定步驟。瞭解詳情
2 通知 Google (建議)
完成所有設定作業後，請將網站的網址變更資訊告知 Google。瞭解詳情
・如果是從 http 遷移至 https 網址，即可略過「通知 Google」步驟
・你必須先完成這兩個網站的擁有者驗證程序
選擇新網站

圖 7-109 完成選擇要變更網址的來源後，再選擇要變更網址的新網站。

當完成選擇要變更網址的來源及目的之後，如果步驟二的轉址沒有正確完成，就會看到如圖 7-110 驗證失敗的畫面，如果轉址已經完成，就會看到如圖 7-111 通過驗證的畫面。

要通過驗證並不需要來源網址全部都完成轉址到目的網址，在驗證的過程中 Google 只會驗證首頁是否完成轉址，因為 Google 並無法確定後續來源網址與目的網址應該如何對應，那是你自己應該負責的部分。更多關於轉址的設定，可以參考第四章第四節的內容。

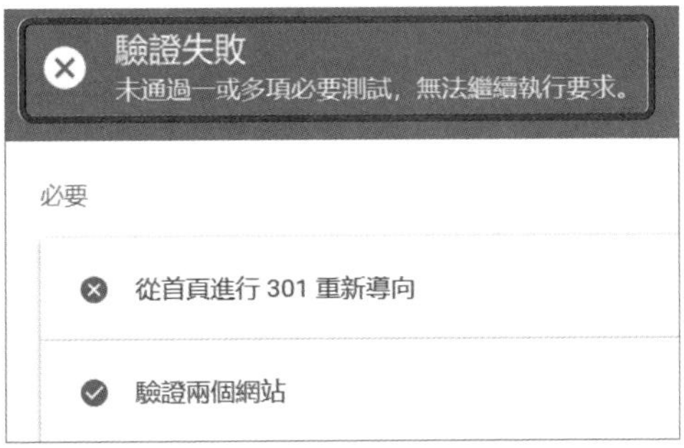

圖 7-110 如果變更網址的轉址尚未完成，就會驗證失敗。

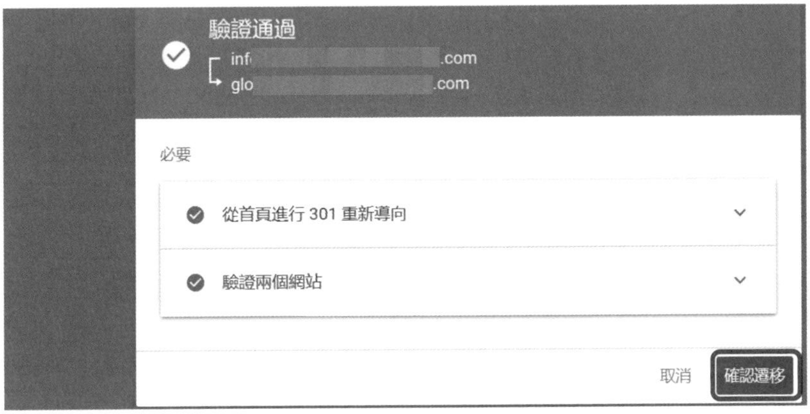

圖 7-111 如果變更網址的轉址已經完成，就會通過驗證。

圖 7-112 顯示變更網址進行中，你也可以取消遷移。

當你看到如圖 7-112 的畫面，表示 Google 已經開始將舊網站的數據搬移到新網站，這個作業會至少持續 180 天，並且你可以在這 180 天內取消網址變更。

如果你按下 [取消遷移]，你應該進行以下事項：

1. 將你先前在伺服器端設定的 301 重新導向指令全部移除，否則 Google 會在下次檢索你的網站時找到這些指令，並繼續依照指令將網址重新導向。
2. 因為部分網址已經被轉址，因此你必須新增從新網站到舊網站的 301 重新導向。

如果你沒有按下 [取消遷移]，而是確定要變更網址的話，在 exampleA.com 所設的轉址應該保留多久？最理想的狀態是永久，原因是在 Google 網站管理員進行變更網址只是進行 Google 資料中心的數據轉移，對於 Google 以外的網站而言，它們並不知道你的網站轉移了。因此 Bing 或是其他的搜尋引擎除了會抓取你的新網站 exampleB.com 之外，exampleA.com 還是會存在一陣子，如果轉址取消了，搜尋流量就不會轉到新網站 exampleB.com。

再者，原本連結到 exampleA.com 的網站也不會知道你的網站轉移了，因此如果轉址取消了，原本參照連結的流量也不會轉到新網站 exampleB.com。

因此變更網址後，如果在 exampleA.com 所設的轉址無法永久保留，就視你的情況盡可能地保留，直到 exampleA.com 取消使用為止。

專家小結

變更網址是網站維護作業中最複雜的作業，千萬不要第一次操作就拿實際運作的企業網站來練習，必須在類似結構的網站練習純熟之後，再真正動手變更實際運作的網站網址。

Chapter

8

Google 分析：徹底評估 SEO 成效

當你吃到好吃的番茄蛋炒飯，你無法知道番茄、雞蛋、米飯的貢獻度，除非你擁有確切的數據。

車品覺 (阿里巴巴前數據長，Talking Data 首席顧問)

成功的 SEO 操作建立在正確的數據策略上，但是切記的是不能依賴片面的數據進行判斷，也就是不能只看有沒有提升排名的效果，而是應該檢驗網站的全面體質有沒有改善。因為正確的選擇數據與正確的解讀數據，是 SEO 操作最重要的兩種基礎。雖然 Google 網站管理員 (Google Search Console) 可以提供初步的 SEO 操作成效數據，但是要很清楚的知道改善的方向，就必須依靠 Google 分析 (Google Analytics)。

本章節主要目的在瞭解如何設定 Google 分析以及進行 SEO 操作成效評估。

8-1 Google 分析簡介

Google 分析是 Google 所提供的網站流量統計服務，也是現在網際網路上使用最廣泛的網路分析服務。從 2023/07/01 起，通用版 Google 分析將停止處理資料，真正步入 **Google 分析第四版**的時代，並且如果需要保存通用版 Google 分析的數據，建議在六個月內完成數據匯出。本書在後面章節提到**舊版 Google 分析**就是指通用版 Google 分析，**新版 Google 分析**就是指 Google 分析第四版 (GA4)。

推出新版 Google 分析的最主要原因，在於人們使用設備習慣的改變，瀏覽網路已經由單一設備變成跨多種設備，例如一個產品購買的流程，可能在桌機與手機，或是在網站與應用程式之間轉換；以行動設備瀏覽資訊時，並不一定會實際關閉網站與應用程式，而是在頁籤之間轉移。因此要因應這些改變，勢必要全面改變 Google 分析的整體架構，現在就來瞭解新一代的 Google 分析長什麼樣子，以及跟舊版 Google 分析有何差異吧。

Google 分析網址	https://analytics.google.com

Google 分析的九大區域

新版 Google 分析的重要介面共有九大區域，如圖 8-1 及圖 8-2。

- 第一區域：選擇帳戶及資源，例如某公司帳戶下的某個網站資源。
- 第二區域：搜尋或是檢視近期瀏覽過的報表或介面。
- 第三區域：切換到 Google 其他平台或是說明導覽。
- 第四區域：針對目前報表進行操作、設定日期範圍、或是設定條件。
- 第五區域：主要選單，這個部分的選單項目會隨著改版而不斷修正。

- 第六區域：主要的數據報表。
- 第七區域：管理介面入口。
- 第八區域：管理介面的帳戶設定。
- 第九區域：管理介面的資源設定。

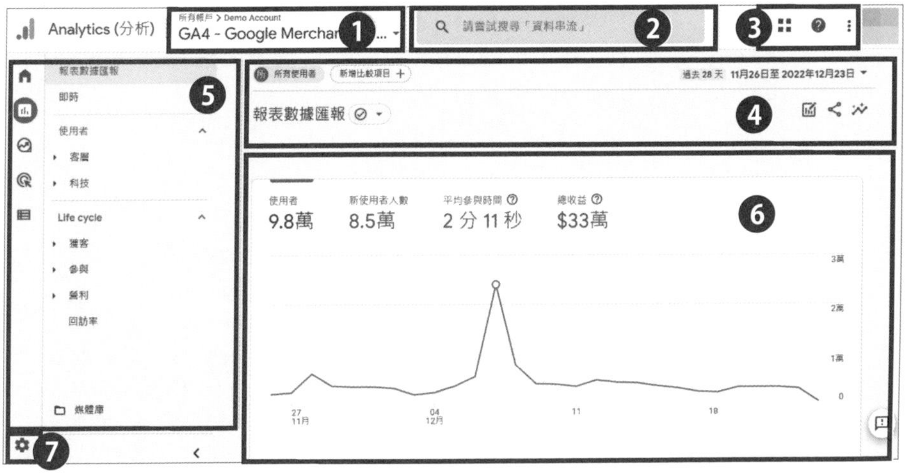

圖 8-1 新版 Google 分析主要的使用介面。

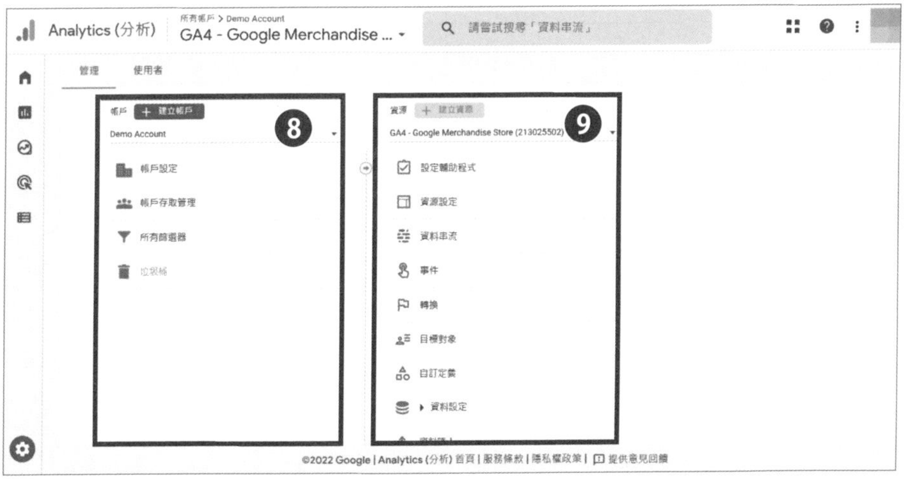

圖 8-2 新版 Google 分析管理者設定介面。

新版 Google 分析與舊版的差異

1. 新版 Google 分析整合「網站 + 應用程式」的流量數據

如圖 8-3，新版 Google 分析將「網站 + 應用程式」的數據整合起來，優點是可以讓企業能夠整體評估網站成效，缺點是網站與應用程式的數據還是存在不小的差異，Google 在整合上勢必還需要很多修正。企業在規劃網站 + 應用程式的數據收集，也需要多方嘗試各種策略，才能獲得更精準的數據。

圖 8-3 新版 Google 分析整合「網站 + 應用程式」的流量數據。

2. 新版 Google 分析以事件 (event) 為基礎進行數據收集

舊版以**工作階段** (session) 為基礎，新版則以**事件** (event) 為基礎進行數據收集。但是這並不意謂新版數據中沒有包含工作階段，而是把一個工作階段的開始也當成一個事件 (session_start)，如圖 8-4。

- **事件**：是指使用者在網站或是應用程式中的互動，例如載入網頁、按下連結，以及完成購物等等。
- **工作階段**：是指使用者從外部進入網站或是應用程式，就開始了一個工作階段。

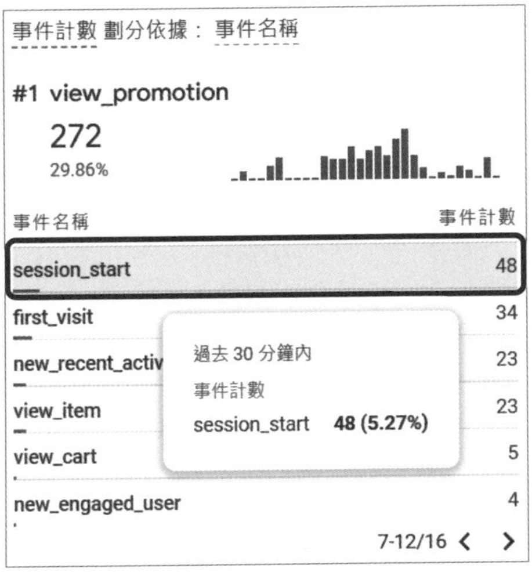

圖 8-4 新版 Google 分析以 session_start 事件當成一個工作階段的開始。

3. 新版 Google 分析將原本帳戶 / 資源 / 資料檢視的三層結構，變成帳戶 / 資源兩層結構

如圖 8-2，新版 Google 分析已經沒有資料檢視，因此以往因資料檢視而建立起來的觀念，需要重新建構。例如以往專家建議應該建立至少三個資料檢視 (原始的資料檢視、上線的資料檢視、測試的資料檢視)，現在則必須透過資料串流來完成。另外舊版 Google 分析會因為啟用 User ID 而產生新的資料檢視，現在則必須透過探索報表才能夠產生需要的數據，如圖 8-5。不過由於 Google 分析仍然持續在修改中，期待日後會變成標準報表。

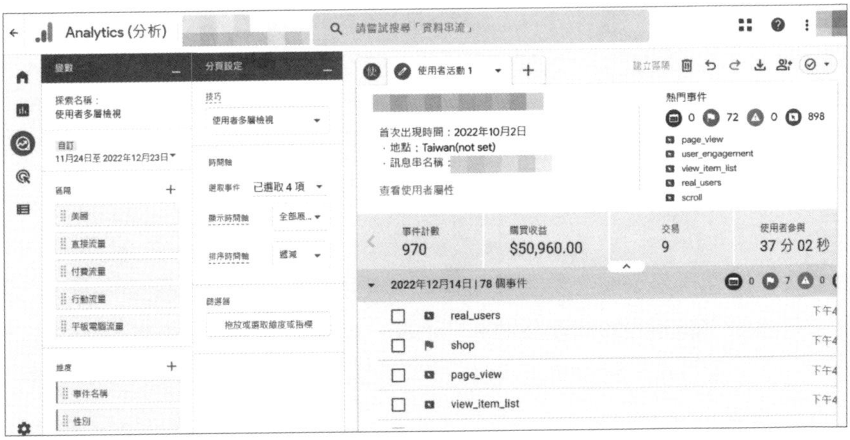

圖 8-5 透過「探索」產生使用者多層檢視報表。

4. 新版 Google 分析精簡了標準報表，並以「探索」、「媒體庫」、以及「深入分析」提供更彈性及精準的報表工具

以往使用舊版 Google 分析時，會看到一堆很少用到的報表，而新版 Google 分析的標準報表只呈現最重要的報表，許多報表都藏在「探索」、「媒體庫」、以及「深入分析」當中，視需求再去取用。

並且「網站」資料串流的標準報表，會跟「網站 + 應用程式」的標準報表稍有不同，如圖 8-6 與圖 8-7。「網站」資料串流的標準報表包含「報表數據匯報」、「即時」、「使用者」、以及「生命週期」。「網站 + 應用程式」的標準報表則多了「遊戲報表」、以及「應用程式開發人員」。

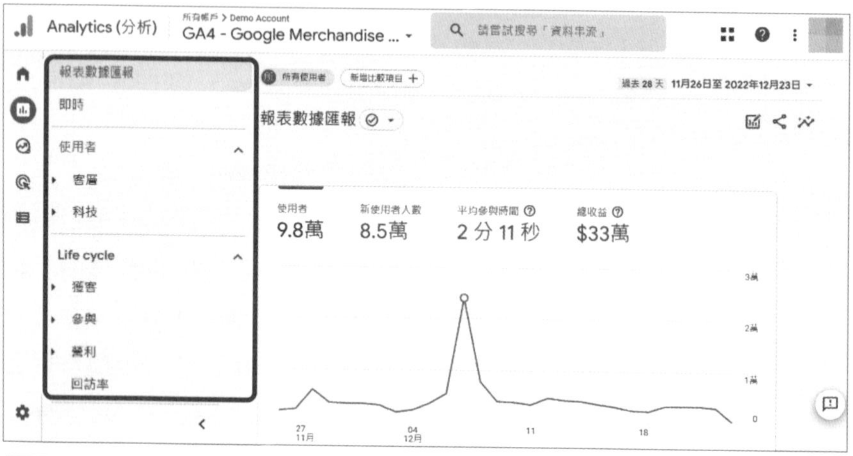

圖 8-6 新版 Google 分析「網站」的標準報表。

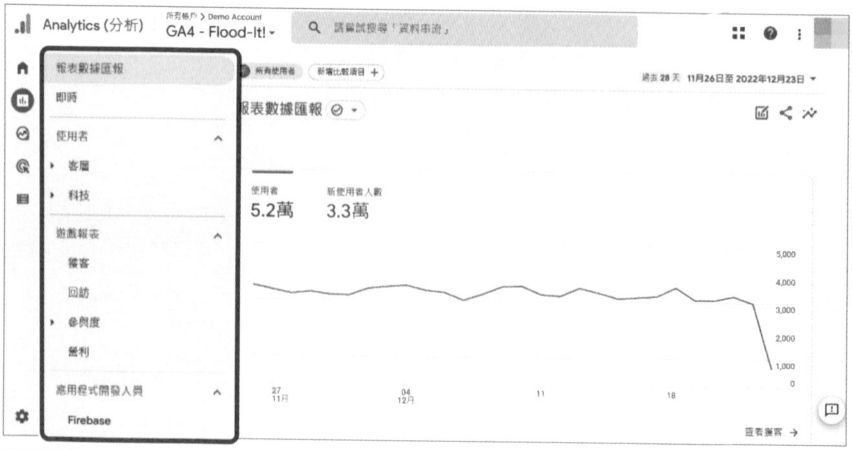

圖 8-7 新版 Google 分析「網站 + 應用程式」的標準報表。

如圖 8-8 的「探索」提供客製化報表的功能，可以根據需求將各種維度與指標拉進報表，並且透過不同的條件來分析數據。

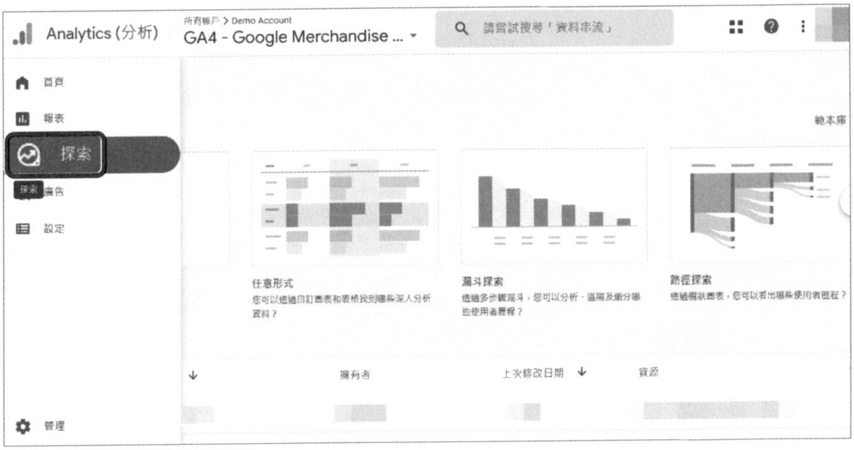

圖 8-8 新版 Google 分析的「探索」。

如圖 8-9 的「媒體庫」則是把各標準報表與隱藏版報表的都兜在一起，讓你可以自訂選單項目及報表內容。

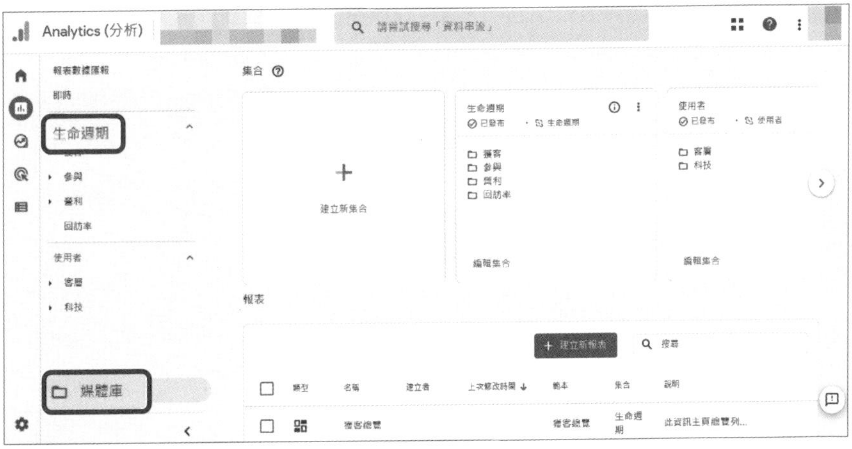

圖 8-9 新版 Google 分析的「媒體庫」。

如圖 8-10 的「深入分析」則是新版 Google 分析的亮點，透過人工智慧的方式將你的數據自動擷取出有用的資訊呈現出來。

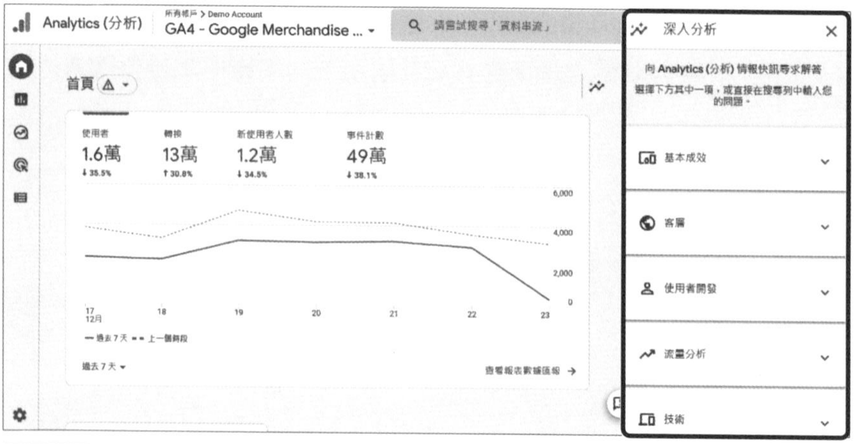

圖 8-10 新版 Google 分析的「深入分析」。

由於在本書編寫時，新版 Google 分析仍然不斷修改報表的介面，因此我們不針對所有的報表做介紹，只針對與 SEO 操作有關的報表在後面章節做深入探討。

5. 新版 Google 分析修正了諸多詞彙的定義

如果你同時使用新舊版 Google 分析在同一個網站進行數據分析，就會發現兩者對於相同的指標有不同的數值。如圖 8-11 及圖 8-12，可以看出來新舊版 Google 分析的報表顯示的「使用者」各為 4,150 與 5,172，差異的原因就是因為舊版強調的是「具有一個工作階段的使用者」總數，而新版比較著重在「活躍使用者」總數，但是兩個版本都同樣以「使用者」表示。

圖 8-11 新版的預設管道群組報表顯示「使用者」數量為 4,150。

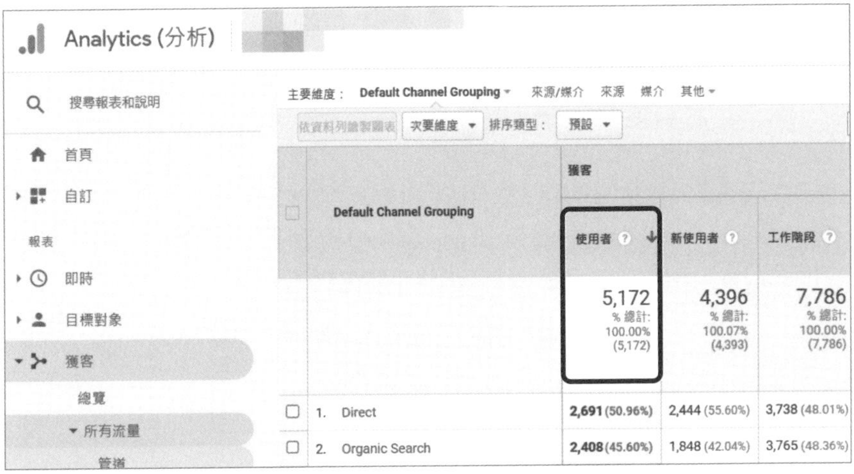

圖 8-12 舊版的預設管道群組報表顯示「使用者」數量為 5,172。

以下列出新舊版 Google 分析比較重要的詞彙定義差異：

❶ 新版 Google 分析的「使用者」是指「活躍使用者」，亦即「具有投入工作階段的使用者」，而非舊版 Google 分析「具有一個工作階段的使用者」。而工作階段要稱為「投入工作階段」，這個工作階段必須維持 10 秒以上 (這個預設數值可以另外設定)，或是具有一個以上的轉換，或是瀏覽兩個頁面 / 畫面以上。而舊版 Google 分析則沒有「投入工作階段」，也沒有「活躍使用者」。

❷ 舊版 Google 分析具有「網頁瀏覽」與「不重複網頁瀏覽」，但是新版 Google 分析只有「瀏覽」，指的是網頁的總瀏覽量 (重複也會列入計算)，並沒有「不重複網頁瀏覽」數據。

❸ 舊版 Google 分析對於工作階段的定義，是指閒置超過 30 分鐘 (視工作階段逾時設定而定)、時間戳記截止於午夜 (視設定資料檢視時所在的時區而定)，或是出現新的廣告活動參數，視為一個工作階段。

新版 Google 分析對於工作階段的定義，是指閒置超過 30 分鐘 (視工作階段逾時設定而定)，工作階段就會結束，如果逾時後返回，就會啟動新的工作階段。

4. 新版 Google 分析在同一個工作階段中多次出現相同的轉換事件時，會將每一次的轉換事件都列入計算。而舊版 Google 分析針對每個目標，每個工作階段中只會計算一次轉換。

5. 舊版 Google 分析的「跳出率」，是指在單頁工作階段中，使用者與網頁沒有任何互動的百分比。新版 Google 分析的「跳出率」則是指「非互動工作階段」的工作階段百分比。並且新版 Google 分析可以用「參與度」及「參與時間長度」來瞭解跳出率。

6. 新版 Google 分析的事件沒有「類別」、「動作」和「標籤」這些維度，但是可以使用參數來表現。例如 page_view 事件的參數有 page_location、page_referrer 等參數。

專家小結

新版 Google 分析與舊版的差異，已經不是只有介面的差異，而是整個架構與觀念的翻新。不過新版 Google 分析的各種功能、介面、以及中文翻譯都持續在強化修正中，因此最後定案的版本如果有變化，我們將在網站或是臉書粉絲頁再來補充資料。

8-2 開始使用新版 Google 分析

在決定建立新版 Google 分析資源之前，與 Google 網站管理員相同的情況，記得要使用企業擁有的 Google 帳號登入，而不要使用委外廠商或是公司職員的 Google 帳號，這樣在未來管理上比較不會因為更換委外廠商或是人事異動而產生困擾。並且 Google 分析的資源如果因為遺失 Google 帳號管理權而必須重設，不但舊的資料無法回復，所有追蹤碼也都必須重新埋設，因此帳號的管理問題必須謹慎規劃。

要開始使用新版 Google 分析，可能會有三種情況：

(1) 如果未曾使用過舊版 Google 分析，則全新建立帳戶新增 Google 分析新版資源

Step 1 登入 Google 帳號並進入 Google 分析網址之後，就會看到如圖 8-13，點選「開始測量」即會進入如圖 8-14 建立帳戶的畫面，填寫帳戶名稱點選「下一個」即進入如圖 8-15 建立資源的程序。通常**帳戶名稱**是指公司名稱或暱稱，例如「亞洲搜尋行銷協會」，**資源名稱**是指網站名稱或網址，例如「www.asiasma.org」。

圖 8-14 中的「帳戶資料共用設定」可以視需求勾選，不過建議全部勾選，可以提供 Google 更多數據來提升產品和服務品質，也可以讓你獲得產業的基準化分析資料。

Analytics (分析)
歡迎使用 Google Analytics (分析)
Google Analytics (分析) 將分析商家資料所需的工具，全部集中免費提供給您，這樣您就能做出更明智的決定。
開始測量
完整的資訊
瞭解網站和應用程式的使用者，更準確評估 行銷活動、內容和產品等等的成效。
取得只有 Google 能提供的深入分析
存取 Google 的獨家深入分析和機器學習功能，完整發揮資料的價值。
連結深入分析和結果
Analytics (分析) 會與 Google 的廣告和發布商產品共同運作，這樣您就能用深入分析取得業務成果。

圖 8-13 如果尚未使用過 Google 分析，登入後呈現的畫面。

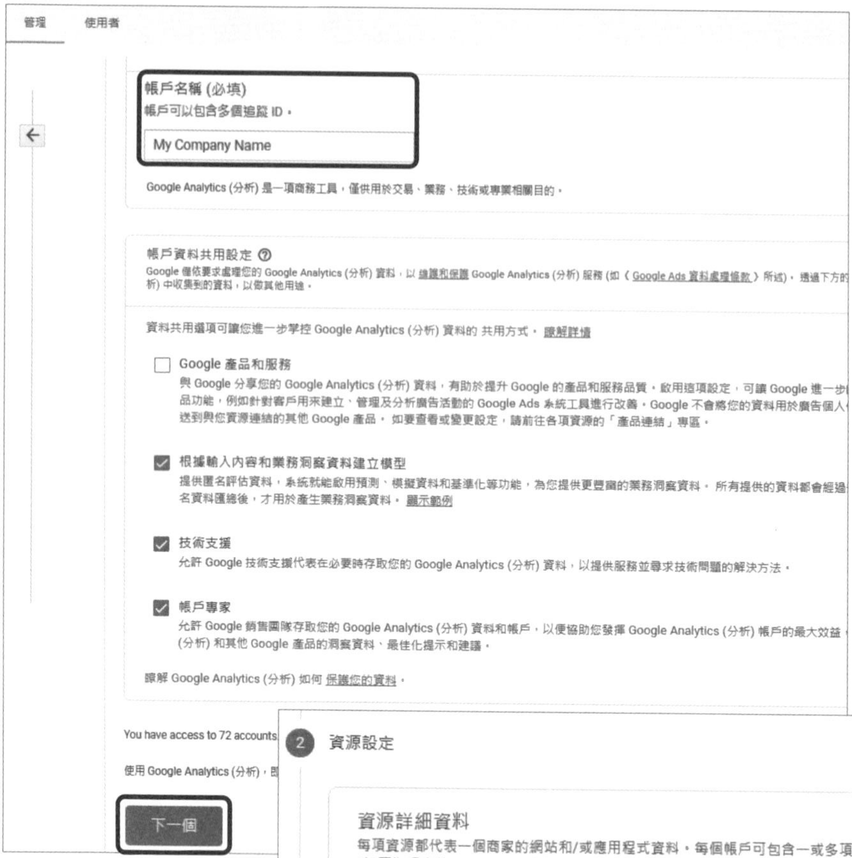
管理
使用者
帳戶名稱 (必填)
帳戶可以包含多個追蹤 ID。
My Company Name
Google Analytics (分析) 是一項商務工具，僅供用於交易、業務、技術或專業相關目的。
帳戶資料共用設定
資料共用選項可讓您進一步掌控 Google Analytics (分析) 資料的 共用方式。 瞭解詳情
Google 產品和服務
根據輸入內容和業務洞察資料建立模型
技術支援
允許 Google 技術支援代表在必要時存取您的 Google Analytics (分析) 資料，以提供服務並尋求技術問題的解決方法。
帳戶專家
瞭解 Google Analytics (分析) 如何 保護您的資料。
You have access to 72 accounts
下一個

圖 8-14 建立帳戶。

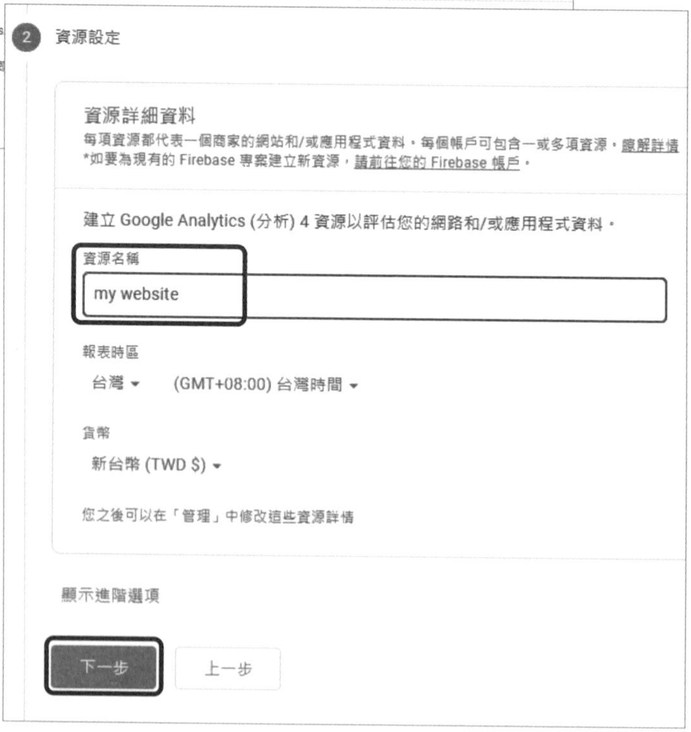
2 資源設定
資源詳細資料
每項資源都代表一個商家的網站和/或應用程式資料。每個帳戶可包含一或多項資源。瞭解詳情
*如要為現有的 Firebase 專案建立新資源，請前往您的 Firebase 帳戶。
建立 Google Analytics (分析) 4 資源以評估您的網路和/或應用程式資料。
資源名稱
my website
報表時區
台灣
(GMT+08:00) 台灣時間
貨幣
新台幣 (TWD $)
您之後可以在「管理」中修改這些資源詳情
顯示進階選項
下一步
上一步

圖 8-15 建立資源。

Step 2 圖 8-16 中有個「產業類別」的選項，請如實選擇你的網站屬性，並且如果你在圖 8-14 的「帳戶資料共用設定」中有啟用「根據輸入內容和業務洞察資料建立模型」，新版 Google 分析會自動運用機器學習專業知識來分析資料集，進而預測使用者未來的行為，提供更豐富詳盡的資料數據。

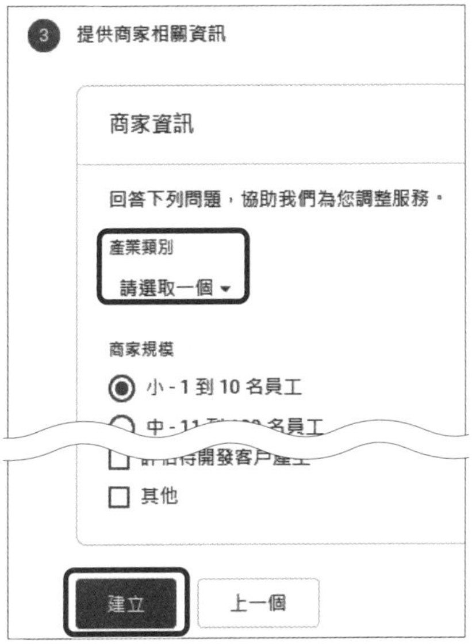
3 提供商家相關資訊
商家資訊
回答下列問題，協助我們為您調整服務。
產業類別
請選取一個
商家規模
小 - 1 到 10 名員工
其他
建立
上一個

圖 8-16 提供商家資訊。

Step 3 如圖 8-16 按下「建立」、如圖 8-17 勾選同意 GDPR 所要求的《資料處理條款》，並按下「我接受」、以及如圖 8-18 勾選接收訊息項目並按下「儲存」。

Google Analytics (分析) 服務條款合約
如要使用 Google Analytics (分析)，您必須接受所在國家/地區的服務條款合約。
台灣
Google Marketing Platform
Google Analytics (分析) 服務條款
本 Google Analytics (分析) 服務條款 (以下簡稱「協議」) 係由 Google LLC (以下簡稱「Google」) 和簽署本協議的實體 (以下簡稱「您」) 共同簽訂。此協議規範您對標準 GOOGLE ANALYTICS
我也接受 GDPR 所要求的《資料處理條款》。瞭解詳情
我接受
我不接受

圖 8-17 請勾選同意 GDPR 所要求的《資料處理條款》。

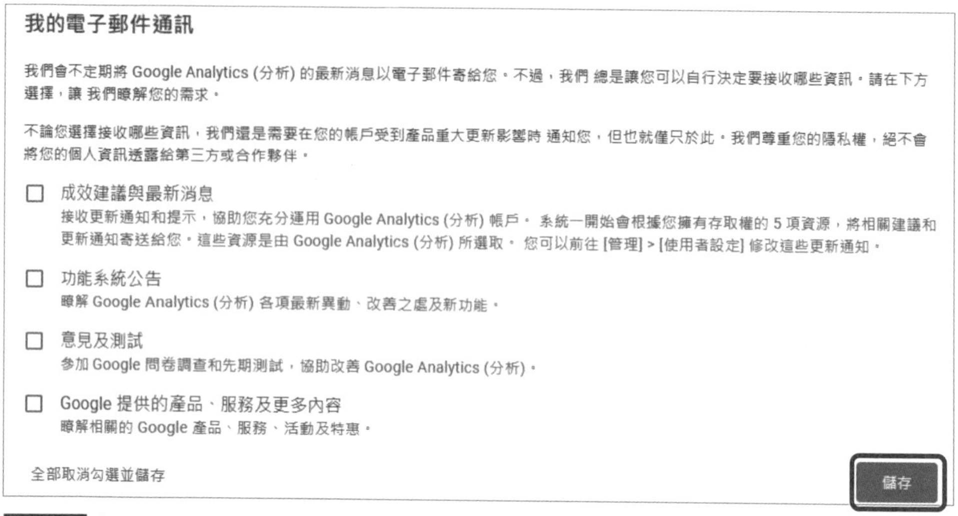
我的電子郵件通訊
我們會不定期將 Google Analytics (分析) 的最新消息以電子郵件寄給您。不過，我們 總是讓您可以自行決定要接收哪些資訊。請在下方選擇，讓 我們瞭解您的需求。
不論您選擇接收哪些資訊，我們還是需要在您的帳戶受到產品重大更新影響時 通知您，但也就僅只於此。我們尊重您的隱私權，絕不會將您的個人資訊透露給第三方或合作夥伴。
成效建議與最新消息
接收更新通知和提示，協助您充分運用 Google Analytics (分析) 帳戶。 系統一開始會根據您擁有存取權的 5 項資源，將相關建議和更新通知寄送給您。這些資源是由 Google Analytics (分析) 所選取。 您可以前往 [管理] > [使用者設定] 修改這些更新通知。
功能系統公告
瞭解 Google Analytics (分析) 各項最新異動、改善之處及新功能。
意見及測試
參加 Google 問卷調查和先期測試，協助改善 Google Analytics (分析)。
Google 提供的產品、服務及更多內容
瞭解相關的 Google 產品、服務、活動及特惠。
全部取消勾選並儲存
儲存

圖 8-18 勾選接收訊息項目。

Step **4** 如圖 8-19 就要選擇需要接收資料的平台類型：「**網站**」、「**Android 應用程式**」、「**iOS 應用程式**」，這個選項會決定後續安裝追蹤碼的程序。

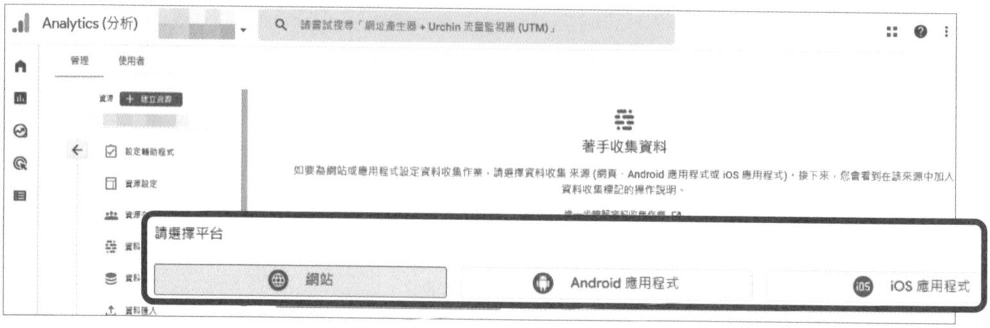
Analytics (分析)
管理
使用者
著手收集資料
請選擇平台
網站
Android 應用程式
iOS 應用程式

圖 8-19 決定要收集哪種平台的資料。

- 如果如圖 8-19 選擇「**網站**」，則在圖 8-20 輸入網站的網址和串流名稱（一個可以讓你辨識的名稱即可）。你可以啟用或停用**加強型評估**功能，加強型評估會自動收集網頁瀏覽和重要事件，資料串流建立完畢後，隨時可以回頭逐一停用不想收集的加強型評估事件。最後按一下「建立串流」，則完成新增資源的程序。

所謂「串流」是指在新版 Google 分析資源中的資料收集對象，可以是網站也可以是應用程式，也可以多個混合起來。

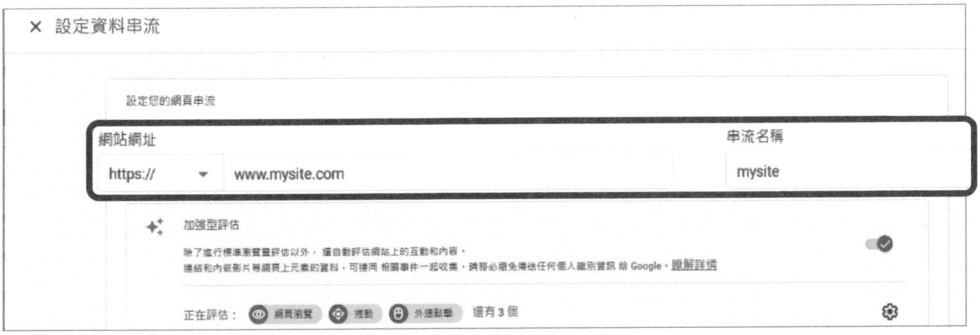

圖 8-20 輸入平台資訊建立串流。

- 如果如圖 8-19 選擇「**Android 應用程式**」，則在圖 8-21 填寫應用程式資料並按下「註冊應用程式」，就會如圖 8-22 在 Google Cloud 佈建設定。然後如圖 8-23 下載設定檔放置於 Android 應用程式根目錄，並如圖 8-24 將 Google Analytics for Firebase SDK 新增到您的應用程式。經過如圖 8-25 的驗證之後，看到圖 8-26 就表示已經完成新增資源的程序。

如果圖 8-23 及圖 8-24 尚未完成，也可以略過圖 8-25 的驗證，待完成安裝後再進行驗證。

- 如果你選擇「**iOS 應用程式**」，在註冊應用程式填寫應用程式資料時，可以填入 App Store ID，其他的程序跟「Android 應用程式」很類似就不再贅述。

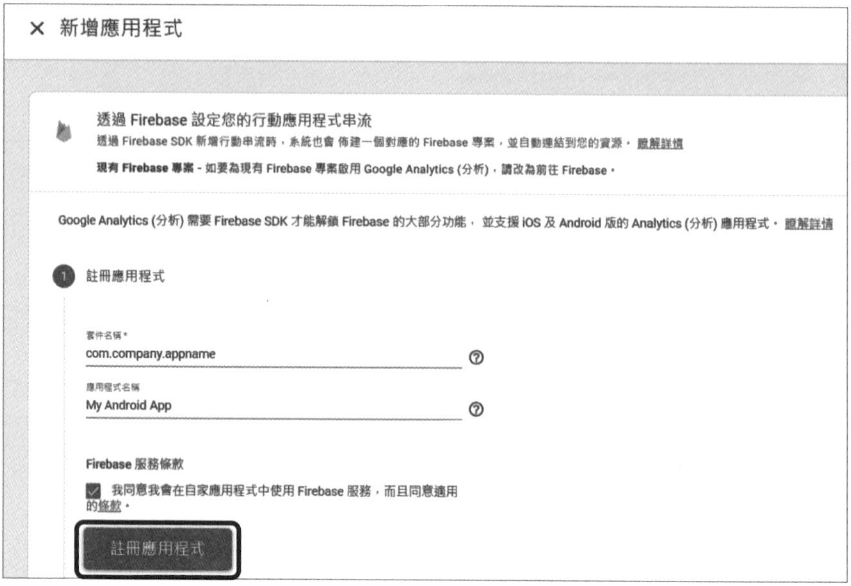
× 新增應用程式
透過 Firebase 設定您的行動應用程式串流
透過 Firebase SDK 新增行動串流時，系統也會 佈建一個對應的 Firebase 專案，並自動連結到您的資源。 瞭解詳情
現有 Firebase 專案 - 如要為現有 Firebase 專案啟用 Google Analytics (分析)，請改為前往 Firebase。
Google Analytics (分析) 需要 Firebase SDK 才能解鎖 Firebase 的大部分功能， 並支援 iOS 及 Android 版的 Analytics (分析) 應用程式。 瞭解詳情
1 註冊應用程式
套件名稱 *
com.company.appname
應用程式名稱
My Android App
Firebase 服務條款
我同意我會在自家應用程式中使用 Firebase 服務，而且同意適用的條款。
註冊應用程式

圖 8-21 填寫應用程式資訊，並同意使用條款。

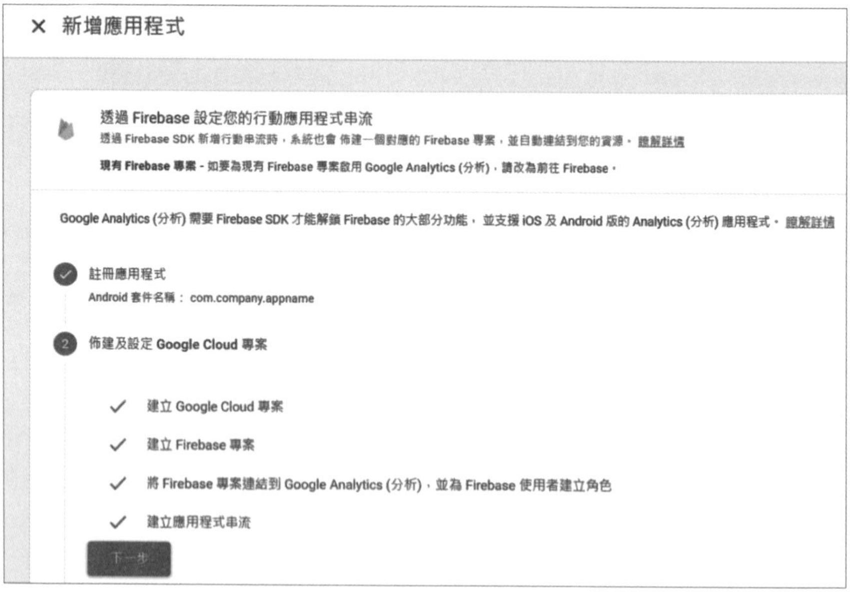
× 新增應用程式
透過 Firebase 設定您的行動應用程式串流
透過 Firebase SDK 新增行動串流時，系統也會 佈建一個對應的 Firebase 專案，並自動連結到您的資源。 瞭解詳情
現有 Firebase 專案 - 如要為現有 Firebase 專案啟用 Google Analytics (分析)，請改為前往 Firebase。
Google Analytics (分析) 需要 Firebase SDK 才能解鎖 Firebase 的大部分功能， 並支援 iOS 及 Android 版的 Analytics (分析) 應用程式。 瞭解詳情
註冊應用程式
Android 套件名稱： com.company.appname
2 佈建及設定 Google Cloud 專案
建立 Google Cloud 專案
建立 Firebase 專案
將 Firebase 專案連結到 Google Analytics (分析)，並為 Firebase 使用者建立角色
建立應用程式串流
下一步

圖 8-22 Google Cloud 佈建設定。

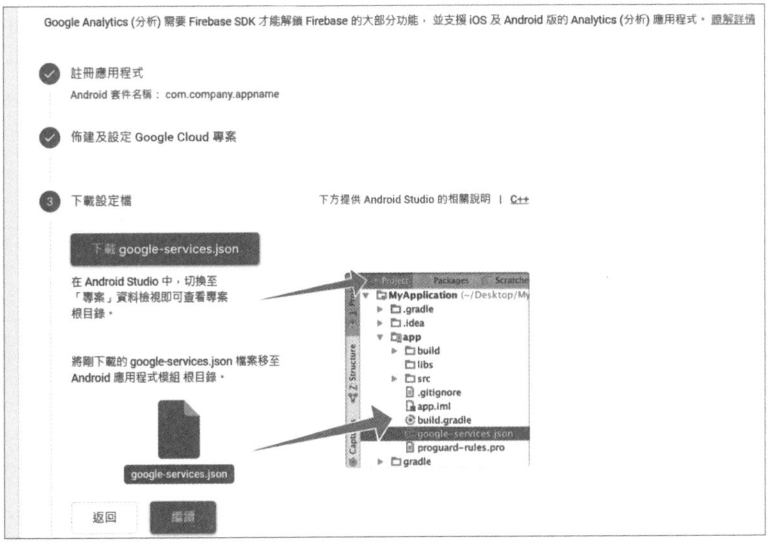
Google Analytics (分析) 需要 Firebase SDK 才能解鎖 Firebase 的大部分功能，並支援 iOS 及 Android 版的 Analytics (分析) 應用程式。瞭解詳情
註冊應用程式
Android 套件名稱：com.company.appname
佈建及設定 Google Cloud 專案
3 下載設定檔
下方提供 Android Studio 的相關說明 | C++
下載 google-services.json
在 Android Studio 中，切換至「專案」資料檢視即可查看專案根目錄。
將剛下載的 google-services.json 檔案移至 Android 應用程式模組 根目錄。
google-services.json
Project
Packages
MyApplication (~/Desktop/My
.gradle
.idea
app
build
libs
src
.gitignore
app.iml
build.gradle
google-services.json
proguard-rules.pro
gradle
返回
繼續

圖 8-23 下載設定檔放置於 Android 應用程式根目錄。

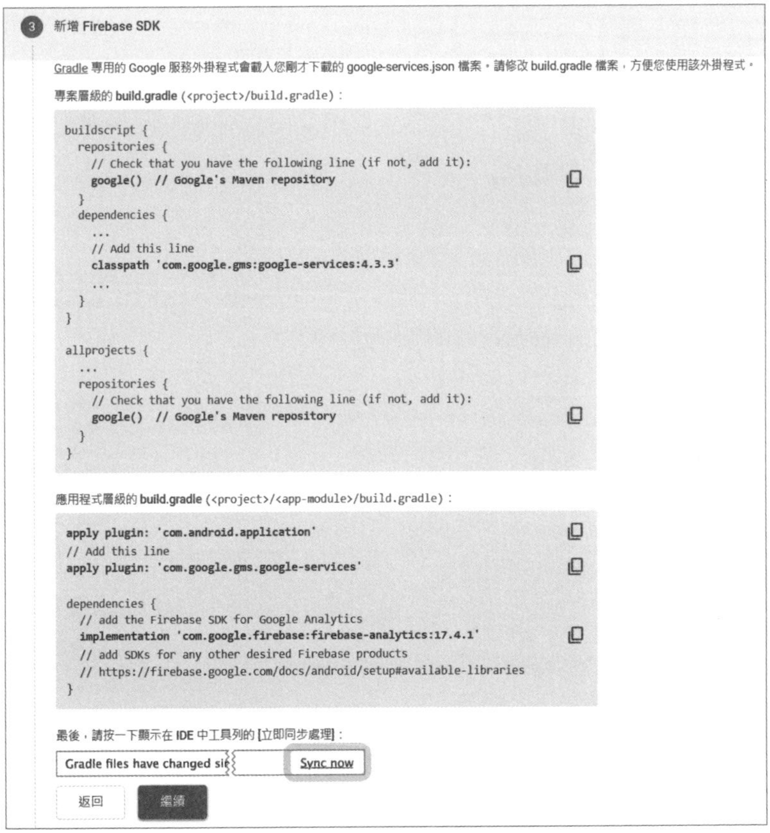
3 新增 Firebase SDK
Gradle 專用的 Google 服務外掛程式會載入您剛才下載的 google-services.json 檔案。請修改 build.gradle 檔案，方便您使用該外掛程式。
專案層級的 build.gradle (<project>/build.gradle)：
buildscript {
repositories {
// Check that you have the following line (if not, add it):
google() // Google's Maven repository
}
dependencies {
...
// Add this line
classpath 'com.google.gms:google-services:4.3.3'
...
}
}
allprojects {
...
repositories {
// Check that you have the following line (if not, add it):
google() // Google's Maven repository
}
}
應用程式層級的 build.gradle (<project>/<app-module>/build.gradle)：
apply plugin: 'com.android.application'
// Add this line
apply plugin: 'com.google.gms.google-services'
dependencies {
// add the Firebase SDK for Google Analytics
implementation 'com.google.firebase:firebase-analytics:17.4.1'
// add SDKs for any other desired Firebase products
// https://firebase.google.com/docs/android/setup#available-libraries
}
最後，請按一下顯示在 IDE 中工具列的 [立即同步處理]：
Gradle files have changed si
Sync now
返回
繼續

圖 8-24 將 Google Analytics for Firebase SDK 新增到您的應用程式。

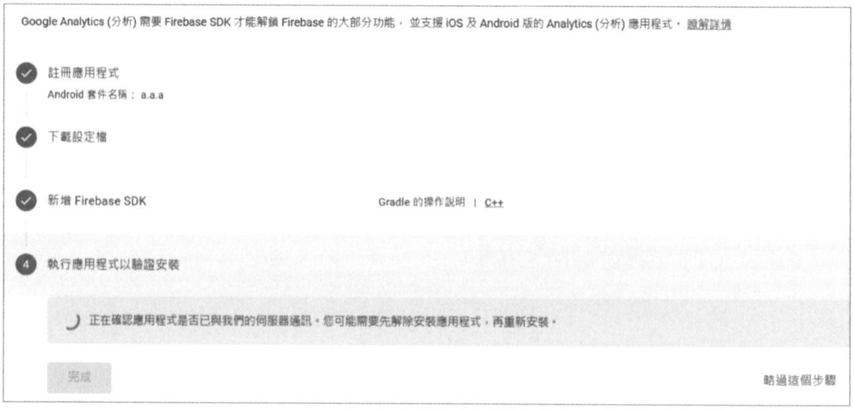

圖 8-25 執行應用程式以驗證安裝，也可以略過此步驟，安裝完成再來驗證。

圖 8-26 顯示應用程式資訊，完成新增資源的程序。

Step 5 延續 Step 4 的操作，當你選擇「網站」平台，在圖 8-20 按下「建立串流」，會看到如圖 8-27 的網站串流資訊，如果你直接到網站串流首頁，會看到圖 8-28 顯示「尚未收到網站的資料」，這表示 Google 分析資源雖然完成建立，但是追蹤碼尚未安裝到網站上。

點選如圖 8-27 或是如圖 8-29 的「查看代碼操作說明」，就可以看到圖 8-31「使用網站製作工具加入代碼」及圖 8-28 的「手動安插」追蹤碼安裝說明。

其實不管哪種平台，大多都可以用「手動安插」的方式來部署追蹤碼，只需要把圖 8-31 中的追蹤碼安插在網頁的 <head> 區域內，新版 Google 分析就會開始收集資料。

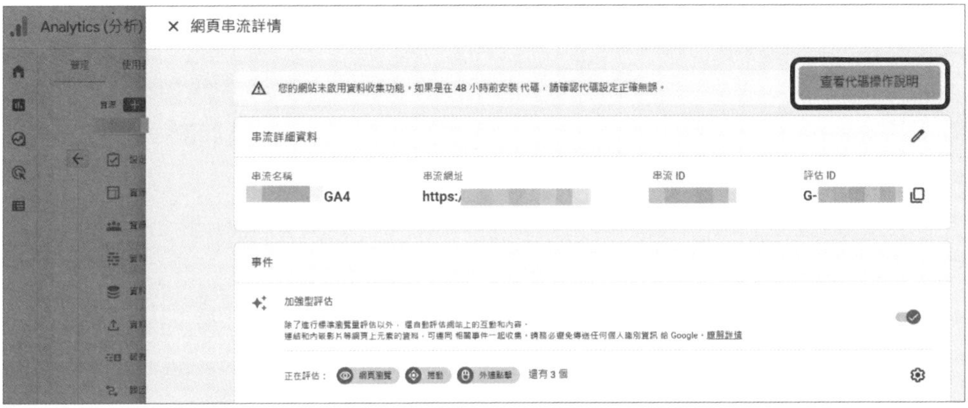

圖 8-27 網站串流資訊。

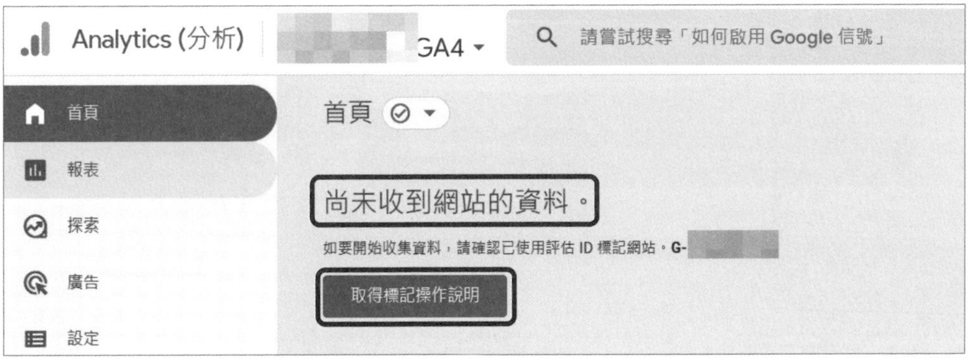

圖 8-28 Google 分析資源「尚未收到網站的資料」。

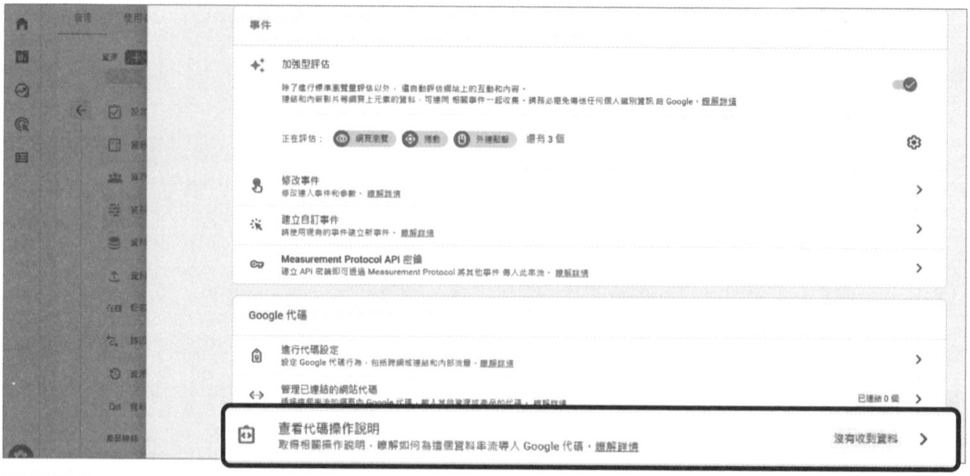

圖 8-29 點選「查看代碼操作說明」。

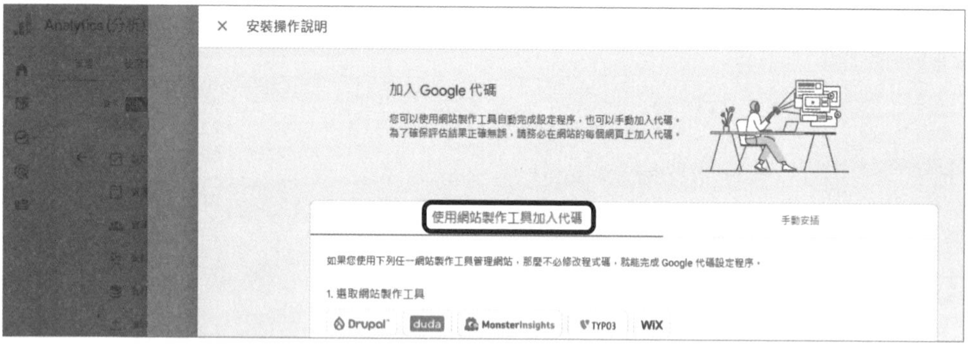

圖 8-30 如果使用特定網站平台，可點選「使用網站製作工具加入代碼」。

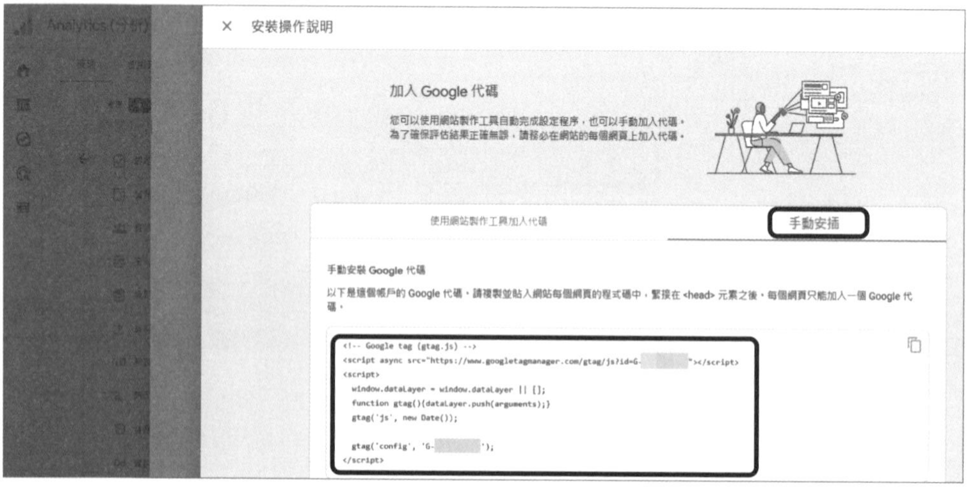

圖 8-31 如果不是使用上述特定網站平台，可點選「手動安插」。

(2) 如果已經使用舊版 Google 分析，但是不需要連結新舊版 Google 分析，可以從舊版本的「管理」>「資源」>「建立資源」，或是從「管理」>「帳戶」>「建立帳戶」去新增 Google 分析新版的資源

如果你具有編輯者或管理員權限，如圖 8-32，當新增的資源是相同企業內的網站或是應用程式，就從「資源」著手，按下「建立資源」；當新增的資源是不同企業的網站或是應用程式，就從「帳戶」著手，按下「建立帳戶」。

如果選擇「建立帳戶」就會進入圖 8-14 的程序，如果選擇「建立資源」就會進入圖 8-15 的程序，其他的程序跟第一種方式完全相同。當你新增完成帳戶或是資源之後，如果需要可以再以第三種方式去連結舊版與新版的 Google 分析。

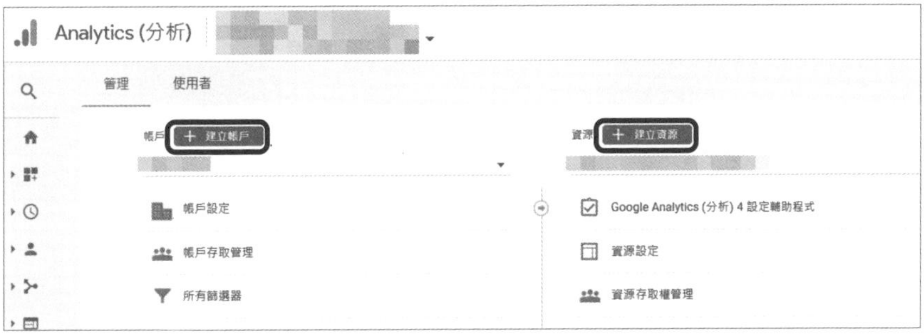

@圖 8-32：從舊版 Google 分析來建立新版 Google 分析資源。

(3) 如果已經使用舊版 Google 分析，並且需要連結新舊版 Google 分析，可以從舊版本的「管理」>「資源」>「Google Analytics (分析) 4 資源設定輔助程式」去新增 Google 分析新版的資源

如果你具有編輯者或管理員權限，可以如圖 8-33，點選「Google Analytics（分析）4 資源設定輔助程式」，然後點選圖 8-34 的「開始使用」，會出現圖 8-35 讓你決定使用已經存在的 Google 代碼，或是安裝新的 Google 代碼。

圖 8-33 以「Google Analytics（分析）4 資源設定輔助程式」去新增 Google 分析新版資源。

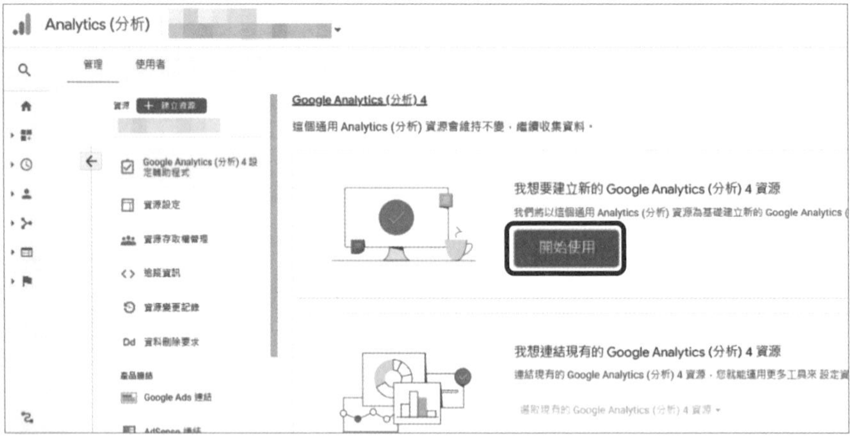

圖 8-34 點選「開始使用」。

圖 8-35 設定 Google 代碼。

如果你選擇第一個選項「選擇代碼」，會出現如圖 8-36，讓你挑選使用之前的 Google 代碼。也就是說可以讓多個資料串流使用相同的代碼，如圖 8-37。

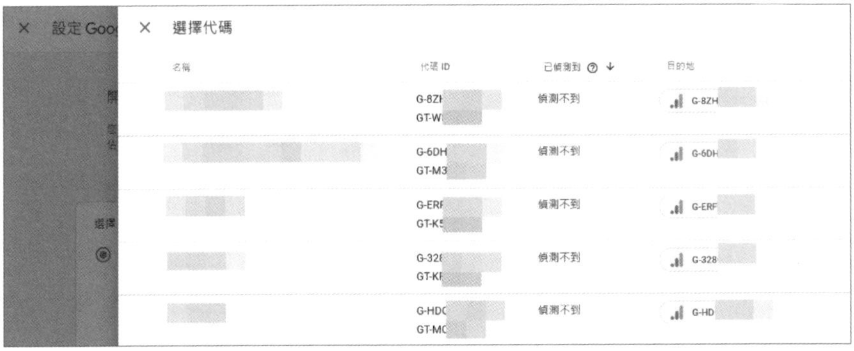
選擇代碼
名稱
代碼 ID
已偵測到
目的地
偵測不到

圖 8-36 選擇代碼。

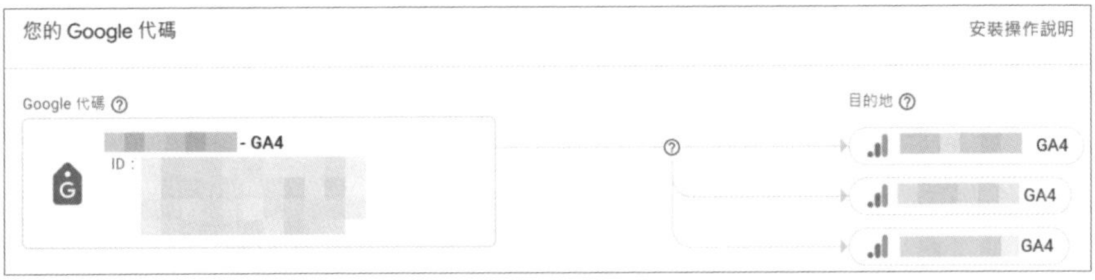
您的 Google 代碼
安裝操作說明
Google 代碼
目的地
- GA4
ID :
GA4
GA4
GA4

圖 8-37 相同的 Google 代碼可以對應多個新版 Google 分析的資源。從管理 > 資源 > 資料串流 > 進行代碼設定，可以檢查你的 Google 代碼對應狀況。

如果你不知道如何使用之前的 Google 代碼，就在圖 8-35 選擇第二個選項「安裝 Google 代碼」，就會出現圖 8-38，點選「建立資源」即可建立 Google 分析新版的資源。

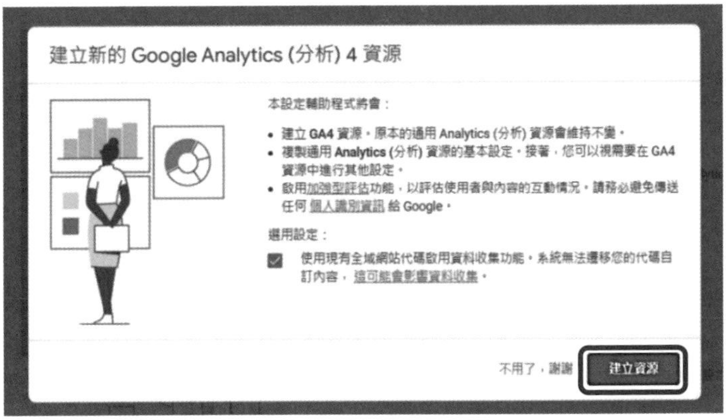
建立新的 Google Analytics (分析) 4 資源
本設定輔助程式將會：
• 建立 GA4 資源。原本的通用 Analytics (分析) 資源會維持不變。
• 複製通用 Analytics (分析) 資源的基本設定。接著，您可以視需要在 GA4 資源中進行其他設定。
• 啟用加強型評估功能，以評估使用者與內容的互動情況。請務必避免傳送任何個人識別資訊給 Google。
選用設定：
使用現有全域網站代碼啟用資料收集功能。系統無法遷移您的代碼自訂內容，這可能會影響資料收集。
不用了，謝謝
建立資源

圖 8-38 點選「建立資源」，即可建立 Google 分析新版資源。

當出現如圖 8-39，表示已經完成新增。再來要做的事情，就是確定完成追蹤碼安裝就可以開始收集資料。

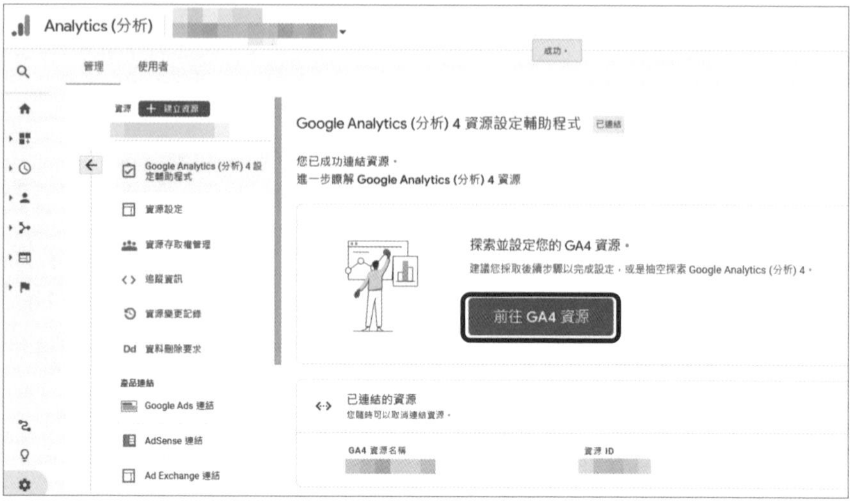

圖 8-39 完成連結舊版資源與 Google 分析新版資源。

另外在圖 8-34 中，你也可以連結到既有的資源，如果你選擇連結既有的資源，同樣的會出現如圖 8-39，就表示已經完成連結。不過當然要已經存在新版 Google 分析資源，才能夠選擇連結到既有的資源。

如何使用 DebugView 確認資料收集正確

新版 Google 分析安裝完成之後，大多數 Google 分析的報表和探索可能需要 24 到 48 小時處理網站或應用程式提供的資料。並且可以使用**即時報表**來確認資料已經開始收集之外，還可以使用 DebugView 來觀察更多的即時資訊。

Step 1 安裝 Google Analytics Debugger 的瀏覽器外掛。

Google Analytics Debugger 的瀏覽器外掛	https://bit.ly/google-analytics-debugger

Step 2 在瀏覽器上按一下圖示來啟用 Google Analytics Debugger 外掛，如圖 8-40。

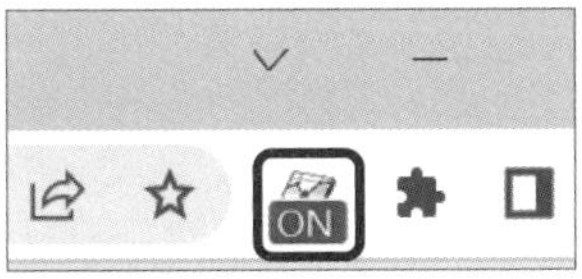

圖 8-40 啟用 Google Analytics Debugger 外掛，會出現 ON 的字樣。

Step 3 瀏覽你要檢視的網站頁面，並如圖 8-41 從**管理** > **資源** > **DebugView**，去開啟新版 Google 分析的 DebugView，等待一會兒你就會看到開始出現資料，如圖 8-42。

圖 8-41 管理 > 資源 > DebugView。

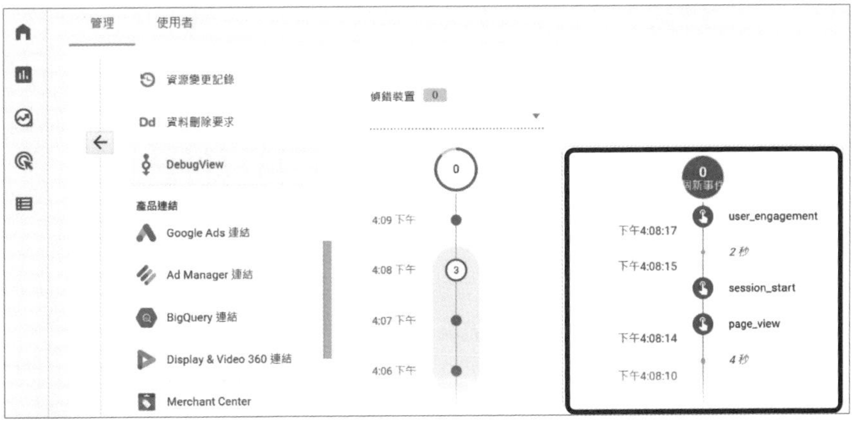

圖 8-42 從 DebugView 看到啟動的事件資訊。

如何轉移舊版的轉換、目標對象、使用者到新版 Google 分析

完成新版 Google 分析的建立以及連接舊版 Google 分析之後，如果你需要將舊版 Google 分析的轉換、目標對象、使用者的設定轉移到新版 Google 分析，你就必須再進行以下程序。

1. 轉移舊版的轉換到新版 Google 分析

如圖 8-43，現在打算將舊版 Google 分析的三個目標設定轉移到新版 Google 分析。如圖 8-44，從新版 Google 分析的管理 ＞ 設定輔助程式，再如圖 8-45，點選「設定轉換」的「從通用 Analytics(分析) 匯入」。

如圖 8-46 會顯示即將匯入的目標，勾選所要轉移的對象後，按下「匯入所選轉換」，看到如圖 8-47 後就表示完成了轉移的作業。

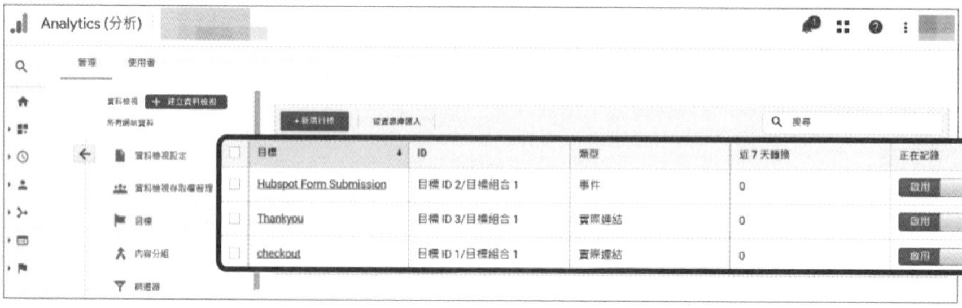

圖 8-43 舊版 Google 分析的目標設定。

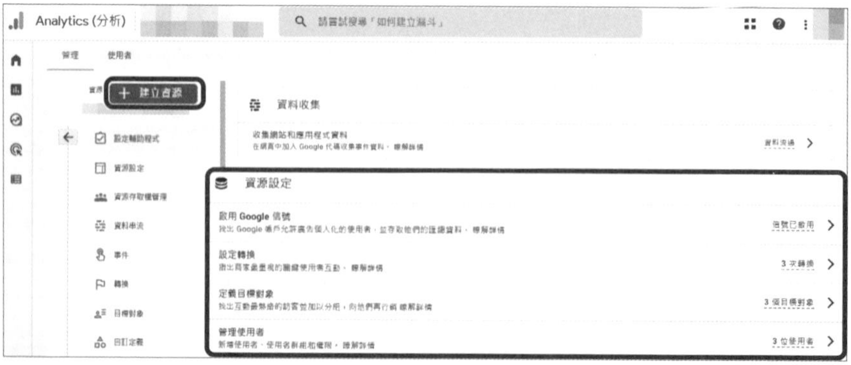

圖 8-44 管理 > 資源 > 設定輔助程式。

圖 8-45 從新版 Google 分析的設定輔助程式，選擇設定轉換的「從通用 Analytics(分析) 匯入」。

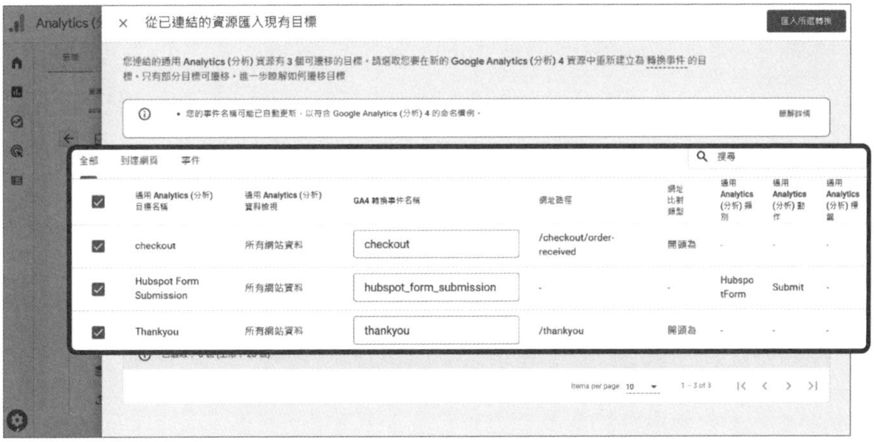

圖 8-46 顯示即將匯入的目標。

圖 8-47 完成匯入並顯示轉換的資訊。

2. 轉移舊版的目標對象及使用者到新版 Google 分析

要轉換舊版的目標對象及使用者到新版 Google 分析，就必須使用 GA4 Migrator for Google Analytics，這是一個 Google 試算表的外掛程式。

Step 1 安裝 GA4 Migrator for Google Analytics。

GA4 Migrator for Google Analytics 網址	https://bit.ly/GA4-Migrator

如圖 8-48，到 GA4 Migrator for Google Analytics 網址後按下「安裝」，就會出現如圖 8-49，按下「繼續」後再如圖 8-50 選擇要操作的 Google 帳號。再如圖 8-51 按下「允許」授權外掛存取資料。看到圖 8-52 就表示已經成功安裝，按下「完成」結束安裝作業。

GA4 Migrator for Google Analytics™
GA4 Migrator for Go...
安裝
Google Analytics™ account administrators can use this add-on to migrate audience definitions, as well as users and their permissions from Universal Analytics to a GA4...
開發者： google-analytics-add-ons
商店資訊更新日期： 2022年12月22日

圖 8-48 到 GA4 Migrator for Google Analytics 網址後按下「安裝」。

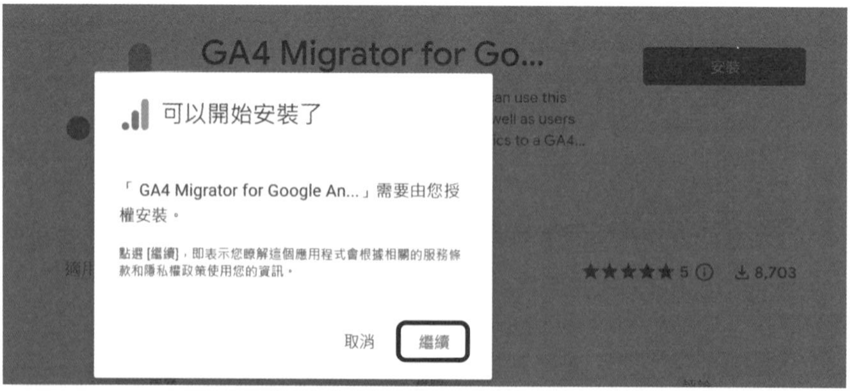
GA4 Migrator for Go...
安裝
可以開始安裝了
「GA4 Migrator for Google An...」需要由您授權安裝。
點選 [繼續]，即表示您瞭解這個應用程式會根據相關的服務條款和隱私權政策使用您的資訊。
取消
繼續
5
8,703

圖 8-49 按下繼續來安裝 GA4 Migrator for Google Analytics。

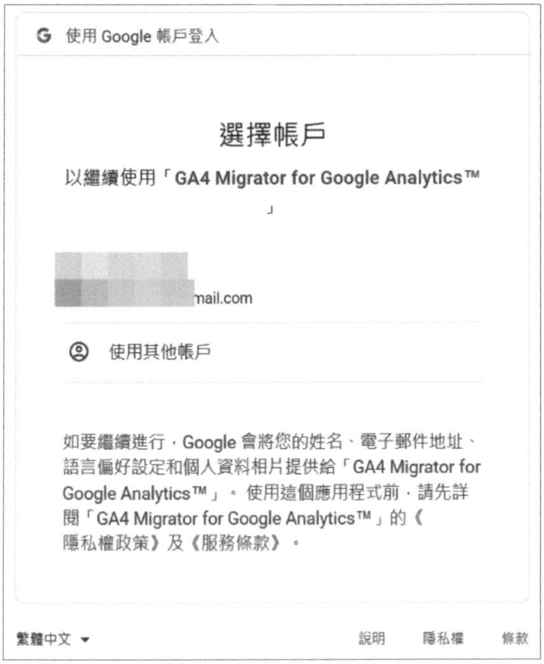
使用 Google 帳戶登入
選擇帳戶
以繼續使用「GA4 Migrator for Google Analytics™ 」
mail.com
使用其他帳戶
如要繼續進行，Google 會將您的姓名、電子郵件地址、語言偏好設定和個人資料相片提供給「GA4 Migrator for Google Analytics™」。使用這個應用程式前，請先詳閱「GA4 Migrator for Google Analytics™」的《隱私權政策》及《服務條款》。
繁體中文
說明
隱私權
條款

圖 8-50 選擇想要操作的 Google 帳號。

確認「GA4 Migrator for Google Analytics™」是您信任的應用程式
這麼做可能會將機密資訊提供給這個網站或應用程式。您隨時可以前往 Google 帳戶頁面查看或移除存取權。
瞭解 Google 如何協助您安全地分享資料。
詳情請參閱「GA4 Migrator for Google Analytics™」的《隱私權政策》和《服務條款》。
取消
允許

圖 8-51 按下「允許」授權外掛存取資料。

您已成功安裝「GA4 Migrator for Google An...」！
「GA4 Migrator for Google Analytics™」啟動位置
您可以在 Google 試算表外掛程式選單中找到「GA4 Migrator f...」：
Spreadsheet
File Edit View Insert Format Data
Add-ons
完成

圖 8-52 已經成功安裝，按下「完成」。

Step 2 打開 Google 試算表，如圖 8-53，在擴充功能下就會出現 GA4 Migrator for Google Analytics，就可以選擇「Migrate users to GA4」或是「Migrate audience definition to GA4」。

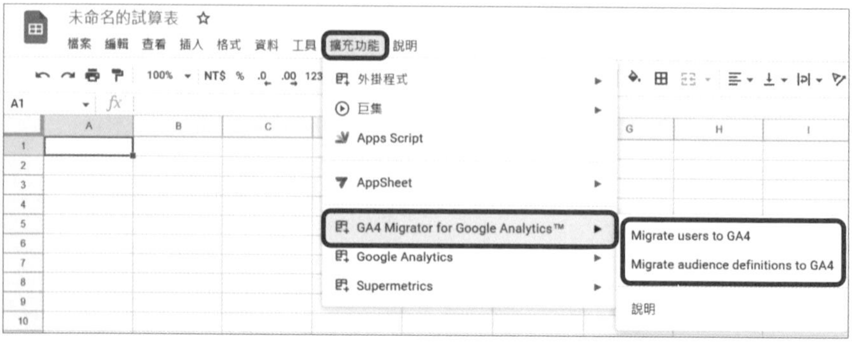

圖 8-53 打開 Google 試算表，在擴充功能就會出現 GA4 Migrator for Google Analytics。

我們先選擇「Migrate audience definition to GA4」來進行轉移，出現如圖 8-54，在 Google 試算表右邊出現轉移的操作介面，選擇要轉移的舊版 Google 分析的帳號及資源，然後按下「Import audience from Google Analytics」。出現如圖 8-55，表示已經成功抓取到舊版 Google 分析的目標對象資料。

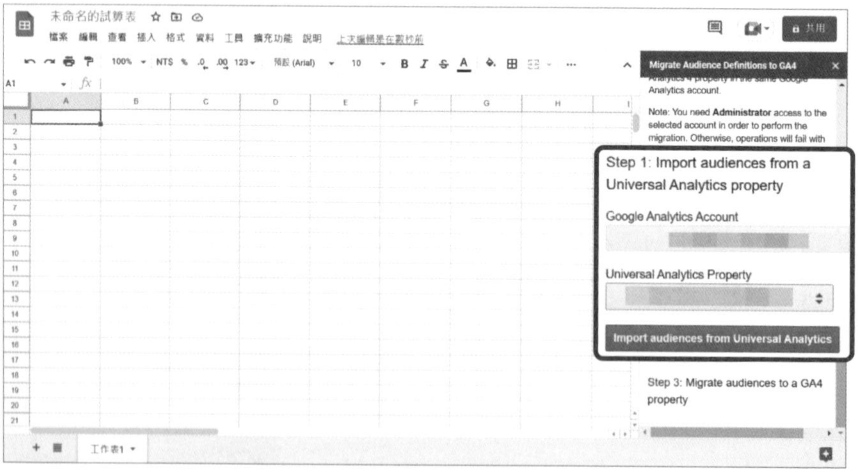

圖 8-54 選擇要轉移的舊版 Google Analytics 帳號及資源。

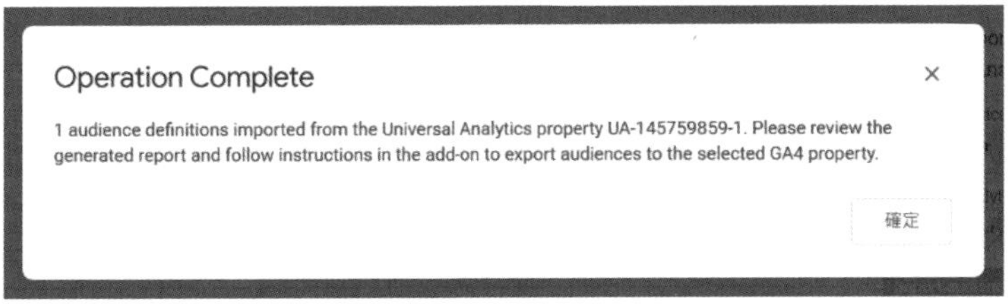

圖 8-55 成功抓取舊版 Google 分析的目標對象的畫面。

Step 3 勾選要轉移的資料，並選擇要轉移的新版 Google 分析資源。

如圖 8-56，在 Google 試算表中出現要轉移的目標對象資料，勾選需要轉移的目標對象然後按下「Continue」。再如圖 8-57 選擇要轉移的目的，也就是要轉移到哪個新版 Google 分析然後按下「Migrate」。出現如圖 8-58 的畫面，就表示完成了目標對象的資料轉移。

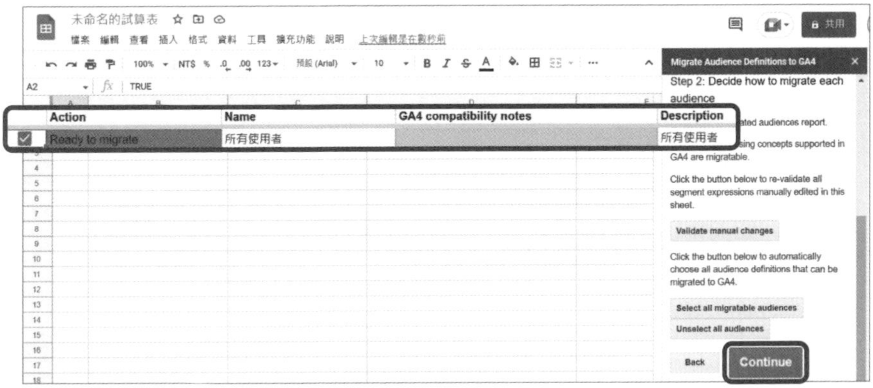

圖 8-56 勾選要轉移的資料，然後按下「Continue」。

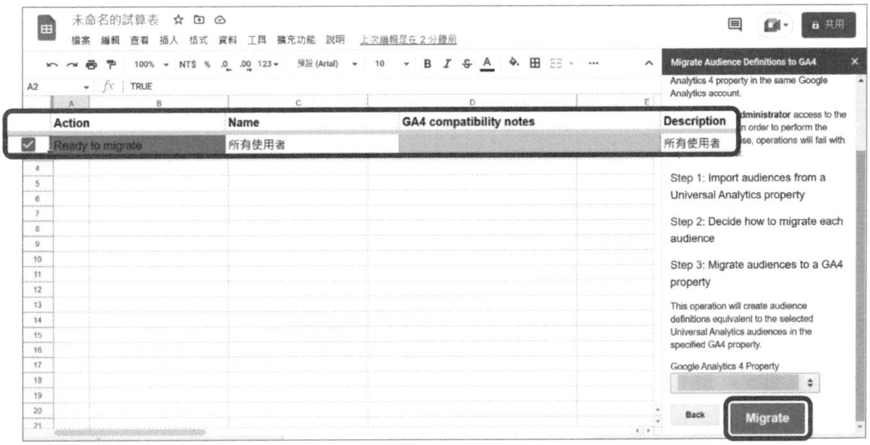

圖 8-57 選擇要轉移的目的新版 Google 分析，然後按下「Migrate」。

Audiences migration complete
Results of this operation are displayed in a new sheet.
確定

圖 8-58 完成目標對象的轉移。

轉移使用者資料也是相同的方式，從圖 8-53 中選擇「Migrate users to GA4」，程序操作跟轉移目標對象很類似。

但是要注意的是如果舊版 Google 分析沒有資料可以轉移，例如沒有定義目標對象或是沒有額外的使用者，那麼就沒有必要操作轉移。並且如果舊版 Google 分析的設定很複雜，應該在轉移之後再人工檢查一遍，如果因為新舊版的差異，導致某些屬性無法順利轉移，就必須人工進行調整。

SEO 專家小結

如果舊版 Google 分析沒有使用很複雜的追蹤碼，只要照著本章節的方式就可以輕鬆的進行轉移到新版 Google 分析，但是如果舊版 Google 分析應用在電子商務數據追蹤，因為新舊版 Google 分析的事件差異，就需要人工修正追蹤碼，才能完整的轉移到新版 Google 分析。因為限於篇幅無法詳細說明，敬請參考 GA4 電子商務遷移說明 : https://bit.ly/GA4-ecommerce-migration

8-3 Google 分析的重要設定

當完成新增 Google 分析及追蹤碼安裝，雖然已經可以開始使用，但是有些重要的設定必須完全正確，才不會收集錯誤或是不必要的數據。

(1) 管理 > 帳戶 > 帳戶設定：商家所在國家地區設定、以及啟用基準化

如圖 8-59 中「商家所在國家地區」的設定並不會影響 Google 分析的數據收集，也不會影響自然搜尋排名，但是會使用在基準化資料上，因此盡可能選擇正確的資訊。

啟用「**根據輸入內容和業務洞察資料建立模型**」這項就是啟用基準化設定，其好處是可以讓 Google 分析共用去識別化的匯總資料，進而改善模型品質及預測結果，例如讓 Google 分析可以在數據充分情況下提供購買機率、預期收益這些預測數據。

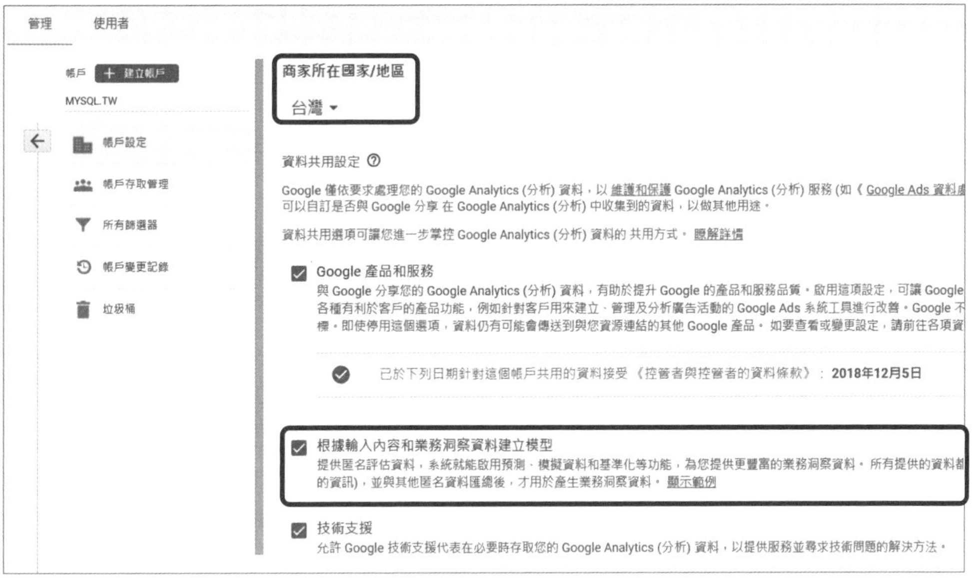
管理
使用者
帳戶
建立帳戶
MYSQL.TW
帳戶設定
帳戶存取管理
所有篩選器
帳戶變更記錄
垃圾桶
商家所在國家/地區
台灣
資料共用設定
Google 僅依要求處理您的 Google Analytics (分析) 資料，以 維護和保護 Google Analytics (分析) 服務 (如《 Google Ads 資料
可以自訂是否與 Google 分享 在 Google Analytics (分析) 中收集到的資料，以做其他用途。
資料共用選項可讓您進一步掌控 Google Analytics (分析) 資料的 共用方式。 瞭解詳情
Google 產品和服務
與 Google 分享您的 Google Analytics (分析) 資料，有助於提升 Google 的產品和服務品質。啟用這項設定，可讓 Google
各種有利於客戶的產品功能，例如針對客戶用來建立、管理及分析廣告活動的 Google Ads 系統工具進行改善。Google
標。即使停用這個選項，資料仍有可能會傳送到與您資源連結的其他 Google 產品。 如要查看或變更設定，請前往各項
已於下列日期針對這個帳戶共用的資料接受《控管者與控管者的資料條款》：2018年12月5日
根據輸入內容和業務洞察資料建立模型
提供匿名評估資料，系統就能啟用預測、模擬資料和基準化等功能，為您提供更豐富的業務洞察資料。 所有提供的資料
的資訊)，並與其他匿名資料匯總後，才用於產生業務洞察資料。 顯示範例
技術支援
允許 Google 技術支援代表在必要時存取您的 Google Analytics (分析) 資料，以提供服務並尋求技術問題的解決方法。

圖 8-59 管理 > 帳戶 > 帳戶設定：國家地區設定及勾選「根據輸入內容和業務洞察資料建立模型」。

(2) 管理 > 資源 > 資源設定：產業類別、時區、及貨幣設定

如圖 8-60，請在產業類別項目內選擇一個最接近網站類型的資訊，這個產業類別也會跟基準化有關係。時區及貨幣設定跟 Google 分析數據收集的方式沒有關係，但是跟報表數據的顯示會有關係。

圖 8-60 管理 > 資源 > 資源設定：產業類別、時區、及貨幣設定。

(3) 確認人員的帳戶與資源存取權限

如圖 8-61 及圖 8-62，請確認人員的帳戶與資源存取權限，不只是設定完成之後需要確認，更必須不定期的檢查是否符合現況。很多公司經常在人員異動或是轉移委外行銷公司情況下，卻沒有更新人員的存取權限，很可能會因此而遭受損失。

圖 8-61 管理 > 帳戶 > 帳戶存取管理：確認人員的帳戶存取權限。

圖 8-62 管理 > 資源 > 資源存取權管理：確認人員的資源存取權限。

(4) 管理 > 資源 > 設定輔助程式 > 資源設定：啟用 Google 信號

Google 信號是一個廣告報表功能，讓 Google 分析可以收集登入 Google 帳戶並且啟用廣告個人化的使用者跨設備的活動。啟用 Google 信號之後，具有以下的好處：

- 更精準的追蹤跨設備的訪客足跡，如圖 8-65。
- 可以用年齡、性別、興趣來分析訪客，如圖 8-66。
- 對更多的跨設備網站訪客進行再行銷。

圖 8-63 管理 > 資源 > 設定輔助程式 > 資源設定：設定 Google 信號。

圖 8-64 啟用 Google 信號及精細位置和裝置資料收集。

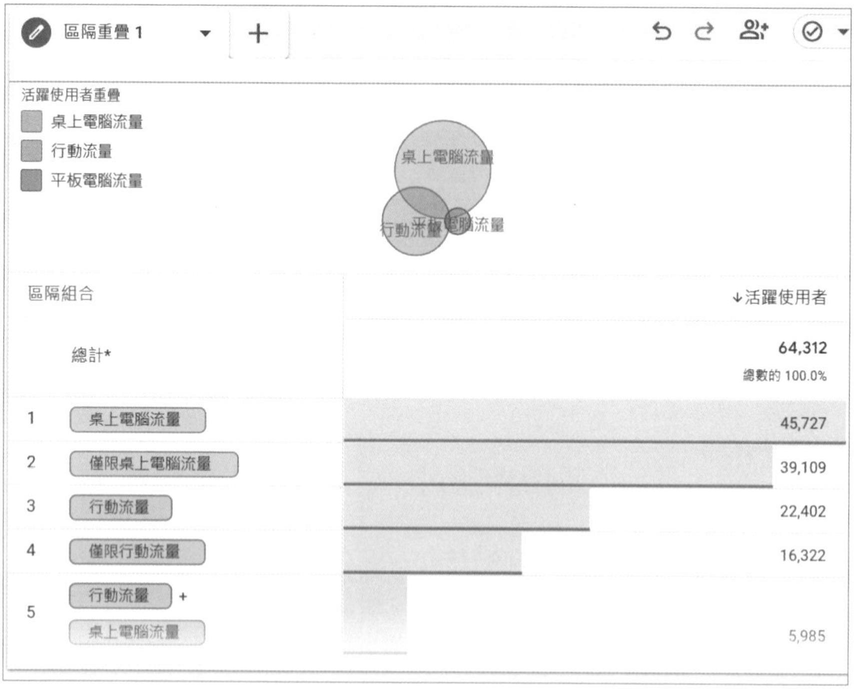

圖 8-65 跨設備的訪客重疊報表。

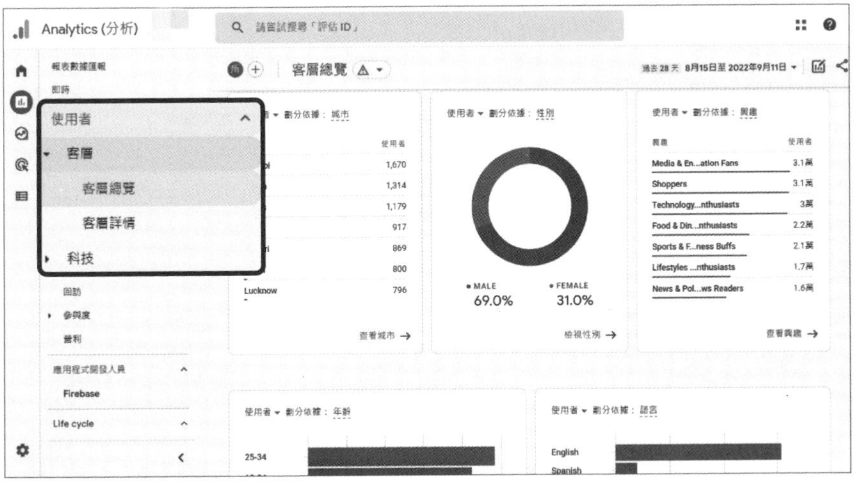

圖 8-66 報表 > 客層 > 客層總覽。

(5) 排除企業內部流量

通常操作 SEO 或是網路行銷經常需要不斷的檢視自己的網站，這些企業內部人員的流量數據不應該被 Google 分析所收集而必須將之排除，才能保持數據的精準度。如圖 8-67 由**管理 > 資料串流**，選擇要排除內部 IP 的串流，然後如圖 8-68 選擇「進行代碼設定」，再如圖 8-69 選擇「定義內部流量」，就可以如圖 8-70、及圖 8-71 開始建立內部流量規則。

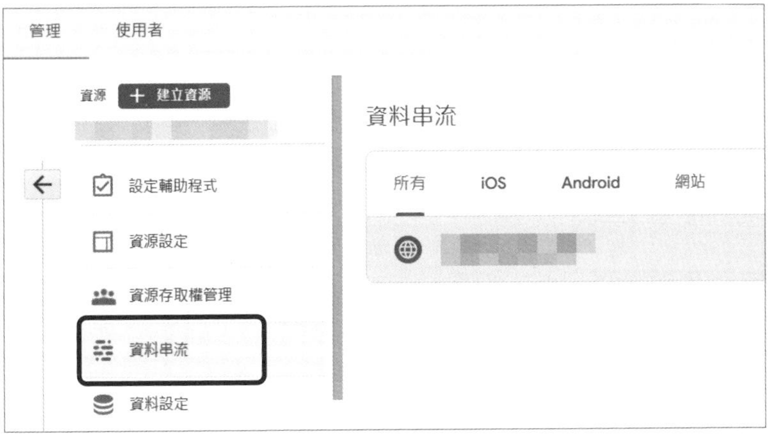

圖 8-67 管理 > 資料串流。

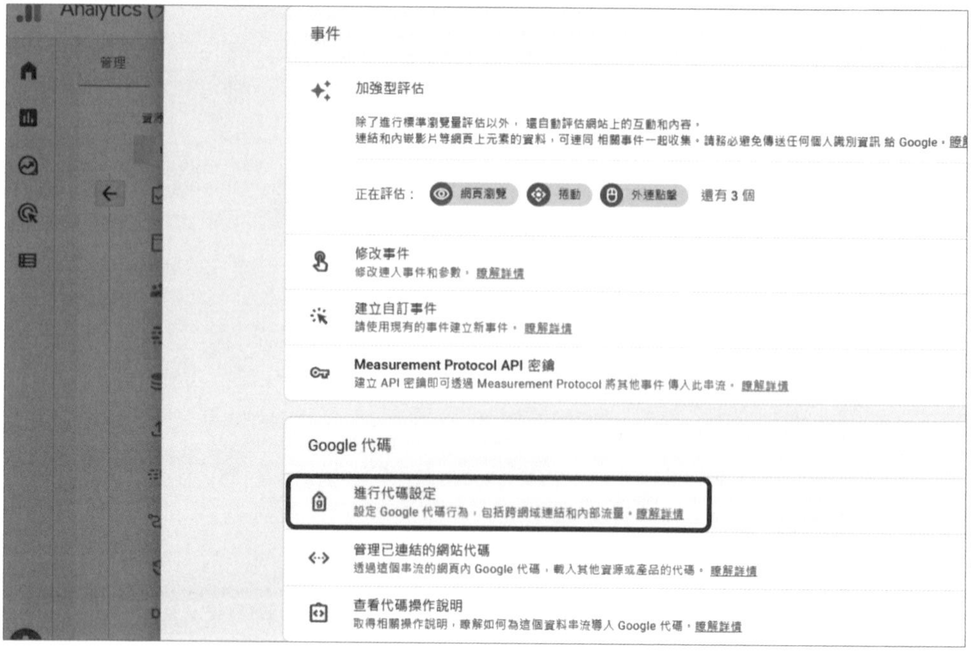

事件
加強型評估
除了進行標準瀏覽量評估以外，還自動評估網站上的互動和內容，
連結和內嵌影片等網頁上元素的資料，可連同相關事件一起收集。請務必避免傳送任何個人識別資訊給 Google。
正在評估：
網頁瀏覽
捲動
外連點擊
還有 3 個
修改事件
修改連入事件和參數。瞭解詳情
建立自訂事件
請使用現有的事件建立新事件。瞭解詳情
Measurement Protocol API 密鑰
建立 API 密鑰即可透過 Measurement Protocol 將其他事件傳入此串流。瞭解詳情
Google 代碼
進行代碼設定
設定 Google 代碼行為，包括跨網域連結和內部流量。瞭解詳情
管理已連結的網站代碼
透過這個串流的網頁內 Google 代碼，載入其他資源或產品的代碼。瞭解詳情
查看代碼操作說明
取得相關操作說明，瞭解如何為這個資料串流導入 Google 代碼。瞭解詳情

圖 8-68 管理 > 資料串流 > 進行代碼設定。

Google 代碼
設定
記錄
管理
設定
部分代碼設定僅適用於特定目的地
管理自動事件偵測
設定 Google 代碼應自動偵測哪些事件類型，以便在相關目的地進行評估
設定網域
請指定要納入跨網域成效評估範圍的網域清單
納入使用者在您網站上提供的資料
收集通用 Analytics (分析) 事件
定義內部流量
請定義 IP 位址，讓系統將來自這些位址的流量標示為內部流量
列出不適用的參照連結網址
請指定網域，系統就不會將這些網域的流量視為來自參照連結網址
調整工作階段逾時
設定工作階段的效期
覆寫 Cookie 設定
變更 Cookie 的有效期及更新方式

圖 8-69 管理 > 資料串流 > 進行代碼設定 > 定義內部流量。

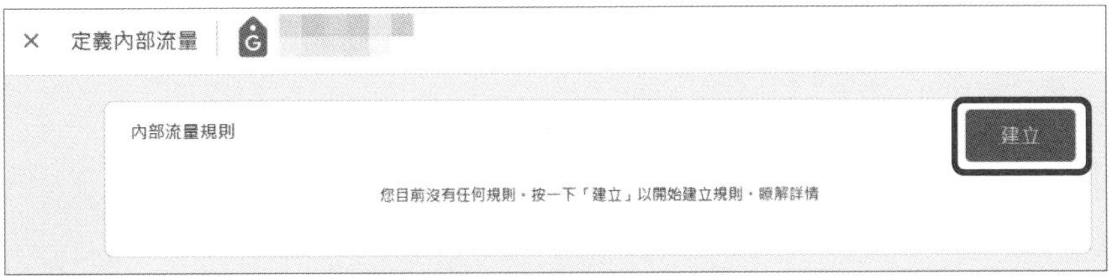

圖 8-70 按下「建立」即可開始建立內部流量規則。

圖 8-71 建立內部流量規則。

建立內部流量規則

如圖 8-71 中共有四個欄位，「規則名稱」可以自由填寫，「traffic_type」建議保留不用修改，另外還有兩個欄位需要填寫「比對類型」以及「值」。

「比對類型」是指比對的方式，共有五種方式：

❶ **IP 位址等於**：當 IP 位址與所填寫的「值」完全一樣。

❷ **IP 位址開頭為**：當 IP 位址開頭為所填寫的「值」。

❸ **IP 位址結尾為**：當 IP 位址結尾為所填寫的「值」。

❹ **IP 位址包含**：當 IP 位址包含所填寫的「值」。

❺ **IP 位址是一段範圍 (CIDR 標記法)**：當 IP 位址的 CIDR 標記法為所填寫的「值」。

CIDR 標記法 (Classless Inter-Domain Routing) 是一種 IP 位址表示法，它可以很簡潔的表示 IP 位址區段。

因為 IP 位址 (V4 版本) 是 4 個二進位的 8 位元組成，因此斜線後面的數字就是指 IP 位址只看從前面算幾個位元，其他的數字可以忽略。

CIDR 標記法範例說明

現在用以下四個範例來說明 CIDR 標記法：

- 168.95.192.100/8 指只要 IP 位址是 168 開頭即可 (只看從前面算 8 個位元，也就是第一組數字)。
- 168.95.192.100/16 指只要 IP 位址是 168.95 開頭即可 (只看從前面算 16 個位元，也就是前二組數字)。
- 168.95.192.100/24 指只要 IP 位址是 168.95.192 開頭即可 (只看從前面算 24 個位元，也就是前三組數字)。
- 168.95.192.100/32 指 IP 位址是 168.95.192.100，斜線後面的數字是 32，所以 4 個二進位的 8 位元都要看，其實就是指單一 IP 位址。

假設現在要排除自己的 IP 位址，如果你不知道自己的 IP 位址，可以在圖 8-71 點選「查詢我的 IP 位址」，將之填寫到「值」的欄位，然後選擇「IP 位址等於」，按下「建立」後 Google 分析就會排除收集自己的流量數據。

不過應該建立多少規則才能完全排除公司內部流量，需要諮詢公司的網路管理者一起來建立規則，並不是排除自己的 IP 位址就算完成。有些公司會申請 ADSL 固定 8 個 IP 位址的網路連線，例如電信公司給你 8 個 IP 位址 211.20.170.0 ~ 211.20.170.7，這樣的 IP 位址範圍的 CIDR 標記法就是 211.20.170.0/29。

CIDR 標記法工具

如圖 8-72，這裡提供一個 CIDR 標記法工具讓大家參考，當你輸入以上你的 IP 位址 211.20.170.0 ~ 211.20.170.7 的任何一個，只要 CIDR 標記法是 /29，其 IP 位址範圍都是相同的，但是如果輸入 211.20.170.8，IP 位址範圍就會變成下一組 8 個 IP 位址。

CIDR 標記法工具	https://mxtoolbox.com/subnetcalculator.aspx

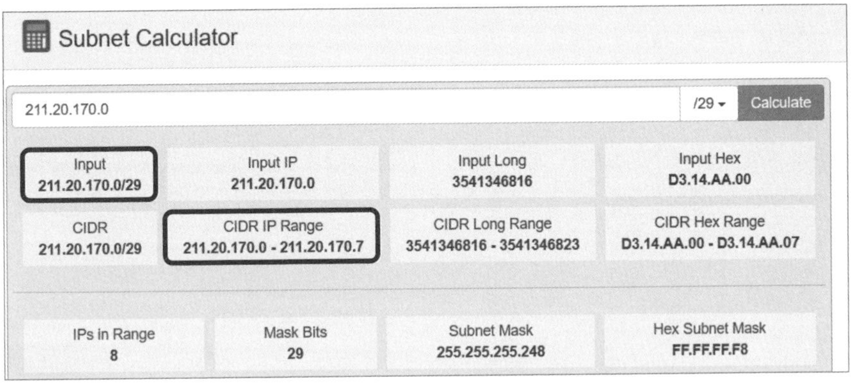

圖 8-72 https://mxtoolbox.com/subnetcalculator.aspx，CIDR 標記法工具。

另外一個情況是有些公司的 IP 位址是浮動的，就無法以排除內部 IP 位址的方式來排除流量，你就必須在每台電腦的瀏覽軟體安裝並啟用 **Google Analytics（分析）不透露資訊外掛程式**。

Google Analytics（分析）不透露資訊外掛程式	https://bit.ly/nogacollect

(6) 跨網域設定

設定跨網域的目的在將不同網域的流量數據看成「站內」，例如主站的網址是 www.example.tw，而電子商務網站的網址是 shop.example.tw，如果沒有設定跨網域的話，Google 分析會把從主站連到電子商務網站的流量看成離開網站。在 Google 分析設定上，你可以分別把各子網域都設為獨立的串流，再另外設一個全部子網域都加在一起的串流，這樣可以比較方便瀏覽數據。

如圖 8-73，從**管理 > 資料串流 > 進行代碼設定 > 設定網域**，然後按下圖 8-74 的「新增條件」，就可以開始如圖 8-75 輸入跨網域的網域及條件。

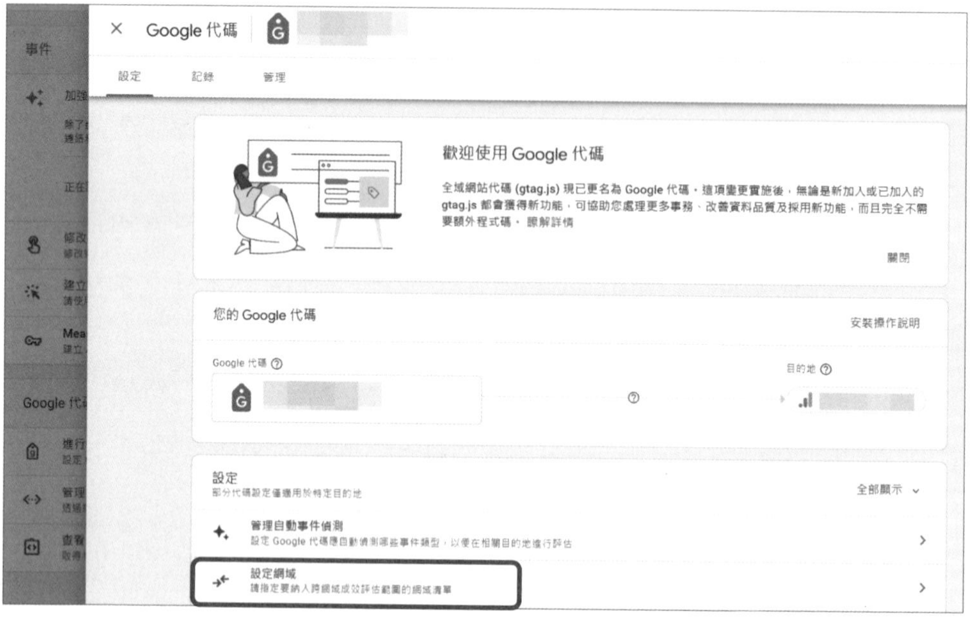
Google 代碼
設定
記錄
管理
歡迎使用 Google 代碼
全域網站代碼 (gtag.js) 現已更名為 Google 代碼，這項變更實施後，無論是新加入或已加入的 gtag.js 都會獲得新功能，可協助您處理更多事務、改善資料品質及採用新功能，而且完全不需要額外程式碼。瞭解詳情
關閉
您的 Google 代碼
安裝操作說明
Google 代碼
目的地
設定
部分代碼設定僅適用於特定目的地
全部顯示
管理自動事件偵測
設定 Google 代碼應自動偵測哪些事件類型，以便在相關目的地進行評估
設定網域
請指定要納入跨網域成效評估範圍的網域清單

圖 8-73 管理 > 資料串流 > 進行代碼設定 > 設定網域。

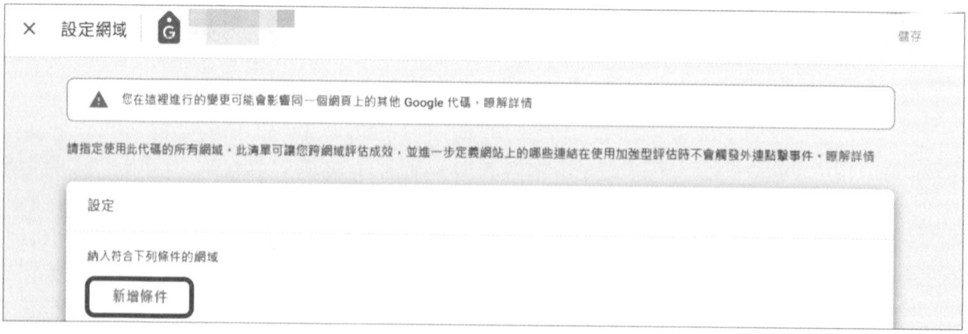
設定網域
儲存
您在這裡進行的變更可能會影響同一個網頁上的其他 Google 代碼，瞭解詳情
請指定使用此代碼的所有網域，此清單可讓您跨網域評估成效，並進一步定義網站上的哪些連結在使用加強型評估時不會觸發外連點擊事件。瞭解詳情
設定
納入符合下列條件的網域
新增條件

圖 8-74 按下「新增條件」。

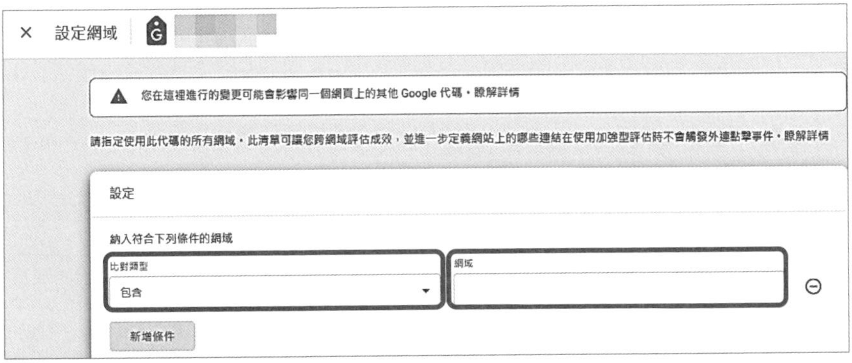
設定網域
您在這裡進行的變更可能會影響同一個網頁上的其他 Google 代碼。瞭解詳情
請指定使用此代碼的所有網域。此清單可讓您跨網域評估成效，並進一步定義網站上的哪些連結在使用加強型評估時不會觸發外連點擊事件。瞭解詳情
設定
納入符合下列條件的網域
比對類型
包含
網域
新增條件

圖 8-75 輸入跨網域的網域及條件。

如圖 8-75 有兩個欄位需要填寫，「比對類型」、以及「網域」。「比對類型」是指比對的方式，共有五種方式：

1. **包含**：當流量數據的網域包含所填寫的「網域」。
2. **開頭**：當流量數據的網域開頭為所填寫的「網域」。
3. **結尾**：當流量數據的網域結尾為所填寫的「網域」。
4. **完全符合**：當流量數據的網域與所填寫的「網域」完全符合。
5. **與規則運算式相符**：當流量數據的網域與「網域」與規則運算式相符。

如果希望 www.example.tw、shop.example.tw、blog.example.tw 都視為站內的話，可以選擇「比對類型」為「結尾」，「網域」填寫 example.tw，只是這樣的寫法也會把 web.example.tw 等任意子網域都包含進去。

用規則運算式更精準設定規則

要解決以上不夠精準的問題，可以使用規則運算式 (Regular Expression)，它是一種資料比對的方法。例如「比對類型」選擇「與規則運算式相符」，「網域」就要填寫 **^(www|shop|blog)\.example\.tw**，意思是以 www、shop、或是 blog 開頭，後面接著

example.tw 的網域都符合這個條件，如此就可以精準的指定三個網域 www.example.tw、shop.example.tw、blog.example.tw。

如表 8-1 列出較重要的規則運算式符號，如果需要更多規則運算式資料請參考 Google 的說明：https://support.google.com/a/answer/1371415?hl=zh-Hant

表 8-1：規則運算式符號。

符號	作用	範例
.	與任何單一字元比對（字母、數字或符號）	a.b 可以表示 a 與 b 中間插入任何單一字元的符號
?	會比對前接字元 0 或 1 次	a?b 可以表示 b 或 ab
+	會比對前接字元 1 或多次	a+b 可以表示 ab、aab、aaab…
*	會比對前接字元 0 或多次	a*b 可以表示 b、ab、aab、aaab…
|	建立 OR 條件比對	a|b 可以表示 a 或 b
^	會比對出開頭與符號鄰接字元相符的字串	^ab 表示以 ab 開頭
$	會比對結尾與符號鄰接字元一致的字。	ab$ 表示以 ab 結尾
\	表示鄰接字元應視為常值，而非規則運算式中繼字元	abc\.tw 表示 abc.tw
( )	比對出與（）括號內字元排列順序完全相符的字串，或用來將其他的運算式分組	(com\.tw)|(org\.tw) 表示 com.tw 或 org.tw
-	會建立括號中的字元範圍以比對字串中的任一部分。	[0-9] 表示 0 到 9 的數字
[ ]	會比對出 [ ] 括號內字元按任意順序排列的字串（字元位在字串何處不造成影響）	[10] 可以表示 012、120、210 等，只要有出現 10 或是 01 即可

(7) 排除參照連結

參照連結網址是指經由其他來源（例如透過第三方網域的連結）來到你網站的流量區隔，Google 分析會自動辨識出這些流量來自哪裡，並在報表中將這些網站的網域名稱列為參照連結網址流量來源。當這些參照連結的流量不必收集的時候，就必須設定為排除參照連結。

何時參照連結的流量不必收集？例如第三方付款處理方的參照連結。電商網站在結帳時可能會導到第三方付款機制，例如 Paypal 等，當完成付款作業後會再導回自己網站，如果沒有排除參照連結，會產生許多不必要的流量數據。

如圖 8-76，由**管理 > 資料串流 > 進行代碼設定 > 列出不適用的參照連結網址**，在圖 8-77 就可以設定參照連結排除規則，按下「新增條件」就可以增加更多規則。與跨網域設定相同，有兩個欄位需要填寫，「比對類型」以及「網域」，規則也完全一樣。

圖 8-76 管理 > 資料串流 > 進行代碼設定 > 列出不適用的參照連結網址。

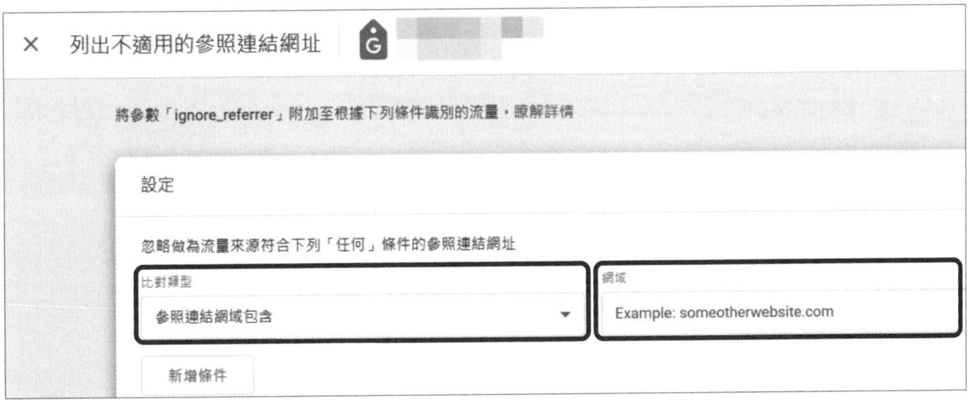

圖 8-77 設定參照連結排除規則。

例如在「比對類型」選擇「參照連結網域結尾為」,「網域」輸入 paypal.com，即可排除所有 paypal.com 參照連結的流量。

(8) 調整工作階段逾時

當使用者在前景中開啟應用程式，或是使用者在目前尚未啟用工作階段情況下瀏覽網頁或畫面，Google 分析就會開始計算工作階段 (session)。簡單來說就是使用者從「外部」進入應用程式或是網站，就會開始一個工作階段。Google 分析最早把工作階段稱為「訪次 (visit) 」，反而比較容易理解。

Google 分析預設工作階段逾時為 30 分鐘，也就是如果使用者開始一個工作階段後就沒有任何動作的話，過了 30 分鐘這個工作階段就會自動被結束。

但是這個 30 分鐘的逾時設定並不完全適合所有的網站，例如影音網站。因為使用者可能進入網站觀賞影片會持續 30 分鐘以上都沒有任何動作，當 30 分鐘過後再有動作就被計算為另外一個工作階段，但是其實這個使用者並沒有離開再進入網站。

如圖 8-78，從**管理 > 資料串流 > 進行代碼設定 > 調整工作階段逾時**，進入圖 8-79，就可以調整工作階段逾時的設定，有兩個參數「調整工作階段逾時」與「調整互動工作階段的計時器」可以設定，其預設各為 30 分鐘與 10 秒。

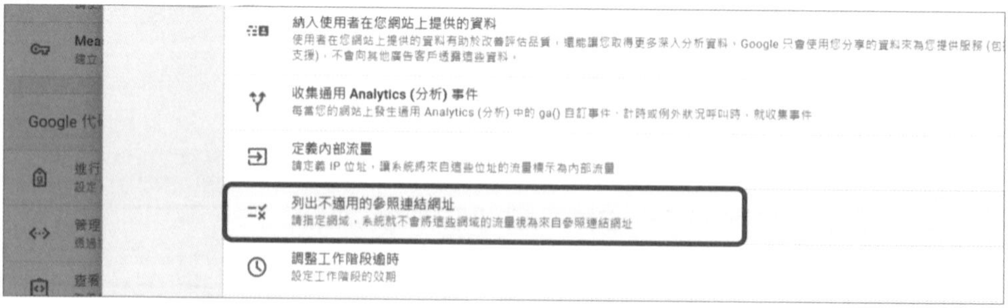
Google 代
納入使用者在您網站上提供的資料
收集通用 Analytics (分析) 事件
每當您的網站上發生通用 Analytics (分析) 中的 ga() 自訂事件、計時或例外狀況呼叫時，就收集事件
定義內部流量
請定義 IP 位址，讓系統將來自這些位址的流量標示為內部流量
列出不適用的參照連結網址
請指定網域，系統就不會將這些網域的流量視為來自參照連結網址
調整工作階段逾時
設定工作階段的效期

圖 8-78 管理 > 資料串流 > 進行代碼設定 > 調整工作階段逾時。

圖 8-79 調整工作階段逾時。

什麼是「**互動工作階段**」？就是當工作階段維持一定時間以上，或是在工作階段內至少產生一個轉換，或是瀏覽至少兩個頁面或畫面，工作階段就會變成互動工作階段，所謂一定時間就是上面「調整互動工作階段的計時器」的預設 10 秒。

例如一個新的工作階段產生後，使用者就離開，不到 10 秒就結束這個工作階段，那麼計數為一個工作階段，但是不算是互動工作階段。

新舊版本的 Google 分析對於工作階段的認定也有些微差異，當使用者到訪你的網頁後，馬上到另外瀏覽軟體的頁籤去瀏覽其他網站，然後數小時後，再回到你的網頁的頁籤，看完內容後關閉網頁。對於舊版 Google 分析來說，只有**一個**工作階段，但是對於新版 Google 分析來說是**兩個**工作階段。發生差異的最主要原因在於事件的偵測，舊版本的 Google 分析不主動偵測事件，因此舊版本的 Google 分析並不知道原使用者在數小時後再回到網頁的頁籤，而新版 Google 分析會偵測到原使用者在數小時後回來了，因此會再計數一個工作階段。

設定圖 8-79 的「調整工作階段逾時」與「調整互動工作階段的計時器」時，如果不是很確定該設多少，就保留預設即可，不要隨便更動，當你很確定預設不符合你的情況再做調整。

(9) 管理 > 資料設定 > 資料保留

如圖 8-80 從**管理 > 資料設定 > 資料保留**，可以設定使用者和事件資料保留的時間長度，新版 Google 分析資源的使用者層級資料的保留期限，預設為 2 個月，最多可設定為 14 個月。建議更改為 14 個月，並確認啟用「發生新活動時重設使用者資料」，不過資料保留設定並不會影響標準匯總報表，資料保留設定只對探索報表會有影響。

圖 8-80 管理 > 資料設定 > 資料保留。

(10) 管理 > 資料設定 > 資料篩選器

當你在上述的排除企業內部流量中設定了規則，這邊就會出現資料篩選器的資訊，如圖 8-81。你必須確定資料篩選器的啟用或停用符合你的設定，如果設定了排除企業內部流量的規則，但是資料篩選器沒有啟用就等於沒有設定。

圖 8-81 管理 > 資料設定 > 資料篩選器。

(11) 管理 > 資源 > 歸因分析設定

圖 8-82 管理 > 資源 > 歸因分析設定。

如圖 8-82，從**管理 > 資源 > 歸因分析設定**，可以調整歸因分析模式。歸因分析模式是用來計算轉換功勞，如果變更歸因分析模式，歷來和未來的資料都會受到影響，這些變更會反映在包含轉換和收益資料的報表中。歸因分析模式有以下幾種模式：

❶ **跨管道以數據為準歸因模式**：此功能可透過機器學習演算法，顯示不同的接觸點如何影響轉換結果。

❷ **跨管道最終點擊模式**：忽略直接流量，並將所有功勞都歸給客戶在完成轉換前點擊的最後一個管道。

❸ **跨管道最初點擊模式**：將轉換的所有功勞歸給客戶在轉換前點擊的第一個管道。

❹ **跨管道線性模式**：將轉換功勞平均分配給客戶在完成轉換前點擊的所有管道。

❺ **跨管道根據排名模式**：分別歸給最初和最終互動各 40% 的功勞，其餘 20% 的功勞則平均分配給中間的互動。

❻ **跨管道時間衰減模式**：越接近轉換完成時間的接觸點，所分得的功勞越多。功勞分配是以 7 天為折半界線，意即在轉換完成前 8 天發生的點擊，獲得的功勞是轉換完成前 1 天所發生點擊的一半。

❼ **優先計入 Google Ads 最終點擊模式**：將所有功勞都歸給客戶在完成轉換前點擊的最後一個 Google Ads 管道。如果路徑中沒有任何 Google Ads 點擊，歸因模式就會恢復為跨管道最終點擊模式。

如果沒有特別需求，建議保留預設以「跨管道以數據為準歸因模式」來計算轉換功勞。

如圖 8-83，回溯期代表要往回追溯的天數，系統會根據這項設定來為指定期間內的接觸點歸因功勞。例如如果您將回溯期設為 30 天，則 1 月 30 日這天發生的轉換就只會歸給 1 月 1 日到 1 月 30 日之間發生的接觸點。回溯期的變更並不溯及既往，這些變更會反映在 Google 分析的所有報表中。獲客轉換事件的預設回溯期為 30 天，其他事件的預設回溯期為 90 天，如果沒有特別需求，建議保留預設值。

圖 8-83 歸因分析設定的回溯期設定。

(12) 管理 > 資源 > Search Console 連結

Google 分析可以與 Google 產品建立連結以便互通數據，其中跟 SEO 關係最為密切的就是 Search Console 的連結，Search Console 與 Google 分析連結之後會將自然搜尋的成效數據傳遞到 Google 分析，而 Google 分析的資料也會傳遞給 Search Console，顯示在 Search Console Insights 的報表上 (如第七章的圖 7-36)。

如圖 8-84，從**管理 > 資源 > Search Console 連結**，可以點選「連結」到圖 8-85，點選「選擇帳戶」並選擇要連結的 Search Console 資源後，就會回到圖 8-86 顯示已經連結的 Search Console 資源。

圖 8-84 管理 > 資源 > Search Console 連結。

圖 8-85 選擇要連結的 Search Console 帳戶及資源。

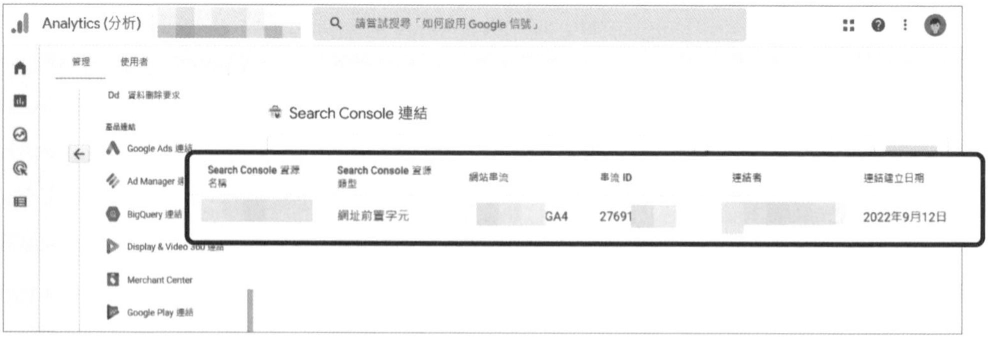

圖 8-86 顯示連結的 Search Console 資源。

(13) 管理 > 資料串流 > 進行代碼設定 > 管理自動事件偵測

新版 Google 分析預設會自動追蹤部分事件，如圖 8-87 點選**管理 > 資料串流 > 進行代碼設定 > 管理自動事件偵測**，如圖 8-88 就可以看到追蹤的事件，你可以開啟需要的或是關閉不必要的事件偵測。

Google 代碼
設定
記錄
管理
歡迎使用 Google 代碼
全域網站代碼 (gtag.js) 現已更名為 Google 代碼，這項變更實施後，無論是新加入或已加入的 gtag.js 都會獲得新功能，可協助您處理更多事務、改善資料品質及採用新功能，而且完全不需要額外程式碼。瞭解詳情
關閉
您的 Google 代碼
安裝操作說明
Google 代碼
目的地
設定
部分代碼設定僅適用於特定目的地
全部顯示
管理自動事件偵測
設定 Google 代碼應自動偵測哪些事件類型，以便在相關目的地進行評估
設定網域
請指定要納入跨網域成效評估範圍的網域清單

圖 8-87 管理 > 資料串流 > 進行代碼設定 > 管理自動事件偵測。

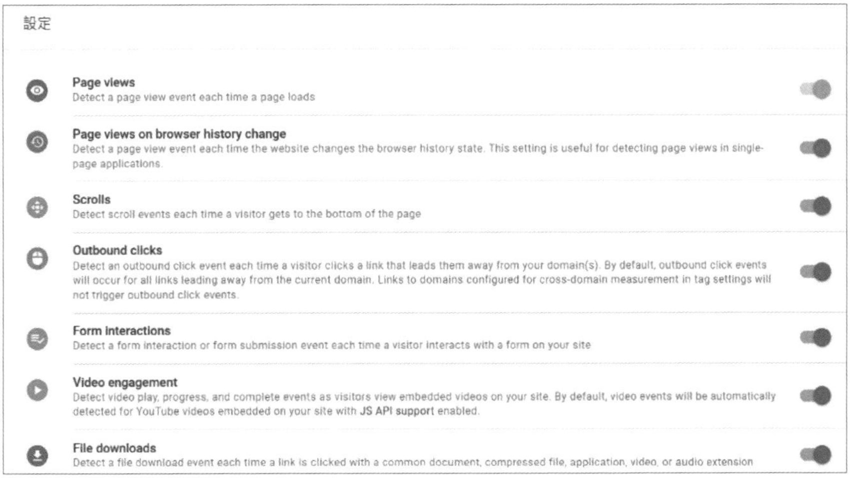
設定
Page views
Detect a page view event each time a page loads
Page views on browser history change
Detect a page view event each time the website changes the browser history state. This setting is useful for detecting page views in single-page applications.
Scrolls
Detect scroll events each time a visitor gets to the bottom of the page
Outbound clicks
Detect an outbound click event each time a visitor clicks a link that leads them away from your domain(s). By default, outbound click events will occur for all links leading away from the current domain. Links to domains configured for cross-domain measurement in tag settings will not trigger outbound click events.
Form interactions
Detect a form interaction or form submission event each time a visitor interacts with a form on your site
Video engagement
Detect video play, progress, and complete events as visitors view embedded videos on your site. By default, video events will be automatically detected for YouTube videos embedded on your site with JS API support enabled.
File downloads
Detect a file download event each time a link is clicked with a common document, compressed file, application, video, or audio extension

圖 8-88 管理自動事件偵測。

(14) 建立事件與轉換

事件

事件 (event) 是新版 Google 分析的核心，事件是指使用者在網站或應用程式中的互動，例如載入網頁、按下連結、或是完成購物等等。新版 Google 分析的事件有四大類型：**自動收集的事件、加強型評估事件、建議事件、自訂事件。**

- **自動收集的事件**：在你安裝追蹤碼之後，不必另外撰寫程式碼即可收集的事件。例如初次開啟該應用程式 (first_open)、Android 裝置移除應用程式 (app_remove)、開始工作階段 (session_start)、應用程式螢幕瀏覽 (screen_view)、初次瀏覽 (first_visit) 等。

- **加強型評估事件**：當你啟用加強型評估功能後就會開始收集的事件。例如網頁瀏覽 (page_view)、網頁滑動 (scroll)、連外連結 (click)、檔案下載 (file_download)、影片開始播放 (video_start)、影片結束播放 (video_complete) 等。

- **建議事件**：系統已經定義，但是這類事件需要其他有意義的背景資訊，因此系統不會自動傳送這些事件。例如使用者登入 (login)、使用者完成購買 (purchase)、將商品加入購物車 (add_to_cart) 等。

- **自訂事件**：自訂事件是指名稱和一組參數由你自行定義的事件，可用來收集企業專屬的資訊。例如你可以建立捐款 (donate) 自訂事件，當有捐款發生時收集相關資料，然後將資料加進自訂維度和指標，即可在 Google 分析中查看資料。

建議事件的名稱跟參數由系統預先定義，因此可以適用在報表裡面，而自訂事件的名稱跟參數都是可以任意設定，所以未來可能會不適用於某些報表。

基本上如果沒有特殊需求，在建立新版 Google 分析時只需要啟用**加強型評估**功能，大抵就不需要特別去設定事件，如果需要可以如圖 8-89，由「管理」>「資料串流 >「選擇串流」>「加強型評估」去決定要啟用的事件，或是由前面的「管理自動事件偵測」去修改要啟用的事件。

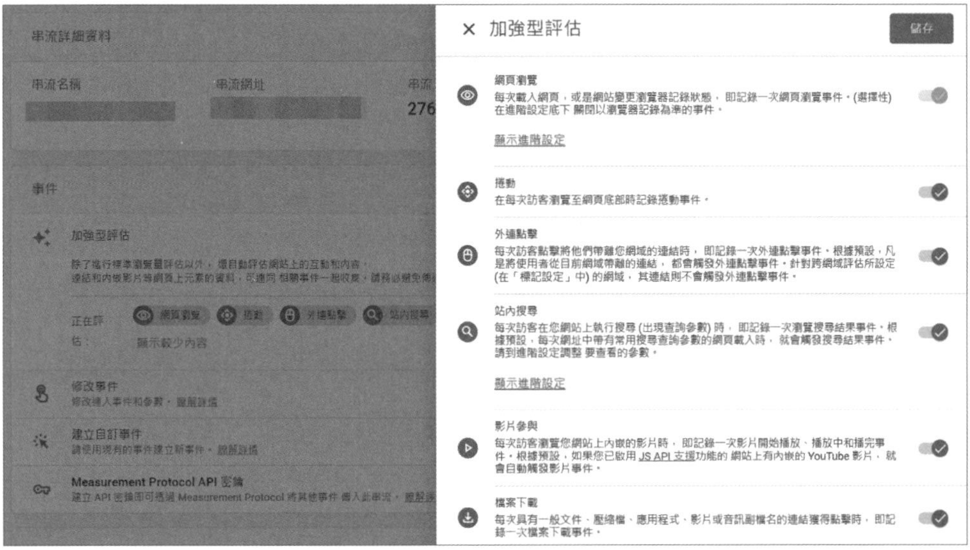
串流詳細資料
串流名稱
串流網址
事件
加強型評估
修改事件
建立自訂事件
Measurement Protocol API 密鑰
加強型評估
儲存
網頁瀏覽
每次載入網頁，或是網站變更瀏覽器記錄狀態，即記錄一次網頁瀏覽事件。(選擇性) 在進階設定底下 關閉以瀏覽器記錄為準的事件。
顯示進階設定
捲動
在每次訪客瀏覽至網頁底部時記錄捲動事件。
外連點擊
每次訪客點擊將他們帶離您網域的連結時，即記錄一次外連點擊事件。根據預設，凡是將使用者從目前網域帶離的連結，都會觸發外連點擊事件。針對跨網域評估所設定 (在「標記設定」中) 的網域，其連結則不會觸發外連點擊事件。
站內搜尋
每次訪客在您網站上執行搜尋 (出現查詢參數) 時，即記錄一次瀏覽搜尋結果事件。根據預設，每次網址中帶有常用搜尋查詢參數的網頁載入時，就會觸發搜尋結果事件。請到進階設定調整 要查看的參數。
顯示進階設定
影片參與
每次訪客瀏覽您網站上內嵌的影片時，即記錄一次影片開始播放、播放中和播完事件。根據預設，如果您已啟用 JS API 支援功能的 網站上有內嵌的 YouTube 影片，就會自動觸發影片事件。
檔案下載
每次具有一般文件、壓縮檔、應用程式、影片或音訊副檔名的連結獲得點擊時，即記錄一次檔案下載事件。

圖 8-89 串流資訊中的事件加強型評估設定。

轉換

轉換 (conversion) 是指觸發某些特定事件，例如你要把會員註冊當成轉換，就可以先把訪客到達完成會員註冊的頁面設定為事件，然後把該事件設定為轉換，如此便可以追蹤有多少完成會員註冊的事件轉換。

如圖 8-90 按下「建立事件」後，如圖 8-91 按下「建立」，進入圖 8-92 的建立事件表單，填入如圖 8-93 的資料，儲存後就顯示圖 8-94 的事件列表。

圖 8-90 設定 > 事件。

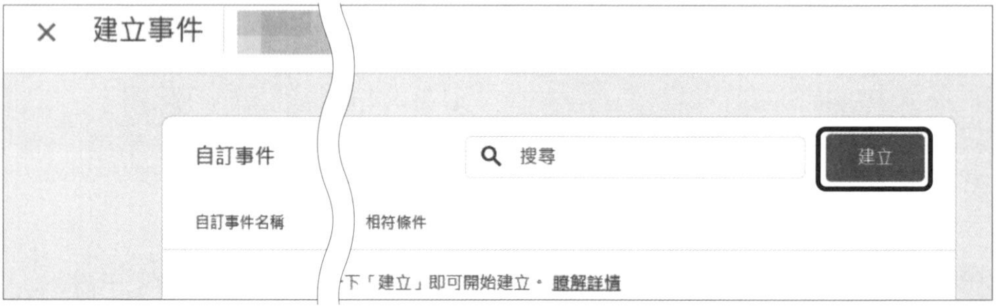

圖 8-91 建立事件。

圖 8-92 建立事件。

圖 8-93 設定事件相關資訊。

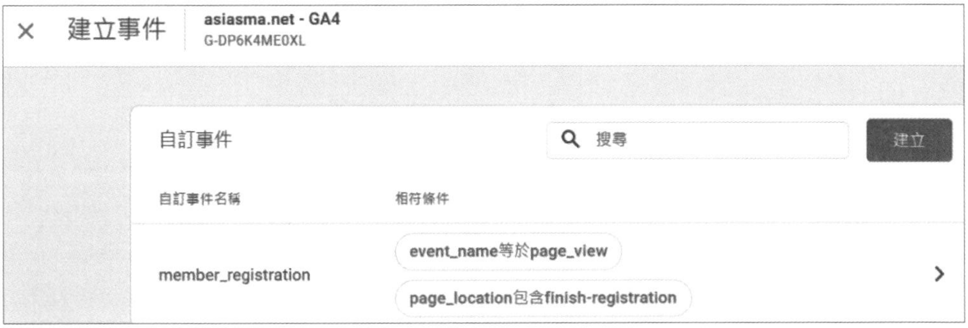

圖 8-94 事件列表。

例

自訂事件名稱	member_registration
條件	event_name 等於 page_view
條件	page_location 包含 finish-registration

以上資料的意思是自訂一個名稱為 member_registration 的事件，當發生頁面載入時，如果網頁的網址含有 finish-registration 字串，則這個事件就會被觸發。

新增轉換事件

事件建立完成之後，如圖 8-95 從**設定 ＞ 轉換**，按下「新增轉換事件」，如圖 8-96 在新的事件名稱輸入 member_registration 並儲存後，如圖 8-97 確認已經標示事件為轉換。當 member_registration 事件發生時，如圖 8-98 從**報表 ＞ 即時報表**，就可以看到事件被觸發並發生轉換。

圖 8-95 設定 > 轉換。

圖 8-96 將事件建立為轉換。

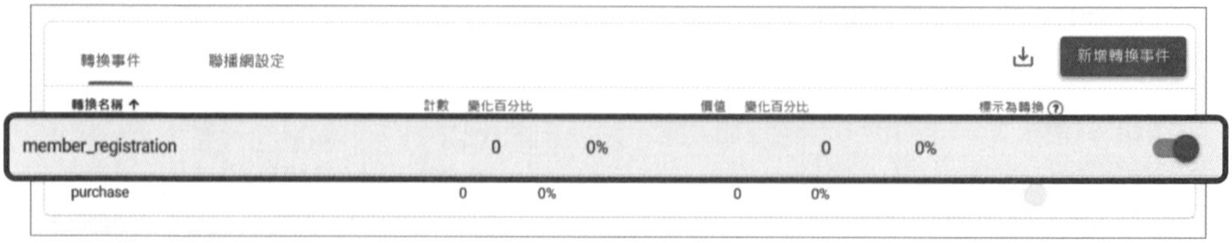

圖 8-97 標示事件為轉換。

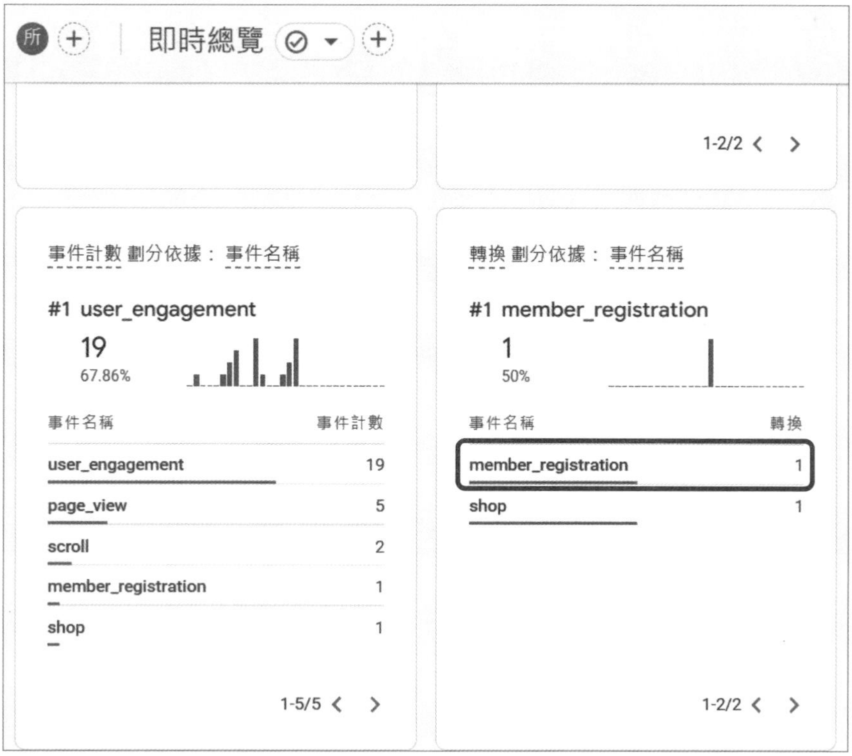

圖 8-98 報表 > 即時報表，看到事件被觸發並發生轉換。

專家小結

新版 Google 分析增加非常多的功能，也提供很多彈性調整的空間，因此許多設定會看起來非常複雜而無法掌握。剛開始使用時可以只做前五項設定：商家所在國家地區設定及啟用基準化、確認產業類別 / 時區 / 貨幣、確認人員的帳戶與資源存取權限、啟用 Google 信號、排除企業內部流量，其他的設定可以等熟悉操作之後再視需要來調整。

8-4 Google 分析的 SEO 重要報表

新版 Google 分析在數據處理以及報表的呈現，帶來了一種新穎並且具有前瞻性的方法。在數據處理上使用先進的機器學習技術，提供管理者清楚的深入解析。在報表的呈現上簡化了預先建立的報表數量，使得管理者能聚焦在最重要的數據上。並且為了讓管理者也能取得以前慣用的數據，還提供**探索**功能來自行產生需要的報表，以方便分析網站和應用程式的數據資料。本章節解說各類型與操作 SEO 相關的重要報表，讓你輕鬆掌握最重要的成效數據：

1. 哪些關鍵字查詢導入自然搜尋流量到網站？
2. 自然搜尋流量的進入網頁是哪些網頁？
3. 自然搜尋流量與其他流量的比較差異為何？
4. 透過自然搜尋流量進入的使用者有哪些特徵？
5. 自然搜尋流量對網站的貢獻度如何？

如何知道自然搜尋的查詢詞、導入網頁與相關數據？

如果你已經依據前面章節將 Google 分析與 Search Console 建立連結，Search Console 的自然搜尋成效數據就會傳遞到 Google 分析。但是如圖 8-99，在新版的 Google 分析介面上並沒有看到 Search Console 報表，因為這個報表並不是預設報表，必須自行從「媒體庫」發布，才會如圖 8-100 出現在選單上面。

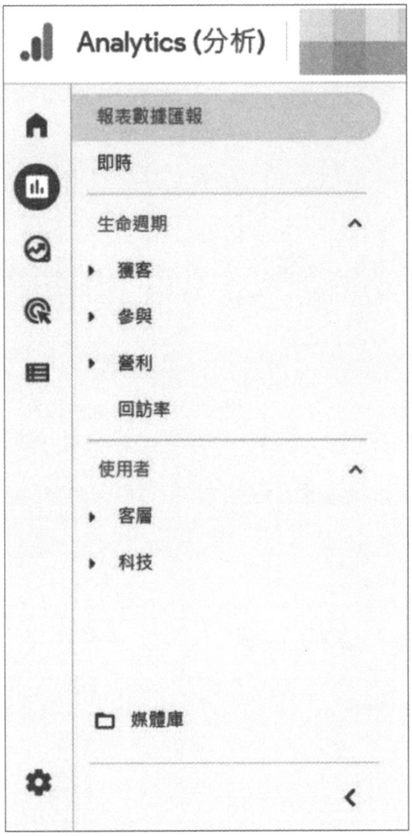

圖 8-99 新版 Google 分析預設介面上並沒有看到 Search Console 報表。

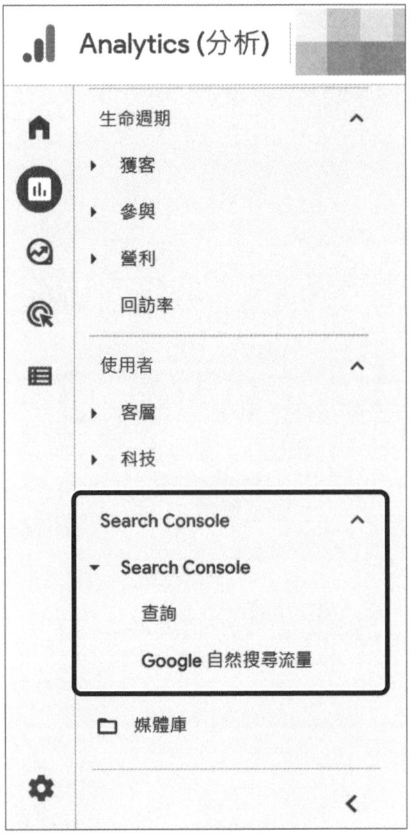

圖 8-100 Google 分析連結 Search Console 並發佈之後，才會出現 Search Console 的報表。

要如何才能讓 Search Console 報表出現在選單上呢？如圖 8-101，當 Google 分析連結 Search Console 之後，點選「媒體庫」就會看到 Search Console 的集合，如果沒有看到，表示尚未建立連結，請先參考本章第三節的設定建立 Google 分析與 Search Console 連結。

當看到 Search Console 的集合之後，如圖 8-102 再點選集合的選單，按下「發布」之後，Search Console 報表即可顯示在 Google 分析選單上。

圖 8-101 Google 分析與 Search Console 建立連結之後，就可以從「媒體庫」看到 Search Console 集合。

圖 8-102 Search Console 集合按下「發布」即可顯示在 Google 分析選單上。

Search Console 的兩大類型報告

Google 分析的 Search Console 報表有兩大類型：

- **Google 自然搜尋查詢**：顯示已連結 Search Console 資源的「搜尋查詢詞彙」和相關的指標，例如點擊次數、曝光次數、點擊率、以及平均排名。
- **Google 自然搜尋流量**：顯示已連結 Search Console 資源的「到達網頁」和相關的指標，例如點擊次數、曝光次數、點擊率、以及平均排名。你還可按國家 / 地區和裝置維度深入查看資料。

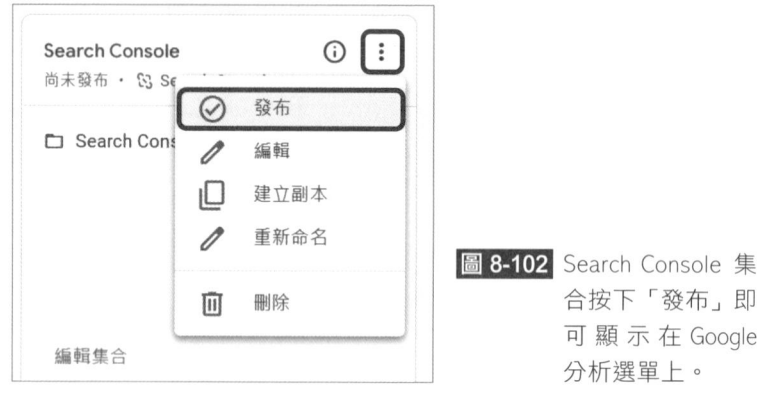

Search Console 會保留過去 16 個月的資料，因此 Google 分析中的報表可列出最多 16 個月的資料。Search Console 收集資料後 48 小時，Google 分析即可使用 Search Console 的資料。

- 選擇 Search Console 的「**查詢**」可以看到如圖 8-103，Search Console 的自然搜尋點擊次數報表，可以觀察自然搜尋點擊趨勢及表現優秀的自然搜尋查詢；以及如圖 8-104 自然搜尋查詢報表，可以觀察查詢詞彙的點擊次數、曝光次數、點閱率、及平均排序。

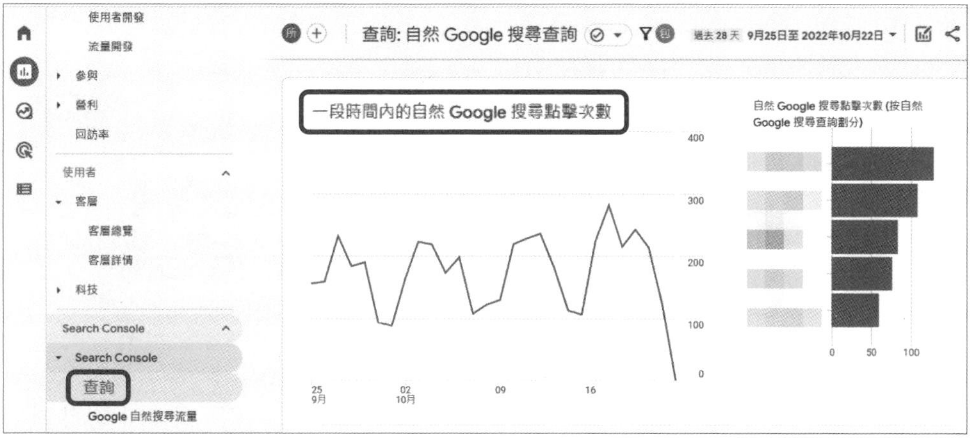

圖 8-103 Search Console 的自然搜尋點擊次數報表。

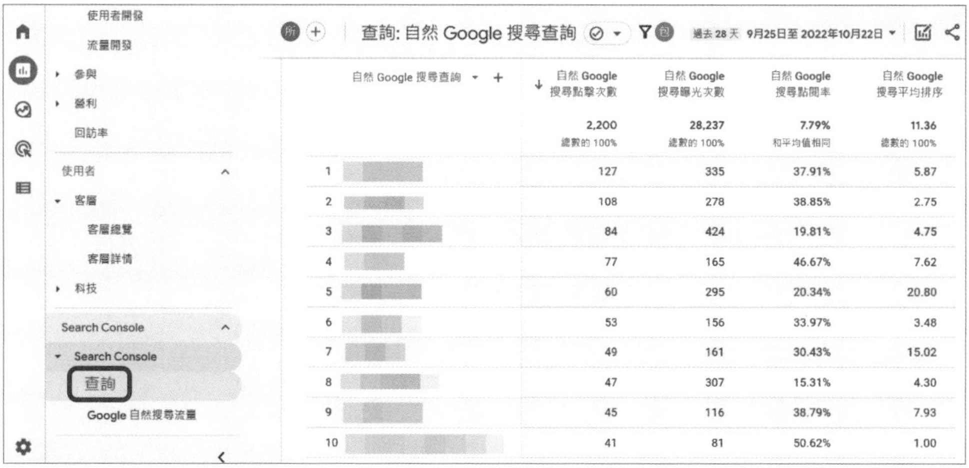

自然 Google 搜尋查詢 ▼ ＋	↓ 自然 Google 搜尋點擊次數	自然 Google 搜尋曝光次數	自然 Google 搜尋點閱率	自然 Google 搜尋平均排序
	2,200 總數的 100%	28,237 總數的 100%	7.79% 和平均值相同	11.36 總數的 100%
1	127	335	37.91%	5.87
2	108	278	38.85%	2.75
3	84	424	19.81%	4.75
4	77	165	46.67%	7.62
5	60	295	20.34%	20.80
6	53	156	33.97%	3.48
7	49	161	30.43%	15.02
8	47	307	15.31%	4.30
9	45	116	38.79%	7.93
10	41	81	50.62%	1.00

圖 8-104 Search Console 的自然搜尋查詢報表。

- 選擇 Search Console 的「**Google 自然搜尋流量**」可以看到如圖 8-105，Search Console 到達網頁的點擊次數報表，可以觀察自然搜尋點擊趨勢及表現優秀的到達網頁；以及如圖 8-106 到達網頁報表，可以觀察到達網頁的點擊次數、曝光次數、點閱率、及平均排序。並且如圖 8-107，Search Console 報表可以再選用次維度來顯示資料，但是維度不同層級時會無法顯示。

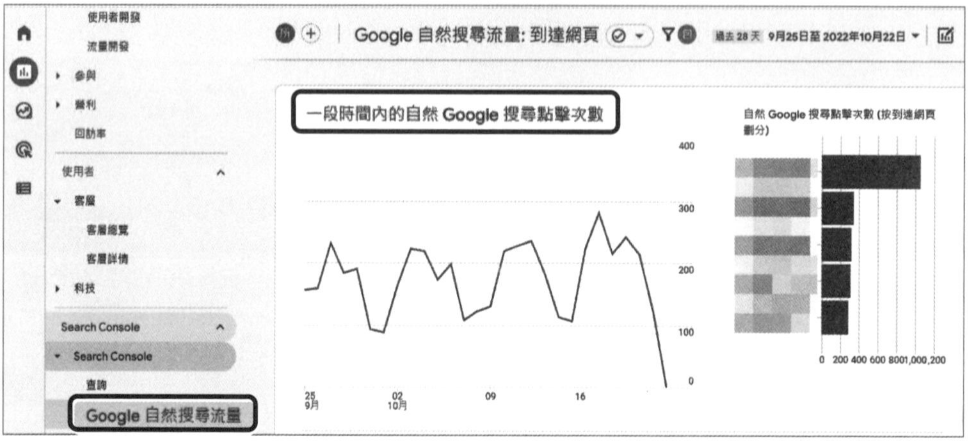

圖 8-105 Search Console 到達網頁的點擊次數報表。

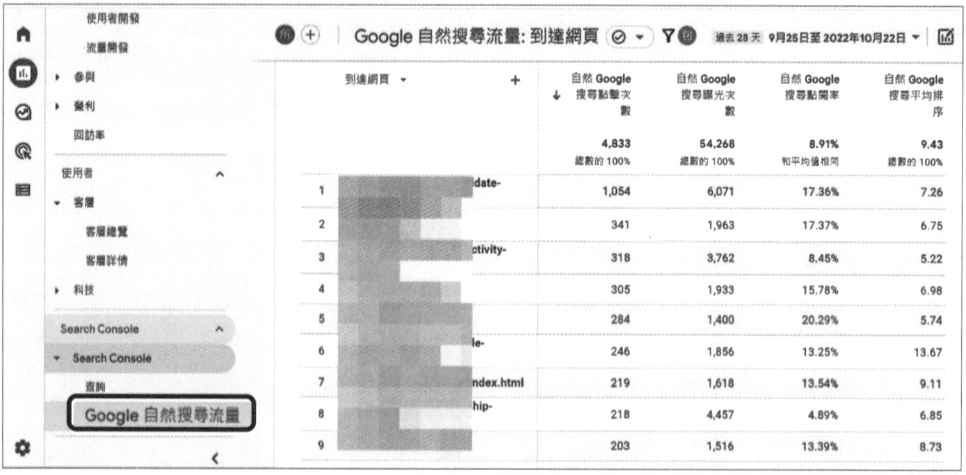

圖 8-106 Search Console 到達網頁報表。

圖 8-107 Search Console 報表可以再用次維度來顯示資料，例如由自然搜尋查詢觀察來自哪些國家 / 地區。

查看 Search Console 的成效報表

如果你想知道某個查詢詞導到哪些網頁？則可以使用 Google Search Console 本身的成效報表，如圖 8-108，先到 [**查詢**] 點選想知道的特定查詢詞，然後再如圖 8-109 點選 [**網頁**]，即可看到導到哪些網頁。反之，也可以先到 [**網頁**] 點選特定網頁，再點選 [**查詢**]，即可看到該網頁有多少查詢詞。更多關於 Google Search Console 的說明，可以參考第七章的內容。

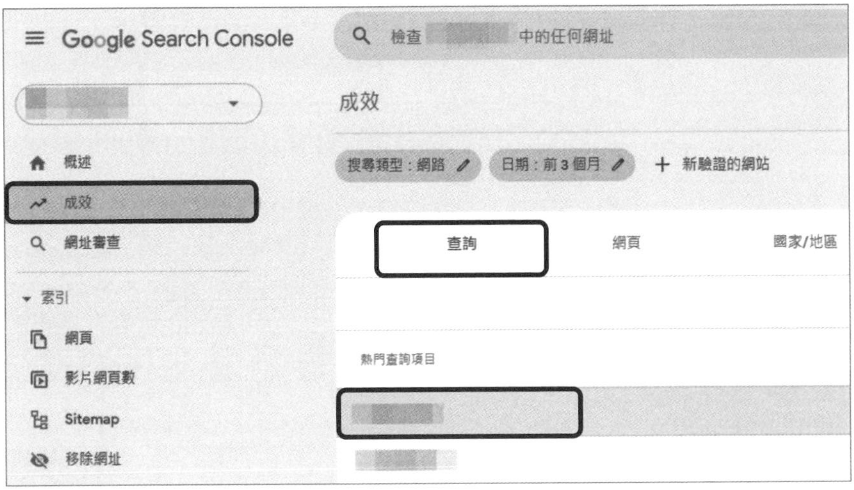

圖 8-108 Google Search Console 成效報表可以看到查詢詞。

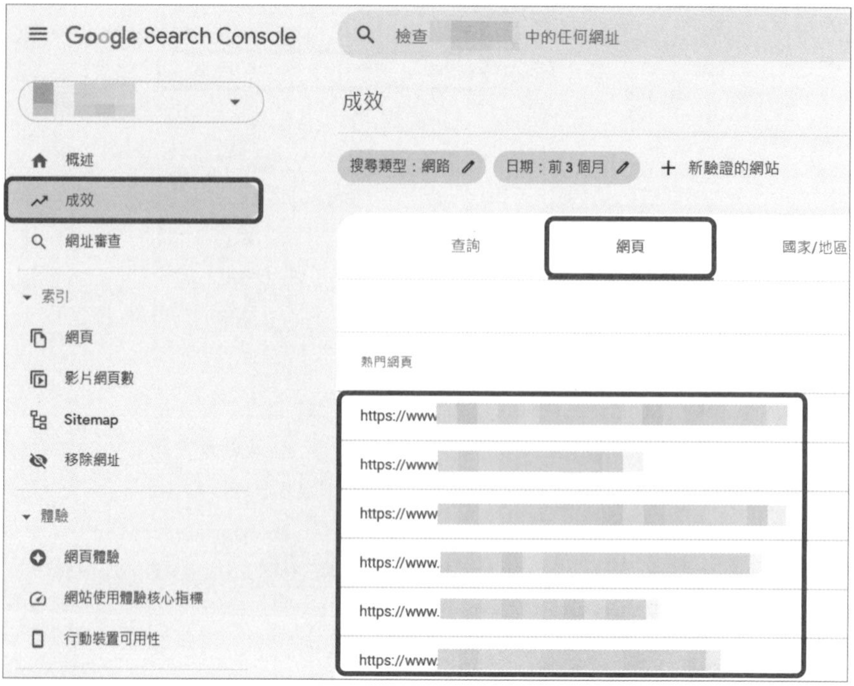

圖 8-109 Google Search Console 成效報表，選擇特定查詢詞再選擇網頁，即可知道該查詢詞導到哪些網頁。

使用 Google Data Studio 查詢成效

除了使用 Search Console 報表之外，也可以使用 Google Data Studio 來獲得自然搜尋查詢詞以及導入網頁的數據。

如圖 8-110，在 Google Data Studio 的範本庫中可以找到 Search Console Report，點選後會出現如圖 8-111 的報表。

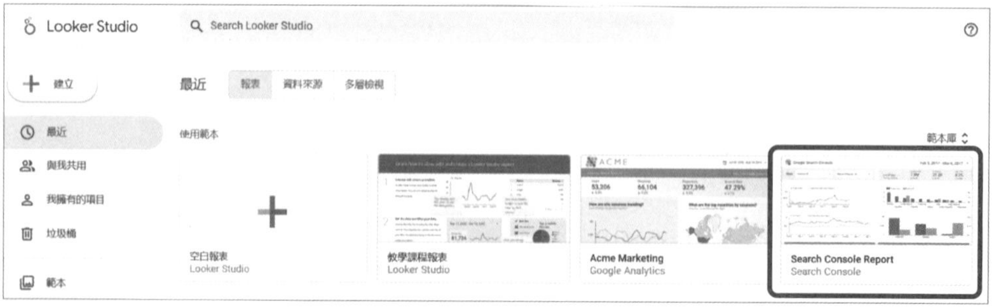

圖 8-110 Google Data Studio 網址：https://datastudio.google.com/

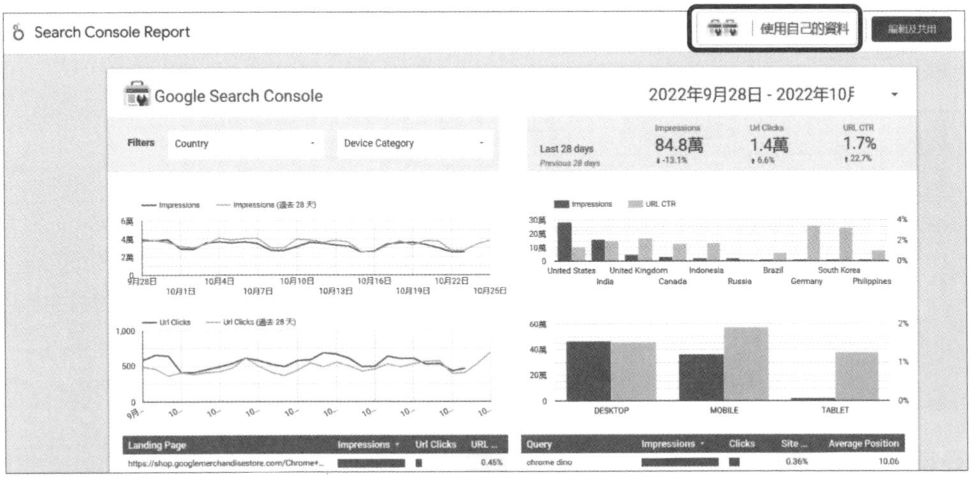

圖 8-111 Google Data Studio 範本庫的 Search Console Report。

在圖 8-111 的右上角，點選「使用自己的資料」，會出現如圖 8-112 的選擇，先點選第一個「取代資料」，出現如圖 8-113 時，點選「授權」，接著會出現圖 8-114 要你選擇 Search Console 的資源，如圖 8-115，接著先選擇「網站曝光」以及「web」，然後按下右下角的「新增」。

圖 8-112 Search Console Report 有兩個「取代資料」可以替換為自己的資料。

圖 8-113 按下「授權」允許連結你的資料。

圖 8-114 選擇要連接的 Search Console 資源。

圖 8-115 選擇「網站曝光」以及「Web」後按下「新增」。

出現如圖 8-116 時，國家 / 地區選擇「台灣」，勾選我同意後按下「繼續」。出現如圖 8-117 時，選擇你要接收的訊息後按下「繼續」。出現如圖 8-118 時，按下「加入報表」，這樣就完成第一個「取代資料」的操作。

圖 8-116 選擇「台灣」並勾選我同意後按下「繼續」。

完成您的帳戶設定，以便開始使用
Step 2 of 2
設定您的電子郵件接收設定
選擇您想要接收的最新消息。您日後可以在使用者設定中取消訂閱或變更這些設定。 顯示較多內容
全部加入
訣竅和建議
您是否想透過電子郵件接收實用訣竅和建議，瞭解如何發揮Looker Studio帳戶的最大效益?
是 否
產品公告
您想收到含有新功能通知、最新消息和產品公告的電子郵件嗎?
是 否
市場研究
您是否願意參加 Google 市場研究和前測，協助我們改善Looker Studio?
是 否
取消
繼續

圖 8-117 選擇要接收的訊息後按下「繼續」。

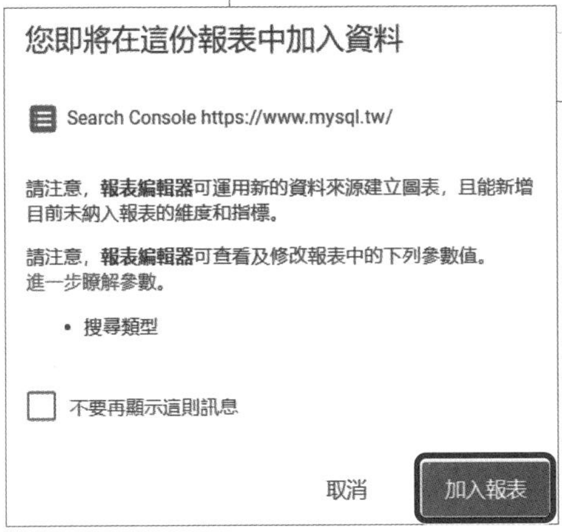
您即將在這份報表中加入資料
Search Console https://www.mysql.tw/
請注意，報表編輯器可運用新的資料來源建立圖表，且能新增目前未納入報表的維度和指標。
請注意，報表編輯器可查看及修改報表中的下列參數值。
進一步瞭解參數。
• 搜尋類型
不要再顯示這則訊息
取消
加入報表

圖 8-118 按下「加入報表」。

然後再一次重複上述動作，在圖 8-111 的右上角，點選「使用自己的資料」，出現如圖 8-112 的選擇時，點選第二個「取代資料」，出現如圖 8-119 時，選擇「網址曝光」以及「web」，然後按下右下角的「新增」，這樣就完成所有「取代資料」的操作，就可以看到如圖 8-120 的 Search Console Report。

上面的「網站曝光」與「網址曝光」有何不同？在套用的報表有兩份資料，一個是 Query，一個是 Landing page，選擇「網站曝光」會套用到 Query 報表，選擇「網址曝光」會套用到 Landing page。

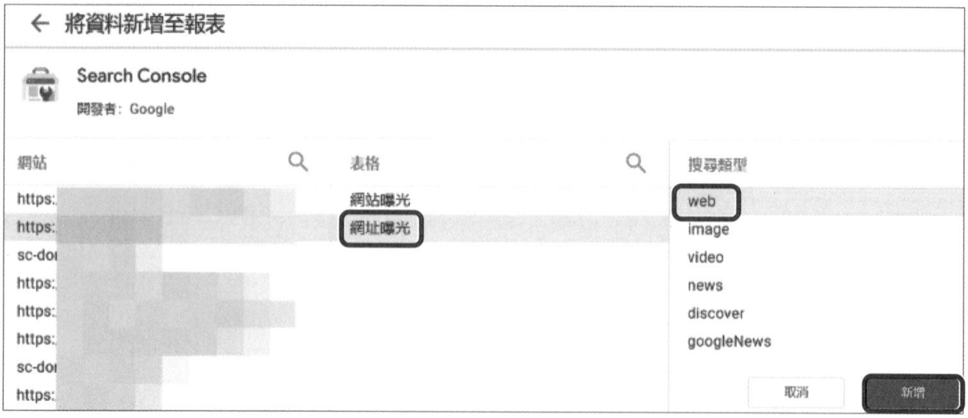

圖 8-119 選擇「網址曝光」以及「Web」後按下「新增」。

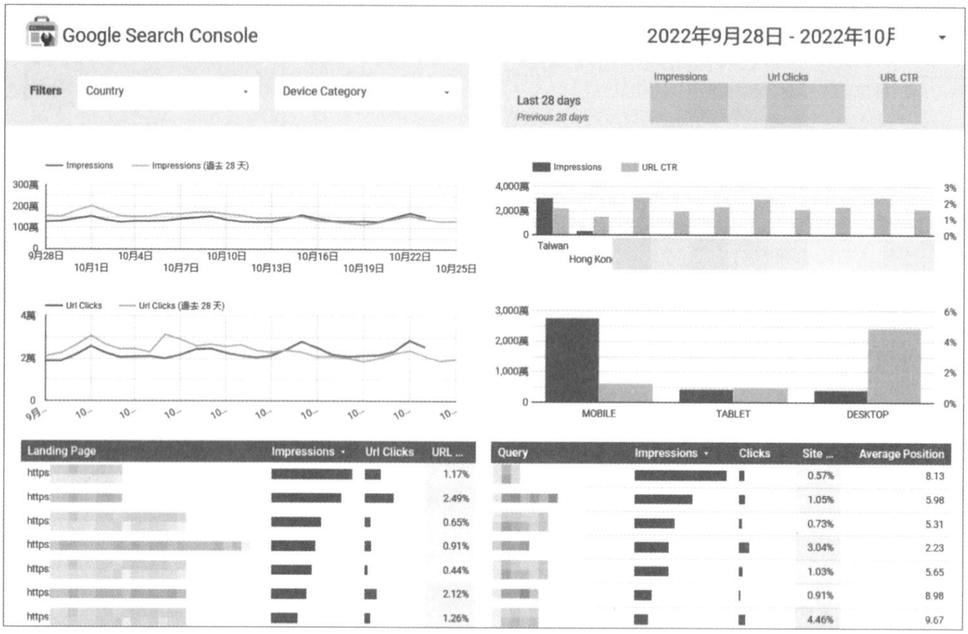

圖 8-120 從 Google Data Studio 導入了 Search Console Report。

以上選擇資料時，我們在網站曝光跟網址曝光都選擇了「Web」，這個意思就是我們要看的是 Google 自然搜尋結果頁面上的「網頁」，如果你要看 Google 自然搜尋結果頁面其他類型的資料，你也可以再去修改為其他選項，例如「image」或是「video」等其他類型。

如何得到站內搜尋的相關資訊？

站內搜尋是指訪客在你的網站內使用網站搜尋的機制，在新版的 Google 分析中只要啟用「**加強型評估**」，則會自動追蹤站內搜尋。但是也可能會有例外，因為有些網站的搜尋詞不會出現在網址參數上，Google 分析就無法順利地追蹤站內搜尋。

例如在 momoshop.com.tw 上進行站內搜尋時，會出現如圖 8-121 的網址：

```
https://www.momoshop.com.tw/search/searchShop.jsp?keyword=apple
```

圖 8-121 在 momoshop 搜尋時，搜尋詞會出現在網址參數 keyword 後面。

但是在 apple.com 上進行站內搜尋時，會出現如圖 8-122 的網址：

```
https://www.apple.com/us/search/usb-type-c?src=serp
```

圖 8-122 在 apple.com 搜尋時，搜尋詞雖然也出現在網址上，但不是使用網址參數的方式。

圖 8-121 的 keyword=apple 表示搜尋詞出現在網址參數上，但是圖 8-122 的 usb-type-c 卻不是出現在網址參數上，而是以網址路徑的方式存在。因此 apple.com 的站內搜尋就算啟用 Google 分析的加強型評估，也無法順利追蹤。

設定 Google 分析的站內搜尋

當你確定你網站的站內搜尋是搜尋詞會出現在網址參數後面，那麼就可以開始設定 Google 分析的站內搜尋了。

Step 1 如圖 8-123，在 Google 分析管理介面上選擇資料串流中的資源，然後如圖 8-124 確定已經啟用「加強型評估」。

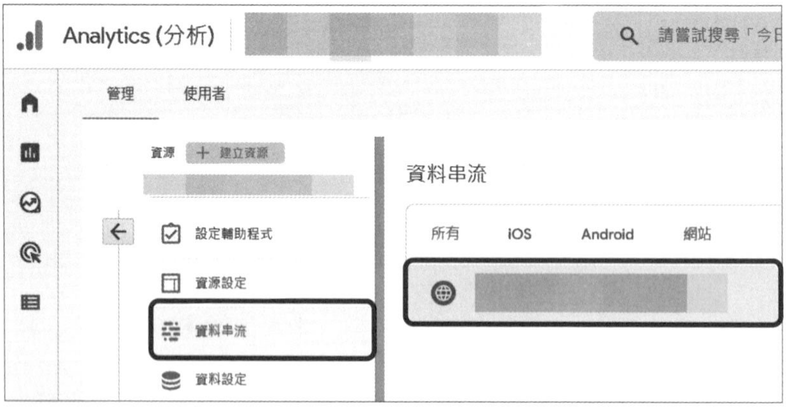

圖 8-123 在 Google 分析管理介面上選擇資料串流中的資源。

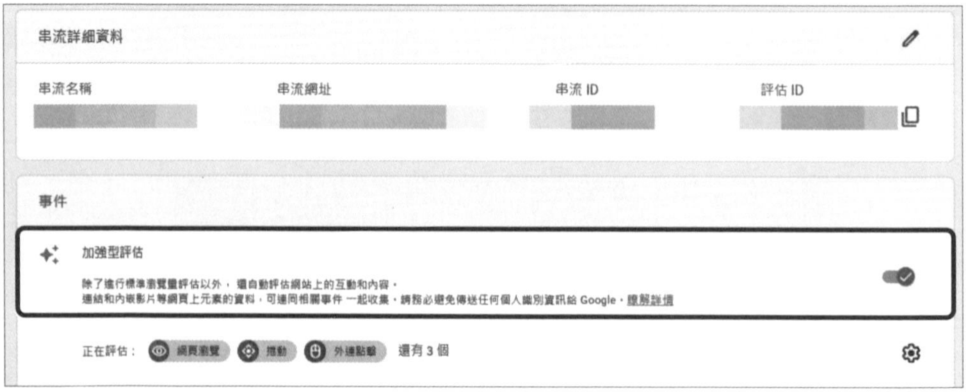

圖 8-124 確定已經啟用「加強型評估」。

Step 2 如圖 8-124，按下設定的圖示 ⚙，看到如圖 8-125 已經啟用「站內搜尋」，按下顯示「進階設定」。

× 加強型評估
儲存
網頁瀏覽
每次載入網頁，或是網站變更瀏覽器記錄狀態，即記錄一次網頁瀏覽事件。(選擇性) 在進階設定底下 關閉以瀏覽器記錄為準的事件。
顯示進階設定
捲動
在每次訪客瀏覽至網頁底部時記錄捲動事件。
外連點擊
每次訪客點擊將他們帶離您網域的連結時，即記錄一次外連點擊事件。根據預設，凡是將使用者從目前網域帶離的連結，都會觸發外連點擊事件。針對跨網域評估所設定 (在「標記設定」中) 的網域，其連結則不會觸發外連點擊事件。
站內搜尋
每次訪客在您網站上執行搜尋 (出現查詢參數) 時，即記錄一次瀏覽搜尋結果事件。根據預設，每次網址中帶有常用搜尋查詢參數的網頁載入時，就會觸發搜尋結果事件。請到進階設定調整 要查看的參數。
顯示進階設定
表單互動
每次訪客與網站上的表單互動時，即記錄一次表單互動事件。
影片參與
每次訪客瀏覽您網站上內嵌的影片時，即記錄一次影片開始播放、播放中和播完事件。根據預設，如果您已啟用 JS API 支援功能的 網站上有內嵌的 YouTube 影片，就會自動觸發影片事件。
檔案下載
每次具有一般文件、壓縮檔、應用程式、影片或音訊副檔名的連結獲得點擊時，即記錄一次檔案下載事件。

圖 8-125 確定已經啟用「站內搜尋」。

Step 3 如圖 8-126，有兩個資料欄位可以填寫，第一個是「搜尋字詞查詢參數」，請填入你的查詢參數，以 momoshop 的例子來說，應該填寫 keyword，而 keyword 已經在預設的參數內，所以不用更動。

第二個是「其他查詢參數」，這個欄位是如果你還要追蹤其他參數，可以在此填寫，例如：https://www.abc.com/search?keyword=apple&SearchType=1，如果在「其他查詢參數」填寫 SearchType，Google 分析就會追蹤這個參數。

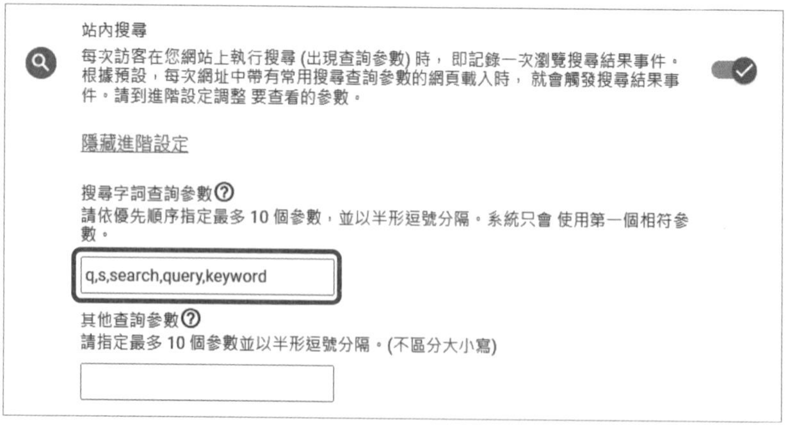
站內搜尋
每次訪客在您網站上執行搜尋 (出現查詢參數) 時，即記錄一次瀏覽搜尋結果事件。根據預設，每次網址中帶有常用搜尋查詢參數的網頁載入時，就會觸發搜尋結果事件。請到進階設定調整 要查看的參數。
隱藏進階設定
搜尋字詞查詢參數
請依優先順序指定最多 10 個參數，並以半形逗號分隔。系統只會 使用第一個相符參數。
q,s,search,query,keyword
其他查詢參數
請指定最多 10 個參數並以半形逗號分隔。(不區分大小寫)

圖 8-126 在「站內搜尋」的進階設定中確認查詢參數。

Step 4 如圖 8-127 由**設定 → 自訂定義**，去建立自訂維度。然後如圖 8-128，去填寫自訂維度的資訊如下。

- **維度名稱**：search_term（這個可以訂為其他名稱，但建議使用 search_term）
- **範圍**：事件
- **說明**：自行輸入說明
- **事件參數**：search_term（這個是系統使用的參數，要完全一樣）

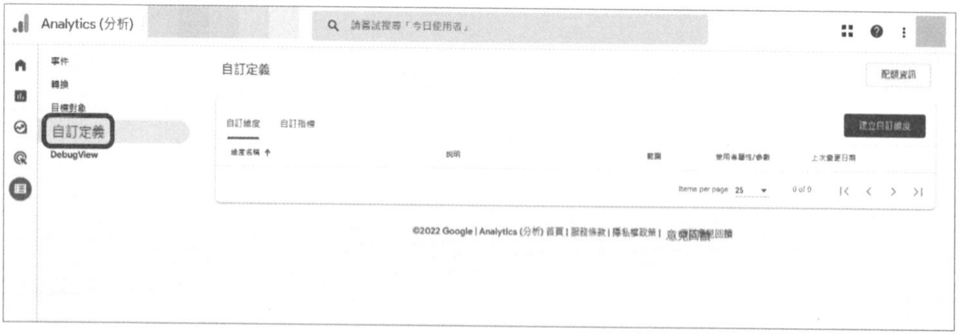
Analytics (分析)
事件
轉換
目標對象
自訂定義
DebugView
自訂定義
自訂維度
自訂指標
建立自訂維度

圖 8-127 設定 → 自訂定義，去建立自訂維度。

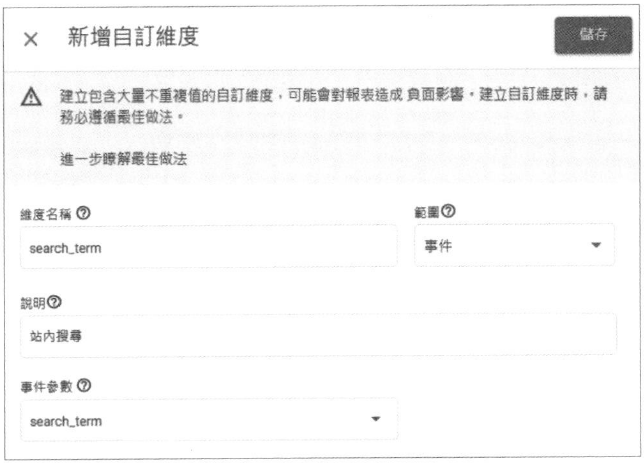

圖 8-128 自訂維度為取得 search_term 事件參數。

Step 5 如圖 8-129，從**報表 → 生命週期 → 參與 → 事件**，搜尋 view_search_results 事件，就可以看到站內搜尋的報表數據。點選 view_search_results 事件之後，如圖 8-130 就可以看到查詢詞資料。

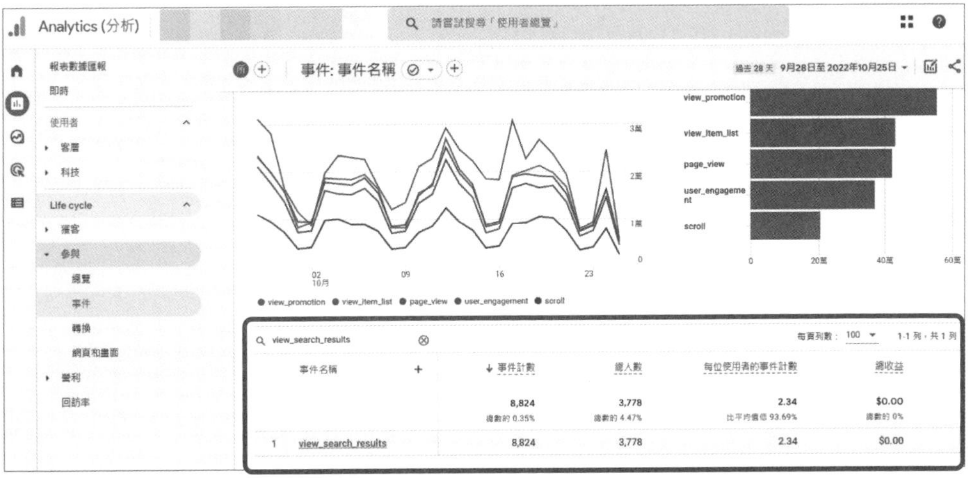

圖 8-129 報表 > 生命週期 > 參與 > 事件，搜尋 view_search_results 事件。

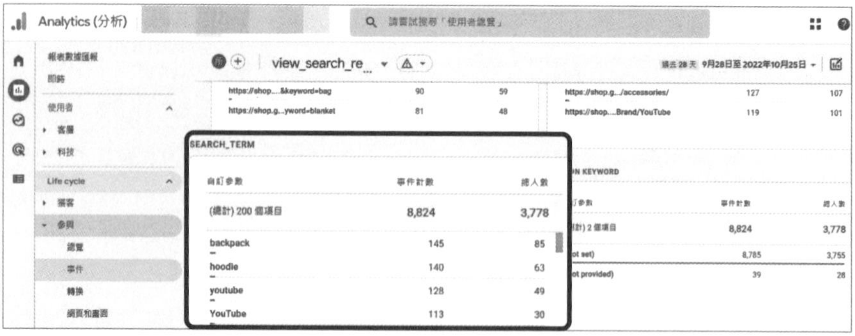

圖 8-130 view_search_results 事件報表就可以看到站內搜尋詞。

如何知道自然搜尋的導入成效？

- **使用者開發報表：報表 → 生命週期 → 獲客 → 使用者開發**

使用者開發所指的使用者是「新使用者」，**使用者開發**報表是要知道「**各個不同管道對於引進新使用者的成效**」。如圖 8-131，顯示各管道引進新使用者的趨勢，以及如圖 8-132，可以看到自然搜尋導入新使用者的成效數據，包含各管道的新使用者人數、互動工作階段、參與度、每位使用者互動工作階段、平均參與時間、事件計數、轉換、總收益。如圖 8-133，使用者開發報表也可以用各種不同維度來檢視數據。如圖 8-134，使用者開發報表在次維度選擇性別或其他屬性，就可以觀察各維度的自然搜尋流量。

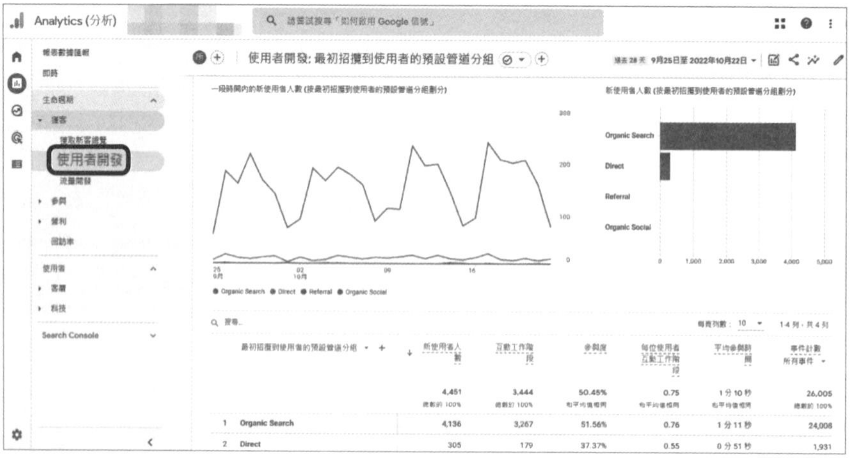

圖 8-131 **使用者開發**報表。

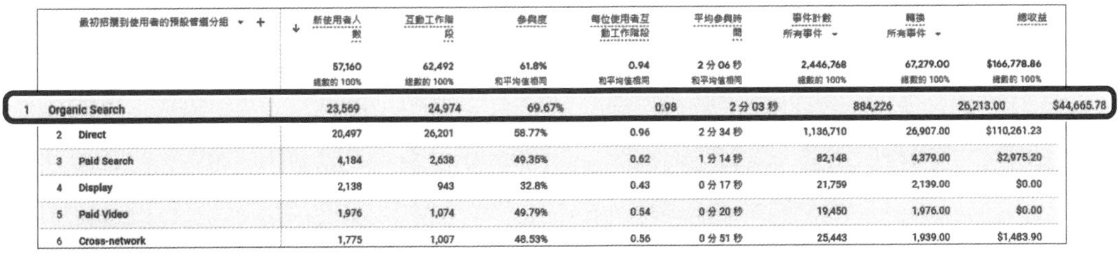

最初招攬到使用者的預設管道分組	新使用者人數	互動工作階段	參與度	每位使用者互動工作階段	平均參與時間	事件計數 所有事件	轉換 所有事件	總收益
	57,160 總數的 100%	62,492 總數的 100%	61.8% 和平均值相同	0.94 和平均值相同	2 分 06 秒 和平均值相同	2,446,768 總數的 100%	67,279.00 總數的 100%	$166,778.86 總數的 100%
1 Organic Search	23,569	24,974	69.67%	0.98	2 分 03 秒	884,226	26,213.00	$44,665.78
2 Direct	20,497	26,201	58.77%	0.96	2 分 34 秒	1,136,710	26,907.00	$110,261.23
3 Paid Search	4,184	2,638	49.35%	0.62	1 分 14 秒	82,148	4,379.00	$2,975.20
4 Display	2,138	943	32.8%	0.43	0 分 17 秒	21,759	2,139.00	$0.00
5 Paid Video	1,976	1,074	49.79%	0.54	0 分 20 秒	19,450	1,976.00	$0.00
6 Cross-network	1,775	1,007	48.53%	0.56	0 分 51 秒	25,443	1,939.00	$1,483.90

圖 8-132 **使用者開發**報表可以看到自然搜尋導入新使用者的成效數據。

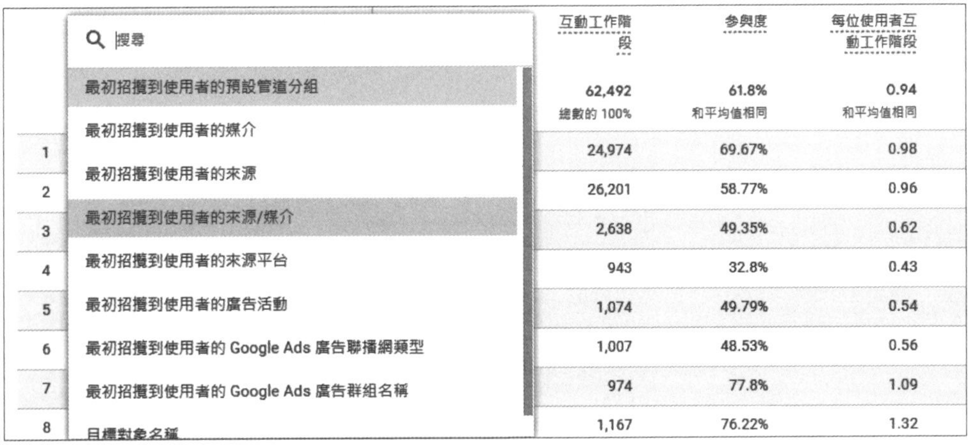

圖 8-133 **使用者開發**報表也可以用各種不同維度來檢視數據。

最初招攬到使用者的預設管道分組	性別	新使用者人數	互動工作階段
		34,474 總數的 100%	84,703 總數的 100%
1 Unassigned	unknown	2	23
2 Unassigned	female	3	86
3 Unassigned	male	14	88
4 Organic Search	female	222	1,048
5 Display	unknown	266	618
6 Paid Search	unknown	475	897
7 Organic Search	male	489	1,087
8 Display	male	685	1,469
9 Paid Search	female	712	1,731
10 Paid Search	male	1,168	2,254

圖 8-134 使用者開發報表在次維度選擇性別或其他屬性，就可以觀察各維度的自然搜尋流量。

● **流量開發報表：報表 → 生命週期 → 獲客 → 流量開發**

流量開發報表則會顯示「新使用者」和「回訪者」的新工作階段相關資料，因此數據會比使用者開發報表多一些，**流量開發**報表是要知道「**各個不同管道對於引進使用者的成效**」。如圖 8-135，顯示各管道引進使用者的趨勢，以及如圖 8-136，可以看到自然搜尋導入使用者的成效數據，包含各管道的使用者人數、工作階段、互動工作階段、平均單次工作階段參與時間、每位使用者互動工作階段、每個工作階段的活動、參與度、事件計數、轉換、總收益。如圖 8-137，流量開發報表也可以用各種不同維度來檢視數據。如圖 8-138，流量開發報表在次維度選擇性別或其他屬性，就可以觀察各維度的自然搜尋流量。

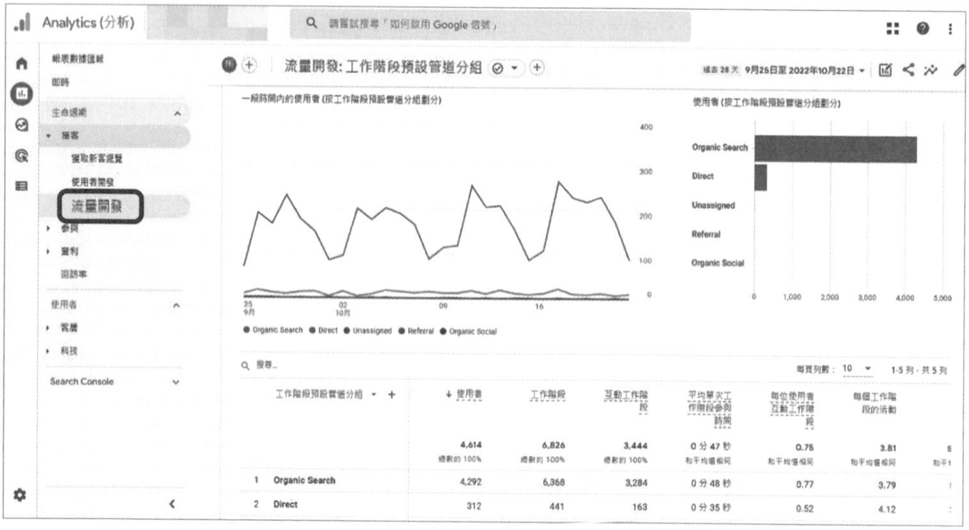

圖 8-135 流量開發報表。

	工作階段預設管道分組	使用者	工作階段	互動工作階段	平均單次工作階段參與時間	每位使用者互動工作階段	每個工作階段的活動	參與度	事件計數 所有事件	轉換 所有事件	總收益
		66,683	101,127	62,492	1 分 23 秒	0.94	24.20	61.8%	2,446,768	67,279.00	$166,778.86
1	Organic Search	27,467	40,808	27,986	1 分 25 秒	1.02	24.08	68.58%	982,719	27,005.00	$60,271.30
2	Direct	23,294	34,615	20,735	1 分 28 秒	0.89	24.33	59.9%	842,280	24,991.00	$74,873.48
3	Paid Search	4,400	5,444	2,719	1 分 02 秒	0.62	15.85	49.94%	86,279	4,403.00	$6,120.20
4	Unassigned	3,083	3,411	205	1 分 15 秒	0.07	47.29	6.01%	161,318	830.00	$2,674.06
5	Display	2,240	2,932	974	0 分 11 秒	0.43	7.41	33.22%	21,716	2,170.00	$0.00
6	Email	2,060	4,300	3,065	2 分 01 秒	1.49	32.14	71.28%	138,202	1,333.00	$11,731.00
7	Paid Video	1,989	2,145	1,068	0 分 18 秒	0.54	9.02	49.79%	19,339	1,967.00	$0.00

圖 8-136 流量開發報表可以看到自然搜尋引進使用者的成效數據。

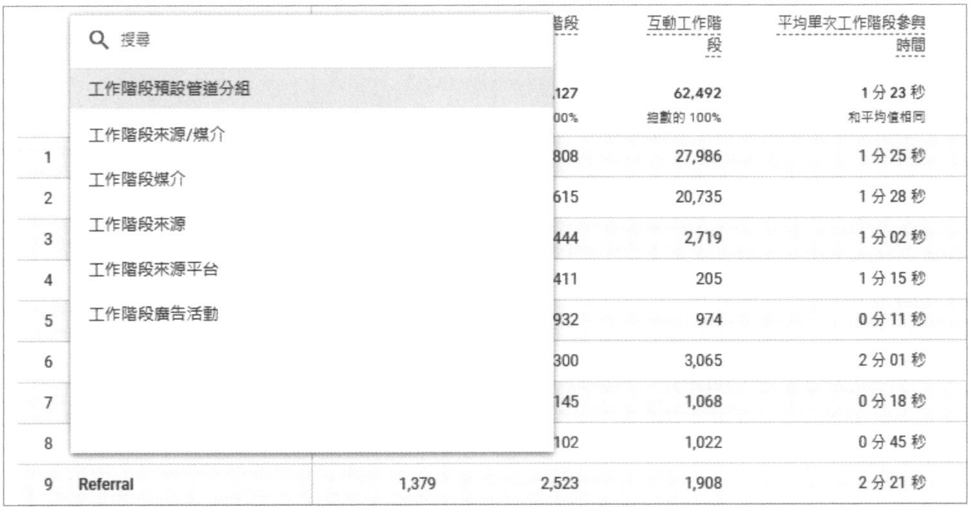

圖 8-137 流量開發報表也可以用各種不同維度來檢視數據。

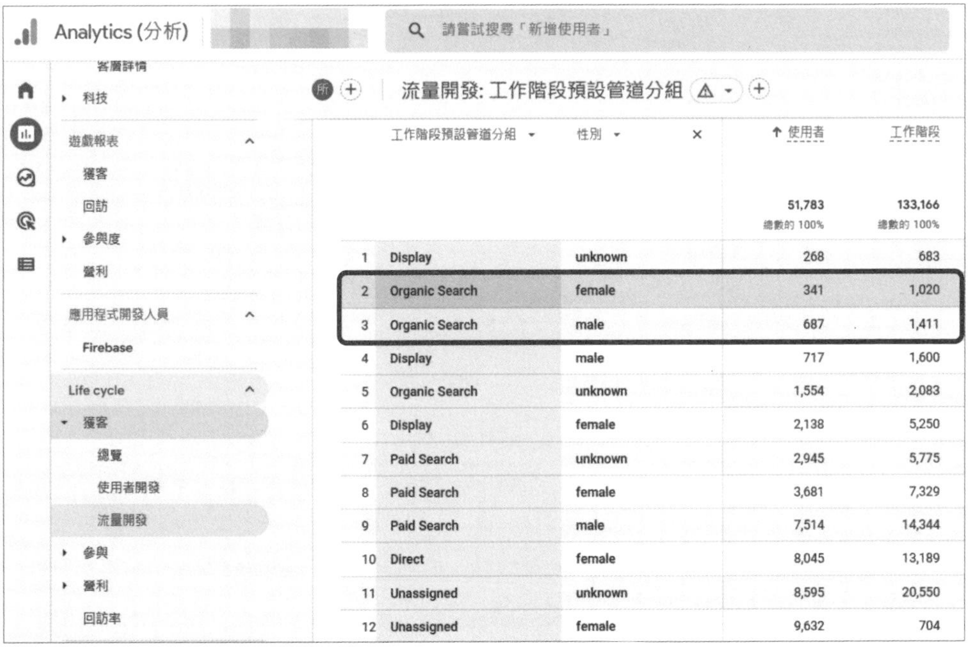

圖 8-138 流量開發報表在次維度選擇性別或其他屬性，就可以觀察各維度的自然搜尋流量。

如何知道自然搜尋的事件與轉換成效？

● **事件報表：報表 → 生命週期 → 參與 → 事件**

	事件名稱	最初招攬到使用者的媒介	↓ 事件計數	總人數	每位使用者的事件計數	總收益
			2,429,352 總數的 100%	81,264 總數的 100%	36.61 和平均值相同	$163,537.97 總數的 100%
1	view_promotion	(none)	230,878	18,777	12.35	$0.00
2	view_item_list	(none)	216,496	14,405	15.04	$0.00
3	page_view	(none)	207,065	26,928	7.74	$0.00
4	view_promotion	organic	186,829	11,964	15.65	$0.00
5	user_engagement	(none)	183,532	17,888	10.38	$0.00
6	view_item_list	organic	141,199	13,556	10.42	$0.00
7	page_view	organic	139,078	22,924	6.07	$0.00
8	user_engagement	organic	124,417	19,567	6.41	$0.00
9	scroll	(none)	101,273	16,016	6.34	$0.00
10	view_promotion	referral	75,360	3,059	24.67	$0.00
11	scroll	organic	70,381	17,481	4.03	$0.00
12	predicted_top_spenders	(not set)	68,080	34,826	0.00	$0.00
13	view_item	(none)	47,509	9,714	4.89	$0.00
14	session_start	(none)	42,669	25,938	1.66	$0.00
15	session_start	organic	33,529	23,192	1.45	$0.00
16	view_item	organic	32,588	9,141	3.57	$0.00

圖 8-139 由事件報表選擇適當的「流量來源」次維度，即可以得知自然搜尋造成多少事件。

	事件名稱	最初招攬到使用者的來源/媒介	↓ 事件計數	總人數
			2,339,795 總數的 100%	77,936 總數的 100%
1	view_promotion	(direct) / (none)	224,213	18,291
2	view_item_list	(direct) / (none)	208,132	13,946
3	page_view	(direct) / (none)	199,483	26,101
4	user_engagement	(direct) / (none)	176,725	17,307
5	view_promotion	google / organic	175,058	11,055
6	view_item_list	google / organic	133,974	12,820
7	page_view	google / organic	129,396	20,306
8	user_engagement	google / organic	116,153	17,382
9	scroll	(direct) / (none)	97,567	15,571
10	predicted_top_spenders	(not set)	65,588	33,733

圖 8-140 由事件報表可以得知 Google 的自然搜尋流量造成多少各類事件。

● **轉換報表：報表 → 生命週期 → 參與 → 轉換**

圖 8-141 由轉換報表選擇適當的「流量來源」次維度，即可得知自然搜尋造成多少轉換。

	事件名稱	最初招攬到使用者的來源/媒介	↓ 轉換	總人數
			64,560.00 總數的 100%	55,633 總數的 100%
1	first_visit	(direct) / (none)	19,955.00	20,046
2	first_visit	google / organic	18,814.00	18,872
3	first_visit	google / cpc	9,382.00	9,402
4	add_payment_info	(direct) / (none)	3,041.00	1,398
5	begin_checkout	(direct) / (none)	2,235.00	1,154
6	first_visit	baidu / organic	1,552.00	1,552
7	begin_checkout	google / organic	1,173.00	620
8	add_payment_info	google / organic	945.00	500

圖 8-142 由轉換報表可以得知 Google 的自然搜尋流量造成多少各類轉換。

如何透過深入分析快速知道自然搜尋成效？

如圖 8-143，在 Google 分析右上角的**深入分析**，是透過機器學習技術來幫助解讀數據。「深入分析」包含六大類型：「**基本成效**」、「**客層**」、「**使用者開發**」、「**流量分析**」、「**技術**」、「**電子商務**」。如圖

8-144，其中「使用者開發」與 SEO 最有關係，可以知道「**過去 30 天內，有多少使用者來自自然搜尋**」、「**比較自然搜尋與付費搜尋帶來的收益和使用者**」。如圖 8-145，從深入分析可以知道過去 30 天內，有 2.4 萬個使用者來自自然搜尋。如圖 8-146，從深入分析可以知道自然搜尋帶來的收益和使用者都超過付費搜尋。

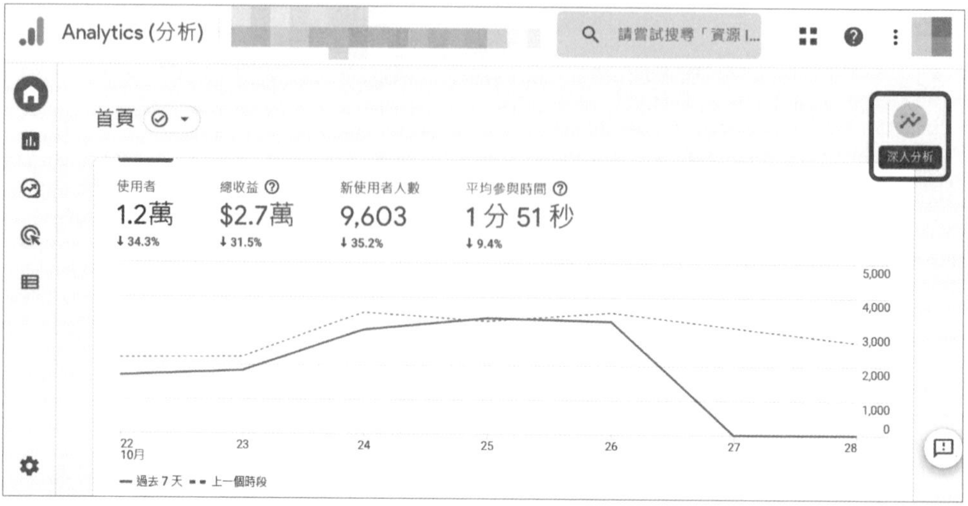

圖 8-143 在 Google 分析右上角的深入分析，是透過機器學習技術來幫助解讀數據。

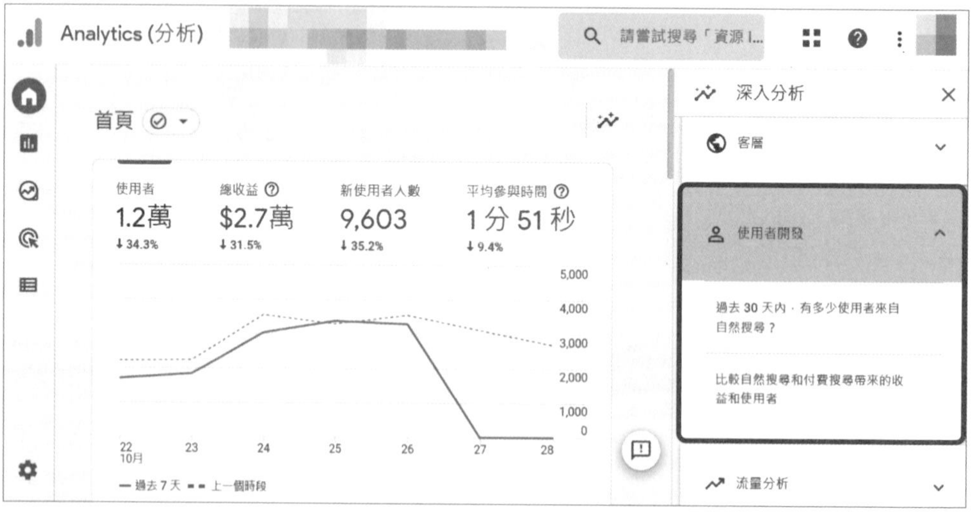

圖 8-144 深入分析中的使用者開發提供兩個與自然搜尋相關的資訊：「過去 30 天內，有多少使用者來自自然搜尋」、「比較自然搜尋與付費搜尋帶來的收益和使用者」。

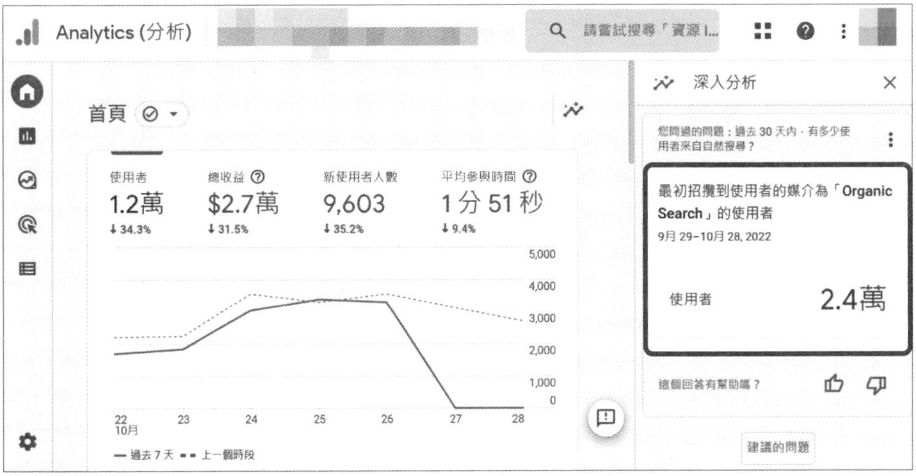

圖 8-145 從深入分析可以知道「過去 30 天內，有多少使用者來自自然搜尋」。

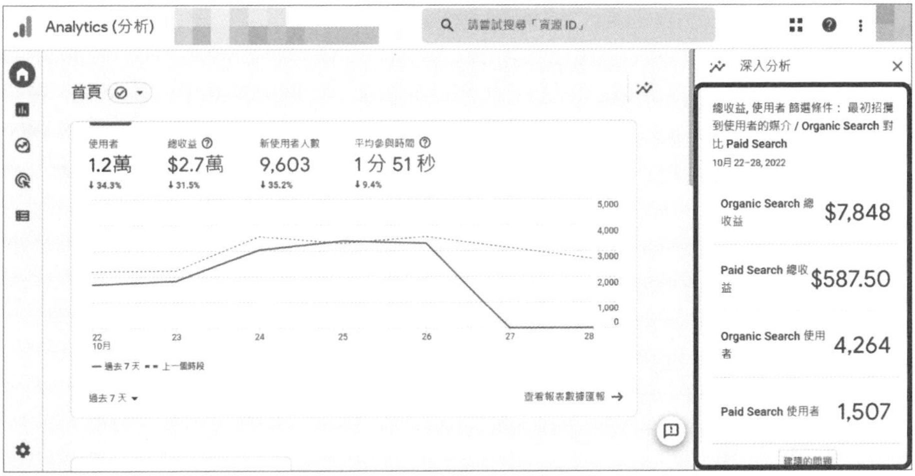

圖 8-146 從深入分析可以「比較自然搜尋與付費搜尋帶來的收益和使用者」。

專家小結

新版 Google 分析提供了更簡便的數據分析模式，讓你可以聚焦在最重要的數據上，例如如果只需要知道 SEO 相關數據，只需檢視本章節提到的報表即可；另外更提供許多彈性的方式，讓你可以追蹤更多以前不容易追蹤的數據，例如許多預設追蹤的事件以及提供探索功能方便建立需要的報表。

memo

打敗 AI、征服搜尋引擎，
洞悉使用者需求的必備指南

新 SEO 超入門！

SEO